Schriftenreihe

AGRARIA

Studien zur Agrarökologie

Band 31

ISSN 0945-4888

Verlag Dr. Kovač

Julia Schmid

Regionalökonomische Wirkungen von Großschutzgebieten

Eine empirische Studie zu
den Nationalparken in Deutschland

Verlag Dr. Kovač

Hamburg
2006

VERLAG DR. KOVAČ

Leverkusenstr. 13 · 22761 Hamburg · Tel. 040 - 39 88 80-0 · Fax 040 - 39 88 80-55

E-Mail info@verlagdrkovac.de · Internet www.verlagdrkovac.de

Bibliografische Information Der Deutschen Bibliothek
Die Deutsche Bibliothek verzeichnet diese Publikation
in der Deutschen Nationalbibliographie;
detaillierte bibliografische Daten sind im Internet
über http://dnb.ddb.de abrufbar.

ISSN: 0945-4888

ISBN-13: 978-3-8300-2273-2
ISBN-10: 3-8300-2273-5

Zugl.: Dissertation, Technische Universität München, 2005

© VERLAG DR. KOVAČ in Hamburg 2006

Mein herzlichster Dank…

…gilt zuerst Herrn Professor Dr. Martin Moog, der es von Anfang an verstand, meine Ideen in wissenschaftlich machbare Bahnen zu lenken, das Entstehen und den Fortschritt dieser Arbeit maßgeblich formte und der vor allem stets die Zeit fand, mich durch Lesen des Manuskripts und zahllose Gespräche zu betreuen. Frau Sylvia Goletz danke ich von Herzen für ihre Fröhlichkeit nicht nur beim zugegeben etwas trockenen Datenübertrag aus schier endlos scheinenden Statistiken. Von den Kolleginnen und Kollegen am Lehrstuhl für Forstliche Wirtschaftslehre und der Studienfakultät bin ich außerdem den Herren Dres. Reinhard Pausch, Joachim Schmerbeck, Herbert Borchert und Thomas Knoke für ihr immer offenes Ohr für meine Fragen zu den Herausforderungen mathematisch-statistischer Natur dankbar, Frau Marie-Luise Auernhammer und Herrn Dr. Markus Schaller für ihre Unterstützung in organisatorischen Dingen und Matthias Müller, Gabriel Weber und Hermann Sand für ihre Hilfe mit der EDV. Mein Dank gilt auch Isabella und Tim von Stromberg, die mit viel Geduld und Kreativität das Kartenmaterial gestaltet haben, und Herrn Günther Kohlmaier vom Bayerischen Landesamt für Statistik und Datenverarbeitung für seine große Hilfsbereitschaft. Ein herzliches Dankeschön nicht zuletzt an meine Familie und all die hier nicht namentlich genannten Freunde, deren Kritik und Anregungen für mich sehr wertvoll waren!

Julia Schmid

Freising im August 2005

Inhaltsverzeichnis

Abkürzungsverzeichnis

AUMA	Ausstellungs- und Messe-Ausschuss der Deutschen Wirtschaft
BB	Brandenburg
BGD	Berchtesgaden
BfN	Bundesamt für Naturschutz
BIP	Bruttoinlandsprodukt
BNatSchG	Bundesnaturschutzgesetz
BNatSchGNeuregG	Bundesnaturschutzgesetz-Neuregelungsgesetz
BW-E	Bayerischer Wald - Erweiterungsjahr
BW-G	Bayerischer Wald - Gründungsjahr
BWS	Bruttowertschöpfung
BY	Bayern
DL	Dienstleistung
DTV	Deutscher Tourismusverband
DW	Durbin Watson
DWIF	Deutsches Wirtschaftswissenschaftliches Institut für Fremdenverkehr
EI	Eifel
ET	Erwerbstätiger
EW	Einwohner
F	für die Ausgangshypothese sprechend
G	gegen die Ausgangshypothese sprechend
HA	Harz
HAI	Hainich
HH	Hamburg
HHA	Hochharz
IUCN	International Union for Conservation of Nature and Natural Resources
JAS	Jasmund
KE	Kellerwald-Edersee
LW	Landwirtschaft
MÜ	Müritz
MV	Mecklenburg-Vorpommern
NN	Normal Null
NP	Nationalpark
NPLK	Nationalparklandkreis/e
NS	Niedersachsen
n.sig.	nicht signifikant
ÖKÖ	Österreichische Gesellschaft für Ökologie
SA	Sachsen-Anhalt
SH	Schleswig-Holstein
sig.	signifikant
SN	Sachsen
SPSS	Statistical Package for Social Sciences
SS	Sächsische Schweiz
TH	Thüringen
UN	United Nations
UNESCO	United Nations Educational, Scientific and Cultural Organisation
UOT	Unteres Odertal
USNPS	United States National Park Service
VLK	Vergleichslandkreis/e
VPBL	Vorpommersche Boddenlandschaft
WM-N	Wattenmeer-Nord (Schleswig-Holsteinisches Wattenmeer)
WM-W	Wattenmeer-West (Niedersächsisches und Hamburgisches Wattenmeer)
WTR	Wachstumsraten
WWF	World Wide Fund for Nature

1 Einführung

1.1 Fragestellung und Zielsetzung

Die Bewahrung der natürlichen Lebensgrundlagen gehört zur Grundverantwortung und zum Selbstverständnis einer demokratischen Gesellschaft. Natur- und Umweltschutz bilden die Voraussetzungen eines zivilen, gesellschaftlichen Zusammenlebens, dessen Qualität sich auch am pfleglichen und nachhaltigen Umgang mit den natürlichen Ressourcen bemisst.

Weltweit gehört die Einrichtung von Schutzgebieten zu den wichtigsten Maßnahmen zum Schutz von Biodiversität, zum Erhalt von Habitaten und zur Aufrechterhaltung wichtiger ökologischer Prozesse. Sie bedeutet auch Veränderungen sozialer, regionalwirtschaftlicher und politisch-administrativer Art für die in der jeweiligen Region lebenden Menschen.

Bei der Ausweisung großflächiger Naturschutzprojekte handelt es sich um das Ergebnis einer politischen Entscheidung, für die neben den ökologischen Zielen auch die wirtschaftlichen Konsequenzen relevant sind. Bedenkt man das den Themen um nachwachsende Rohstoffe in der öffentlichen Diskussion entgegengebrachte Interesse einerseits, so verwundert andererseits die geringe Kenntnis der relevanten Zusammenhänge im Rahmen der vielfach und zunehmend propagierten Einrichtung von Schutzgebieten und ihrer regionalwirtschaftlichen Folgen. Eine Prognose dieser wirtschaftlichen Konsequenzen scheint nur unzuverlässig möglich. Es ist daher naheliegend, die Zusammenhänge zwischen der Ausweisung von Nationalparken und der wirtschaftlichen Entwicklung der betroffenen Regionen zu untersuchen.

Die Berücksichtigung der Wechselwirkungen zwischen einem naturschutzbedingten Nutzungsverzicht am endlichen und nur bedingt substituierbaren Produktionsfaktor Boden und seinem wirtschaftlichen Umfeld wirft die grundsätzliche Frage auf, ob die Einrichtung von Schutzgebieten insgesamt oder mindestens lokal bis regional durch eine Erhöhung der Nachfrage nach Tourismusdienstleistungen den Effekt der Verknappung natürlicher Ressourcen kompensiert.

In Deutschland ist der erste Nationalpark im Jahr 1970 ausgewiesen worden. Anfang der 90er Jahre wurde dann eine ganze Reihe von Großschutzgebieten eingerichtet. Derzeit gibt es 14 Biosphärenreservate[1], über 90 Naturparke[2] und 15 Nationalparke[3] (EUROPARC-Deutschland[4]). Bereits im Jahr 1975 konnte AMMER (1975, S. 235) aufzeigen, dass die Erholungswirksamkeit einer Landschaft mit zunehmender Intensität der Bewirtschaftung abnimmt bzw. umgekehrt das Interesse von Erholungssuchenden sich in erster Linie jenen Landschaftsformen zuwendet, die einen hohen Grad an Ursprünglichkeit und damit Schutzwürdigkeit aufweisen.

Durch die Einrichtung von Schutzgebieten wird auf die Nutzung natürlicher Ressourcen verzichtet. Dadurch werden einerseits tendenziell die diese Ressourcen einsetzenden Wirtschaftszweige benachteiligt. Wird Wald großflächig von der Nutzung ausgeschlossen, sind insbesondere die Forstwirtschaft und die Holz verwendenden Industrien, die

---

[1] Insgesamt sind in Deutschland ca. 1,6 Mio. ha Fläche zu Biosphärenreservaten erklärt, das entspricht etwa 4,4 % der Fläche der Bundesrepublik.

[2] Naturparke zählen bundesweit ca. 8 Mio. ha Fläche, das entspricht etwa 24 % der Landesfläche.

[3] In die Kategorie Nationalpark fallen knapp 1 Mio. ha Fläche insgesamt (einschließlich der Wasserflächen) bzw. 194.136 ha (nur terrestrische Fläche), das entspricht etwa 2,8 % bzw. 0,54 % der Fläche der Bundesrepublik.

[4] EUROPARC-Deutschland: Der Verein ist die deutsche Sektion der 1973 ins Leben gerufenen europäischen Dachorganisation EUROPARC-Föderation. In ihr engagieren sich Vertreter von über 400 Schutzgebieten aus 36 Ländern für das Naturerbe des gesamten Kontinents (http://www.europarc-deutschland.de).

Sägeindustrie, holzverarbeitende Industrien sowie die Papier- und papierverarbeitende Industrie betroffen. Andererseits werden andere Wirtschaftsbereiche durch die Veränderung der Rahmenbedingungen gefördert. Soweit durch die Schutzgebiete Touristen angezogen werden, sind dies – mindestens lokal – die einschlägigen Dienstleistungsbranchen. Diese volkswirtschaftlichen Kosten auf der einen und Vorteile auf der anderen Seite sind als externe Effekte interpretierbar. Darunter sind Einflüsse einer Wirtschaftseinheit auf eine (oder mehrere) andere zu verstehen, die nicht der Steuerung des Preismechanismus unterliegen, und zwar sowohl im Produktions-, Konsum- sowie im Bereich staatlicher Wirtschaftsaktivität (VAHLENS GROSSES WIRTSCHAFTSLEXIKON, 1987a, S. 568). BLANKART (1994, S. 468) sieht in Externalitäten öffentliche Güter besonderer Art, die klassischerweise in Verbindung mit der Produktion privater Güter entstehen. Überträgt man nun dieses Modell auf den staatlichen Akteur, der ein Schutzgebiet „produziert", und die lokal betroffenen Wirtschaftseinheiten (Unternehmen), mit deren Interessen die mit der Schutzgebietseinrichtung auftretenden Effekte verträglich sind oder nicht, so wird es auf mögliche regionalökonomische Wirkungen von Großschutzgebieten anwendbar.

Die vorliegende und überwiegend auf Sekundärdaten basierende Arbeit widmet sich ausschließlich der Feststellung *positiver externer Effekte* für das Segment Fremdenverkehr und damit verwandte Dienstleistungen, wobei ein Vergleich der wirtschaftlichen Entwicklung zwischen Regionen mit dem Schutzgebietstyp ‚Nationalpark' und solchen ohne Park im Vordergrund der Analyse steht. Sicherlich gibt es noch eine ganze Reihe von (Groß-) Schutzgebietstypen, die nach ihrer Ausweisung möglicherweise ebenfalls positive externe Effekte für die Tourismusindustrie der Region auslösen. Nur haben verschiedene in den letzten Jahren durchgeführte Befragungen unter naturinteressierten Urlaubern deutschlandweit erstens ein großes Wissensdefizit im Hinblick auf Umfang und Sinn der unterschiedlichen Schutzgebietskategorien diagnostiziert (z. B. WWF, 1999, S. 11), und zweitens ist die Verwendung und allgemeine Bekanntheit des Prädikats ‚Nationalpark' im Tourismusmarketing gegenüber anderen Begriffen – auf nationaler und internationaler Ebene – führend (GHIMIRE/PIMBERT, 1997, S. 4; HAMMER, 2003, S. 13). Außerdem bilden die derzeit 15 deutschen Nationalparke ein für eine Vollerhebung geeignetes Untersuchungskollektiv, das eine Stichprobe unnötig macht. Aus diesen Gründen und auch weil die Nationalparke in Deutschland und ihre Vorfeldgemeinden relativ klar abgegrenzte Einheiten bilden, die sich für die Datensammlung und den Vergleich mit strukturell ähnlichen Regionen anbieten, konzentriert sich die Studie auf die regionalwirtschaftliche Bedeutung des Schutzgebietstyps ‚Nationalpark'.

Die folgende Abbildung (Karte 1) und nachfolgende Tabelle (Tab. 1) geben eine Übersicht über alle derzeit existierenden 15 Nationalparke in Deutschland:

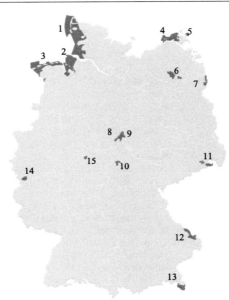

Karte 1: Deutschlandkarte mit allen bestehenden Nationalparken (Quelle: EUROPARC-Deutschland)

Tabelle 1: Übersicht zu allen deutschen Nationalparken, dem zugehörigen Bundesland, der Flächengröße und dem Gründungsjahr

Nationalpark	Bundesland	Größe in ha	Gründungsjahr
01 Schleswig-Holsteinisches Wattenmeer	SH	441.000	1985
02 Hamburgisches Wattenmeer	HH	13.750	1990
03 Niedersächsisches Wattenmeer	NS	278.000	1986
04 Vorpommersche Boddenlandschaft	MV	80.500	1990
05 Jasmund	MV	3.003	1990
06 Müritz	MV	32.200	1990
07 Unteres Odertal	BB	10.500	1995
08 Harz	NS	15.800	1994
09 Hochharz	SA	8.000	1990
10 Hainich	TH	7.610	1997
11 Sächsische Schweiz	SA	9.300	1990
12 Bayerischer Wald	BY	24.250	1970 (1997 erw.)
13 Berchtesgaden	BY	20.808	1978
14 Eifel	NRW	10.700	2004
15 Kellerwald-Edersee	HE	5.724	2004

Da eine Untersuchung der wirtschaftlichen Entwicklung der beiden jüngsten Nationalparkregionen Eifel und Kellerwald-Edersee im Hinblick auf den Ex-post-Ansatz der Fragestellung unsinnig ist, werden sie nicht in das Untersuchungskollektiv der damit letztlich insgesamt 13 Nationalparke aufgenommen.

Umfragen zufolge haben touristische Reisemotive, die intakte Natur und Umwelt als Basiselement aufweisen, einen entscheidenden Stellenwert (TOURISMUSBAROMETER OSTBAYERN 2002, S. 25; WWF, 1999, S. 10). Nationalparke werden als Tourismusmagnete bezeichnet (REVERMANN/PETERMANN, 2003, S. 51). Allerdings weisen die Autoren auch darauf hin, dass dies mehr auf die „monopolähnliche Marktstellung" aufgrund einer relativ exklusiven naturräumlichen und/oder kulturräumlichen Ausstattung von Schutzgebieten zurückzuführen ist, als auf ihre originäre Nutzenfunktion. Geht man davon aus, dass die Erklärung eines Schutzgebiets die touristische Attraktivität einer Region erhöht, so sind damit steigende Besucherzahlen und damit wiederum eine steigende Nachfrage nach Tourismusdienstleistungen zu erwarten – ein zumindest von Naturschutz-Seite immer wieder zur Interessendurchsetzung vorgebrachtes Argument. Wachsende Besucherzahlen in Nationalparkregionen bedeuten eine Steigerung des Regionaleinkommens aus verschiedenen Haupt- und Nebenerwerbstätigkeiten, die direkt mit dem Park verknüpft sind. Die vorrangig untersuchte Branche ist daher das Tourismusdienstleistungsgewerbe i. w. S. in den für die Untersuchung ausgewählten Regionen. Indirekt entstehender Nutzen durch Multiplikatoreffekte bei den nicht-nationalparkspezifischen Leistungsträgern auf der zweiten und dritten Ebene sowie Imageeffekte für die Gesamtregion steckten zwar bereits indirekt in einigen zu untersuchenden Kennzahlen, der Aufwand, der für ihre detaillierte und explizite Erfassung jedoch notwendig gewesen wäre, schien nicht gerechtfertigt.

Negative externe Effekte, wie sie beispielsweise für die Holzindustrie entstehen mögen, bleiben im Wesentlichen aus zwei Gründen in dieser Studie ausgeblendet: Zum einen hätte die Behandlung negativer Externalitäten Rahmen und Mittel dieses Forschungsvorhabens insbesondere schon deshalb gesprengt, weil eine allein auf Sekundärdaten gestützte Analyse nicht erfolgversprechend schien und Primärdaten nicht mit angemessenem Aufwand erhoben werden konnten. Zum anderen bietet diese Fragestellung einige in Inhalt und Komplexität gleichwertige Forschungsansätze zur Erfassung der Tragweite von umweltpolitischen Entscheidungen und dem daraus resultierenden Zusammenwirken ökologischer, ökonomischer und sozialer Elemente im Ressourcenschutz.

Die Erhöhung von Bekanntheitsgrad und Gästefrequenz stellt einen Marketing-Effekt für die Region dar, welcher als öffentliches Nebenprodukt betrachtet werden darf, das ohne das eigentliche „Produkt" – nämlich das Schutzgebiet – nicht zustande gekommen wäre. So gelingt es z. B. Unternehmen der Tourismusindustrie durch die staatlichen Aktivitäten in Form der Schutzgebietsausweisung mehr Leistungen abzusetzen oder zusätzliche Leistungen anzubieten. Vor diesem Hintergrund soll die Hypothese geprüft werden, dass die Einrichtung eines Nationalparks eine fördernde Wirkung auf den Tourismus in der Region besitzt.[5]

Ziel der Studie ist, durch Vergleich ökonomischer Kennzahlen von Regionen, in denen ein Nationalpark ausgewiesen wurde, mit strukturell ähnlichen Regionen ohne Nationalpark, die

---

[5] Bei einem Hypothesentest wird aus forschungslogischen Gründen nicht die eigentliche Hypothese, sondern die Nullhypothese getestet (vgl. LUDWIG-MAYERHOFER, 1999). Hier ist also die Hypothese zu testen, dass die Einrichtung eines Nationalparks keinen Einfluss auf den Tourismus in der Region besitzt. Kann die Nullhypothese verworfen werden, darf vorläufig von der Gültigkeit des vermuteten positiven Zusammenhangs zwischen Nationalparkgründung und Tourismus ausgegangen werden. Im Text wird dieser Zusammenhang als Ausgangshypothese bezeichnet.

Frage zu klären, ob in den Nationalparkregionen die wirtschaftliche Entwicklung mindestens einiger Branchen oder sogar die gesamte Wirtschaft durch die Ausweisung des Parks gefördert worden ist. Der Ansatz kann insofern als neu betrachtet werden als die einschlägige überwiegend interessenorientierte Literatur bestenfalls die regionalökonomischen Verflechtungen nur jeweils einer Nationalparkregion dokumentiert. Weder wurde bisher ein Vergleich der wirtschaftlichen Entwicklung von Nationalparkregionen mit strukturell ähnlichen Regionen vorgenommen, noch ist eine Studie bekannt, die vergleichbare Daten für ein Kollektiv von Nationalparkregionen erhebt und analysiert.

1.2   Aufbau der Arbeit

Im ersten Teil der Arbeit werden in einer kurzen Einführung die Ausgangslage und der eigentliche Gegenstand der Studie, die forschungsleitende Hypothese und Zielsetzung der Arbeit sowie der derzeitige Kenntnisstand der Forschung zum Thema vorgestellt (Kap. 1).

Darauf folgt die Darlegung der grundlegenden Zusammenhänge zwischen dem naturschutzpolitischen Instrument „Großschutzgebiet" und Entwicklungsstrategien auf regionaler Ebene (Kap. 2). Einige für das Verständnis dieser Zusammenhänge relevante Elemente aus dem Gebiet der Umweltökonomie allgemein und der Bewertungstheorie im Speziellen werden aufgegriffen, um die Einrichtung von Nationalparken im Kontext regionaler Entwicklungskonzepte zu beleuchten. Nachdem der Kern der Arbeit auf die Feststellung möglicher regionalökonomischer Effekte von Nationalparkgründungen im Rahmen einer vergleichenden Betrachtung entsprechender Kennzahlen aus Gebieten mit und ohne Nationalpark abzielt, darf das weitere Vorgehen weniger als theoriegeleitet, sondern statt dessen mit einem Schwerpunkt in der Methodik als stark empirisch ausgerichtet verstanden werden.

Aus den vorangegangenen Ausführungen geht hervor, dass die Methodik im Grunde genommen in zwei Teilbereiche (Kap. 3 und 4) getrennt werden kann: Zunächst gilt es, gestützt auf die Clusteranalyse, einem Verfahren der multivariaten Statistik, zu den feststehenden Nationalparkregionen die passenden Vergleichsregionen abzugrenzen bzw. auszuwählen (Kap. 3). Als Verwaltungseinheiten, die sich über aus der amtlichen Statistik zu gewinnenden Sekundärdaten zu ihrer Wirtschaftsleistung und –struktur auf ihre Ähnlichkeit bzw. Unähnlichkeit hin klassifizieren lassen, scheinen Landkreise geeignet.

Zu vergleichen ist sodann die wirtschaftliche Entwicklung des Fremdenverkehrs in den Untersuchungslandkreisen mit und ohne Nationalpark (Kap. 4). Dies erfolgt als Zeitreihenvergleich von touristischen Kennzahlen aus der einschlägigen Fremdenverkehrsstatistik. In Ergänzung zu schlichten deskriptiven Zeitreihen- und ggf. Wachstumsratenvergleichen werden die Datensätze mittels Regressionsanalyse als Standardmethode der schließenden Statistik auf die Art ihrer Zusammenhänge und möglichen Abhängigkeiten zwischen den ausgesuchten Parametern hin überprüft und beschrieben.

Kapitel 5 ist der Zusammenführung und Interpretation der im vorangegangenen Abschnitt präsentierten Untersuchungsergebnisse gewidmet.

Den Abschluss der Arbeit bildet Kapitel 6, in dem die Generalisierbarkeit der Ergebnisse der Untersuchung und die im Zuge der Bearbeitung aufgetretenen Problemfelder mit einem

Ausblick auf weiteren Forschungsbedarf im Zusammenhang mit regionalökonomischen Verflechtungen von Großschutzgebieten und ihrem Umfeld diskutiert werden.

1.3   Stand der Forschung

a) im deutschsprachigen Raum

Die Bedeutung von Großschutzgebieten und besonders Nationalparken für die wirtschaftliche Entwicklung wird von interessierter Seite (stellvertretend für viele andere: WWF, 1999, S. 9; IUCN, 1998, S. IX; BIEDENKAPP/GARBE, 2002, S. 19) betont und zur Interessendurchsetzung kommuniziert. Bereits KLEINHENZ (1982, S. 38) vermutet nur wenige Jahre nach Gründung des ersten deutschen Nationalparks Bayerischer Wald die fremdenverkehrwirtschaftlichen Effekte des Parks als Aspekt von hervorragendem Interesse für die gesamte Region. Die Förderung von Image, Bekanntheitsgrad und Tourismuswirtschaft für die in der Regel strukturschwachen und grenznahen Nationalparkregionen Deutschlands war und ist ein ausdrückliches, wenn auch nicht das einzige Gründungsziel.

Diese und ähnliche in der gegenwärtigen Literatur zu findenden Aussagen sind allerdings eher induktiver Natur und exemplarisch in der Betrachtung einzelner Parke oder Gebiete auch nachgewiesen. Einfach zugängliche umfangreiche Literatur, die der hier behandelten Forschungsfragestellung in Ansätzen entspricht, ist nicht leicht zu finden. Dies mag zum einen daran liegen, dass in der Tat trotz allgemeinem Interesse zum Thema schlichtweg wenig auf wissenschaftlicher Basis geschrieben wurde, zum anderen möglicherweise aber auch daran, dass Gutachten und Berichte zu konkreten regionalwirtschaftlichen Untersuchungen im Zusammenhang mit Großschutzgebieten nicht immer publiziert werden. Ein Forschungsdefizit hinsichtlich der sozio-ökonomischen bzw. räumlichen Bedeutung von Großschutzgebieten konstatiert auch KÄETHER (1994, S. 45) in seiner zur Vorbereitung einer von mehreren Bundesländern in Auftrag gegebenen regionalplanerischen Arbeitsgemeinschaft durchgeführten Pilotstudie. In den vergangenen 10 Jahren sind jedoch einige interessante Arbeiten entstanden, die für der Fragestellung der vorliegenden Untersuchung zumindest in Teilaspekten relevant sind. Für den deutschsprachigen Raum beschränkt sich das Ergebnis der Literaturrecherche im Wesentlichen auf die vier relativ aktuellen Arbeiten von KÜPFER (2000), JOB et al. (2003), RÜTTER et al. (1996) und LEIBENATH (2001), die bereits über 20 Jahre alte Studie von KLEINHENZ (1982) sowie einige Studien von österreichischen Autoren (z. B. KLETZAN/KRATENA, 1999; oder GETZNER et al., 2002a).

Das Gutachten von KLEINHENZ (1982) über die fremdenverkehrswirtschaftliche Bedeutung des Nationalparks Bayerischer Wald hat für Deutschland Pioniercharakter und empfiehlt den Entscheidungsträgern vor Ort – ausgehend von, wie sich herausstellen sollte, sehr vorsichtigen Schätzungen der Besucherzahlen[6] – weiterhin auf den Nationalparktourismus als Entwicklungsmotor der Region zu setzen (KLEINHENZ, 1982, S. 109 ff.).

In einem „Leitfaden zur Berechnung der touristischen Gesamtnachfrage, Wertschöpfung und Beschäftigung" geben die Schweizer RÜTTER, GUHL und MÜLLER eine Anleitung, wie in 13 pragmatischen Schritten der „Wertschöpfer Tourismus" zahlenmäßig und für ein abgegrenztes Gebiet zu erfassen ist (RÜTTER et al., 1996). Die drei Autoren berücksichtigen bei ihrer

---

[6] KÜPFER (2000, S. 66) stellt fest, dass die Umsätze, die die Nationalparktouristen laut eines Merkblatts der Nationalparkverwaltung Bayerischer Wald 1997 generierten, bereits doppelt so hoch waren, wie die 1982 von KLEINHENZ geschätzten.

Berechnung sowohl die Nachfrage- als auch die Angebotsseite. Sie schlagen Gäste- und Unternehmensbefragungen vor, um dann überprüfen zu können, ob der direkt touristische Umsatz auch der touristischen Nachfrage entspricht. Die Unternehmensbefragungen dienen außerdem dazu, den Umfang von Vorleistungen zu schätzen und Informationen zum Investitionsverhalten zu gewinnen, was wiederum Schlüsse auf die Multiplikatorwirkung der touristischen Ausgaben ermöglicht. Diese in der Literatur mittlerweile als „schweizerische Methode" bezeichnete Vorgehensweise vergleicht die Wertschöpfung aus dem Tourismus einer Region mit der gesamten Wertschöpfung einer Referenzregion. Die wesentlichen Elemente dieses Leitfadens wurden sowohl von KÜPFER (2000) für ihre Untersuchung zur Bedeutung des Tourismus für die Region um den Schweizerischen Nationalpark als auch von JOB et al. (2003) für eine ähnliche Studie zum Nationalpark Berchtesgaden aufgegriffen.

KÜPFER (2000) hat das schweizerische Modell insofern erfolgreich auf seine Relevanz für die Bewertungspraxis überprüft, als sie es in leicht modifizierter Form anwendete, nämlich speziell auf das Segment Nationalparktourismus angepasst und mittels Sekundärdaten unter Einbeziehung indirekter und induzierter Effekte (siehe dazu auch Kap. 2.3.6). JOB und METZLER haben im Rahmen eines Projektes am Münchner Institut für Wirtschaftsgeographie in Anlehnung an die von KÜPFER (2000) verwendete Methodik eine vergleichbare Studie für den Nationalpark Berchtesgaden durchgeführt und ihre Forschungen zur regionalwirtschaftlichen Bedeutung des Tourismus daraufhin auf alle alpinen Nationalparke Europas ausgedehnt (JOB et al., 2003). Beide Autoren wählten Gästebefragungen, um die Urlaubsmotive zu erfassen und den Anteil des Nationalparktourismus an der regionalen Wertschöpfung zu quantifizieren. Der wesentliche methodische Unterschied zwischen den beiden Untersuchungen ist, dass KÜPFER (2000) ihre Daten durch eine Zielgebietsbefragung erhebt, wohingegen JOB et al. (2003) eine Zufallsstichprobe als das geeignete Mittel zur Erfassung der Primärdaten als zielführend auswählen. Zum Nationalpark Berchtesgaden gibt es außerdem eine Studie von MANGHABATI (1986), der die durch Tourismus verursachten Veränderungen in der Hochgebirgslandschaft erfasst hat. V. a. die Veröffentlichungen von KÜPFER (2000), JOB et al. (2003) und RÜTTER et al. (1996) spielen für die theoretischen Vorüberlegungen der vorliegenden Arbeit zum Teil eine wichtige Rolle und werden im weiteren Verlauf noch des Öfteren Erwähnung finden.

LEIBENATH (2001) analysierte in seiner Arbeit die Aufgaben, die an ein erfolgreiches Regionalmarketing im Zusammenhang mit Nationalparken herangetragen werden, und ergänzte seine theoriegeleiteten Ausführungen um eine Fallstudie zum Müritz-Nationalpark auf der Grundlage von Experteninterviews.

Der von der Forstwissenschaftlichen Fakultät der Universität München und der Bayerischen Landesanstalt für Wald und Forstwirtschaft im Jahr 1996 herausgegebene Forschungsbericht – insbesondere die Beiträge von GUNDERMANN und SUDA (1996), HAMPICKE (1996) und PAESLER (1996) – informiert prägnant über Eigenschaften von Großschutzgebieten, Methoden ihrer Bewertung und mögliche regionalwirtschaftliche Auswirkungen. Interessante Anregungen zur Einschätzung der im Rahmen der vorliegenden Arbeit nur nebenbei angesprochenen negativen externen Effekten von Großschutzgebieten bietet darin ferner PUWEIN (1996). SUDA leitete überdies in den Jahren 1997 und 2001 zwei Zielgebietsstudien zur Wahrnehmung und Bewertung großflächig abgestorbener Bäume im Nationalpark Bayerischer Wald durch Touristen (SUDA/PAULI, 1998 und SUDA/FEICHT, 2001, siehe hierzu auch Kap. 4.2.3.2.2).

Zwei Institutionen, die in Deutschland wesentliche Beiträge zum Thema geliefert haben, sind das bereits erwähnte Deutsche Wirtschaftswissenschaftliche Institut für Fremdenverkehr der

Universität München DWIF (v. a. zur regionalwirtschaftlichen Bedeutung des Nationalparks Schleswig-Holsteinisches Wattenmeer) und die Passauer Firma GWMC Wirtschaftsforschung GmbH, die (unter der Leitung von ehemaligen Mitarbeitern von Prof. Kleinhenz) ein Handbuch über „Standardisierte Methoden zur Analyse der Besucher von Großschutzgebieten sowie zur Bewertung der Akzeptanz und der wirtschaftlichen Bedeutung der Schutzgebiete für die Schutzgebietsregion" herausgebracht hat (KÜPFER, 2000, S. 67). Etwa zeitgleich mit der vorliegenden Untersuchung entstand eine vom Bundesamt für Naturschutz herausgegebene Veröffentlichung mit dem Titel „Ökonomische Effekte von Großschutzgebieten", die ebenfalls in Zusammenarbeit zwischen der DWIF Consulting GmbH und dem Münchner Institut für Wirtschaftsgeographie erarbeitet wurde (JOB et al., 2005). Das Autoren-Team entwickelte an den Beispielen zweier Naturparke und eines Nationalparks eine standardisierte Methode, die von den Verantwortlichen im Großschutzgebiets-Management eigenständig und kostengünstig zur Erfassung der regionalökonomischen Effekte verwendet werden kann. In stichprobenbasierten Zählungen und Interviews werden Anzahl und Ausgabeverhalten der Besucher ermittelt. Daraus werden die Umsätze durch Touristen berechnet, aus denen sich wiederum Einkommenseffekte und Arbeitsplatzäquivalente ableiten lassen. Mit dem Vorhaben war beabsichtigt, ein im Vergleich zu regionalwirtschaftlichen Modellrechnungen leicht anwendbares und nachvollziehbares Verfahren einzuführen. JOB et al. (2005, S. 83) betonen allerdings, dass das vorgeschlagene Modell für die Quantifizierung regionalwirtschaftlicher Effekte eines Schutzgebiets nur innerhalb eines gegebenen Raum- und Zeitausschnitts unter gleichbleibenden Rahmenbedingungen konzipiert und für die Prognose zukünftiger Zustände in einer sich ändernden Wirtschaftsstruktur nicht geeignet ist.

Das Arbeitspapier der Bundesregierung „Konzeption für den Bereich Umweltschutz und Tourismus"[7] sieht die Förderung und Entwicklung einer touristischen Angebotsgruppe Deutsche Nationalparke namentlich vor. In diesem Zusammenhang entstand im Jahr 2001 ein Projekt, das vom Deutschen Tourismusverband (DTV) getragen und vom Bundesministerium für Wirtschaft und Technologie unterstützt wurde. Die Fa. FUTOUR erhielt den Zuschlag für die Umsetzung des Vorhabens. Eine Marktanalyse der vorhandenen touristischen Angebote in deutschen Nationalparken und die Erarbeitung von Standards und Empfehlungen zur Produktgestaltung stellten die Vorarbeiten dar für die Erreichung des eigentlichen Projektzieles, nämlich die Nutzung von Nationalparken als Imageträger für den Deutschlandtourismus in einem gemeinsamen Marketingauftritt von Beteiligten aus Nationalparkverwaltungen und Tourismusorganisationen.[8]

Man sollte ferner erwarten, dass der in der wirtschaftswissenschaftlichen Literatur häufig vorgestellte Ansatz der Kosten-Nutzen-Analyse[9] im Zuge des Entscheidungsprozesses zur Ausweisung eines Nationalparks als öffentliches Projekt Relevanz gewinnen würde und entsprechend viele diese Methodik nutzende empirische Studien veröffentlicht wären. Zumindest in Verbindung mit der Einrichtung von Großschutzgebieten in Deutschland stellt man allerdings fest dass – ähnlich wie zur allgemeinen Regionalforschung im Zusammenhang mit der Integration von Schutzgebieten – nur wenige Forschungsarbeiten veröffentlicht sind. Zwar wird diese Evaluierungsmethode von den Autoren als Möglichkeit zwar erläutert,

---

[7] Dieser Bericht ist ein Beitrag Deutschlands zum von den Vereinten Nationen 2002 ausgerufenen Internationalen Jahr des Ökotourismus. Im Rahmen des 1999 in der Konferenz für Nachhaltige Entwicklung beschlossenen Arbeitsprogramms waren die jeweiligen Regierungen aufgefordert, hierzu nationale Strategien zu entwickeln und Maßnahmen zu ergreifen. (Quelle: BUNDESREGIERUNG; http://www.bmu.de/files/pdfs/allgemein/application/pdf/tourismusbericht.pdf)

[8] Quelle: DEUTSCHER TOURISMUSVERBAND, 2001; http://www.deutschertourismusverband.de/content/files/endberichtnationalparke.pdf

[9] Ausführungen zur Kosten-Nutzen-Analyse als Evaluierungsinstrument finden sich in Kapitel 2.3.5.1.

jedoch in der Anwendung bisweilen als unpassend abgelehnt. So stellt z. B. DIEPOLDER (1997, S. 81) eine Bewertung von Nationalparken vor, in der auch die Kosten-Nutzen-Analyse diskutiert wurde. Letztere befand sie allerdings überraschenderweise für den dargelegten Zweck als ungeeignet. Zum selben Ergebnis gelangen auch KÜPFER/ELSASSER (2000, S. 438) bei Durchleuchtung dieser Methode in ihrer Eignung für die Evaluation einer regionalpolitischen Maßnahme in Form einer Schutzgebietsausweisung für das Fallbeispiel Schweizer Nationalpark. Allerdings erwähnt KÜPFER (2000, S. 40) in ihrer Arbeit eine von dem bereits erwähnten Deutschen Wirtschaftswissenschaftlichen Institut für Fremdenverkehr der Universität München DWIF 1995 für den Nationalpark Schleswig-Holsteinisches Wattenmeer durchgeführte Kosten-Nutzen-Analyse, die regionalwirtschaftliche Wirkungen berücksichtigt. Obwohl demnach der Vergleich Nutzen-Kosten klar zugunsten der Nutzenseite ausfiel, wird diese Aussage durch den Hinweis seitens des DWIF eingeschränkt, dass nicht sämtliche Nutzen- bzw. Kostenkomponenten quantifiziert werden konnten.

In Österreich hingegen wurde die Kosten-Nutzen-Analyse bereits des Öfteren im Zusammenhang mit der Einrichtung von Großschutzgebieten angewendet, so z. B. für den Nationalpark Donauauen (SCHÖNBÄCK et al., 1997). Zu dem Nationalpark Oberösterreichische Kalkalpen wurde von BAASKE et al., (1998) eine Untersuchung durchgeführt, die sowohl die regional- als auch die volkswirtschaftlichen Auswirkungen der Einrichtung des Parks mittels einer Kosten-Nutzen-Analyse darstellt. JUNGMEIER et al. (1999) errechneten im Rahmen einer Machbarkeitsstudie auf der Basis von Multiplikatoranalysen die Wertschöpfungs- und Beschäftigungseffekte des damals noch in Planung befindlichen Nationalparks Gesäuse. Vom Institut für Touristische Raumplanung wurde für den Nationalpark Thayatal eine qualitative Abschätzung der regionalwirtschaftlichen Effekte erarbeitet (ITR, 1993), die nachträglich um quantitative Aspekte durch die Österreichische Regionalberatungs-GmbH (ÖAR) ergänzt wurde (KLETZAN/KRATENA, 1999). Basierend auf diesen Studien zu den *regional*ökonomischen Effekten der Parke hat das Österreichische Institut für Wirtschaftsforschung im Auftrag des Bundesministeriums für Umwelt, Jugend und Familie vor einigen Jahren ein Projekt zur Evaluierung der *gesamt*ökonomischen Effekte von Nationalparken verwirklicht (KLETZAN/KRATENA, 1999). Die Autoren verwenden eine Input-Output-Tabelle, die die intersektorale Verflechtung der österreichischen Volkswirtschaft abbildet und in die die zu einem Sektor aggregierten Nationalparke Donauauen, Neusiedlersee-Seewinkel, Kalkalpen und Hohe Tauern als zusätzlicher Wirtschaftszweig eingesetzt werden. Bei dieser Arbeit ist aber zu beachten, dass gerade z. B. höhere regionale Tourismusausgaben, die im Zuge des Besuchs von Nationalparken entstehen, ausgeklammert bleiben und nur ökonomische (Zuatz-)Effekte der Budgetausgaben für Nationalparke einbezogen werden. KLETZAN und KRATENA (1999, S. 3) rechtfertigen diesen Ansatz mit der gesamtösterreichischen Perspektive der Studie, in der es sich bei nationalparkinduzierten Tourismusausgaben von inländischen Besuchern lediglich um die regionale Verlagerung von privaten Konsumausgaben handelt. Mangels Informationen über die Zahl von ausländischen Nationalparkbesuchern in Österreich bleiben diese außer Betracht.

Eine knappe aber dennoch erschöpfende Darstellung zu ökonomischen Bewertungsansätzen in einer Kosten-Nutzen-Analyse im Zusammenhang mit Nationalparken im Vergleich zu anderen Nutzungen findet sich bei KOSZ (1993) in einem zum Thema „Nationalparke – Ein wirtschaftlicher Impuls für die Region" veröffentlichten Tagungsband der Österreichischen Gesellschaft für Ökologie (ÖKÖ). Das Jahr 1996 wurde in Österreich zum „Jahr der Nationalparke" erklärt. Zu diesem Anlass veranstaltete die ÖKÖ ein weiteres interdisziplinäres Symposium diesmal unter dem Motto „Nationalparks – was sie uns wert sind". Im zugehörigen Tagungsband sind eine Reihe interessanter Beiträge mit mehr oder weniger direktem inhaltlichem Bezug zur Forschungsfrage der vorliegenden Arbeit abgedruckt sowie einige Kurzfassungen der bereits erwähnten Einzelfallanalysen im Zuge der Planungsprozesse von österreichischen Nationalparkprojekten (ÖKÖ, 1997).

Eine sehr umfangreiche Darstellung aus systemtheoretischer Perspektive zu den Verschränkungen der Nutzung von Umweltressourcen bei gleichzeitiger Wohlstandssicherung und –mehrung liefern die Autoren GETZNER, JOST und JUNGMEIER in ihrer Veröffentlichung über regionalwirtschaftliche Auswirkungen von Natura 2000-Schutzgebieten in Österreich (GETZNER et al., 2002a). In jeweils einem optimistischen und pessimistischen Szenario zeigt das Buch für insgesamt 4 Modellregionen auf, unter welchen Bedingungen die Erhöhung der Umweltqualität durch die Ausweisung eines Schutzgebiets mit Verbesserungen bzw. Einbußen der regionalen Einkommensmöglichkeiten einhergeht. Zwar handelt es sich bei den in dieser Studie ausgewählten Untersuchungseinheiten nicht um Nationalparke, sondern um eine andere Schutzgebietskategorie, und GETZNER et al. (2002a) berücksichtigen nicht nur Wertschöpfungseffekte aus dem tertiären Sektor der Tourismusdienstleistung, sondern auch staatliche Mittelzuflüsse in die jeweiligen Regionen, aber die Parallelen zur Fragestellung des vorliegenden Forschungsprojekts sind – wenn es sich auch wieder um eine Ex-ante-Einschätzung der Möglichkeiten handelt – offensichtlich[10]. Die für österreichische Schutzgebiete getroffenen Schlussfolgerungen sind auch für die Konzeption dieser Arbeit von Interesse.

Ferner sei noch angemerkt, dass ein Teil der sich mit Nationalparken beschäftigenden Literatur – abgesehen selbstverständlich von einer Vielzahl von Forschungsarbeiten mit rein naturwissenschaftlichem Hintergrund – sich auf die Frage bezieht, ob die im Einzelnen ausgewählten Gebiete den internationalen Standards der *International Union for Conservation of Nature and Natural Resources* IUCN[11] und anderen internationalen Abkommen für Nationalparke entsprechen und eine Ausweisung dieser Schutzkategorie daher gerechtfertigt ist (z. B. DIEPOLDER, 1997; siehe auch BLAB, 2002; ferner HENKE, 1976). Diese Studien beziehen sich aber auf die Ausstattung der Parkfläche selbst und nicht auf die angrenzenden Regionen. Auch ist die wirtschaftliche Entwicklung dieser Regionen nicht Gegenstand dieser Arbeiten. Zwar gibt es eine Fülle von Studien, die sich explizit mit der nachhaltigen (fremdenverkehrs-)wirtschaftlichen Entwicklung einer Region beschäftigen, i. d. R. im Kontext des potentiellen Konfliktfelds von intakter Natur und Umwelt als Grundlage des Fremdenverkehrs (siehe hierzu z. B. MÜLLER, 2003; BUCHWALD/ENGELHARDT, 1998 oder SCHLOEMER, 1999). Die umweltverträgliche Gestaltung des Tourismus in Deutschland stellt jedoch wiederum bestenfalls einen sehr marginalen Teilaspekt der dieser Arbeit zugrunde liegenden Fragestellung dar, auf den auch nicht weiter eingegangen wird.

b) im englischsprachigen Raum

Ein Blick in die USA, wo 1872 der erste Nationalpark gegründet wurde und die auch im Hinblick auf die Weiterentwicklung des Nationalparkkonzepts weltweit nach wie vor eine Vorreiterrolle spielen, soll zunächst einige landespezifische Eigenheiten und Ausprägungen von Nationalparken aufzeigen, um dann aus einem differenzierteren Blickwinkel eine

---

[10] Ein englischsprachiger Aufsatz hierzu findet sich bei GETZNER/JUNGMEIER (2002b).

[11] Die *International Union for Conservation of Nature and of Natural Resources* IUCN wurde 1948 in Fontainebleau gegründet und bemüht sich in enger Zusammenarbeit mit verschiedenen Organisationen der Vereinten Nationen um Förderung, Harmonisierung und Koordination im internationalen Naturschutz. Die weltweit operierende Dachorganisation zählt mittlerweile über 800 Mitglieder aus 125 Ländern und hat sich vor einigen Jahren umbenannt in *The World Conservation Union*, die Abkürzung IUCN blieb jedoch bestehen (REVERMANN/PETERMANN, 2003, S. 33).

Beurteilung des dortigen und auch des internationalen Stands der Forschung zu regionalökonomischen Effekten der Schutzgebiete zu erlauben.

Zu den drei Gebietskategorien der insgesamt etwa 390 Gebietseinheiten[12] im Verantwortungsbereich des *U.S. National Park Service (USNPS)* gehören 54 Nationalparke i. e. S., die übrigen Schutzgebiete sind Natur- und Erholungsareale sowie historische Areale. Die amerikanischen Nationalparke verzeichnen jährlich etwa 65 Mio. Besuche[13] von Touristen. Amerikanische Nationalparke unterscheiden sich abgesehen von ihrer Größe in vielerlei Hinsicht von den meisten europäischen Parken. Sehr anschaulich sind diese Unterschiede wiederum auf eine österreichische Initiative hin herausgearbeitet und in einer vergleichenden Gegenüberstellung präsentiert worden (SCHÖNSTEIN/SCHÖRNER 1990). Die beiden Autoren stellen fest, dass der Schwerpunkt der Naturschutzaufgabe von Nationalparken in den USA darin liegt, die vorhandenen natürlichen bzw. naturnahen Landschaften zu bewahren, wohingegen man in Mitteleuropa die über Jahrhunderte durch anthropogene Einflussnahme umgestalteten Gebiete eher wieder in natürliche bzw. naturnahe Ökosysteme zurückzuführen versucht (ebd., S. 46 f.). Im Gegensatz zur Kulturlandschaft Europas, wo sich zahlreiche Nationalparke in traditionellen Fremdenverkehrsgebieten befinden, lagen die meisten amerikanischen Parke zumindest zum Zeitpunkt ihrer Gründung in sehr dünn besiedelten Gebieten fernab der Zivilisation. Eine intensive Wechselwirkung zwischen dem Park und seinem unmittelbaren Umfeld war also nicht zu erwarten. Darüber hinaus ist zu bedenken, dass die Rechtslage in den USA kein grundsätzliches Betretungsrecht von Ländereien in Privateigentum kennt und somit Nationalparke neben einigen anderen designierten Gebieten wie *National Forests, State Parks* oder *Recreational Sites* die einzige Erholungsmöglichkeit in freier Landschaft für die Bevölkerung darstellen. Angesichts dieser Rahmenbedingungen war auch die touristische Erschließung der Nationalparke und ihres Vorfelds eine andere als z. B. in Deutschland. Während die meisten erholungsrelevanten Einrichtungen (z. B. Camping- und Picknickplätze) in einem amerikanischen Nationalpark von dem *National Park Service* auf gemeinnütziger Basis betrieben werden, bietet ein Parkkonzessionär i. d. R. in Form eines kommerziellen Unternehmens verschiedene Dienstleistungen an, z. B. Unterkunftsmöglichkeiten in Hotels, Lodges, Motels, Restaurants, Imbissbars, Lebensmittelgeschäfte, Tankstellen, medizinische Versorgung usw. Diese befinden sich meistens im Park selbst, der auf mehr oder weniger ausgebauten Straßen gut erschlossen ist[14]. Auch ist der Besuch eines amerikanischen Nationalparks gebührenpflichtig, wobei die Gebühr pro Fahrzeug erhoben wird und je nach Aufenthaltsdauer zwischen 5 und 20 Dollar beträgt. Zwar sind in fast allen Parken in den USA mittlerweile Shuttle-Busse zwischen Parkplätzen und Sehenswürdigkeiten eingesetzt, aber angesichts der Weitläufigkeit amerikanischer Nationalparke ist der PKW für die meisten Besucher unverzichtbar geblieben.[15] Selbstverständlich gibt es aber auch in den USA Nationalparke, die wenn auch von der Größenordnung i. d. R. kaum mit europäischen Verhältnissen vergleichbar, so doch

---

[12] Für eine Übersicht über alle Schutzgebiete siehe Internetseite des NATIONAL PARK SERVICE (http://www.nps.gov).

[13] Die Angabe bezieht sich auf eine Schätzung des USNPS aus dem Jahr 1995 (KÜPFER, 2000, S. 28).

[14] Allein im Yellowstone Nationalpark gibt es über 1.000 km befestigte Straßen, 2.100 ständige Gebäude, 7 Freilichttheater, 24 Trinkwassersammelbecken, 30 Abwasserkläranlagen und Mülldeponien, 10 Trafostationen, 150 km Kabelleitungen, 54 Picknickplätze, 300 Zeltplätze, 17.000 Hinweisschilder und im Durchschnitt über 8.500 Personen, die täglich innerhalb der Grenzen des Parks übernachten (SCHÖNSTEIN/SCHÖRNER, 1990, S. 56).

[15] Abgesehen von der Weiträumigkeit der Nationalparke zählt das so genannte *Pleasure Driving* (Autofahren in der Freizeit) für 69 % der Amerikaner zu den beliebtesten Freizeitaktivitäten (SCHÖNSTEIN/SCHÖRNER, 1990, S. 66). 90 % der Nationalparktouristen verlassen die ausgebauten Straßen während ihres Besuchs im Park nicht, ca. 7 % bewegen sich zusätzlich auf Nebenstraßen und nur 3 % verlassen ihr Fahrzeug, um durch die Natur zu wandern (ebd., S. 96).

im Hinblick auf die Erholungs- und Entwicklungsfunktion ähnlich strukturiert sind wie manche der beliebtesten Parke in Europa. Ein Beispiel für einen Nationalpark, der in einem Gebiet mit hoher Besiedelungsdichte liegt und darüber hinaus auch stark frequentiert wird (über 9 Mio. Besucher jährlich), so dass im Vorfeld völlig auf den Tourismus eingestellte Versorgungsstädte entstanden sind, ist der 1940 offiziell gegründete und über 211.000 ha große *Great Smoky Mountains National Park* in den Appalachen.

Dieser kurze Exkurs über die Situation im Geburtsland der Nationalparkidee erklärt, dass die Schwerpunkte der Forschung in Zusammenhang mit Nationalparken generell in den USA anders ausgerichtet sind als in Europa, nämlich nicht so sehr an der Erforschung naturnaher Lebensgemeinschaften, sondern vielmehr an der Beobachtung der Folgen der menschlichen Aktivitäten für die unberührte Landschaft in Nationalparken (ebd., S. 68). Ein gutes Beispiel für einen derartigen Ansatz ist die Arbeit von FREEMUTH (1991), der vornehmlich die Ursachen und entsprechend die politischen Möglichkeiten der Abwendung von Beeinträchtigungen der verschiedenen Funktionen von Nationalparken von außen (*external threats*) diskutiert. Ähnlich wie in einem Beitrag von LOCKE (1997) über den kanadischen *Banff National Park* werden dabei jedoch die negativen Effekte unkontrollierter Bau- und Entwicklungsvorhaben im Rahmen touristischer Nutzung in den Parks selbst oder unmittelbar angrenzend kritisiert. So beschreibt auch LOWRY (1994) in seinem Buch die Herausforderungen, die u. a. Massentourismus und Übererschließung in Nationalparken mit sich bringen, und warnt vor der zunehmenden Abhängigkeit der Nationalparkbehörden in den USA und Kanada sowohl von Politik als auch von Umweltschutzverbänden. Im Vordergrund der sozio-ökonomischen Forschung im Zusammenhang mit Nationalparken in Amerika scheinen also eher die Gefahren des Tourismus und andere Nutzungskonfliktfelder für die Integrität der Parke und ihrer Verwaltungen zu stehen und nicht, wie in der vorliegenden Studie beabsichtigt, die ökonomischen Auswirkungen der Parks auf ihr Vorfeld. Die Literatur zu dem sehr facettenreichen Themenkomplex Schutzgebietmanagement allgemein ist ähnlich wie in Europa sehr umfangreich. Einen guten Überblick über die interessierenden Aspekte in diesem Kontext gibt das Sammelwerk von WRIGHT (1996).

Die Tatsache, dass z. B. in den amerikanischen Parken Eintrittsgebühren entrichtet werden müssen, bedeutet einen großen Vorteil im Hinblick auf quantitative Aspekte eines sozio-ökonomischen Monitorings. Wie KÜPFER (2000, S. 68) in ihrer Abhandlung über die Möglichkeiten der Inwertsetzung von Schutzgebieten auch feststellt, sind v. a. in Amerika und Australien im Gegensatz zu Deutschland Input-Output-Modelle gerade deshalb beliebte Ansätze zur Erfassung von regionalökonomischen Effekten von Nationalparken, weil die Vorarbeiten für die Erstellung regionaler Input-Output-Tabellen in diesen Ländern weiter fortgeschritten sind als in Deutschland. Eine umfassende Darstellung – allerdings wiederum in der Ex-ante-Betrachtung – zu den Möglichkeiten, klassische wirtschaftswissenschaftliche Bewertungsmethoden als Werkzeug zur Entscheidungsfindung im Rahmen der Ausweisung von Schutzgebieten einzusetzen, geben die beiden britischen Autoren DIXON und SHERMAN (1990). Im ersten Teil ihres in erster Linie an Naturschutzbehörden und –verbände gerichteten Handbuchs werden die verschiedenen Methoden zur Erfassung der relevanten Kosten und Nutzen von Schutzgebieten sowie deren Bewertung, Finanzierung und Management erläutert. Der zweite Abschnitt veranschaulicht die praktische Anwendung der theoretischen Vorüberlegungen an Beispielen ausgewählter Nationalparke in Industrie- und Entwicklungsländern.

Die Literaturrecherche im internationalen, v. a. englischsprachigen Umfeld zum eigentlichen Thema der vorliegenden Arbeit, der Ex-post-Einschätzung von sozio-ökonomischen Nationalparkeffekten, brachte insgesamt nur wenige Ergebnisse. Eines davon ist die von

BUTLER und BOYD (2000) herausgegebene Sammlung von Fallbeispielen zu den Problemen und Wechselwirkungen im Zusammenspiel von Tourismus und Nationalparken aus allen Kontinenten. Mit dem Grundgedanken einer besseren Akzeptanz von Schutzgebieten allgemein bei tatsächlich erfahrbarem Nutzen seitens der betroffenen Bevölkerung vor Ort und mit dem Focus auf Entwicklungsländer oder zumindest touristisch unterentwickelten Regionen durchleuchten verschiedene Autoren die Möglichkeiten der Einkommensgenerierung durch Fremdenverkehr und stellen dabei auch vergleichende Ansätze vor, so z. B. NEPAL (2000) zu Nationalparken im Himalaya, MARSH (2000) zu Schutzgebietstourismus in Polargebieten, LILIEHOLM und ROMNEY (2000) zu den Herausforderungen im Zusammenhang mit Wildtierbeobachtung und –schutz in Ländern Afrikas oder GOODWIN (2000) zu der Frage, welchen Beitrag gemeinsame Initiativen von lokalen Akteuren zu einem nachhaltigen Tourismusangebot in Nationalparkregionen leisten können. Ein weiteres Sammelwerk, das sich mit Tourismusmanagement in Nationalparken befasst und vor dem Hintergrund des global zu beobachtenden Trends der Zunahme von Schutzgebietsausweisungen bei gleichzeitig steigender Tourismusnachfrage in diesen Gebieten die wirtschaftlichen Folgen analysiert, wurde von dem Kanadier EAGLES und dem US-Amerikaner MCCOOL herausgegeben (EAGLES/MCCOOL, 2002). Besonders der darin veröffentlichte Beitrag von MOISEY (2002) liefert eine gelungene Darstellung der Unterschiede zwischen dem Gesamtwert eines Nationalparks und seinem Nutzwert und stellt die gängigsten Methoden vor, letzteren zu erheben. Der Autor präsentiert Fallstudien zu Nationalparken in Australien, Belize, den USA und Kanada und diskutiert abschließend die Verbesserungspotentiale im Rahmen touristischer Nutzung für die angrenzenden Siedlungsgemeinschaften. In Zusammenarbeit mit dem Institut für Allgemeine Ökologie und Umweltschutz der Technischen Universität Dresden fertigte der Kenianer MUNGATANA (1999) eine Studie an, in der am Beispiel eines Waldreservats in Kenia der gesellschaftliche Nutzen (Wertschätzung der Bevölkerung, Zahlungsbereitschaft zur Erhaltung des Reservats) den Kosten (Opportunitätskosten zur Erhaltung des Reservats, ökonomischer Verzicht) gegenübergestellt wird, wobei einige klassische Methoden der umweltökonomischen Bewertung zur Anwendung kommen.

Schließlich weisen interessante Ergebnisse einer weiteren Publikation von GETZNER (s. o.), in der mittels ökonometrischer Modelle die Einflussfaktoren für auf volks- und regionalwirtschaftlicher Ebene „erfolgreiche" Nationalparke in Österreich analysiert werden, auf zukünftigen Forschungsbedarf hin und sollen daher im Kontext der Beurteilung der Situation der Nationalparkregionen Deutschlands auch Eingang finden in die Diskussion der Ergebnisse dieser Arbeit (GETZNER, 2003; siehe Kap. 6).

c) Fazit

Mit Ausnahme der österreichischen Studien zur Evaluierung der volks- und regionalwirtschaftlichen Bedeutung von Nationalparken von KLETZAN/KRATENA (1999) und GETZNER (2003) und einigen Untersuchungen in Entwicklungsländern in BUTLER/BOYD (2000), in denen verschiedene Ökotourismuskonzepte und der Status quo im Hinblick auf die Zielerreichung verglichen werden, haben alle erwähnten Arbeiten immer die Betrachtung nur je einer ausgewählten Nationalparkregion gemeinsam. Damit bleibt die Frage unbeantwortet, ob Effekte, die die touristische Entwicklung in Nationalparkregionen beschleunigen, wirklich existieren oder ob sich nicht nur die allgemeine wirtschaftliche Entwicklung im Anstieg der regionalen oder lokalen Nachfrage nach Tourismusdienstleistungen niederschlägt. Festzuhalten ist, dass in der ausgewerteten Literatur zum sozioökonomischen Umfeld von Nationalparken im Grunde genommen kein Vergleichsrahmen gefunden werden konnte, der für das vorliegende Forschungsvorhaben eine durchgängige Orientierungshilfe darstellen würde. Trotzdem spielen v. a. die Veröffentlichungen von KÜPFER (2000), JOB et al. (2003) und RÜTTER et al. (1996) auch für die theoretischen Vorüberlegungen der vorliegenden Arbeit in manchen Teilen eine wichtige Rolle und werden im weiteren Verlauf noch des Öfteren Erwähnung finden.

2 Großschutzgebiete und Regionalentwicklungsstrategien

2.1 Aufgaben der Großschutzgebiete

Laut dem Leitbild von EUROPARC-Deutschland sind Großschutzgebiete geschützte Landschaften, die das Naturerbe für Mensch und Natur bewahren, sofern dies angesichts globaler Klimaänderungen langfristig möglich ist. Sie sichern die Lebensräume von Mensch und Natur durch den Schutz von Boden, Wasser und Luft sowie von Lebensgemeinschaften der Tiere und Pflanzen und wirken im Sinne einer behutsamen Fortentwicklung der gewachsenen Natur- und Kulturlandschaften. Zur Sicherung dieser natürlichen Lebensgrundlagen dient die Ausweisung von Großschutzgebieten mit dem Ziel, bestimmte, national und international bedeutsame Gebiete Deutschlands unter einen besonderen Schutz zu stellen. Die Großschutzgebiete sind im nationalen Naturschutzrecht verankert und werden im Rahmen nationaler und internationaler Kriterien weiterentwickelt. In ihnen dokumentiert sich das Interesse der Gesellschaft, Natur- und Lebensräume zu bewahren, die ohne den besonderen staatlichen Schutz in ihrer Eigenentwicklung bedroht sind. Eine einheitliche Regel, ab welcher Mindestgröße ein Schutzgebiet als groß bezeichnet werden kann, gibt es nicht. Die IUCN klassifiziert jene Gebiete als großräumig, die eine Fläche von mindestens 1.000 ha umfassen, in Fachkreisen wird jedoch bisweilen auch die Meinung vertreten, dass Gebiete erst ab 10.000 ha Fläche als Großschutzgebiet gelten sollten (STULZ, 2003, S. 179). Im deutschen Sprachraum fallen in der Regel drei Kategorien von Schutzgebieten unter den Begriff Großschutzgebiet[16]: Nationalparke, Biosphärenreservate und Naturparke (EUROPARC-Deutschland; SCHARPF, 1998, S. 43). Der Vollständigkeit halber wird aber in den folgenden Kapiteln auch auf die übrigen gängigsten Schutzgebietstypen des deutschen Naturschutzrechts in Kürze eingegangen.

In den IUCN-Richtlinien für Managementkategorien von Schutzgebieten (IUCN, 2000, S.11) findet sich eine Definition des gesamten Spektrums von Schutzgebieten – also von absolut vorrangigen Naturschutzflächen bis zu Gebieten von besonderer kultureller Bedeutung:

> „Ein Land- und/oder marines Gebiet, das speziell dem Schutz und Erhalt der biologischen Vielfalt sowie der natürlichen und der darauf beruhenden kulturellen Lebensgrundlagen dient, und das aufgrund rechtlicher oder anderer wirksamer Mittel verwaltet wird."

Weiterhin werden insgesamt 9 mögliche Hauptziele für das Management von Schutzgebieten angegeben:

- Wissenschaftliche Forschung
- Schutz der Wildnis
- Artenschutz und Schutz der genetischen Vielfalt
- Erhalt der Wohlfahrtswirkungen der Umwelt
- Schutz besonderer natürlicher oder kultureller Erscheinungen
- Fremdenverkehr und Erholung
- Bildung
- Nachhaltige Nutzung der Ressourcen natürlicher Ökosysteme
- Erhalt von kulturellen und traditionellen Besonderheiten

---

[16] Unter Umständen ließen sich auch „Naturschutzgroßprojekte von gesamtstaatlich repräsentativer Bedeutung", Naturschutzgebiete ab einer gewissen Größe sowie Welt-Naturerbegebiete (*World Heritage Sites)* dem Begriff zuordnen. Da ihre Betrachtung aber im Hinblick auf die zu untersuchenden regionalökonomischen Wirkungen von Nationalparken in Deutschland eher von geringer Bedeutung ist, wird auf sie im weiteren Verlauf der Arbeit auch nicht weiter eingegangen.

Der Zweck der Festlegung eines jeden Schutzgebiets ist aus diesen kombinierbaren und unterschiedlich gewichteten Zielvorgaben abzuleiten. Neben der Schutzwürdigkeit der Natur werden kulturelle und traditionelle Gegebenheiten genannt sowie Fremdenverkehr und Erholung. Damit wird das Anliegen um Regionalentwicklung implizit zum Ausdruck gebracht.

2.2   Rechtliche Rahmenbedingungen und Begriffsbestimmungen

2.2.1   Die wichtigsten naturschutzrechtlichen Schutzgebietskategorien in Deutschland

Dieser Abschnitt der Arbeit dient lediglich dazu, einen Überblick über die verschiedenen in Deutschland bestehenden Schutzgebietskategorien zu erhalten und Nationalparke in die Systematik einzuordnen. Die wichtigsten Schutzgebietskategorien in Deutschland und ihre rahmengesetzlichen Grundlagen werden kurz vorgestellt. Hierzu zählen in erster Linie Naturschutzgebiete, Nationalparke, Biosphärenreservate, Landschaftsschutzgebiete, Naturparke, Naturdenkmale und gesetzlich geschützte Biotope und Landschaftsbestandteile. Nachdem die vorliegende Arbeit die regionalökonomischen Wirkungen des Schutzgebietstyps ‚Nationalpark' und nicht anderer Schutzgebietskategorien als Erfahrungsobjekt hat, werden auch Nationalparke eingehender abgehandelt als andere Schutzgebiete und Besonderheiten im Zusammenhang mit Nationalparken hervorgehoben. Eine kurze einzelfallweise Beschreibung jedes Nationalparks findet sich in Kapitel 4.

In Abschnitt 4 des Gesetzes über Naturschutz und Landschaftspflege (Bundesnaturschutzgesetz – BNatSchG[17]) sind unter der Überschrift *Schutz, Pflege und Entwicklung bestimmter Teile von Natur und Landschaft* die Rahmenbedingungen der unterschiedlichen Schutzgebietstypen festgelegt. Die Erklärung bestimmter Teile von Natur und Landschaft zum Schutzgebiet selbst ist Sache der Länder (§ 22 BNatSchG). Neben naturschutzrechtlichen können noch eine ganze Reihe weiterer gesetzlicher Grundlagen den Regelungsrahmen zu Schutzgebieten in Teilbereichen ergänzen, so z. B. wasserhaushalts-, wald- und bodenschutzrechtliche Vorschriften sowie internationale Übereinkommen und EU-Gemeinschaftsrecht. Im Rahmen der Einrichtung des europaweiten Schutzgebietsnetzes Natura 2000 haben durch die Flora-Fauna-Habitat- sowie die Vogelschutz-Richtlinie zwei weitere Kategorien in Form der „Gebiete von gemeinschaftlicher Bedeutung" und der „Europäischen Vogelschutzgebiete" Eingang in das BNatSchG (§§ 32, 33) gefunden, auf die jedoch nicht vertieft eingegangen wird[18]. Einen besonderen Schutzstatus haben seit 1975 außerdem bundesweit 31 Feuchtgebiete von internationaler Bedeutung durch die von der UNESCO ausgestaltete Ramsar-Konvention erhalten.[19] Für den Geltungsbereich der EU gibt es ferner ein eigenes System mit Prädikatscharakter von insgesamt 4 Schutzgebietskategorien, das für Schutzgebiete, die bestimmte Kriterien aufweisen, die Vergabe des so genannten „Europadiploms" zur Förderung langfristiger Schutzbestrebungen vorsieht (KÜPFER, 2000, S. 20).

---

[17] Der Wortlaut des alten BNatSchG vom 20.12.1976 wurde vom Gesetzgeber zum 25.3.2002 mit dem Gesetz zur Neuregelung des Rechts des Naturschutzes und der Landschaftspflege und zur Anpassung anderer Rechtsvorschriften (BnatSchGNeuregG) geändert. Im weiteren Verlauf der vorliegenden Arbeit handelt es sich bei Hinweisen zum Naturschutz- und Landschaftspflegerecht immer um das neue BNatSchG.

[18] Eine gute Übersicht über die Schutzgebietskategorien nach dem BNatSchG findet sich bei HABER (2002, S. 7).

[19] Quelle: BUNDESAMT FÜR NATURSCHUTZ (http://bfn.de) und WIKIPEDIA (http://de.wikipedia.org)

Vorab sei noch kurz erwähnt, dass die Einordnung der Vielzahl an unterschiedenen Schutzgebietskategorien in ein System abgestufter Schutzbedürftigkeiten und –qualitäten nur in Ausnahmefällen gelingt. Vielmehr stehen die meisten Schutzgebietsklassen im Hinblick auf ihre inhaltlichen Ziele im Widerspruch zueinander und überschneiden sich zudem auch räumlich. So sind z. B. innerhalb von Naturparken und Biosphärenreservaten gleichzeitig Naturschutz- und Landschaftsschutzgebiete ausgewiesen. Die vorgeschlagenen Natura 2000-Flächen sind häufig bereits Naturschutzgebiete oder Nationalparke. Manche Biosphärenreservate liegen ganz oder teilweise in Nationalparken oder sind Bestandteile von Natura 2000-Schutzgebieten und einige Nationalparke wiederum befinden sich innerhalb von Naturparken (HABER, 2002, S. 8). Der Deutsche Rat für Landespflege (ebd.) schlägt vor diesem Hintergrund vor, die strenger geschützten Flächen (Naturschutzgebiete, Nationalparke, Biotope nach § 30 BNatSchG, Natura 2000-Flächen und Kernzonen der Biosphärenreservate) von den weniger streng geschützten Gebieten zu unterscheiden. Dieser Gliederungsansatz mag für einen Überblick über die respektable Zahl an verschiedenen Schutzgebietskategorien sinnvoll und geeignet sein, für die vorliegende Arbeit ist er allerdings nicht weiter von Bedeutung, da zunächst nach dem Kriterium „Großflächigkeit" sortiert wurde und unter den in Deutschland existierenden Großschutzgebieten Nationalparke als Untersuchungsgegenstand i. w. S. ausgewählt wurden.

2.2.1.1 Nationalparke

Die Nationalpark-Idee stammt ursprünglich aus den USA, wo 1872 mit dem Yellowstone National Park das weltweit erste Schutzgebiet dieser Art ausgewiesen wurde. In Deutschland wurde der erste Nationalpark (Bayerischer Wald) 1970 eingerichtet, insgesamt sind bis heute 15 Nationalparke bundesweit eingerichtet. Einschließlich der Wattenmeer-Nationalparke[20] stellen sie knapp eine Mio. ha Fläche unter Schutz (vgl. Karte 1).

Gemäß § 24 Abs. 1 BNatSchG sind Nationalparke Gebiete, die:

1. großräumig und von besonderer Eigenart sind,
2. in einem überwiegenden Teil ihres Gebietes die Voraussetzungen eines Naturschutzgebietes erfüllen und
3. sich in einem überwiegenden Teil ihres Gebietes in einem vom Menschen nicht oder wenig beeinflussten Zustand befinden oder geeignet sind, sich in einen Zustand zu entwickeln oder in einen Zustand entwickelt zu werden, der einen möglichst ungestörten Ablauf der Naturvorgänge in ihrer natürlichen Dynamik gewährleistet.

Nationalparke sind in erster Linie Landschaften, in denen Natur Natur bleiben darf. Sie schützen Naturlandschaften, indem sie die Eigengesetzlichkeit der Natur bewahren und Rückzugsgebiete für wildlebende Pflanzen und Tiere und damit einmalige Erlebnisräume von Natur schaffen und notwendige Erfahrungsräume für Umweltbildung und Forschung sichern (EUROPARC-Deutschland).

Jeder der deutschen Nationalparke ist in zwei oder mehrere Schutzzonen gegliedert. Das Schutzzonenkonzept trägt dazu bei, Störungen auf den besonders schützenswerten Flächen eines Nationalparks zu minimieren, Besucherströme zu lenken und Konflikte mit Interessenten für andere teils angrenzende, teils im Park selbst stattfindende

---

[20] Der Nationalpark Schleswig-Holsteinisches Wattenmeer hat nur 1,4 %, der Nationalpark Niedersächsisches Wattenmeer 7,5 % und der Nationalpark Hamburgisches Wattenmeer 2,3 % Landfläche. Mit immerhin 15 % Landfläche wird der Nationalpark Vorpommersche Boddenlandschaft nicht mehr als ausgesprochener „Meeres-Nationalpark", sondern bereits als „Land-Nationalpark" bezeichnet (vgl. auch SCHLOTT, 2004, S. 48).

Bodennutzungsformen zu vermeiden. Bei allen Nationalparken ist eine Kernzone, auch Natur- oder Ruhezone genannt, als bestehendes oder zu entwickelndes Totalreservat ausgewiesen worden. Daran schließt sich eine Pflege-, Entwicklungs-, Waldumbau- oder Zwischenzone an mit dem Zweck, große Flächen langfristig in Totalreservate zu überführen. Als Puffer zum Vorfeld des Parks folgt eine Erholungszone zur sanften Erschließung durch den Fremdenverkehr und in Ausnahmefällen eine weitere Entwicklungszone (SCHLOTT, 2003, S. 48). Als Rechtsform für Nationalparke wird im Normalfall die Verordnung gewählt, ansonsten errichten die jeweiligen Bundesländer ihre Nationalparke mittels eines eigenen Gesetzes.

Im Gegensatz zu den Bereichen Erhalt/Verbesserung der Bodenfruchtbarkeit und Infrastruktur, die in allen deutschen Nationalparken mehr oder weniger gleich restriktiv – nämlich durch Verbote – geregelt sind, lassen sich im Bereich Bewirtschaftung deutliche Unterschiede zwischen den Nationalparken erkennen. SCHLOTT (2003, S. 51) stellt fest, dass unter allen deutschen Parken einheitlich kein Nutzungsverbot auf ganzer Fläche durchgesetzt werden konnte und auch alle Kernzonen durchweg langfristig ungenutzt bleiben werden. Hingegen in den Pflege- und Entwicklungs- sowie Erholungszonen sind die Regelungen Art und Umfang der weiteren Bewirtschaftung betreffend sehr verschieden.

2.2.1.2 Naturschutzgebiete

Ein weiteres flächengebundenes Instrument zum Schutz von Natur und Landschaft im deutschen Naturschutzrecht ist das Naturschutzgebiet. Das allen deutschen Naturschutzgebieten immanente absolute Veränderungsverbot macht die Beschränkungen der Naturschutzgebiets-Verordnung zu den strengsten neben denen in Nationalparken (SCHLOTT, 2003, S. 43). In § 23 des BNatSchG wird festgelegt, dass Naturschutzgebiete dem besonderen Schutz von Natur und Landschaft dienen sollen und dort existierende Biotope wildlebender Arten erhalten, entwickelt und wiederhergestellt werden sollen. Als Naturschutzgebiete können Flächen auch ausgewiesen werden, wenn sie aus wissenschaftlichen oder naturgeschichtlichen Gründen sowie wegen ihrer Seltenheit oder besonderen Schönheit schützenswert sind. Die Naturschutzgebietsfläche in Deutschland beträgt knapp über 1 Mio. ha. Dies entspricht 2,8 % der Gesamtfläche des Landes. In welchem Maße ein Naturschutzgebiet seine Schutzfunktion erfüllen kann, hängt nicht zuletzt von seiner Flächengröße ab. Kleine Naturschutzgebiete werden aufgrund ihrer Insellage und wegen der im Verhältnis zu ihrer Fläche langen Grenze stärker von ihrer Umgebung anthropogen überformt als große Naturschutzgebiete und zeichnen sich daher oft durch einen schlechteren Erhaltungszustand aus. Die durchschnittliche Größe eines Naturschutzgebietes liegt bei 145 ha[21].

2.2.1.3 Landschaftsschutzgebiete

Das Landschaftsschutzgebiet gehört ebenfalls zu den Möglichkeiten des gebietsbezogenen Naturschutzes, den das Bundesnaturschutzgesetz bereitstellt. In § 26 des BNatSchG wird festgelegt, dass Landschaftsschutzgebiete der Erhaltung und Entwicklung der Natur dienen, Beeinträchtigungen des Naturhaushaltes in diesen Schutzräumen beseitigt und deren Leistungs- und Funktionsfähigkeit wiederhergestellt werden sollen. Weitere Kriterien, die erfüllt sein müssen, um ein Gebiet als Landschaftsschutzgebiet auszuweisen, sind die besondere kulturhistorische Bedeutung und die besondere Bedeutung für die Erholung.

---

[21] Datenbasis: Flächen der Naturschutzgebiete ohne die Wasser- und Wattflächen der Nord- und Ostsee (BUNDESAMT FÜR NATURSCHUTZ, www.bfn.de)

Nachdem damit gerade Kulturlandschaften geschützt werden sollen, ist die Regelungsintensität gegenüber Nationalparken und Naturschutzgebieten deutlich geringer, auch bleiben ordnungsgemäße Land- und Forstwirtschaft normalerweise zulässig. Aus diesen Gründen sollten sie trotz ihrer z. T. erheblichen Flächengröße nicht als Großschutzgebiete verstanden werden, denn die Voraussetzungen für eine Unterschutzstellung wie vornehmlich bei Nationalparken (vgl. Kap. 2.2.1.1), Naturparken (vgl. Kap. 2.2.1.4) und Biosphärenreservaten (vgl. Kap. 2.2.1.5) sind nicht gegeben (REVERMANN/PETERMANN, 2003, S. 28). Flächen von Landschaftsschutzgebieten sind meistens größer bemessen als von Naturschutzgebieten (SCHLOTT, 2003, S. 51).

2.2.1.4 Naturparke

In Naturparken wird eine dauerhaft umweltgerechte Landnutzung angestrebt, neben der Schutzfunktion haben sie dadurch auch eine Planungsfunktion. In § 27 des BNatSchG wird festgesetzt, dass Naturparke großräumige Gebiete sind, die einheitlich zu entwickeln und zu pflegen sind. Sie sollen auf überwiegender Fläche Landschafts- oder Naturschutzgebiete sein, eine große Arten- und Biotopvielfalt aufweisen, mit einer durch vielfältige Nutzungen geprägten Landschaft besonders für die Erholung geeignet sein und nachhaltige Regionalentwicklung fördern. Damit tritt - anders als bei den Landschaftsschutzgebieten - als Schutzzweck die Erholung stärker in den Vordergrund (vgl. GUNDERMANN/SUDA, 1996, S. 4 ff.; SCHLOTT, 2003, S. 56). Aktuell nehmen 92 Naturparke in Deutschland ca. 24 % der Landesfläche ein, bei einer Gesamtfläche von ca. 8 Mio. ha.[22] Naturparke sind hauptsächlich Instrumente zur Planung und Entwicklung von Gebieten im Interesse einer großflächigen und freiraumbezogenen naturnahen Erholung.

2.2.1.5 Biosphärenreservate

Biosphärenreservate sind ein Instrument zur Umsetzung des UNESCO[23]- Programms „Der Mensch und die Biosphäre". Es sind Modellregionen, in denen die Erhaltung von Natur- und Kulturlandschaft, die Stärkung der Regionalwirtschaft, der Einbezug der Bevölkerung in die Gestaltung ihres Lebens-, Wirtschafts- und Erholungsraumes sowie Forschung und Bildung im Vordergrund stehen. Weltweit existieren heute 459 Biosphärenreservate in 97 Ländern, in Deutschland sind es derzeit 14 von der UNESCO anerkannte Regionen, die internationalen Vorgaben und in Deutschland darüber hinaus den nationalen Kriterien genügen müssen.[24] Laut § 25 BNatSchG müssen Biosphärenreservate großräumig und für einen bestimmten Landschaftstyp charakteristisch sein und diesen einheitlich schützen. Mit Biosphärenreservaten sollen existierende Naturschutz- und Landschaftsschutzgebiete zusammengefasst werden. Deshalb können Biosphärenreservate diese auch überlagern. Im Rahmen einer Zonierung muss jedes Biosphärenreservat drei sich ergänzende Funktionen erfüllen, die in ähnlicher Form auch bereits in andere Schutzgebietskategorien Eingang gefunden haben. Es sind dies die Schutzfunktion in den Kern- und Pflegezonen, die Entwicklungsfunktion in der Entwicklungszone und schließlich die übergreifende Forschungsfunktion.

---

[22] Die Gesamtfläche von 8 Mio. ha ist nicht bereinigt um den Anteil an z. B. Landschaftsschutz- oder Naturschutzgebieten u. a. Naturschutzflächen, die sich innerhalb von Naturparken befinden können (BUNDESAMT FÜR NATURSCHUTZ, http://www.bfn.de; Stand August 2005).

[23] Organisation der Vereinten Nationen für Erziehung, Wissenschaft und Kultur

[24] Quelle: BUNDESAMT FÜR NATURSCHUTZ (http://www.bfn.de; Stand Januar 2004)

2.2.1.6 Naturdenkmale, geschützte Landschaftsbestandteile und Biotope

Naturdenkmale, geschützte Landschaftsbestandteile und Biotope gehören mit den Naturschutzgebieten zu den eher kleinflächigen Schutzgebietskategorien (SCHARPF, 1998, S. 44). Gemäß § 28 BNatSchG ist unter einem Naturdenkmal ein unter Denkmalschutz gestelltes Landschaftselement zu verstehen. Es muss sich um Einzelschöpfungen der Natur handeln, also nicht von Menschenhand geschaffen, entweder in Gestalt eines Einzelobjektes oder von geringer Flächengröße und klar von seiner Umgebung abgegrenzt (z. B. herausragende Einzelbäume oder besondere geologische Aufschlüsse) (KOLODZIEJOK et al., 2005, BNatSchG § 28, Rn. 8). Eine weitere Kategorie der besonders schutzwürdigen Flächen nach dem BNatSchG sind rechtsverbindlich festgesetzte Bestandteile von Natur und Landschaft, zu denen in § 29 BNatSchG eine Regelung getroffen ist. Unter Schutz gestellt sind damit z. B. manche Alleen, einseitige Baumreihen, Hecken oder andere Landschaftsbestandteile. § 30 BNatSchG ist den Biotopen gewidmet. Der Begriff Biotop umschreibt die Gesamtheit der abiotischen Bestandteile einer räumlichen Einheit als Habitat (Lebensraum) einer Biozönose (Lebensgemeinschaft). Von besonderem naturschutzrechtlichem Interesse sind der Erhalt oft selten gewordener naturbelassener oder durch historische Bewirtschaftungsformen entstandener Biotope, die sich durch eine Vielfalt an Pflanzen und Tieren auszeichnen. Hinsichtlich der Frage, ob der Erhalt von durch historische Nutzungsformen entstandenen - und damit künstlichen - Biotopen den dafür nötigen, heute unwirtschaftlichen Energieeinsatz rechtfertigt, besteht Diskussionsbedarf.

2.2.2 Das Klassifikationssystem nach der IUCN

Viele Staaten verwenden in ihrer nationalen Gesetzgebung Begriffe wie z. B. ‚Nationalpark' oder ‚Naturschutzgebiet' für Schutzgebiete mit völlig unterschiedlichen Zielen, was im Rahmen der Schutzgebietsdiskussion in Europa zu großer Verwirrung geführt hat. Um eine Grundlage für internationale Vergleiche zu schaffen, zur Vereinheitlichung der Nomenklatur und nicht zuletzt angesichts der Kombinationsmöglichkeiten und unterschiedlichen Gewichtung von Managementzielen entwickelte die damalige *Commission on National Parks and Protected Areas* (CNPPA) der IUCN 1978 ein international ausgerichtetes Klassifikationssystem, bestehend aus 10 Schutzgebietskategorien. 1994 überarbeitete das in *World Commission on Protected Areas* (WCPA) umbenannte Folgeorgan der CNPPA das System und reduzierte es auf nunmehr sechs deutlich unterscheidbare Schutzgebietskategorien (vgl. Tab. 2). Die Kriterien dieses Klassifizierungssystems sind völkerrechtlich nicht bindend, haben also lediglich Richtliniencharakter (JOB et al., 2003, S. 9; SCHARPF, 1998, S. 44). Die Anerkennung eines Nationalparks durch die IUCN nach Kategorie II ist Voraussetzung für die Aufnahme in die *United Nations List of National Parks and Protected Areas* mit derzeit etwa 2200 Nationalparken in über 120 Ländern (HAAK, 1999). Grundlage der Klassifikation und entscheidend für die Zuordnung ist das vorrangige Managementziel.

Tabelle 2: Die sechs Schutzgebietskategorien der IUCN

Bezeichnung	Vorrangiges Managementziel
I. Strenges Naturschutzgebiet (Ia)/ Wildnisgebiet (Ib)	Forschung (Ia) und strikter Schutz der Wildnis (Ib)
II. Nationalpark	Schutz von Ökosystemen und der Erholung
III. Naturmonument	Schutz von Naturerscheinungen
IV. Biotop-/Artenschutzgebiet	Schutz durch Pflegemaßnahmen
V. Geschützte Landschaft/marines Gebiet	Schutz von Landschaften oder marinen Gebieten und Erholung
VI. Ressourcenschutzgebiet mit Management	Nachhaltige Nutzung natürlicher Ökosysteme

(Quelle: IUCN, 2000, S. 11)

Den IUCN-Richtlinien für Management-Kategorien von Schutzgebieten (IUCN, 2000, S. 12 ff.) ist weiter zu entnehmen, dass die Nummerierung der Kategorien nicht im Sinn einer Rangfolge hinsichtlich einer Gewichtung zu verstehen ist. Alle Kategorien sind demnach gleich wichtig und werden für Naturschutz und nachhaltige Entwicklung gebraucht. Wohl aber steckt in der aufsteigenden Nummerierung eine zunehmende Intensität menschlicher Einflussnahme. Auch sagt die Zuordnung zu einer bestimmten Kategorie nichts aus zur Bewertung der Effizienz des Managements.

Nach den IUCN-Richtlinien (IUCN, 2000, S. 24) ist ein Nationalpark, Schutzgebiet der Kategorie II, folgendermaßen definiert:

„Natürliches Landgebiet oder marines Gebiet, das ausgewiesen wurde, um (a) die ökologische Unversehrtheit eines oder mehrerer Ökosysteme im Interesse der heutigen und kommender Generationen zu schützen, um (b) Nutzungen oder Inanspruchnahme, die den Zielen der Ausweisung abträglich sind, auszuschließen und um (c) eine Basis zu schaffen für geistig-seelische Erfahrungen sowie Forschungs-, Bildungs-, Erholungsangebote für Besucher zu schaffen. Sie alle müssen umwelt- und kulturverträglich sein."

Die relativ hohe Bevölkerungsdichte, die lange Geschichte anthropogener Überformung der Landschaft, verhältnismäßig kleine Grundstückseinheiten, der hohe Anteil an Privatgrund und vergleichsweise häufig vorhandene Landesgrenzen sind einige der besonderen Charakteristika Europas, die eine Zuordnung von Schutzgebieten zu den Kategorien I, II und VI problematisch machen können. Gerade das europäische Verständnis zu dem Begriff „Nationalpark" divergiert trotz aller Bemühungen verschiedener Institutionen, Klarheit in das begriffliche Chaos zu bringen, nach wie vor erheblich. JOB et al. (2003, S. 9) bringen als extremes Beispiel Großbritannien, wo mit der Bezeichnung *National Park* ausnahmslos Kulturlandschaften gemeint sind. Aus diesem Grund ist die IUCN bereit, auf Anforderung ein Zertifikat darüber auszustellen, ob ein bestimmter Nationalpark die Kriterien der IUCN als Schutzgebiet der Kategorie II erfüllt. Neben der IUCN selbst und ihrem Beratergremium WCPA ist auch EUROPARC den zuständigen Behörden eines Staates bei ihren Bestrebungen nach internationaler Anerkennung und dahingehender Verbesserung des Managements ihrer Schutzgebiete behilflich (IUCN, 2000, S. 25).

Wesentlichstes Kriterium für die Anerkennung nach der IUCN-Kategorie II ist eine Kernzone – also eine natürliche Entwicklungsfläche ohne menschliche Nutzung – von 75 % der gesamten Nationalparkfläche. Dies wird derzeit nur von 4 der deutschen Nationalparke erfüllt (vgl. Tab. 3). Es sind dies die Nationalparke Jasmund, Bayerischer Wald, Berchtesgaden und Eifel.

Tabelle 3: Nationalparke in Deutschland und ihre Zuordnung durch die IUCN

Nationalpark	IUCN-Kategorie
01 Schleswig-Holsteinisches Wattenmeer	V
02 Hamburgisches Wattenmeer	V
03 Niedersächsisches Wattenmeer	V
04 Vorpommersche Boddenlandschaft	V
05 Jasmund	II
06 Müritz	V
07 Unteres Odertal	V
08 Harz	V
09 Hochharz	V
10 Hainich	V
11 Sächsische Schweiz	V
12 Bayerischer Wald	II
13 Berchtesgaden	II
14 Eifel	II
15 Kellerwald-Edersee[25]	

(Quelle: EUROPARC-Deutschland)

Es erstaunt ein wenig, dass der kleinste deutsche Nationalpark Jasmund mit einer Flächengröße von nur ca. 3.000 ha von der IUCN als Schutzgebiet der Kategorie II anerkannt worden ist. Die Kernzone umfasst aber 86,6 % der Gesamtfläche des Parks.[26] Hinsichtlich der Absolutgröße eines Nationalparks treffen die IUCN-Richtlinien hingegen keine klare Aussage. So kam auch der Naturschutzbund Deutschland im Rahmen eines Seminars zum Ergebnis, dass die Qualität eines Nationalparks nicht in unmittelbarem Zusammenhang mit der Flächengröße steht und ebenso konnten weder von Seiten der Populationsbiologie noch der Ökosystemforschung optimale Flächengrößen oder Mindestgrößen für Nationalparke generell festegelegt werden (SCHULTE, 1998). Forschungs- und Diskussionsbedarf gibt es allerdings nicht nur im Hinblick auf wissenschaftliche Untersuchungen zur Frage der Größe von Nationalparken, sondern auch hinsichtlich der Tatsache, dass die Erfordernisse der IUCN und damit die internationale Anerkennung bei der Einrichtung, Dimensionierung und Entwicklung von Nationalparken in Deutschland bisher noch jeder rechtlichen Würdigung entbehren und keinen Eingang in das Bundesnaturschutzgesetz gefunden haben.

---

[25] Laut telefonischer Auskunft der Nationalpark-Verwaltung Kellerwald-Edersee vom 19.08.04 befindet sich die Evaluierung und Anerkennung durch die IUCN in Bearbeitung, es sind über 75 % der Fläche Kernzone, so dass eine Zuordnung zu Kategorie II erwartet werden kann.

[26] Quelle: NATIONALPARK JASMUND (http://www.nationalpark-jasmund.de)

2.3 Nationalparke aus ökonomischer Sicht

Die folgenden Unterkapitel beschreiben Nationalparke aus dem Blickwinkel der Ökonomie. Zunächst werden die wichtigsten Problemkreise in der Fachdiskussion um den mit der Einrichtung von Nationalparken einhergehenden Ressourcenverzicht aufgegriffen. Darauf folgt eine grobe Analyse der unterschiedlichen Wertkomponenten des öffentlichen Guts Nationalpark. Anschließend werden Nationalpark-Eigenschaften in Kontext gesetzt zu klassisch-abstrakten marktwirtschaftlichen Erscheinungen unter besonderer Berücksichtigung externer Effekte. Ein Überblick über die verschiedenen Ansätze, die die Finanzwissenschaft zur Frage anbietet, ob und wenn ja in welchem Rahmen ein Nationalpark wirtschaftliche Impulse zur Regionalentwicklung zu setzen vermag, bildet den Abschluss des mikroökonomisch-theoretischen Teils und leitet über zu Kapitel 2.4, in dem auf die Integration von Nationalparken in Regionalentwicklungsstrategien eingegangen wird.

2.3.1 Die Diskussion um Ressourcenverlust und regionale Wertschöpfung

Naturnahe Landschaften – und dazu zählen alle Nationalparkregionen Deutschlands – finden sich im Allgemeinen in peripheren und damit auch strukturschwachen Gegenden, wodurch sie einem großen wirtschaftlichen Druck ausgesetzt sind. Betrachtet man den Naturschutz als eine von mehreren z. T. miteinander konkurrierenden Nutzungsmöglichkeiten in diesen Regionen, so wird klar, dass die Ausweisung eines Nationalparks und damit die Einschränkung anderer Nutzungsarten zugunsten des Naturschutzes ein erhebliches Konfliktpotential in sich birgt. Die Aufgabe bestimmter Nutzungsformen, die Unterwerfung bestehender Nutzungen unter bestimmte Auflagen oder der Ausschluss eventueller Nutzungsalternativen bedeutet eine Begrenzung der individuellen und kommunalen Handlungsmöglichkeiten (JOB et al., 2003, S. 1). Klassische Konfliktfelder sind (in Anlehnung an REVERMANN/PETERMANN, 2003, S. 86 f.):

1. **Landwirtschaft:** Neben den Hauptkonfliktpunkten wie der Entwässerung landwirtschaftlicher Flächen, dem Einsatz von Düngemitteln und Pestiziden, einem nachhaltiger Beweidung abträglich hohen Tierbesatz auf den Weiden ist zu bedenken, dass bei der Ausweisung von fast allen deutschen Nationalparken ein z. T. erheblicher Flächenanteil aus intensiver landwirtschaftlicher Nutzung einbezogen wurde.

2. **Forstwirtschaft und Jagd:** Als problematisch einzuschätzen sind waldbauliche Eingriffe in Form von Umbaumaßnahmen für die Übergangszeit, bis die Wälder in Nationalparken einen möglichst naturnahen Zustand angenommen haben, und insbesondere dann, wenn sie in verhältnismäßig kurzen Zeiträumen umgesetzt werden sollen. Die Regulierung von Katastrophen wie sie beispielsweise zur Eindämmung des Borkenkäferbefalls im Nationalpark Bayerischer Wald vielerorts und gerade im Umfeld des Parks gefordert wurde, ist mit den Zielen eines Nationalparks nicht vereinbar. Auch die Jagd wird in den meisten deutschen Nationalparken mit der Begründung ihrer Notwendigkeit zur Bestandsregulierung zumindest auf Teilflächen toleriert.

3. **Rohstoffgewinnung:** Die aufgrund bestehender behördlicher Genehmigungen stattfindende Förderung von Erdöl, Erdgas, Sand und Kies in den Wattenmeer-Nationalparken und im Unteren Odertal lässt eine bleibende Veränderung der Ökosysteme erwarten.

4. **Siedlung:** Mit einem Siedlungsflächenanteil von 1-2 % ist der Siedlungsdruck in den meisten deutschen Parken relativ unproblematisch, abgesehen vom touristisch

bedingten Siedlungsdruck in den Wattenmeer-Nationalparken, denn dort konzentriert sich die menschliche Siedlungstätigkeit auf wenige unter Schutz stehende Inseln teilweise in einem dem Schutzzweck gegenläufigen Ausmaß.

5. **Verkehr**: Neben dem Zerschneidungseffekt zum Nachteil von Naturräumen haben Straßen zu einer steten Zunahme des Verkehrsaufkommens in Nationalparken geführt, was besonders um die Attraktionspunkte eines Parks zu erheblichen Belastungen führen kann.

6. **Tourismus**[27]: Jährlich besuchen Millionen von Menschen touristische Ziele in Nationalparken, wie z. B. den Brocken im Hochharz, die Stubbenkammer in Jasmund oder den Königssee in Berchtesgaden. Ungelenkter Massentourismus kann äusserst nachteilige Begleiterscheinungen mit sich bringen wie hohes Verkehrsaufkommen, Abfall und Abwasser, Lärmbelästigung, Trittschäden, Störungen von Flora und Fauna etc. Ein totales Betretungsverbot gibt es derzeit nur in Zone I der Wattenmeer-Nationalparke, überall sonst besteht lediglich ein Wegegebot.

Grund für Konflikte und eine ablehnende Haltung der Bevölkerung einer Nationalparkregion gegenüber der bestehenden oder geplanten Ausweisung eines Nationalparks ist fast immer die Schmälerung konkreter Nutzungsinteressen, die sich auf die geschützten oder zu schützenden Flächen beziehen. Neben den erwähnten tatsächlichen und in der Regel wirtschaftlich motivierten Nutzungskonflikten können Akzeptanzprobleme ihren Auslöser aber auch auf der politischen oder psychologischen Ebene haben. KÜPFER (2000, S. 25) weist darauf hin, dass aufgrund der Tatsache, dass eine Behörde gleichzeitig Verwaltungsorgan und Grundeigentümerin eines Nationalparks ist, sich manche Betroffenen vor Ort – insbesondere in Staaten mit föderalistischer Tradition – möglicherweise übergangen fühlen. Auch das Verständnis von „Schützenswertem" von einflussreichen und international agierenden Naturschutzorganisationen divergiert zum Teil erheblich von dem der lokal betroffenen Bevölkerung in der Nationalparkregion selbst. KÜPFER (ebd.) konstatiert sogar, dass die regionale Wirtschaftsförderung durch Nationalparktourismus eben und gerade wegen des Widerstands vor Ort regelmäßig ein Hauptargument für Nationalparke seitens der Park-Befürworter sei – eine These, die bei mancher Nationalparkausweisung in der Vergangenheit sicherlich zutrifft[28], deren kausaler Zusammenhang jedoch erst im Zuge entsprechender Analysen noch als verallgemeinerbar bestätigt werden müsste. Ökonomische Nachteile für die Menschen vor Ort aufgrund ungenutzter Ressourcen sollen durch veränderte Nutzungsmöglichkeiten, die v. a. im Tourismusbereich liegen, kompensiert werden. Eine Belebung der Regionalentwicklung wiederum erhöht die Akzeptanzbereitschaft der Bevölkerung in einer Nationalparkregion und gewährleistet bzw. verbessert dadurch die Effizienz der Unterschutzstellung (JOB et al., 2003, S. 13). WUNDER (2000, S. 465) bezeichnet finanzielle Vorteile, die aus einer den Schutzzielen verträglichen Nutzungsform resultieren, als unabdingbar für den Erfolg eines Naturschutzprojektes. Die regionale Wertschöpfung verlagert sich mit der Einrichtung eines Nationalparks deutlich weg vom primären und produzierenden Sektor der Land- und Forstwirtschaft, Jagd und Fischerei, Steinbrüchen, Glasfabriken und Sägewerken, um nur einige zu nennen. Das wertschöpferische Potential in Nationalparkregionen mit teilweise mehreren Millionen Besuchern pro Jahr liegt in der Dienstleistung. Ein Ausgleich der Nachteile aus dem Verzicht auf natürliche Ressourcen scheint möglich, allerdings bedeutet die Verlagerung der Erwerbsmöglichkeiten von

---

[27] Nachdem mit der vorliegenden Arbeit die nutzenstiftenden Auswirkungen des Tourismus in und um Nationalparke untersucht werden sollen, ist auf den Nationalparktourismus als Problemfeld an dieser Stelle nur in Kürze hingewiesen.

[28] Beispielsweise wurde der österreichische Nationalpark Gesäuse von vornherein als ein Instrument der Regionalentwicklung propagiert (JOB et al., 2003, S. 13).

traditionellen Gewerben hin zu fremdenverkehrsbedingten Aktivitäten einen nicht selten als schmerzhaft empfundenen Veränderungsprozess für die Bevölkerung (vgl. KRONSCHNABL, 2000, S. 79 f.; ZLÁBEK, 2000, S. 13 ff.). Einige Autoren (z. B. SCHARPF, 1998, S. 43) versprechen Gemeinden im Umfeld von Großschutzgebieten, die bewusst ihre kommunale und touristische Entwicklung an den Zielen des Schutzgebiets orientieren, durch ein zunehmend nachgefragtes touristisches Angebotsprofil einen realisierbaren Vorteil. In seiner Gegenüberstellung von umweltschutzbedingten positiven und negativen Beschäftigungswirkungen kommt WICKE (1993, S. 499) schließlich zu dem Ergebnis, dass durch eine umweltpolitische Maßnahme von staatlicher Seite (z. B. die Einrichtung eines Nationalparks) mittels Auflagen oder Anreizen ein Präferenzwandel in der Öffentlichkeit stattfindet, der sich wiederum in einem Strukturwandel niederschlägt – nach Auffassung des Autors eine Voraussetzung für ein stetiges qualitatives und/oder quantitatives Wachstum.

2.3.2 Der Nationalpark als öffentliches Gut

Um eine grundsätzliche theoretische Anwendbarkeit unterschiedlicher finanz-wissenschaftlicher Bewertungsansätze überhaupt zu gewährleisten, ist zunächst zu prüfen, ob ein Nationalpark die Eigenschaften eines öffentlichen Gutes[29] besitzt. BLANKART (1994, S. 55) charakterisiert öffentliche Güter durch die Absenz der typischen Merkmale privater Güter, nämlich **Ausschließbarkeit** und **Rivalität**. Der Staat möchte Nationalparkbesucher vom Genuss des Gutes Nationalpark nicht ausschließen, auch wenn sie keinen Beitrag zu dessen Erstellung geleistet haben. Ebenso führt eine Inanspruchnahme des Gutes Nationalpark durch einen Besucher i. d. R. nicht zu einer Qualitätsminderung des Nationalparkbesuchs eines anderen Nutzers (siehe hierzu auch DIXON/SHERMAN, 1991, S. 25 ff.). BRÜMMERHOFF (1992, S. 89) bezeichnet am Beispiel der Nutzungsmöglichkeiten eines Parks die meisten öffentlichen Güter als *lokale* öffentliche Güter, die insbesondere denjenigen Wirtschaftssubjekten zugute kommen, die sich nahe zum Ort der Bereitstellung befinden. Sowohl die Annahme des Ausschlussprinzips als auch die Nicht-Rivalität wurden in diesem Kontext unter stark vereinfachten Bedingungen getroffen. Selbstverständlich sind sie mit hypothetischen Besucherfrequenzen jenseits der Kapazitätsgrenzen eines Nationalparks in Frage gestellt. So weist auch MANTAU (1996, S. 102) darauf hin, dass sich bestimmte öffentliche Güter durchaus verbrauchen bei Rivalitäten unter den Nutzern z. B. in Verkehrsstaus oder auf Waldwegen in bestimmten hoch frequentierten Erholungsregionen. Dieser Umstand soll jedoch für die theoretischen Vorüberlegungen zur Inwertsetzung eines Schutzgebiets keine weitere Rolle spielen.

2.3.3 Die Wertkomponenten eines Nationalparks

Ein Nationalpark ist ein Gut, das verschiedene Funktionen erfüllt, deren Wert sich nach den Präferenzen der einzelnen Nutzergruppen bemisst. In der Literatur findet sich eine Vielfalt an Versuchen, die Funktionen von Schutzgebieten zu systematisieren. In drei Arbeiten jüngeren Datums von KAECHELE (1999, S. 21), KÜPFER (2000, S. 36) und JOB (2003, S. 18) sowie in den IUCN-Richtlinien für Schutzgebietsmanagement (1998) findet sich eine sehr ähnliche Darstellung zu den wichtigsten Wertkomponenten eines Nationalparks. Danach wird der Gesamtwert (*Total Economic Value, TEV*) eines Schutzgebiets aufgegliedert in sogenannte Gebrauchswerte und Nicht-Gebrauchswerte (Tab. 4):

---

[29] Die Grundüberlegungen zu der Theorie der öffentlichen und privaten Güter und ihren Eigenschaften basieren auf zwei berühmten Aufsätzen des US-Ökonomen und späteren Nobelpreisträgers P.A. SAMUELSON aus den 50er Jahren (APOLTE, 1995, S. 610).

Tabelle 4: Wertkomponenten von Großschutzgebieten

Gesamtwert				
Gebrauchswerte			Nicht-Gebrauchswerte	
Direkter Wert	**Indirekter Wert**	**Optionswert**	**Existenzwert**	**Vermächtniswert**
- Wissenschaft - Bildung - Erholung - Tourismus - Land- u. forstwirt- schaftliche Produkte - Tierische u. pflanzliche Gene	- ökologische Funktionen: Hochwasserschutz, Schadstoffsenke, Klimaregulierung etc.	- künftige Nutzung (abgeleitet aus den direkten und indirek- ten Werten)	- intrinsischer, d. h. Existenzwert der Ressource Biodiver- sität - kultureller Wert	- Erbe für kommen- de Generationen

(Quelle: eigene Darstellung in Anlehnung an KAECHELE, 1999, S. 21)

Zu den Gebrauchswerten werden der direkte und indirekte Wert sowie der Optionswert gezählt. Ein Nationalpark bringt materielle und immaterielle Produkte hervor, die einen unmittelbaren Nutzen für den Menschen stiften und daher als direkte Werte bezeichnet werden. Von den direkten Werten können allerdings lediglich diejenigen monetär, d. h. direkt über Marktpreise, bewertet werden, die entweder aus dem Gebrauch selbst (Tourismus) oder aus Vorleistungen zum Gebrauch eines Nationalparks z. B. als Erholungsraum oder zu Forschungszwecken resultieren, wie etwa seine Einrichtung, Betrieb und Unterhalt. Sich hieraus ergebende tangible bzw. messbare wirtschaftliche Effekte wie Einkommen, Wertschöpfung, Beschäftigung u. ä. lassen sich im Allgemeinen quantifizieren. Der Erlebniswert für Nationalpark „konsumierende" Besucher, Imageeffekte für die Region oder der Beitrag, den ein Schutzgebiet für Bildung und Wissenschaft leistet, sind zwar auch Bestandteile des direkten Werts, können aber wenn überhaupt nur auf Umwegen monetär bewertet werden. Eine Evaluierung der indirekten Werte, des Optionswerts und der Nicht-Gebrauchswerte, deren Wertschöpfung nicht von dem Nutzen bzw. Gebrauch des Nationalparks abhängt, gestaltet sich hingegen problematisch und ist kaum in Zahlen auszudrücken (KÜPFER, 2000, S. 35 f.; vgl. auch JOB, 2003, S. 17 ff.). Der Existenz- und Vermächtniswert eines Schutzgebiets erklärt sich aus dem Umstand, dass es viele Personen gibt, die auf den Erhalt und die Pflege von Natur „Wert legen", indem sie z. B. freiwillig Naturschutzorganisationen finanziell unterstützen. Diese Menschen ziehen also allein aus der Tatsache, dass es Nationalparke gibt bzw. dass sie für zukünftige Generationen erhalten bleiben, einen Nutzen, obwohl sie die Schutzgebiete selbst möglicherweise nie in Anspruch nehmen und gefährdete Tier- und Pflanzenarten, zu deren Überleben sie beigetragen haben, in aller Regel nie zu Gesicht bekommen.

Zusammenfassend ist festzuhalten, dass es sich bei einem Nationalpark nicht um ein Gut mit einem bestimmten wirtschaftlichen Wert handelt. Vielmehr vereinen Nationalparke, wie andere Schutzgebietstypen auch, ein vielschichtiges Gebilde verschiedener Wertkomponenten in sich. Abgesehen vom intrinsischen Wert bzw. dem Eigenwert der Natur an sich, resultiert die Existenz dieser Gebrauchs- und Nicht-Gebrauchswerte aus dem Nutzen, den sie den jeweiligen Individuen oder Wirtschaftssubjekten stiften, entsprechend dem anthropozentrischen Wesen der Ökonomie. Einige der Wertkomponenten sind mehr oder weniger direkt quantifizierbar (z. B. die Tourismus-Wertschöpfung, der Wert von land- und forstwirtschaftlichen Produkten sowie tierischen und pflanzlichen Genen anhand von Marktpreisen), andere wiederum sind gar nicht oder nur auf Umwegen in Geldeinheiten auszudrücken (z. B. der Wert für Wissenschaft und Bildung, der Vermächtniswert, der indirekte Wert und der Optionswert) (vgl. KÜPFER, 2000; JOB, 2003; KAECHELE, 1999).

2.3.4 Der Zusammenhang zwischen externen Effekten und Marktversagen

Der folgende Abschnitt beleuchtet den Untersuchungsgegenstand der vorliegenden Arbeit, den Schutzgebietstyp Nationalpark, aus dem Blickwinkel der Ökonomie als Wissenschaft, die Entscheidungen über Güter unter der Bedingung von Knappheit untersucht. Wirtschaftswissenschaftliche bzw. umweltökonomische Begriffe wie Pareto[30]-Effizienz, Externalitäten und Marktversagen werden in Zusammenhang gebracht mit dem Erfahrungsobjekt Nationalpark.

Zu den fundamentalen Erkenntnissen der Wirtschaftswissenschaft gehören die zwei Theoreme der Wohlfahrtsökonomie. Das Erste Wohlfahrtstheorem besagt, dass auf einem Konkurrenzmarkt ein Mechanismus wirkt, der zu einer pareto-effizienten Allokation führt und dadurch ein Marktgleichgewicht erreicht wird (VARIAN, 1999, S. 498 ff.). Pareto-Effizienz ist dann gegeben, wenn – vereinfacht ausgedrückt – keine Möglichkeit gefunden werden kann, ein Wirtschaftssubjekt besser zu stellen ohne dabei ein anderes schlechter zu stellen (vgl. VARIAN, 1999; BRÜMMERHOFF, 1992; BLANKART, 1994; WEISE et al., 1991). Diese Form von Pareto-Effizienz stellt sich im rein privatwirtschaftlichen Modell ein und setzt als Hauptannahme voraus, dass die Akteure ihre Entscheidungen unabhängig und unbeeinflusst voneinander treffen. Ist nun aber ein Akteur von der Produktion oder dem Konsum eines anderen betroffen, was in allen Produktions- und Verbrauchsprozessen regelmäßig vorkommt, so spricht man von externen Effekten. Um Externalitäten (auch *spillovers* genannt) festzustellen, müssen zwei wesentliche Eigenschaften gegeben sein: Zum einen muss Interdependenz, d. h. direkte Abhängigkeit zwischen den Akteuren vorliegen, zum anderen darf es keine marktmäßige Entschädigung für die positiven oder negativen Auswirkungen dieser Beziehung geben. Nachdem ein Preismechanismus ausfällt, über den der Verursacher externer Vorteile entschädigt oder der Verursacher externer Nachteile belastet werden könnte, fallen die Effekte also außerhalb freiwilliger Marktbeziehungen („extern") an (BRÜMMERHOFF, 1992, S. 60). Positive wie negative Externalitäten können jeweils sowohl von Produzenten als auch Konsumenten hervorgerufen oder empfangen werden (Abb. 1).

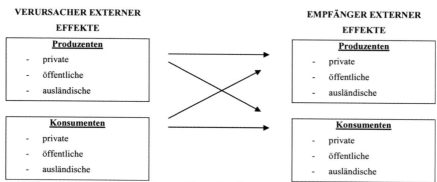

Abbildung 1: Beziehungen bei Externalitäten (Quelle: BRÜMMERHOFF, 1992, S. 61, verändert)

---

[30] Nach dem italienischen Ökonom Vilfredo Pareto (1843 – 1923)

Wenn man annehmen darf, dass bei Konkurrenz unter den Marktteilnehmern das Verhalten jedes Subjekts der individuellen Rationalität gehorcht, dann führt jede Entscheidung zum individuell günstigsten Ergebnis. Unternehmen beispielsweise produzieren bei vollkommener Konkurrenz mit dem Ziel der Gewinnmaximierung diejenige Menge, bei der ihre privaten Grenzkosten dem Preis entsprechen. Von ihnen dabei hervorgebrachte negative oder auch positive Externalitäten gehen nicht in ihre privaten Grenzkosten ein. Dieses privatwirtschaftliche Optimum entspricht also nicht dem volkswirtschaftlichen Optimum. Das Pareto-Optimum verlangt jedoch, dass die sozialen bzw. volkswirtschaftlichen Grenzwertprodukte gleich den Faktorpreisen sind (BRÜMMERHOFF, S. 64 f.). Güter, die einen bestimmten Öffentlichkeitsgrad besitzen, d. h. unbezahlte Komponenten enthalten, sind, wenn sie negative externe Effekte aussenden, volkswirtschaftlich gesehen zu „billig", wenn sie positive externe Effekte aussenden, volkswirtschaftlich gesehen zu „teuer" (vgl. HAMPICKE, 1991, S. 138; WEISE, 1991, S. 338). Abbildung 2 verdeutlicht diesen Sachverhalt am Beispiel einer positiven Externalität[31]:

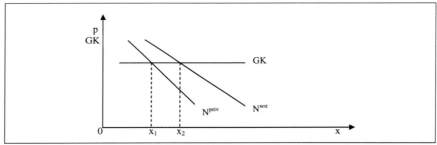

Abbildung 2: Darstellung der Wirkung einer positiven Externalität (Quelle: BRÜMMERHOFF, 1992, S. 62, leicht verändert)

Die vor dem Hintergrund individueller Rationalität nachgefragte Menge x_1 des Gutes ist zu gering im Vergleich zur Menge x_2, die die gesamtwirtschaftlich aggregierte Nachfragekurve N^{soz} unter Einschluss der externen Effekte angibt.

Eine grundlegende Richtung in der Diskussion um die Internalisierung von Externalitäten wies 1960 der spätere Nobelpreisträger Ronald H. COASE, der eine Verhandlungslösung zwischen den Akteuren vorschlägt (FEESS, 1998, S. 131; ENDRES/STAIGER, 1994, S. 219; KLAUS et al., 1991, S. 400). In einem Tauschverfahren würden Umweltrechte demnach – vorausgesetzt sie wären exklusiv zugeteilt – handelbar und so unter vollkommenen Marktbedingungen immer von dem genutzt, der dadurch den höchstmöglichen Nettonutzen erzielen könnte (BLANKART, 1994, S. 471 f.). Grundlage einer derart vorgenommenen Internalisierung von externen Effekten auf Verhandlungsbasis ist die Theorie der Eigentumsrechte (*Property-Rights-Ansatz*, vgl. hierzu auch FISCHER, 1994). Jedes Eigentum schließt ein Bündel (einen Vektor) von Nutzungsrechten ein (HAMPICKE, 1991, S. 67). Dieser Umstand weist bereits auf eine der beiden Hauptbeschränkungen der Praktikabilität des Coase-Theorems hin. Wie auch VARIAN (1999, S. 547) betont, entstehen die praktischen

---

[31] Die in der umweltökonomischen Literatur thematisierten externen Effekte sind überwiegend negativer Art (Beispiel Umweltverschmutzung im Zuge eines Produktionsprozesses, vgl. VARIAN, 1999; BRÜMMERHOFF, 1992; HAMPICKE, 1991; BLANKART, 1994; ENDRES/STAIGER, 1994; KLAUS et al., 1991; FEESS, 1998; u. a.). In der vorliegenden Arbeit stehen jedoch positive externe Effekte im Zuge einer Nationalparkeinrichtung im Vordergrund und werden deshalb auch eingehender besprochen.

Probleme externer Effekte im Allgemeinen erst wegen unzureichend definierter oder nicht definierbarer Eigentumsrechte. Das zweite Manko bei der Umsetzung der Verhandlungstheorie liegt, wie auch von ihrem Begründer COASE selbst eingeräumt, in den z. T. beachtlichen Transaktionskosten (FEESS, 1998, S. 131; FISCHER, 1994b, S. 582). Diese sind verständlicherweise besonders hoch, wenn es – wie bei öffentlichen Gütern zu erwarten – viele durch externe Effekte geschädigte oder nutznießende Verhandlungspartner gibt (KLAUS et al., 1991, S. 401). Die Situation des Gutes Nationalpark hat die Besonderheit, dass der Verursacher der externen Effekte ein Akteur in Form einer staatlichen Behörde (Produzent) ist, der aber mit vielen Betroffenen verhandeln müsste.

Ein anderer in diesem Zusammenhang erwähnenswerter Ansatz zur Einbeziehung externer Effekte in den Preismechanismus ist die Pigou[32]-Steuer, die allerdings wiederum in erster Linie einen Emittenten zur Regulierung der Umweltbelastung veranlassen soll, also für negative externe Effekte konzipiert ist (vgl. ENDRES/STAIGER, 1994, S. 219; GOTTFRIED/WIEGARD, 1995, S. 500). Grundsätzlich scheint die Internalisierung externer Effekte im Umkehrschluss zur Besteuerung auch durch Subventionen erzielbar. Im Kontext allokativer Zielsetzung sollen die die für wirtschaftliche Entscheidungen relevante Preisbildung so beeinflussen, als wäre sie das Ergebnis eines funktionierenden Wettbewerbs bei gleichzeitiger Internalisierung der Externalitäten (DICKERTMANN/DILLER, 1990, S. 482). Handelt es sich um positive externe Effekte, ermöglichen Subventionen in der Höhe des marginalen sozialen Zusatznutzens eine bislang in zu geringem Maße ausgeübte Tätigkeit soweit auszudehnen, dass sie noch mit einem Vorteil für die Allgemeinheit verbunden ist (KLINGELHÖFER, 2002, S. 253). Bei negativen externen Effekten wird die Eignung von Subventionen jedoch kontrovers diskutiert, denn sie tragen nicht dem der Besteuerung zugrunde liegenden Verursacherprinzip Rechnung, sondern verteilen die entstehenden Kosten auf die Gesamtheit der Steuerpflichtigen (Gemeinlastenprinzip). Außer diesem primären Verzerrungseffekt der Preisstrukturen haben Subventionen auch den Nachteil, dass sie – einmal bewilligt – nur schwer wieder rückgängig zu machen sind und mit dem Argument der Gleichbehandlung Folgesubventionen von anderen Sektoren gefordert werden (BRÜMMERHOFF, 1992, S. 74 ff.) Weitergehende ausführliche Abhandlungen zu dem Problem der Internalisierung externer Effekte finden sich in der einschlägigen umweltökonomischen Literatur.

Für die Übertragbarkeit der vorangegangenen ökonomisch-abstrakten Analyse externer Effekte auf das Thema der vorliegenden Arbeit bedeutet dies folgendes: Bei einer pareto-optimalen Allokation müsste die Summe der Zahlungsbereitschaften all derer, die aus dem Nationalpark Nutzen ziehen, für das Gut Nationalpark gleich den (Grenz-)Kosten[33] von Einrichtung und Unterhalt des Gutes Nationalpark sein. Wie in Kapitel 2.3.3 festgestellt, zeichnet sich ein Nationalpark durch verschiedene Wertkomponenten aus. Jede dieser Wert- bzw. Nutzenkomponenten kann als öffentliches Gut interpretiert werden, für den Besucher mag es das Naturerlebnis sein, für den gastronomiebetreibenden Anwohner das touristische Potential. Angesichts der öffentlichen Gütern eigenen Merkmale Nicht-Ausschließbarkeit und Nicht-Rivalität fehlt jedoch der Anreiz für den Konsumenten, seine wahre Zahlungsbereitschaft zu offenbaren. Der eigennutzenmaximierende Akteur sieht keine Veranlassung, sich an der Bereitstellung und Finanzierung des öffentlichen Gutes Nationalpark zu beteiligen, es kommt zum sogenannten *Trittbrettfahrer-Phänomen* (JOB,

---

[32] Arthur Cecil PIGOU (1877 – 1959), britischer Ökonomieprofessor an der Universität Cambridge (BERTELSMANN LEXIKON, 1992, S. 509)

[33] Bei Betrachtung eines Kollektivs von Nationalparken sind die Ressourcenverzichte durch Einrichtung des jeweils letzten Nationalparks als Grenzkosten zu interpretieren. Bei Betrachtung nur eines Nationalparks sind dies die Kosten.

2003, S. 15; KÜPFER, 2000, S. 33; DIXON/SHERMAN, 1991, S. 72; vgl. hierzu auch VARIAN, 1999, S. 598 ff.; WEISE, 1991, S. 334). Nachdem sich alle Individuen in der gleichen Situation sehen, werden sie sich ähnlich verhalten. Theoretisch müssten sowohl der Spaziergänger im Nationalpark für den Naturgenuss als auch der nutznießende Gastwirt im Umfeld des Parks anteilig für das durch das Nationalpark-Image beworbene zusätzliche Gästesegment bereit sein, dem staatlichen „Produzenten" eines Nationalparks eine Gebühr in Höhe der von ihnen in Anspruch genommenen „Leistung" zu bezahlen. Dies gilt insbesondere unter dem Aspekt einer Faktorentlohnung, interpretiert man Natur und ihre Konservierung durch die Erklärung eines Gebiets zum Nationalpark als Produktionsfaktor i. w. S. Nebenbei sei angemerkt, dass die Nicht-Entlohnung von Vorteilen aus öffentlichen Projekten nicht etwa ein schutzgebietspezifisches Phänomen ist, sondern eine alltägliche Erscheinung, die von der Gesellschaft für selbstverständlich gehalten und in den allermeisten Fällen nie hinterfragt wird. Der aus dem „Faktor" Nationalpark hervorgebrachte Nutzen kann verschiedenste Formen annehmen (siehe ebenfalls Kapitel 2.3.3), resultiert aber in fast allen vorkommenden Ausprägungen aus der den öffentlichen Gütern immanenten Externalitäten. Ein Angebot von und eine Nachfrage nach Nutzenkomponenten eines Nationalparks in Form von öffentlichen Gütern wäre vorhanden. Dennoch ist es nicht oder kaum möglich, diese über einen Preismechanismus zu koordinieren, so dass kein Marktgleichgewicht entsteht. Es kommt zu partiellem oder vollständigem Marktversagen (vgl. hierzu auch KAPP, 1971).

Zum Abschluss der Betrachtungen zu ökonomischen Grundkonzepten zu optimaler Allokation und Gleichgewicht einer Marktwirtschaft sei auf das eingangs nach VARIAN (1999, S. 498 ff.) erwähnte Zweite Wohlfahrtstheorem hingewiesen. Während das Erste Theorem besagt, dass ein Konkurrenzgleichgewicht pareto-effizient ist, so kann nach dem Zweiten Theorem der Wohlfahrtsökonomie in jenen Fällen, in denen z. B. durch externe Effekte ein Konkurrenzgleichgewicht nicht zustande kommt, unter bestimmten Bedingungen eine pareto-effiziente Allokation als Wettbewerbsgleichgewicht erreicht werden. Diese Theorie impliziert, dass die Probleme der Verteilung und Effizienz getrennt werden können.[34] In eben dieser Trennung stecken vielschichtige umweltökonomische und -politische Strategien zur Internalisierung externer Kosten oder Erträge. Sie umfassen ein breites Spektrum wirtschaftspolitischer Interventionsmöglichkeiten (ENDRES/STAIGER, 1994, S. 218), die zu thematisieren Rahmen und Zweck dieser Arbeit jedoch übersteigen würde.

2.3.5 Möglichkeiten der Bewertung von Umweltgütern

Interpretiert man die Wertschätzung in der Gesellschaft für die verschiedenen Nutzenkomponenten eines Nationalparks als zumindest teilweise zahlungswillige Nachfrage, so liegt der Versuch nahe, diese hypothetische Zahlungsbereitschaft zu quantifizieren. Im folgenden Kapitel wird zunächst kurz auf die Kosten-Nutzen-Analyse als ein beliebtes Verfahren für die Evaluierung der Wohlfahrtswirkungen staatlicher Projekte und somit auch von Nationalparken eingegangen. Daran knüpft eine Kurzcharakteristik der drei gängigsten Methoden aus der klassischen Bewertungstheorie zu öffentlichen Gütern an. Eine Übersicht über die Vielfalt von in der Literatur diskutierten und teilweise angewandten Modellen und Methoden, die die Bedeutung des Tourismus als eine spezielle Nutzenkomponente von Nationalparken zu erfassen versuchen, schließt den bewertungstheoretischen Teil der Arbeit ab.

---

[34] Die wohlfahrtsökonomische Allokations- und Distributionstheorie wird in der wirtschaftswissenschaftlichen Literatur kontrovers diskutiert. Einen interessanten Beitrag hierzu, v. a. zu dem Aspekt der Generationengerechtigkeit gerade im Zusammenhang mit dem Nachhaltigkeitsgedanken in Natur- und Umweltschutz, liefert LERCH (2004).

2.3.5.1 Die Kosten-Nutzen-Analyse

Eine Kosten-Nutzen-Analyse wird üblicherweise ex ante zur Evaluierung des gesellschaftlichen Wohlfahrtsgewinns (oder –verlustes) eines öffentlichen Projektes oder einer regionalpolitischen Maßnahme eingesetzt (BERGEN et al., 1995, S. 156) und darf als eine Art Investitionsrechnung für derartige Vorhaben verstanden werden. Unter dem Gesichtspunkt, dass eine Gesellschaft sich nur für solche Projekte entscheidet, die die Wohlfahrt der Gesellschaft erhöhen und daher für sie vorteilhaft sind, ist zu fordern, dass auch Schutzgebietsausweisungen nur durchgeführt werden, wenn sie für die Gesellschaft vorteilhaft sind. Konsequent wäre es, die Entscheidung für die Einrichtung von Schutzgebieten unter anderem von einer Kosten-Nutzen-Analyse abhängig zu machen. Der Nutzen für die Gesellschaft sollte die Kosten übersteigen. In einer solchen Kosten-Nutzen-Analyse könnten auch die Auswirkungen der Schutzgebietsausweisungen auf die einzelnen Wirtschaftszweige berücksichtigt werden. Um Kosten und Nutzen zu vergleichen, ist zu beiden Parametern eine Schätzung in Geldeinheiten notwendig. Problematisch ist in der Regel die wirklichkeitsgetreue Bezifferung dieser sämtlichen aktuellen und künftig zu erwartenden Nutzen und Kosten für die Gesellschaft. Eine weitere Schwierigkeit ist der Umstand, dass Nutznießer und Kostenträger eines Nationalparks räumlich und zeitlich ungleich verteilt sind, was von der Kosten-Nutzen-Analyse nur unzureichend berücksichtigt wird (KÜPFER/ELSASSER, 2000, S. 438 ff.). Ungeachtet dessen bleibt die Kosten-Nutzen-Analyse per se und in Kombination mit anderen Ansätzen, die räumliche Verteilungswirkungen einkalkulieren (z. B. die Inzidenzanalyse s. u.), einer der prominentesten Ansätze zur Evaluierung öffentlicher Maßnahmen. Eine umfassende Darstellung der methodischen Grundlagen der Kosten-Nutzen-Analyse und ihre konkrete Umsetzung im Fall des österreichischen Nationalparks Donauauen bieten SCHÖNBÄCK et al. (1997).

Während allgemeine Nutzenkomponenten von Nationalparken bereits in Kapitel 2.3.3 eingehender abgehandelt wurden und erst in Kapitel 2.4.1 die verschiedenen Wertschöpfungsebenen eines speziellen Nationalpark-Nutzens für die Region – die des Nationalparktourismus – erläutert werden, sei an dieser Stelle der Kostenaspekt kurz aufgegriffen. Direkte Kosten der Einrichtung eines Nationalparks lassen sich relativ leicht feststellen und werden i. d. R. von staatlicher Seite getragen (Aufwendungen für Ausweisung, Unterhalt, Management). Zu den Kosten eines Nationalparks gehören auch indirekte Kosten (z. B. außerhalb des Parks verursachte Schäden durch im Park lebende Tiere) sowie Opportunitätskosten (aus nicht realisierten andersartigen Nutzungen des Parks) (KÜPFER; 2000, S. 34). Die vorliegende Untersuchung ist jedoch nicht den Kosten gewidmet, sondern dem nationalparkinduzierten Nutzen, daher ist der Kostenseite in diesem Abschnitt und auch in den nachfolgenden Ausführungen nur ein sehr geringes Gewicht beigemessen.

2.3.5.2 Direkte und indirekte Bewertungsansätze

Die Verfahren zur Ermittlung der Präferenzen für Umweltgüter, die trotz der nur rudimentär vorhandenen Märkte für diese Güter und des Fehlens eigentumsanaloger Rechte ein geeignetes Instrumentarium zur Schätzung der latenten Zahlungsbereitschaft darstellen, lassen sich grob in **direkte** und **indirekte** Ansätze unterteilen. Die Bedingte Bewertungsmethode oder *Contingent Valuation Method* (CVM) wird häufig als die wichtigste direkte Methode bezeichnet und nach HAMPICKE (1991, S. 135) auch nach Betrachtung ihrer Fehlerquellen als die ergiebigste bei Naturschutz-Fragen. Zu den am häufigsten verwendeten indirekten Methoden zählen die Reisekostenmethode (oder Aufwandsmethode) und der Hedonische Preisansatz (oder Marktpreismethode) (RIDEOUT/HESSELN, 2001, 8.19; vgl. hierzu auch

KAHLERT, 2001).[35] Eine gute Übersicht über die Möglichkeiten, den Nutzen von Umweltgütern zu quantifizieren findet sich bei DIXON/SHERMAN (1991, S. 33 ff.), die die einzelnen Verfahren danach gliedern, ob sich die Bewertung an unmittelbar erfassbaren Marktpreisen (*Techniques based on Market Prices*) oder hypothetischen Marktpreisen (*Techniques based on Surrogate Market Prices*) orientiert oder über Befragungen (*Survey-based Approaches*) gewonnen wird.

- **Bedingte Bewertungsmethode[36]**

Informationen zur Zahlungsbereitschaft werden bei der Bedingten Bewertungsmethode – im Gegensatz zu indirekten Methoden – nicht aus beobachtbarem Verhalten abgeleitet, sondern über eine Befragung der betroffenen Individuen. Dies kann in Form von mündlichen Interviews, schriftlichen Befragungen oder über Marktsimulationen als Gruppenspielen erfolgen (HAMPICKE, 1991, S. 118 f.). In der Befragung besteht die Möglichkeit, eine hypothetische Situation herbeizuführen. Befindet sich der Proband in der Rolle des Käufers, bezweckt die Bedingte Bewertungsmethode die Ermittlung der maximalen Zahlungsbereitschaft bei Verbesserung der Umweltsituation ("Was wären Sie bereit zu bezahlen, wenn das Gut käuflich wäre?"; *Willingness to Pay*, WTP). Befindet er sich in der Rolle des Verkäufers, geht es um die Ermittlung der minimalen Entschädigungsforderung bei Verschlechterung der Umweltsituation ("Welchen Betrag würden Sie akzeptieren, wenn Sie das Gut verkaufen würden?", *Willingness to Accept*, WTA) (vgl. HAMPICKE, 1991; RIDEOUT/HESSELN, 2001; HANLEY et al., 2002).

- **Reisekostenmethode**

Die durch die Amerikaner CLAWSON und KNETSCH 1966 bekannt gewordene Reisekostenmethode nutzt komplementäre mit dem Genuss eines Umweltguts anfallende private Kosten (also z. B. die Anfahrtskosten zum Nationalpark) als Indikator der Wertschätzung. Die daraus gebildete Nachfragefunktion basiert also auf Marktdaten (LÖWENSTEIN, 1994, S. 69). Vorteile der Reisekostenmethode sind die Tatsache, dass Wahrscheinlichkeit strategischen Verhaltens der Probanden gering und die Aufwendungen relativ einfach zu schätzen und zu erfassen sind (RIDEOUT/HESSELN, 2001, 8.14). Die wesentlichen Nachteile der Reisekostenmethode im Zusammenhang mit ihrer Anwendbarkeit werden von den Autoren der Umweltökonomie hingegen ähnlich bewertet (vgl. hierzu z. B. HAMPICKE, 1991; DIXON/SHERMAN, 1991; HANLEY et al., 2002; RIDEOUT/HESSELN, 2001; ELSASSER, 1996). Ein Problem für eine zutreffende Schätzung, und damit ein sicher berechtigter Kritikpunkt, ist die Erscheinung, dass die Reisen oft mehreren Zwecken dienen. Wie weit andere Kritik, der Nutzen der nahe dem Park wohnenden Besucher würde unterschätzt, auf mangelndes Verständnis des methodischen Vorgehens bei der Bestimmung der Nachfragefunktion zurückgeführt werden kann, soll hier nicht vertieft werden.

- **Hedonischer Preisansatz**

Nach dem hedonischen[37] Preisansatz stellt der Preis eines Gutes eine Funktion seiner Charakteristika dar. So wird beispielsweise durch den Vergleich von Wohngrundstücken, die unterschiedliche Lärmbelastung aufweisen und unterschiedlich teuer sind, auf den Wert und

---

[35] Wie bei PFISTER (1991) treffend dargestellt, erfolgt die marktanaloge monetäre Bewertung von Umweltgütern auf der Basis von Nachfragefunktionen. Ausschlaggebend für den Wert eines solchen Guts sind dabei die Konsumentenrenten.

[36] Die Bedingte Bewertungsmethode geht auf Ergebnisse des britischen Ökonomen und Nobelpreisträgers HICKS aus den 40er Jahren zurück und wurde von dem Amerikaner DAVIES 1963 zum ersten Mal verwendet (HAMPICKE; 1991, S. 121; HANLEY et al., 2002, S. 384).

[37] „nach Genuß strebend" (aus dem Griechischen)

die Zahlungsbereitschaft nach dem Gut „Ruhe" geschlossen. Ähnlich wie bei der Reisekostenmethode werden durch die Analyse beobachtbaren Verhaltens strategische Antworten der Konsumenten vermieden. Auch die Schwierigkeiten in der Anwendung des hedonischen Preisansatzes für die Ermittlung der Zahlungsbereitschaft von Nationalparknutzern ähneln denen der Reisekostenmethode. U. a. sind keine hypothetischen Situationen möglich, die Methode ist nur für die Evaluierung von Gebrauchswerten geeignet und häufig sind die privaten Aufwendungen nur schwach komplementär zu dem Nationalparkgenuss. HAMPICKE (1991, S. 115) erläutert dies an dem Beispiel des Fernglases, das auch anderen Zwecken dienen kann als nur der Vogelbeobachtung im Nationalpark.

2.3.5.3 Ansätze zur Ermittlung der regionalwirtschaftlichen Bedeutung des Nationalparktourismus

Neben den klassischen Methoden zur Bemessung der Zahlungsbereitschaft für ein öffentliches Gut gibt es eine Reihe fallspezifischer Ansätze. In der vorliegenden Untersuchung steht die Wertschöpfung aus denjenigen externen Effekten eines Nationalparks, die nicht zu den originären Zielen des Naturschutzes zählen, im Vordergrund, nämlich die touristische Wertschöpfung.

Wenn im Zuge der ökonomisch-theoretischen Ausführungen dieser Arbeit nun des Öfteren der Begriff ,Wertschöpfung' fällt, so ist damit der innerhalb einer bestimmten Periode geschaffene Wertzuwachs, die Bruttowertschöpfung (BWS) gemeint. Auf einzelbetrieblicher Ebene setzt diese sich zusammen aus den Abschreibungen und der Nettowertschöpfung, welche sich in Form von Löhnen, Steuern, Zinsen, Dividenden und den einbehaltenen Gewinn auf Mitarbeiter, den Staat, Fremd- und Eigenkapitalgeber und schließlich das Unternehmen selbst verteilt. Die Bruttowertschöpfung einschließlich der Vorleistungen ergibt den Gesamtumsatz, der volkswirtschaftlich dem Bruttoproduktionswert[38] entspricht (vgl. Abb. 3).

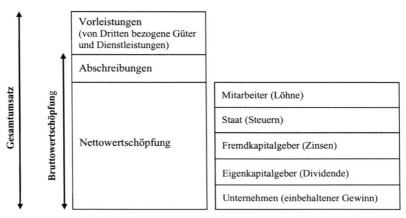

Abbildung 3: Schematische Darstellung des Gesamtumsatzes und der Bruttowertschöpfung (Quelle: RÜTTER et al., 1995, S. 19, leicht verändert)

---

[38] Umfasst die Gesamtunternehmensleistung zusätzlich der selbst erstellten Anlagen zum Eigengebrauch, plus/minus Lagerveränderungen an eigenen Erzeugnissen, plus neutrale Erträge, Beteiligungs-, Zins- und Kapitalerträge.

Ein eng mit der Bruttowertschöpfung verwandtes Aggregat ist das Bruttoinlandsprodukt (BIP)[39]. BWS und BIP unterscheiden sich in ihrem Niveau lediglich um den Saldo aus Gütersteuern und Gütersubventionen (BIP = BWS + Gütersteuern – Subventionen) (KOHLHUBER, 2002, S. 475). Das BIP ist der geeignete Indikator, um die ökonomische Leistung bzw. das Leistungspotential eines Unternehmens bzw. eine Wertschöpfung zu messen und wird, obgleich seine Schätzung als problematisch gilt und auch inhaltlich umstritten ist[40], gerne für regionale Wirtschaftskraftvergleiche herangezogen (RÜTTER et al. 1995, S. 18).

Eine einheitliche und allgemein gültige Definition des Ausdrucks ‚Wirtschaftskraft' gibt es bislang nicht. Im Kontext der vorliegenden Studie ist damit die Wirtschaftsleistung, aggregiert aus den betriebswirtschaftlichen Ergebnissen der einzelnen Unternehmen einer Region, gemeint.

Autoren, die sich mit der Inwertsetzung des Tourismus in Nationalparkregionen befasst haben, listen verschiedene Instrumente regionalökonomischer Impakt-Analyse auf (vgl. v. a. KÜPFER, 2000; KÜPFER/ELSASSER, 2000; HARRER/BENGSCH, 2003):

- **Regionale ökonometrische Modelle** aggregieren viele untereinander abhängige Gleichungen, die je eine Variable des regionalen Wirtschaftsgefüges beschreiben. Sie sind jeweils für einen eigenen Zweck aufgestellt und so formuliert, dass jedes Modell den zur Verfügung stehenden Daten Rechnung trägt. Grundsätzlich böten auch regionale Input-Output-Modelle eine Möglichkeit zur Beurteilung von alternativen Projekten, so dass sie zur Abschätzung der regionalökonomischen Wirkungen von Nationalpark-Gründungen eingesetzt werden könnten. Allerdings kommen sie wegen des Missverhältnisses zwischen dem zur Datenbeschaffung notwendigen Aufwand und den eher begrenzten Aussagemöglichkeiten praktisch kaum in Frage.[41]
- Der **keynesianische Einkommensmultiplikator**[42] und der **Export-Basis-Ansatz** weisen Ähnlichkeiten auf. Beide Ansätze betrachten die Ausgaben, die von Nationalparktouristen[43] in die Region fließen, als „Geldinjektion von außen". Bei dem erstgenannten Modell steht die Multiplikatorwirkung[44] im Mittelpunkt der Berechnung. Derartige Multiplikatorkonzepte sind beliebt, denn das ihnen zugrunde liegende Prinzip ist leicht verständlich. Kritisch zu beurteilen ist jedoch der Umstand, dass ihre Aussagekraft stark von der Qualität der Datengrundlage abhängt, welche wiederum nicht selten auf Annahmen beruht. Bei dem Export-Basis-Ansatz werden die Wirkungen fremdenverkehrsbedingter Einnahmen jenen von Exporten aus der Region gleichgesetzt.
- Die **Inzidenzanalyse** kann als eine Art der Kosten-Nutzen-Analyse für Subgruppen der Gesellschaft angesehen werden. Je nach Fragestellung wird in regionaler, sektoraler oder personeller (arm – reich) Hinsicht versucht, sämtliche Effekte einer

---

[39]Enthält Löhne, Gehälter, Kapitaleinkommen, Gewinne, Abschreibungen und Kostensteuern abzüglich Pensionen.

[40] So die Einschätzung zur Eignung des BIP als Maßzahl zur Bestimmung der regionalen Wirtschaftskraft in INKA (Indikatorenkatalog zur Raumbeobachtung; Bay. Landesamt für Statistik und Datenverarbeitung SG 51 Volkswirtschaftliche Gesamtrechnungen; Email vom 12.03.04)

[41] Eine ausführliche Darstellung zu regionalen Input-Output-Modellen findet sich bei KRAFT/OSSORIO-CAPELLA (1966).

[42] Zum keynesianischen Multiplikatormodell vgl. auch WESTERMANN (2004, S. 54)

[43] In Anlehnung an KÜPFER (2000, S. 91) und JOB et al. (2003, S. 20) sind Nationalparktouristen so definiert, dass der Nationalpark unter anderen mindestens ein Grund für den Besuch in der Region war und sie den Nationalpark auch mindestens einmal während ihres Besuchs in der Region aufsuchen.

[44] Diese Multiplikatorwirkung schlägt sich v. a. in den Kap. 2.3.6.3 vorgestellten *induzierten* Effekten nieder.

Maßnahme zu quantifizieren und v. a. ihre Verteilungswirkungen zu ermitteln. Zu diesem Zweck unterscheidet diese Methode drei Inzidenzebenen, es sind dies die monetäre Ebene der Zahlungs- oder Kaufkraftinzidenz, die reale Ebene der Güterinzidenz und die Ebene der Nutzeninzidenz.[45]

- Anhand eines Punktesystems wird im Rahmen einer **Nutzwertanalyse** ermittelt, welchen relativen Beitrag die einzelnen Elemente einer Alternative zum Gesamtnutzen leisten. Voraussetzung ist ein Zielsystem, das soweit ausdifferenziert sein sollte, dass es in messbaren oder abschätzbaren Indikatoren endet. Je besser der Zielerreichungsgrad der Alternative, desto höher der Gesamtnutzen, wobei vor der endgültigen Entscheidung eine Sensitivitätsanalyse durchgeführt werden sollte, um herauszufinden, ob das Ergebnis robust gegenüber Veränderungen von subjektiven Komponenten oder Annahmen ist, die sich im Verlauf der Projektrealisierung ändern können (z. B. Investitionskosten; siehe SCHOLLES, 1998).

- Die **Conjoint-Analyse** ist ebenfalls eine multivariate Analysemethode, die bei der Ermittlung von Präferenzen und der Prognose von Kaufabsichten Verwendung findet. Ausgehend von ganzheitlichen Produktbeurteilungen werden im Zuge der Erfassung von Kundenpräferenzen Detailergebnisse ermittelt, anhand derer dann die Entwicklung optimaler, an den Bedürfnissen der Kunden ausgerichteter Produkte oder Dienstleistungen erfolgen kann.[46] Sie wurde vom Deutschen Wirtschaftswissenschaftlichen Institut für Fremdenverkehr (DWIF) eingesetzt, um die Bedeutung ausgewählter Bergbahnen für die Wahl ihrer Region als Urlaubs- bzw. Ausflugsziel zu messen (HARRER/BENGSCH, 2003).

Schließlich sei an dieser Stelle noch einmal auf den bereits in Kapitel 1.3 vorgestellten „Leitfaden zur Berechnung der touristischen Gesamtnachfrage, Wertschöpfung und Beschäftigung in 13 pragmatischen Schritten" von RÜTTER, GUHL und MÜLLER (1996) hingewiesen, der eine weitere Möglichkeit bietet, die touristische Nachfrage, Wertschöpfung und Beschäftigungswirkung zu quantifizieren.

2.3.6 Nationalparktourismus als regionaler Wirtschaftsfaktor

Aus regionalökonomischer Perspektive können dem (Nationalpark-)Tourismus verschiedene, sich teilweise ergänzende Funktionen unterstellt werden (KÜPFER, 2000, S. 50). Es sind dies die Zahlungsbilanzfunktion (Beitrag des Tourismus zur Zahlungsbilanz eines Landes), die Ausgleichsfunktion (Abbau räumlicher Disparitäten), die Beschäftigungsfunktion (qualitative und quantitative Verbesserung der beruflichen Möglichkeiten), die Einkommensfunktion (allokativer Beitrag des Tourismus zur Wirtschaftsleistung) und die Produktionsfunktion (durch Tourismus generierte Mehrwerte). Für die vorliegende Arbeit sind insbesondere die letzten drei Funktionen relevant, denn sie beschreiben den Anteil des Segments Tourismus an der regionalen Wirtschaftsleistung und seinen Beitrag zur regionalen Beschäftigung.

Wie auf jedem anderen Markt auch, so manifestieren sich auch die Auswirkungen des Nachfrageverhaltens von Nationalparktouristen nicht „auf einmal", sondern in mehreren Wirkungsrunden. Die durch touristische Nachfrage ausgelösten wirtschaftlichen Prozesse

---

[45] BAUER (1997, S. 12 f.) verwendet die Inzidenzanalyse für die Evaluierung der Ausgabenströme in ihrer Studie zu der Einrichtung Hochschule als Generator von Einkommens-, Beschäftigungs- und Informationseffekten in der Region.
[46] Näheres zur Durchführung und den Vor- und Nachteilen der Conjoint-Analyse findet sich z. B. auf der Internetseite der ILTIS GmbH (HALLMAYER, http://www.4managers.de).

über mehrere Stufen werden nachfolgend mit dem Begriff Wertschöpfungskette umschrieben (vgl. Abb. 4).

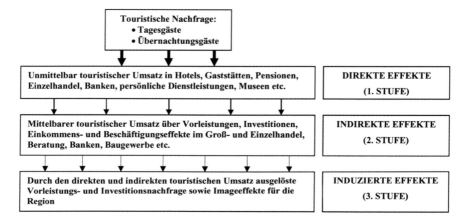

Abbildung 4: Touristische Wertschöpfungskette (Quelle: eigene Darstellung, in Anlehnung an RÜTTER et al., 1996, S. 12)

Die Abgrenzung und auch die Definition der Begriffe ‚direkte Effekte', ‚indirekte Effekte' und ‚induzierte Effekte' wird in der Literatur nicht immer einheitlich gehandhabt, was möglicherweise damit zusammenhängt, dass diese Art von Klassifizierung der Wirkungsebenen nicht nur für touristische Wertschöpfungsstudien gilt, sondern auf eine Vielfalt von (Groß-)Projekten und ihre wirtschaftlichen Auswirkungen auf eine Region übertragbar ist. SCHARPF (1998, S. 66) spricht z. B. von primären, sekundären und tertiären Effekten aus touristischer Nutzung von Großschutzgebieten[47]. Im Folgenden sind kurz die drei Wertschöpfungsebenen ähnlich der Darstellungen in den Arbeiten von KÜPFER (2000, S. 51) und JOB et al. (2003, S. 21) sowie RÜTTER et al. (1996, S. 11) beschrieben.

2.3.6.1 Direkte Effekte

Umsätze, die aus Ausgaben entstehen, die Nationalparktouristen im Rahmen ihres Besuchs in der Nationalparkregion tätigen (z. B. für Übernachtung, Verpflegung, Transport vor Ort, Einzelhandel, persönliche Dienstleistungen, Museen etc.), werden als direkte Effekte bezeichnet. Davon werden in erster Linie die vornehmlich touristisch orientierten Leistungsträger wie das Beherbergungs- und Gaststättengewerbe, Personentransportunternehmen (Bergbahnen, Bus- und Taxiunternehmen), Reisebüros, Souvenirhandel, Sport- und Freizeitstätten und kulturelle Einrichtungen finanziert. Während bei den eben genannten Anbietern ein wesentlicher Teil des Umsatzes vom Tourismus

---

[47] Inhaltlich entsprechen die Kategorien von SCHARPF (1998) der Einteilung, die HERRMANN et al. (1998) im Zuge ihrer Erfassung der ökonomischen Effekte des Schleswig-Holstein Musik-Festivals getroffen haben. Versuche in Form von Gutachten von behördlicher Seite, den Projektträgern selbst oder von Zweck- bzw. Interessengemeinschaften, die Auswirkungen von Projekten mit regionaler bis überregionaler Bedeutung auf den verschiedenen Wirkungsebenen zu erfassen, sind zahlreich. Eine grobe Literatursichtung ergab, dass es sich häufig um Infrastruktureinrichtungen (z. B. Flughäfen) handelt.

abhängt, gibt es daneben auch noch andere Wirtschaftszweige, deren Existenz zwar nicht an den Fremdenverkehr gebunden ist, die aber dennoch von der direkten touristischen Nachfrage profitieren, wie z. B. der Einzelhandel, Banken, Ärzte oder Friseure um nur einige Beispiele zu nennen. Den direkten Effekten fällt mehr Gewicht zu als den indirekten und induzierten Effekten, denn erstens sind sie der eigentliche Auslöser der touristischen Wertschöpfungskette und – sofern die Zahl der Touristen und ihr Ausgabeverhalten hinlänglich bekannt sind – auch relativ leicht messbar und zweitens sind sie bei ihrem Eingang in ein Wirtschaftsgefüge deutlicher spürbar als indirekte und induzierte Effekte, deren Beitrag sich in den nachfolgenden Wirkungsrunden stufenweise verringert.

2.3.6.2 Indirekte Effekte

Die aus den regionalen wirtschaftlichen Verflechtungen resultierenden mittelbaren Umsätze, die aber von nationalparktouristischem Ausgabeverhalten ausgelöst wurden, stehen auf der zweiten Stufe der Wertschöpfungskette und werden unter dem Begriff indirekte Effekte zusammengefasst. Diese entstehen zum einen in Form der Vorleistungen für jene Branchen, die die direkte touristische Nachfrage befriedigen (z. B. Lebensmitteleinkauf eines Hotels), zum anderen über die Investitionen der primär touristischen Leistungsträger (z. B. durch Bauvorhaben).

2.3.6.3 Induzierte Effekte

Induzierte Effekte ergeben sich aus dem zusätzlichen Einkommen, das in einer Region aufgrund von direkten und indirekten Effekten aus dem Nationalparktourismus entstanden ist RÜTTER et al. (1996, S. 11). Darunter fällt die Einkommenswirkung für den Teil der Bevölkerung einer Nationalparkregion, der seinen Lebensunterhalt aus Tätigkeiten, die mit dem Fremdenverkehr zusammenhängen, bestreitet, sowie die Beschäftigungswirkung durch die zusätzlich geschaffenen Arbeitsplätze[48]. Das zusätzliche Einkommen wird teilweise wieder in der Region ausgegeben und führt wiederum zu einer Ausweitung des Konsums, damit zu einer weiteren Nachfragesteigerung und abermaligen Produktionserhöhung. Dieser Prozess ist theoretisch unendlich und entspricht der Idee des Einkommensmultiplikators nach KEYNES (vgl. Kap. 2.3.5.3). KÜPFER (2000, S. 46) stellt fest, dass es keinen allgemeingültigen regionalen Multiplikator geben kann, denn der Faktor, um den sich das zusätzliche Einkommen nach der ursprünglichen Geldinjektion, also den auslösenden Konsum- und Importausgaben in einer Region, vervielfacht, hängt von mehreren Größen ab. Grundsätzlich gilt, dass die Multiplikatorwirkung um so geringer ausfällt, je kleiner und je spezialisierter eine Region ist. Der Gruppe der induzierten Effekte i. w. S. zuzuordnen sind auch intangible oder nur schwer zu quantifizierende Auswirkungen wie beispielsweise die Imageverbesserung[49] und das neu entstandene Potential an Arbeitsplätzen.

---

[48] Hierzu zählen Arbeitsplätze bei den Nationalparkverwaltungen selbst, die durch Auftragsvergaben seitens der Parkverwaltungen indirekt gesicherten sowie die durch den Fremdenverkehr induzierten Arbeitsstellen.

[49] Unter dem Stichwort *Labelling* einer Region durch das Prädikat ‚Nationalpark' erhoffen sich die Verantwortlichen im Regionalmarketing eine gestärkte Identität, die die Absatzchancen für Produkte und Dienstleistungen der Region verbessern helfen soll.

2.4   Die Integration von Großschutzgebieten in die Regionalentwicklung

Im folgenden Kapitel wird im Überblick die Anpassung der regionalen Wirtschaftspolitik an sich wandelnde sozio-ökonomische Rahmenbedingungen in Deutschland beleuchtet. Anschließend wird dargestellt, welche Möglichkeiten die aktuellen endogenen und nachhaltigen Regionalentwicklungsstrategien Großschutzgebieten eröffnen, einen Beitrag zur wirtschaftlichen Entwicklung ihrer Region zu leisten.

2.4.1   Regionalentwicklungsstrategien und Strukturwandel

Die regionale Wirtschaftspolitik in der Bundesrepublik in den letzten Jahrzehnten ist durch einen tiefgreifenden Strukturwandel geprägt. Noch in den 50er Jahren versuchte man Schwierigkeiten wirtschaftlicher und sozialer Art aufgrund von Demontage und Produktionsverbot in traditionellen Industriegebieten oder durch den Zustrom von Heimatvertriebenen in bestimmte Gegenden durch eine „Politik der Notstandsbeseitigung" zu begegnen. Mitte der 60er Jahre entwickelten sich Aktivitäten regionaler Wirtschaftspolitik weg von mehr oder weniger punktuellem Eingreifen zur Beseitigung regionaler Notstände hin zu einer Betrachtung des Staates oder einer größeren regionalen Einheit als Ganzes (GIEL, 1966, S. 1674). Im Rahmen zentraler Strategien und damit der keynesianischen Denkrichtung entsprechend schienen exogene regionalplanerische Projekte wie beispielsweise der Ausbau der Infrastruktur das Mittel der Wahl zum Ausgleich räumlicher Disparitäten (JOB et al., 2003, S. 11).

Vor dem Hintergrund veränderter gesellschaftlicher Rahmenbedingungen forderten Kritiker der zentralstaatlichen Bevormundung gegen Ende der 70er Jahre einen Wandel in der Regionalpolitik. Den Grundsätzen der Neoklassik entsprechend wurde der öffentlichen Hand lediglich die Aufgabe zugedacht, die Mobilität der Produktionsfaktoren Arbeit und Kapital zu unterstützen und dafür Sorge zu tragen, dass der marktwirtschaftliche Wettbewerb funktioniert (LEIBENATH, 2001, S. 44). Die Dezentralisierung regionalpolitischer und – ökonomischer Planung sollte mit einer Stärkung der Kompetenzen auf regionaler Ebene einhergehen und dadurch eine endogene Regionalentwicklung begünstigen. Dieses Konzept, das nach JOB et al. (2003, S. 11) von österreichischen und schweizerischen Regionalplanern und -ökonomen ausgegangen ist[50], basiert auf der Annahme, dass die Akteure vor Ort, die am besten über ihre Probleme und Möglichkeiten Bescheid wissen, auch die am besten geeignete Instanz darstellen, eine auf ihre Region zugeschnittene Regionalentwicklung voranzutreiben (BÖCHER, 2002, S. 54).

2.4.2   Das Konzept endogener nachhaltiger Regionalentwicklung

Es können insgesamt vier Dimensionen einer regionalisierten Entwicklungsstrategie „von unten" (*Bottom-up*-Prinzip, im Gegensatz zum traditionellen *Top-down*-Ansatz) ausgemacht werden[51]: In **politischer** Hinsicht setzt das Konzept der endogenen Regionalentwicklung die

---

[50] Eine im Zuge dieser Arbeit durchgeführte Internetrecherche mit den Suchbegriffen Regionalentwicklung, Regionalplanung und Regionalökonomie bestätigt die Vorreiterrolle der Schweiz und Österreich in der Regionalforschung, denn in der Tat gehen zahlreiche Studien, Projekte, Aktionsprogramme und Institutsgründungen zum Umfeld des Themenkreises ‚regionale Entwicklung' auf Initiative der beiden Alpenländer zurück.

[51] Eine ähnlich mehrdimensionale Beschreibung nachhaltiger Regionalentwicklung findet sich in SCHMID, 2002, S. 144 ff.)

Partizipation der Akteure auf regionaler Ebene (Bevölkerung vor Ort, Wirtschafts- und Behördenvertreter) als eine Grundbedingung für eine erfolgreiche Umsetzung voraus. Aus **ökonomischer** Perspektive wird die Realisierung und sektorübergreifende Vernetzung des regionseigenen Potentials, d. h. ein Zusammenwirken von sowohl natürlichen (landschaftlicher Charakter) als auch anthropogenen Faktoren ((Human-)Kapital, Kultur, Geschichte) angestrebt. Kleine und mittlere Unternehmen gelten als besonders förderungswürdig (LEIBENATH, 2001, S. 45). Dadurch sollen intraregionale Wirtschaftskreisläufe angekurbelt und Abhängigkeiten von benachbarten Regionen abgebaut werden. **Soziokulturell** setzt das Konzept einen Schwerpunkt auf die Wiedergewinnung einer „dörflichen" Identität mittels Öffentlichkeits- und Bildungsarbeit, so dass sich lokale Akteure bzw. Gruppen motiviert fühlen, eigenständige Projekte zu initiieren. Mitte der 80er Jahre fand zusätzlich noch eine **ökologische** Komponente Eingang in die Modelle endogener Regionalentwicklungsstrategien, die auf generell umweltschonende Bewirtschaftungs- und Produktionsmethoden, die Nutzung von regionalspezifischen und regional verfügbaren Ressourcen und die Vermeidung langer Gütertransportwege abzielt (JOB et al., 2003, S. 12).

Das auf dem UN-Umweltgipfel in Rio de Janeiro im Jahr 1992 postulierte globale Leitprinzip von nachhaltiger Entwicklung im Sinne von nicht nur intra- sondern künftig auch intergenerativer Gerechtigkeit hat die bisherigen endogenen Regionalentwicklungsstrategien in ihrem räumlich-zeitlichen Bezug erweitert. Besonders die Region hat als Handlungsebene zur Erreichung von Nachhaltigkeitszielen im Laufe der 90er Jahre an Bedeutung gewonnen, denn gerade hier sind die Ursache-Wirkungszusammenhänge menschlichen Handelns eng aneinander gekoppelt und unmittelbar erfahrbar (BÖCHER, 2002, S. 53). Gemäß des Subsidiaritätsprinzips soll eine nachhaltige Regionalentwicklung auf allen räumlichen Maßstabsebenen realisiert werden (JOB et al, 2003, S. 12). Der Umsetzung dienliche Handlungsempfehlungen sind in dem in Rio verabschiedeten Katalog der Agenda 21[52] vorgeschlagen.

Genauso wenig wie es einen allgemeingültigen regionalen Wertschöpfungsmultiplikator gibt, wie in Kapitel 2.3.6.3 festgestellt, gibt es auch keine allgemeingültige endogene und nachhaltige Regionalentwicklungsstrategie. Angesichts der unüberschaubaren Vielzahl an Fördermaßnahmen[53], Netzwerken, Kooperationen, Wettbewerben und Modellprojekten auf Bundes- und EU-Ebene zur nachhaltigen Regionalentwicklung scheinen Zweifel an der Umsetzung der gewünschten *Bottom-up*-Politik gerechtfertigt, denn wenigstens der Rahmen und die Finanzierungsmöglichkeiten für die Realisierung regionaler Entwicklungspotentiale kommen nach wie vor „von oben". Es liegt der Schluss nahe, dass der Abbau von Schwierigkeiten und Außenabhängigkeit wirtschaftlich schwacher Regionen trotz bestens konzipierter endogener und nachhaltiger Entwicklungspläne ohne massive exogene Unterstützung zumindest während der Initialphase kaum möglich ist (vgl. hierzu auch LEIBENATH, 2001, S. 46).

---

[52] Eine ausführliche Darstellung über lokale Agenda 21-Prozesse im Bereich Wald, Forstwirtschaft und Holz geben ZORMAIER und SUDA in einem von der Landesforstverwaltung Nordrhein-Westfalen in Auftrag gegebenen Leitfaden (ZORMAIER/SUDA, 2000).
[53] Allein für die dritte Förderperiode der Gemeinschaftsinitiative LEADER+ (*Liaison entre actions de développement de l'économie rurale*) von 2000 bis 2006 werden in Deutschland von der EU aus dem Europäischen Ausgleichs- und Garantiefonds für die Landwirtschaft (EAGFL) 247 Mio. € bereitgestellt.

2.4.3 Nationalparke als Instrument der Regionalentwicklung

Wenn Großschutzgebiete nicht als Entwicklungshindernis, sondern als Impulsgeber für die Wirtschaft einer Region agieren sollen, dann scheinen sie zumindest im Kontext aktueller Regionalpolitik so gute Chancen zu haben wie nie zuvor. MESSERLI (2001, S. 17 ff.) erklärt diesen Zusammenhang anhand eines doppelten Paradigmenwechsels sowohl im Bereich Natur- und Landschaftsschutz als auch im Bereich Regionalentwicklung (vgl. Tab. 5): In einer Gesellschaft, in der eine steigende Nachfrage nach ökologisch intakten und ästhetischen Landschaften verzeichnet werden kann, entsteht angesichts der Verknappung des Angebots insbesondere in und um dicht besiedelte Ballungsräume die Möglichkeit, durch Tourismus eine zusätzliche Wertschöpfung zu generieren. Damit hätte sich die Erkenntnis durchgesetzt, dass Naturschutz eine Form der Nutzung sein kann (vgl. hierzu auch SCHARPF, 1998, S. 86). Im Hinblick auf die Regionalentwicklung entscheiden in einem durch Globalisierung der Märkte verschärften Standortwettbewerb zunehmend die immobilen Faktoren, die die mobilen Faktoren binden können, bei gleichzeitiger Verlagerung von Quantität zu Qualität. Dies eröffnet regionalen und regionsspezifischen Qualitätsprodukten und eben auch dem „Exportgut" Nationalpark(tourismus) (vgl. hierzu KÜPFER, 2000, S. 51) gerade in ländlichen Gebieten eine Marktnische, womit in ländlichen und peripheren Regionen der Wohlstand weitgehend als eine Funktion der regionalen Innovationsfähigkeit betrachtet werden darf.

Tabelle 5: Der doppelte Paradigmenwechsel im Natur- und Landschaftsschutz und der Regionalentwicklung

Natur- und Landschaftsschutz	Regionalentwicklung
• Segregation ⟶ Integration (Flächenverantwortung)	• Mobile ⟶ immobile Faktoren (im Standortwettbewerb)
• Landschaftsschutz = Nutzung	• Quantitative ⟶ qualitative Merkmale
• Durch Schutz kann Wertschöpfung entstehen.	• Regionaler Wohlstand = f (regionale Innovationsfähigkeit)

(Quelle: MESSERLI, 2001, S. 21; verändert)

„Regionalentwicklung mit Hilfe von Nationalparken heißt, Menschen außerhalb des Großschutzgebietes und seiner Verwaltung von dieser besonderen Form des Naturschutzes profitieren zu lassen" (LEIBENATH, 2001, S. 26). Die einschlägigen aber dennoch sehr heterogenen Regionalmanagementansätze unterscheiden sich hinsichtlich einer ganzen Reihe von Kriterien beträchtlich, wie z. B. der staatlichen Rahmenbedingungen, der Organisations- und Rechts- und Finanzierungsform, der Trägerschaft, Regionsgröße und der Art der wahrgenommenen Aufgaben (JOB et al., 2003, S. 13). Voraussetzung für die Erreichung dieses Ziels ist jedoch immer ein aktives Regionalmanagement in Form einer regionalen Institution, die damit betraut ist, Projekte und Infonetzwerke rund um den Nationalpark zu initiieren und koordinieren. Gelingt es, die regionalen Akteure zu mobilisieren und zu beteiligen, die außerregionalen Nachfrager nach Nationalparkgenuß in die Region zu bringen und unter Wahrung von ökologischen, sozialen und ökonomischen Aspekten nachhaltig zu bedienen, dann ist Regionalmarketing erfolgreich, denn es setzt Entwicklungsprozesse in Gang und realisiert die Chancen des regionsspezifischen Potentials – hier der intakten Natur – zum Vorteil der Region. Trotz alledem darf in diesem Zusammenhang ein Aspekt nicht übersehen werden: Wie KÜPFER (2000, S. 3) in ihrer Studie zum Schweizerischen Nationalpark herausfinden konnte, schätzen die Gäste der Nationalparkregion nämlich gerade auch die Vielfalt der außerhalb des eigentlichen Parks nutzbaren Beschäftigungsmöglichkeiten. Zweifel, ob mit einem Nationalpark alleine wirksame regionale Tourismus- und Wirtschaftsförderung vorangetrieben werden kann, sind daher berechtigt.

3 Die Identifizierung der Vergleichsregionen mit Hilfe der Clusteranalyse

Gegenstand des empirischen Teils der Arbeit ist die Erfassung von volks- und betriebswirtschaftlichen Kennzahlen, die einen Vergleich der regionalökonomischen Entwicklung der Gebiete in Deutschland unter Einfluss von Nationalparktourismus mit ähnlich attraktiven Landstrichen ohne Prädikat ‚Nationalpark' ermöglichen. Zu diesem Zweck sind zunächst die passenden zu vergleichenden Untersuchungsregionen auszuwählen. Die Verwaltungsebene des Landkreises bietet sich dafür an, ist sie doch die tiefste Gliederungsebene, zu der die für diese Analyse geeigneten amtlichen Wirtschaftsstatistiken über einen Zeitraum von z. T. mehreren Jahrzehnten verfügbar sind. Darüber hinaus erlauben Flächenausstattung und Struktur von Landkreisen i. d. R. eine Beschreibung möglicher *regionaler* Effekte einer Nationalparkausweisung, denn Landkreise sind einerseits großflächig genug, um über lediglich lokal bemerkbare Auswirkungen kein verzerrtes Bild abzugeben, andererseits aber auch kleinflächig genug, um nicht nur auf Entwicklungen auf überregionalem Niveau zu reagieren.

Ziel und Zweck dieses Kapitels ist es, zu jedem Landkreis, der ganz oder teilweise einen Nationalpark umfasst, einen Vergleichslandkreis zu finden. Ein statistisches Verfahren, dass speziell dafür konzipiert wurde, Gruppen von „ähnlichen" Datensätzen aus einem großen Datenbestand herauszufiltern, ist die **Clusteranalyse**. Mit den einzelnen Schritten der Clusteranalyse beschäftigen sich die nachfolgenden Ausführungen, angefangen bei der Wahl der geeigneten Indikatoren aus einer Vielzahl von ökonomischen und landschaftlichen Strukturmerkmalen von Landkreisen, über die Berechnung der Ähnlichkeit der einzelnen Landkreise bis hin zur Beschreibung der verwendeten Fusionsalgorithmen im Zuge der Gruppenbildung. Den Abschluss dieses Teils der Arbeit und die gleichzeitige Basis für den darauf aufbauenden eigentlichen Vergleich (Kap. 4) der wirtschaftlichen Entwicklung bildet die Liste der aus den jeweiligen Landkreis-Clustern ausgewählten Vergleichslandkreise.

Eine Clusteranalyse[54] dient dazu, die Fälle einer Stichprobe zu Gruppen (Clustern) so zusammenzufassen, dass die Fälle innerhalb einer Gruppe möglichst homogen (*interne Homogenität*), die Cluster untereinander aber möglichst verschieden sind (*externe Heterogenität*). Die Clusteranalyse hat den Vorteil, dass die Gruppenbildung nicht nur anhand eines Merkmals möglich ist. Vielmehr können neben solche monothetischen Verfahren auch polythetische Verfahren eingesetzt werden, die simultan eine beliebige Zahl verschiedener Eigenschaften berücksichtigen (vgl. BERGER, 1997, S. 126). Bei der hierarchischen Agglomeration wird iterativ vorgegangen, d. h. die Cluster entstehen schrittweise durch Vergleich jedes einzelnen Objekts mit allen anderen Objekten bzw. mit den in den vorangegangenen Teilschritten bereits aufgebauten Gruppierungen. In der ersten Stufe der Gruppenbildung wird jedes einzelne Objekt zunächst als ein eigenständiges Cluster (Einheitscluster) verstanden, das im zweiten Schritt mit dem ihm ähnlichsten Einheitscluster zu einem zweielementigen Cluster und mit einem weiteren, diesem ähnlichsten Objekt zu einem dreielementigen Cluster zusammengefügt wird usw.[55] Dieses Agglomerieren wird so lange fortgesetzt, bis alle Fälle zu einem Cluster zusammengefasst sind (JOHNSON/WICHERN, 1992, S. 584). Dieses Verfahren wird deshalb als hierarchisches Verfahren bezeichnet, da die Zuordnung zu den Clustern nur in eine Richtung erfolgt. Fälle, die einmal zu einer Gruppe zusammengefasst wurden, werden auch auf späteren Stufen des Agglomerierens immer in einem Cluster bleiben, selbst wenn sich insgesamt eine geringere Distanz ergibt. Im

---

[54] Die folgenden Ausführungen zur Clusteranalyse beruhen im Wesentlichen auf BROSIUS/BROSIUS (1995, S. 863 ff.).

[55] Siehe KOSCHNIK (http://medialine.focus.de/PM1D/PM1DB/PM1DBF/pm1dbf.htm?stichwort=Clusteranalyse)

Gegensatz hierzu sehen nicht-hierarchische Verfahren die Möglichkeit vor, bereits zugeordnete Fälle aus ihrem Cluster herauszunehmen und einem neuen Cluster zuzuteilen.

Um Fälle einer Stichprobe in Gruppen ähnlicher Fälle zu unterteilen, zieht die Clusteranalyse alle bekannten bzw. ausgewählten Eigenschaften der zu gruppierenden Elemente heran (vgl. BERGER, 1997, S. 121; JOHNSON/WICHERN, 1992, S. 573). Dieses Vorgehen lässt sich in zwei wesentliche Schritte gliedern:

- Bestimmung des **Proximitätsmaßes**, um die Nähe bzw. die Entfernung zweier Objekte zu quantifizieren
- Wahl der **Agglomerationsmethode**, so dass sich die Elemente mit der besten Übereinstimmung ihrer Eigenschaftsstruktur in einer Gruppe wiederfinden.

Um die den Nationalparken entsprechenden Vergleichsregionen zu identifizieren, werden auf Landkreisebene Gruppen gebildet, die hinsichtlich mehrerer Strukturmerkmale homogen sind. Aus den Gruppen, in denen sich die Landkreise befinden, deren Gebiet die gesamte oder eine Teilfläche eines Nationalparks umfasst, werden die zu vergleichenden Landkreise ohne Nationalparkfläche ausgewählt.

3.1 Die Wahl der Indikatoren

Für die Beschreibung der Landkreise kommt eine Vielzahl von Indikatoren in Frage. Der Auswahl der verwendeten Strukturmerkmale liegen im Wesentlichen zwei Kriterien zugrunde: Zunächst sollten die Daten auf Kreisebene bundesweit erfasst und damit über die jeweiligen Landesämter für Statistik verfügbar sein. Des Weiteren sollte es sich für eine sinnvolle Clusteranalyse, mit deren Variablen hier eine rechnerisch gestützte Vergleichbarkeit zwischen einzelnen Fällen (Landkreisen) herbeigeführt wird, vornehmlich um allgemeine wirtschaftliche Indikatoren handeln. Erkenntnisziel ist nicht das Vergleichsergebnis an sich. Vielmehr gehören tourismusspezifische Kennzahlen, die eine Aussage über den möglichen Einfluss eines Nationalparks auf die Entwicklung der regionalen Wirtschaft zulassen, zum Dienstleistungssegment, dessen Untersuchung in Nationalparklandkreisen und Vergleichs-Landkreisen den eigentlichen Kern der Arbeit ausmacht und erst in Kapitel 4 ausführlich behandelt wird.

Strukturmerkmale zeichnen sich durch eine gewisse Stabilität aus, d. h. die Veränderung der Werte von einer Periode zur nächsten ist gering. Diese Merkmale werden im Rahmen der Clusteranalyse als typen- und damit gruppenbildend verwendet (BERGER, 1997, S. 120). Die Strukturmerkmale der Landkreise, die als Variablen zur Distanzberechnung herangezogen werden, wurden von den zum Arbeitskreis Volkswirtschaftliche Gesamtrechnungen der Länder zusammengeschlossenen Statistischen Landesämtern der jeweiligen Bundesländer zur Verfügung gestellt. Die nachfolgend beschriebenen Rechenprozeduren werden alle mit der Standardsoftware SPSS für Windows, Version 11.5 bzw. der Folgeversion 12.0, durchgeführt.

3.1.1 Die Zahl der Variablen

Vom Bayerischen Landesamt für Statistik und Datenverarbeitung wurde eine Reihe von Kennzahlen vorgeschlagen. Ca. 30 dieser Indikatoren[56], die die gesamtwirtschaftliche Leistung, Dynamik oder Struktur einer Region beschreiben, kamen in die engere Auswahl. Neben wirtschaftlichen Parametern sollten je eine Infrastrukturgröße, eine Angabe zur Landnutzungsform und eine geographische Größe das Profil jedes Kreises vervollständigen. Für die Entscheidung, welche Daten in einer Clusteranalyse Verwendung finden, steht der Vergleichszweck im Vordergrund. Dies wiederum legt die Forderung nahe, dass es sich um Indikatoren handeln sollte, die möglichst unabhängig voneinander sind und in ihrem jeweiligen Bereich größtmögliche Aussagekraft besitzen. Beide Kriterien sind im vorliegenden Fall nur bei etwa einem Drittel der 30 Strukturmerkmale gegeben. Eine Clusteranalyse ist zwar ein multikriterielles Verfahren, die Gesamtzahl von Eingangsvariablen sollte jedoch in einem angemessenen Verhältnis stehen zur Gesamtzahl der Fälle, v. a. sollte die Zahl der Variablen die Zahl der Fälle nicht übersteigen. Nachdem für jedes Bundesland, das einen Nationalpark ausgewiesen hat, eine Zusammenfassung der Landkreise zu Gruppen durchgeführt werden soll, orientiert sich die Zahl der Variablen an dem Bundesland mit der kleinsten Gesamtzahl an Landkreisen. Unter den insgesamt 9 Bundesländern mit Nationalparken ist dies Schleswig-Holstein mit nur 11 Landkreisen. Die folgende Tabelle (Tab. 6) gibt eine Übersicht je Bundesland über die Zahl der Nationalparke, die Zahl der Landkreise insgesamt und die Zahl der Landkreise, in denen Nationalparkfläche ausgewiesen wurde:

Tabelle 6: Zahl der Nationalparke, Landkreise gesamt und Landkreise mit Nationalparkfläche je Bundesland

Bundesland	Zahl der Nationalparke	Zahl der Landkreise insgesamt	Zahl der Landkreise mit Nationalparkfläche
Schleswig-Holstein	1	11	2
Hamburg[57]	1	-	-
Mecklenburg-Vorpommern	3	12	4
Brandenburg	1	14	2
Thüringen	1	17	2
Sachsen-Anhalt	1	21	1
Sachsen	1	22	1
Niedersachsen[58]	2	38	9
Bayern	2	71	3
Gesamt	13	206	24

(Quelle: eigene Erhebung)

---

[56] Eine Zusammenstellung der in Frage kommenden Indikatoren findet sich in Anhang 8.1. Die Quellen dieser Indikatoren stammen von den Statistischen Landesämtern der jeweiligen Bundesländer, dem ARBEITSKREIS VOLKSWIRTSCHAFTLICHE GESAMTRECHNUNGEN DER LÄNDER (http://www.vgrdl.de/Arbeitskreis_VGR), dem ARBEITSKREIS ERWERBSTÄTIGENRECHNUNG DES BUNDES UND DER LÄNDER (http://www.hsl.de/erwerbstaetigenrechnung) und z.T. eigene Berechnungen.

[57] Das Land Hamburg hat die Besonderheit, dass es zwar einen Nationalpark unterhält (Hamburgisches Wattenmeer), der angrenzende Landkreis (Cuxhaven) gehört jedoch zu Niedersachsen.

[58] Der Nationalpark Niedersächsisches Wattenmeer umfasst 6 Landkreise, der Nationalpark Harz 2. Hinzu kommt noch der Landkreis Cuxhaven als nächstgelegener Landkreis zum Nationalpark Hamburgisches Wattenmeer.

3.1.2 Dimensionsreduktion mittels Faktorenanalyse

Eine Möglichkeit, eine größere Anzahl von Variablen auf eine kleinere Anzahl unabhängiger Einflussgrößen, genannt Faktoren, zu reduzieren, bietet die Faktorenanalyse. Bei diesem Verfahren werden diejenigen Variablen, die untereinander stark korrelieren, zu einem Faktor zusammengefasst. Die Korrelation von Variablen aus verschiedenen Faktoren ist gering (BÜHL/ZÖFEL, 2002, S. 465). Ziel der Faktorenanalyse ist es, den hohen Grad an Komplexität, der durch eine Vielzahl an Variablen dargestellt wird, dadurch handhabbar und interpretierbar zu machen, dass die Variablen auf möglichst wenige Faktoren, die hinter ihnen stehen, reduziert werden (BROSIUS/BROSIUS, 1995, S. 815). Mit den gefundenen Faktoren kann dann eine Clusteranalyse durchgeführt werden.

Eine Faktorenanalyse läuft üblicherweise in vier Schritten ab (BROSIUS/BROSIUS, 1995, S. 819; BÜHL/ZÖFEL, 2002, S. 466):

1. Zunächst werden für die gegebenen und standardisierten Variablen **Korrelationsmatrizen** berechnet, die zeigen, welche Variablen von vornherein unberücksichtigt bleiben sollten, da sie nur sehr geringe Korrelationen aufweisen.
2. In der darauffolgenden **Faktorextraktion** geben statistische Maßzahlen an, ob das Faktorenmodell je nach Extraktionsmethode auch geeignet ist, die Variablen auf einfache Weise zu repräsentieren.
3. Die gefundenen Faktoren sind Kunstgebilde und oft schwer zu interpretieren. Sie sind jedoch so transformierbar, dass ihre Verbindung zu den Beobachtungsvariablen deutlicher wird. Dieser Schritt wird als **Rotation** bezeichnet, weil dabei Koordinationsachsen gedreht werden.
4. Ohne Wertzuweisung haben die bis jetzt ermittelten Faktoren noch keine Erklärungskraft. Aus diesem Grund lässt man **Faktorwerte** berechnen. Diese Faktorladungen der rotierten Faktormatrix können als Korrelationskoeffizienten zwischen der betreffenden Variablen und den Faktoren verstanden werden und damit als das eigentliche Ergebnis der Faktorenanalyse.

3.1.3 Ergebnis der Faktorenanalyse

Anhand der Faktorwerte wird nun versucht, die einzelnen Faktoren zu deuten. Diese Interpretation der Komponentenmatrix (Tab. 7) erfolgt so, dass die jeweilige Eingangsvariable derjenigen Komponente bzw. demjenigen Faktor zugewiesen wird, in dem sie den höchsten absoluten Wert aufweist. Dieser Wert wird in jeder Zeile markiert. So korreliert eine Variable am meisten mit dem Faktor, in dem sie die höchste Ladung hat. Dies ist der entscheidende Punkt der Faktorenanalyse: An dieser Stelle muss ein inhaltlicher Zusammenhang der Faktoren aufgespürt und mit einer Beziehung belegt werden. In Ausnahmefällen ist es möglich, dass eine Variable auf zwei Faktoren hoch lädt oder auf keinem der extrahierten Faktoren, im Idealfall sollte die auf diese Weise erfolgte Zuordnung einer Variablen zu einem Faktor jedoch eindeutig verlaufen.

Tabelle 7: Beispiel für eine Komponentenmatrix

Variable	Komponente		
	1	2	3
a)			
b)			
c)			
...			

Eine Eindeutigkeit war allerdings in mehreren Versuchen, die ca. 30 die Landkreise beschreibenden Indikatoren faktoranalytisch zusammenzufassen, nicht durchweg gegeben. Das hat die Interpretierbarkeit der Faktoren erschwert. Die Zusammenlegung auf eine gemeinsame inhaltliche Basis der Variablen verlief nicht zufriedenstellend, was auch darauf zurückzuführen ist, dass fast alle Indikatoren wirtschaftlicher Natur waren und somit grundsätzlich einen Zusammenhang oder eine Ähnlichkeit vermuten lassen. Die sinnvolle Benennung der gefundenen Faktoren mit einer klaren und die Faktoren inhaltlich differenzierenden Kurzbezeichnung war kaum möglich. Im Ergebnis wird eine Eignung der Faktorenanalyse zur Reduzierung des hier vorliegenden Variablen-Pools abgelehnt.

3.1.4 Dimensionsreduktion mittels Korrelationskoeffizient

Bisher wurde im theoretischen Modell von der Existenz eines statistischen Zusammenhangs zwischen mehreren der als Variablen für die Clusteranalyse in Frage kommenden Merkmale ausgegangen. Um eine sinnvolle Auswahl treffen zu können, ist jedoch eine Kenntnis der Stärke bzw. Schwäche sowie über die Art und Richtung der Beziehung zwischen den Variablen notwendig. Maßzahlen zur Quantifizierung des Zusammenhangs zwischen Variablen sind die sogenannten Korrelations- oder auch Assoziationsmaße (BÜHL/ZÖFEL, 2002, S. 242). Zwei Variablen sind positiv korreliert, wenn sie eine gleichsinnige Beziehung vorweisen, d. h. niedrige Werte bei der einen Variablen gehen mit niedrigen Werten bei der anderen einher und hohe Werte mit hohen Werten. Entsprechend zeigen sich bei einer gegensinnigen Beziehung niedrige Werte bei der einen mit hohen Werten bei der anderen Variablen und umgekehrt. Einen ersten graphischen Eindruck von Intensität und Richtung des Zusammenhangs zwischen zwei Variablen bietet oftmals ein Punkte-Diagramm (*Scatterplot*). Diesen ersten zwar anschaulichen, aber nicht sehr präzisen Eindruck eines möglichen linearen Zusammenhangs kann man auch in einer Maßzahl, dem Korrelationskoeffizienten, ausdrücken. Korrelationsmaße nehmen ausschließlich Werte zwischen -1 und $+1$ an. Nachdem es sich bei den hier vorliegenden um intervallskalierte Variablen handelt, d. h. die Differenz des Intervalls zwischen zwei Werten ist empirisch relevant (im Gegensatz z. B. zu einem ordinalen Skalenniveau), wird der Pearson'sche Korrelationskoeffizient r benutzt. Für den Korrelationskoeffizienten nach Pearson wird angenommen, dass jedes Variablenpaar bivariat normalverteilt ist. Zur verbalen Beschreibung der Größe des jeweiligen Korrelationskoeffizienten wird folgende Einteilung (Tab. 8) zu Rate gezogen:

Tabelle 8: Intensität der Korrelation

Werte des Korrelationskoeffizienten r	Interpretation
0 – 0,2	sehr geringe Korrelation
0,2 – 0,5	geringe Korrelation
0,5 – 0,7	mittlere Korrelation
0,7 – 0,9	hohe Korrelation
0,9 – 1	sehr hohe Korrelation

(Quelle: BÜHL/ZÖFEL, 2002, S. 243)

Die Variablen, die Werte einer mittleren Korrelation und darunter aufweisen, also zwischen 0 und 0,7 liegen, werden von vornherein als clustertauglich eingestuft. Bei den Merkmalen, die stark bzw. sehr stark korrelieren, also die Werte zwischen 0,7 und 1 aufweisen, wird eine einzelfallweise Prüfung durchgeführt.

Ein weiterer Schritt im Rahmen des Ausleseprozesses der geeigneten Variablen mittels Korrelationsmatrix ist die Festlegung eines repräsentativen Datensatzes. Bayern bietet sich an, denn es ist sowohl von der Fläche her als auch im Hinblick auf die Gesamtzahl der Landkreise das größte Bundesland Deutschlands. Die 71 bayerischen Landkreise sind zwar im Durchschnitt kleiner als die Landkreise aller anderen für diese Untersuchung relevanten Bundesländer, nichtsdestoweniger ist aber davon auszugehen, dass durch die vergleichsweise große Zahl der Fälle (vgl. Tab. 6) wiederum gewisse zufällige Unregelmäßigkeiten kompensiert sein dürften. Nachstehende Matrix (Tab. 9) bildet die Kombination von Variablen ab, deren Beziehungen sowohl nach theoretischer Vorüberlegung und -auswahl als auch computergestützt nur mit Koeffizienten unter 0,8 quantifiziert werden.

Tabelle 9: Korrelationsmatrix für 11 Variablen am Beispiel Bayern (n = 71)

		Fläche in km²	EW/km²	BIP/EW	BIP/ET	Zuwachs BIP/ET	ET/EW (je 1000)	Anteil LW an BWS	Anteil DL an BWS	Verkehrsfläche %	Waldfläche %	Höhe ü. NN
Fläche in km²	Korrelation nach Pearson	1	-0,641**	-0,165	-0,401**	0,076	0,071	0,470**	-0,113	-0,175	0,082	0,288*
	Signifikanz (2-seitig)		0,000	0,170	0,001	0,530	0,556	0,000	0,347	0,145	0,494	0,015
EW/km²	Korrelation nach Pearson	-0,641**	1	0,117	0,668**	-0,056	-0,323**	-0,527**	0,052	0,306**	-0,096	-0,237*
	Signifikanz (2-seitig)	0,000		0,333	0,000	0,645	0,006	0,000	0,667	0,010	0,424	0,046
BIP/EW	Korrelation nach Pearson	-0,165	0,117	1	0,503**	-0,176	0,783**	-0,427**	0,054	-0,196	-0,065	0,229
	Signifikanz (2-seitig)	0,170	0,333		0,000	0,142	0,000	0,000	0,653	0,101	0,593	0,055
BIP/ET	Korrelation nach Pearson	-0,401**	0,668**	0,503**	1	-0,298*	-0,134	-0,368**	0,005	0,165	-0,274*	-0,166
	Signifikanz (2-seitig)	0,001	0,000	0,000		0,012	0,264	0,002	0,968	0,170	0,021	0,166
Zuwachs BIP/ET	Korrelation nach Pearson	0,076	-0,056	-0,176	-0,298*	1	-0,017	-0,014	-0,179	0,105	0,216	-0,091
	Signifikanz (2-seitig)	0,530	0,645	0,142	0,012		0,887	0,905	0,136	0,381	0,071	0,449
ET/EW (je 1000)	Korrelation nach Pearson	0,071	-0,323**	0,783**	-0,134	-0,017	1	-0,258*	0,075	-0,348**	0,123	0,395**
	Signifikanz (2-seitig)	0,556	0,006	0,000	0,264	0,887		0,030	0,536	0,003	0,308	0,001
Anteil LW an BWS	Korrelation nach Pearson	0,470**	-0,527**	-0,427**	-0,368**	-0,014	-0,258*	1	-0,131	0,176	-0,387**	-0,225
	Signifikanz (2-seitig)	0,000	0,000	0,000	0,002	0,905	0,030		0,278	0,142	0,001	0,059
Anteil DL an BWS	Korrelation nach Pearson	-0,113	0,052	0,054	0,005	-0,179	0,075	-0,131	1	-0,300*	0,074	0,489**
	Signifikanz (2-seitig)	0,347	0,667	0,653	0,968	0,136	0,536	0,278		0,011	0,540	0,000
Verkehrsfläche %	Korrelation nach Pearson	-0,175	0,306**	-0,196	0,165	0,105	-0,348**	0,176	-0,300*	1	-0,285*	-0,704**
	Signifikanz (2-seitig)	0,145	0,010	0,101	0,170	0,381	0,003	0,142	0,011		0,016	0,000
Waldfläche %	Korrelation nach Pearson	0,082	-0,096	-0,065	-0,274*	0,216	0,123	-0,387**	0,074	-0,285*	1	0,336**
	Signifikanz (2-seitig)	0,494	0,424	0,593	0,021	0,071	0,308	0,001	0,540	0,016		0,004
Höhe ü. NN	Korrelation nach Pearson	0,288*	-0,237*	0,229	-0,166	-0,091	0,395**	-0,225	0,489**	-0,704**	0,336**	1
	Signifikanz (2-seitig)	0,015	0,046	0,055	0,166	0,449	0,001	0,059	0,000	0,000	0,004	

** Die Korrelation ist auf dem Niveau von 0,01 (2-seitig) signifikant.   * Die Korrelation ist auf dem Niveau von 0,05 (2-seitig) signifikant.

(Abkürzungen: EW=Einwohner, BIP=Bruttoinlandsprodukt, ET=Erwerbstätiger, LW=Landwirtschaft, BWS=Bruttowertschöpfung, DL=Dienstleistung, NN=Normal-Null)

Ein Grenzwert von 0,8 für die Korrelationskoeffizienten (im Bereich hoher Korrelation) scheint geeignet, eine plausible und angemessene Auswahl von 11 Variablen zu erreichen. Mit diesen 11 Variablen werden nun für alle deutschen Bundesländer mit einem oder mehreren Nationalpark(en) Korrelationsmatrizen ausgegeben. Neben Bayern finden sich auch für Sachsen, Mecklenburg-Vorpommern und Niedersachsen[59] (1994) keine Korrelationskoeffizienten über 0,8. Hingegen konnten für Schleswig-Holstein, Sachsen-Anhalt, Brandenburg und Niedersachsen 1986 bei vereinzelten Variablenpaaren geringfügig höhere Werte abgelesen werden. Bis auf eine Ausnahme für Brandenburg von 0,909 (Einwohner/km² mit Anteil Landwirtschaft an der Bruttowertschöpfung) lagen jedoch auch die wenigen Koeffizienten mit Werten über 0,8 höchstens bei 0,85. Diese leicht über dem festgelegten Grenzwert von 0,8 liegenden Koeffizienten scheinen dennoch und vor allem angesichts der Vielzahl von überprüften Werten vernachlässigbar.

---

[59] In Niedersachsen befinden sich zwei Nationalparke. Der Nationalpark Niedersächsisches Wattenmeer wurde 1986 gegründet, der Nationalpark Harz erst 8 Jahre später, nämlich 1994. Daher schien es naheliegend, für Niedersachsen zwei Datensätze anzulegen, einen mit Zahlen um das Jahr 1986 und einen jüngeren um das Jahr 1994.

3.1.5 Ergebnis der Variablenauswahl mittels Korrelationsmaß

Die Auswahl der Indikatoren ausschließlich nach Methoden der multivariaten Statistik schien nicht zielführend, da sich der überwiegende Teil der gewonnenen Analyseergebnisse als schwer oder unzufriedenstellend interpretierbar erwies. Daher wurde der Auswahlprozess und die letztendliche Festlegung auf einen Datensatz von 11 Variablen auch durch klassische Tabellenarbeit in Verbindung mit Überprüfung auf Plausibilität bei einzelnen Abweichungen der rechnergestützten Analyseergebnisse ergänzt.

In der folgenden Tabelle (Tab. 10) werden die 11 ausgewählten Indikatoren für die Durchführung der Clusteranalyse aufgeführt:

Tabelle 10: Variablen zur Durchführung der Clusteranalyse

Nr.	Indikator	Erläuterung
1	Fläche in qkm	Absolutgröße des Landkreises
2	Einwohner pro qkm	Bevölkerungsdichte
3	Bruttoinlandsprodukt je Einwohner	Wirtschaftsleistung (Wirtschaftskraft)
4	Bruttoinlandsprodukt je Erwerbstätigen	Arbeitsproduktivität
5	Veränderungsrate Bruttoinlandsprodukt je Erwerbstätigen über ca. 10 Jahre[60] in %	Zuwachsgröße zur Arbeitsproduktivität
6	Erwerbstätige pro 1000 Einwohner	Arbeitsplatzdichte
7	Anteil der Landwirtschaft an der Bruttowertschöpfung insgesamt in %	Anteilige Wirtschaftsleistung des Bereichs Landwirtschaft
8	Anteil der Dienstleistung an der Bruttowertschöpfung insgesamt in %	Anteilige Wirtschaftsleistung des Bereichs Dienstleistung
9	Anteil Verkehrsfläche in %	Infrastrukturgröße
10	Anteil Waldfläche in %	Flächennutzung
11	Höhe ü. NN	Geographische Größe (höchster Punkt im Landkreis)

Diese Liste von Strukturmerkmalen ist sicherlich auch in anderer Zusammensetzung vorstellbar, die obigen 11 Indikatoren vermitteln allerdings einen durchaus brauchbaren Eindruck sowohl zu der sozioökonomischen als auch der naturräumlichen Ausstattung von Landkreisen, sind bundesweit verfügbar und wurden daher nicht zuletzt aus Praktikabilitätsgründen ausgewählt.[61]

---

[60] V. a. in den neuen Bundesländern liegen Nationalparke, die erst vor wenigen Jahren gegründet wurden, so z. B. der Nationalpark Unteres Odertal in Sachsen 1995 oder der Nationalpark Hainich in Thüringen 1997 (vgl. Kap. 1.1, Tab. 1). Nachdem die Strukturmerkmale die Landkreise zur Zeit der Nationalparkgründung beschreiben sollten, sind Daten zur Zuwachsberechnung des Bruttoinlandsprodukts je Erwerbstätiger teilweise noch nicht verfügbar. In diesen Fällen wurden jeweils die jüngsten von den statistischen Landesämtern zur Verfügung gestellten Zahlen verwendet.

[61] Die Veränderungsrate des Bruttoinlandsprodukts je Erwerbstätiger über einen Zeitraum von 10 Jahren ist eine Zuwachsgröße, mittels derer der Nachteil einer nur punktuellen Betrachtung der Werteniveaus kompensiert werden soll. Im Übrigen sollte sich v. a. die landschaftliche Beschreibung eines Landkreises anhand von bundesweit erhältlichen Kennzahlen aus der Statistik als komplizierter Vorhaben herausstellen. Die Erfassung einer Größe, die z. B. die Reliefenergie der abgegrenzten Verwaltungseinheiten durchgängig und vergleichbar ausdrückt, oder die Erhebung meteorologischer Daten auf Kreisebene über den Deutschen Wetterdienst wäre wenn überhaupt nur mit sehr hohem zeitlichen und finanziellen Aufwand verbunden gewesen. Aus diesem Grund beschränkt sich die Auswahl der Landschaftsindikatoren auf die Anteile von Verkehrs- und Waldfläche sowie die Höhe über NN des höchsten Punktes eines Landkreises. Indirekt steckt ein Hinweis darauf, ob ein Landkreis eher landwirtschaftlich oder industriell geprägt ist, auch im Anteil der Landwirtschaft an der Bruttowertschöpfung oder der Einwohnerzahl je Quadratkilometer.

3.2   Die Ähnlichkeit der Elemente

Das allgemein gebräuchlichste Maß, das auch bei der Berechnung der Maßzahlen vieler anderer als der in der Clusteranalyse ermittelten Distanzmaße Verwendung findet, ist die quadrierte Euklidische Distanz (BROSIUS/BROSIUS, 1995, S. 865). Sie misst die Unähnlichkeit zweier Fälle durch die Summe der quadrierten Differenzen der Variablenwerte dieser beiden Fälle. Für die Fälle X und Y ergibt sich eine quadrierte Euklidische Distanz von:

$$D^2 = \sum_{i=1}^{\nu} \left(X_i - Y_i \right)^2$$

Es wird die Distanz für alle möglichen Fallpaare berechnet, die aus den betrachteten Fällen gebildet werden können. Dafür muss jedoch gewährleistet sein, dass die gewählten Einheiten der Messwerte auch tatsächlich vergleichbar sind, denn die quadrierte Euklidische Distanz hat mit allen anderen Distanzmaßen, die auf den Differenzen von Variablenwerten beruhen, den Nachteil gemeinsam, dass die Größe der Distanz wesentlich von den Dimensionen der Variablen abhängt. Dieser Nachteil lässt sich ausgleichen, indem man die ursprünglichen Variablenwerte vor Berechnung der Distanzen standardisiert, d. h. auf ein gemeinsames Niveau angleicht. Dies geschieht mittels einer so genannten Z-Transformation. Die neuen Werte werden auf einen Mittelwert von 0 und eine Standardabweichung von 1 normiert und sind damit unabhängig von der jeweiligen Skala miteinander vergleichbar (vgl. BERGER, 1997, S. 124).

Die Grundlage einer Clusteranalyse bildet die Rohdatenmatrix mit K Objekten (Landkreise), die durch J Variablen (statistische Indikatoren) beschrieben werden (vgl. Tab. 11; BACKHAUS et al., 2000, S. 331).

Tabelle 11: Aufbau der Rohdatenmatrix

	Variable 1	Variable 2	...	Variable J
Objekt 1				
Objekt 2				
-				
-				
Objekt K				

Um nun mittels der quadrierten Euklidischen Distanz die Ähnlichkeit zwischen den Objekten zu quantifizieren, wird die Rohdatenmatrix in eine quadratische Distanz- oder Ähnlichkeitsmatrix (K × K) überführt (vgl. Tab. 12).

Tabelle 12: Aufbau einer Distanz- oder Ähnlichkeitsmatrix

	Objekt 1	Objekt 2	...	Objekt K
Objekt 1				
Objekt 2				
-				
-				
Objekt K				

In dieser Matrix werden die sogenannten Proximitätsmaße ausgegeben, das sind in Abhängigkeit vom Skalenniveau der verwendeten Variablen entweder Ähnlichkeitswerte (je höher der Wert, desto ähnlicher die Objekte) oder Unähnlichkeits- bzw. Distanzwerte (je höher der Wert, desto unähnlicher die Objekte) (ebd., S. 332). Variablen können entweder nominal, metrisch oder gemischt skaliert sein. Sämtliche die Landkreise beschreibenden Variablen weisen ein metrisches Skalenniveau auf. In diesen Fällen wird i. d. R. die *Distanz* zur Bestimmung der Beziehung herangezogen (ebd., S. 340). Zur Veranschaulichung ist in der nachstehenden Tabelle (Tab. 13) eine Distanzmatrix abgebildet. Aus Platzgründen wurde an dieser Stelle die Ausgabe für das Bundesland mit der geringsten Anzahl an Kreisen, Schleswig-Holstein, abgedruckt.

Tabelle 13: Distanzmatrix am Beispiel der Landkreise Schleswig-Holsteins

Fall	Quadriertes euklidisches Distanzmaß										
	Case 1	Case 2	Case 3	Case 4	Case 5	Case 6	Case 7	Case 8	Case 9	Case 10	Case 11
Case 1	,000	17,328	8,685	13,865	24,668	15,525	7,325	7,959	20,196	10,349	29,770
Case 2	17,328	,000	31,972	16,234	28,964	16,009	12,354	21,686	15,271	18,111	22,571
Case 3	8,685	31,972	,000	21,981	41,047	30,930	13,114	9,066	31,509	25,946	49,426
Case 4	13,865	16,234	21,981	,000	37,217	12,137	6,659	12,123	17,666	18,486	27,700
Case 5	24,668	28,964	41,047	37,217	,000	44,023	34,307	39,994	20,665	22,211	11,219
Case 6	15,525	16,009	30,930	12,137	44,023	,000	12,818	11,640	38,960	28,866	46,087
Case 7	7,325	12,354	13,114	6,659	34,307	12,818	,000	4,249	16,820	14,069	31,409
Case 8	7,959	21,686	9,066	12,123	39,994	11,640	4,249	,000	28,605	24,094	43,937
Case 9	20,196	15,271	31,509	17,666	20,665	38,960	16,820	28,605	,000	13,914	6,843
Case 10	10,349	18,111	25,946	18,486	22,211	28,866	14,069	24,094	13,914	,000	21,420
Case 11	29,770	22,571	49,426	27,700	11,219	46,087	31,409	43,937	6,843	21,420	,000

(1=Dithmarschen, 2=Herzogtum Lauenburg, 3=Ostfriesland, 4=Ostholstein, 5=Pinneberg, 6=Plön, 7=Rendsburg-Eckernförde, 8=Schleswig-Flensburg, 9=Segeberg, 10=Steinburg, 11=Stormarn)

3.3   Die Fusionsalgorithmen bei hierarchisch-agglomerativem Verfahren

Die Cluster-Prozedur bei SPSS bietet sieben verschiedene agglomerative Algorithmen an. Tabelle 14 gibt einen Überblick über die Methoden mit ihren jeweiligen Kriterien für die Festlegung der Distanz zwischen zwei Clustern:

Tabelle 14: Übersicht über Agglomerationsmethoden und die jeweils wichtigsten Kriterien

Agglomerationsmethode	Kriterium
Linkage zwischen den Gruppen	Der Durchschnitt der Distanzen aller Fallpaare mit jeweils einem Fall aus jedem der beiden Cluster wird als Distanz zwischen den Clustern betrachtet. Alle Fälle in den Clustern werden berücksichtigt. Die Distanz wird nicht von einzelnen Fällen bestimmt.
Linkage innerhalb der Gruppen	Es werden alle Fälle der beiden Cluster zusammengenommen und daraus alle möglichen Fallpaare gebildet. Für jedes der Fallpaare wird die Distanz berechnet. Der Durchschnitt aus allen diesen Distanzen wird als Distanz zwischen den beiden Clustern betrachtet.
Nächstgelegener Nachbar	Die Distanz der am nächsten beieinander liegenden Fälle aus zwei verschiedenen Clustern wird als Distanz zwischen den Clustern betrachtet.
Entferntester Nachbar	Die Distanz der am weitesten voneinander entfernt liegenden Fälle aus zwei verschiedenen Clustern wird als Distanz zwischen den Clustern betrachtet.
Zentroid-Clustering	Die Distanz wird anhand der Variablenmittelwerte zweier Cluster berechnet.
Median-Clustering	Die Distanzermittlung erfolgt ähnlich der Zentroid-Methode, nur werden bei der Bildung eines neuen Clusters beide vorhergehenden Cluster unabhängig von ihrer Fallzahl gleich gewichtet.
Wards-Methode	Die Summe der Distanzen, die die Fälle innerhalb der Cluster zu den Cluster-Mittelwerten haben, wird bei der Fusionierung zweier Cluster minimiert.

Um die Testergebnisse interpretierbar zu machen, gibt es mehrere Ausgabemöglichkeiten, die den gesamten Ablauf des jeweiligen Agglomerationsverfahrens aufzeigen. Mittels eines sogenannten Eiszapfendiagramms (Tab. 15) können alle Stufen der Gruppenbildung nachvollzogen werden. Die Darstellung ist von unten nach oben zu lesen. Jede der Zeilen des Diagramms beschreibt eine Stufe der Gruppenbildung, die unterste Zeile gibt die erste Agglomerationsstufe wieder.

Tabelle 15: Vertikales Eiszapfendiagramm für die 11 Landkreise Schleswig-Holsteins

Anzahl der Cluster	Fall																				
	11		9		5		10		2		6		4		3		8		7		1
1	×	×	×	×	×	×	×	×	×	×	×	×	×	×	×	×	×	×	×	×	×
2	×	×	×	×	×		×	×	×	×	×	×	×	×	×	×	×	×	×	×	×
3	×	×	×	×	×		×	×	×		×	×	×	×	×	×	×	×	×	×	×
4	×	×	×	×	×		×		×		×	×	×	×	×	×	×	×	×	×	×
5	×	×	×		×		×		×		×	×	×	×	×	×	×	×	×	×	×
6	×	×	×		×		×		×		×	×	×		×	×	×	×	×	×	×
7	×	×	×		×		×		×		×		×		×	×	×	×	×	×	×
8	×	×	×		×		×		×		×		×		×		×	×	×	×	×
9	×	×	×		×		×		×		×		×		×		×	×	×		×
10	×		×		×		×		×		×		×		×		×	×	×		×

Es wird die Reihenfolge der Distanzen zwischen den Clustern abgebildet, die Größe der Distanzen bleibt allerdings verborgen. Aufschluss über die Größe der Distanzen gibt dafür eine Tabelle der Agglomerationsschritte (Tab. 16), in der in der Spalte *Koeffizient* die Distanz der zusammengeführten Cluster auf jeder Stufe ablesbar ist:

Tabelle 16: Zuordnungsübersicht der Agglomerationsschritte mit Koeffizient

Schritt	Zusammengeführte Cluster		Koeffizient	Erstes Vorkommen des Clusters		Nächster Schritt
	Cluster 1	Cluster 2		Cluster 1	Cluster 2	
1	7	8	4,249	0	0	3
2	9	11	6,843	0	0	7
3	1	7	7,642	0	1	4
4	1	3	10,288	3	0	6
5	4	6	12,137	0	0	6
6	1	4	15,693	4	5	9
7	5	9	15,942	0	2	10
8	2	10	18,111	0	0	9
9	1	2	19,783	6	8	10
10	1	5	30,321	9	7	0

Zusätzlich läßt sich die Clusterentstehung in einer besonderen Form zweidimensionaler Darstellung verfolgen, den sogenannten Dendrogrammen (vgl. JOHNSON/WICHERN, 1992, S. 585). In einem Dendrogramm wird versucht, die Informationen eines Eiszapfendiagramms und der Agglomerationstabelle zu verschneiden, wobei die einzelnen Fälle (*Cases*) in dieser Studie die Landkreise eines Bundeslandes bezeichnen (Abb. 5). Über jedem Dendrogramm befindet sich die Skala *Rescaled Distance*, auf der die Distanzmaße eingetragen sind. Diese Skala ist so auf Werte über einen Bereich zwischen 0 und 25 transformiert, dass sich nicht die absoluten Distanzwerte erkennen lassen, sondern nur die Relationen der Distanzen zueinander (BROSIUS/BROSIUS, 1995, S. 876). Je näher die Verbindung zwischen zwei oder mehreren Fällen an 0 hinreicht, desto größer die Ähnlichkeit der Objekte, je näher die Verbindung zu 25 hinreicht, desto höher die Unähnlichkeit. In Anhang 8.2 sind sämtliche Dendrogramme zu den im Rahmen dieser Studie zur Auswahl der Referenzregionen durchgeführten Clusteranalysen zu den einzelnen Bundesländern abgebildet.

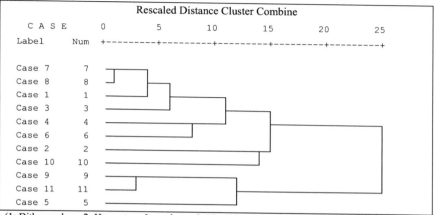

(1=Dithmarschen, 2=Herzogtum Lauenburg, 3=Nordfriesland, 4=Ostholstein, 5=Pinneberg, 6=Plön, 7=Rendsburg-Eckernförde, 8=Schleswig-Flensburg, 9=Segeberg, 10=Steinburg, 11=Stormarn)

Abbildung 5: Dendrogramm für das Verfahren Linkage zwischen den Gruppen am Beispiel der Kreise Schleswig-Holsteins

3.4   Ergebnis der Clusteranalyse

Das Ergebnis der Clusteranalyse für das vorliegende Problem der Festlegung von Vergleichslandkreisen zu Nationalparkregionen besteht nicht darin, die optimale Agglomerationsmethode oder etwa eine einzige bestimmte Gruppeneinteilung bzw. Clusteranzahl auszuwählen. JOHNSON/WICHERN (1992, S. 574 f.) unterstellen den Anwendern der Clusteranalyse in der Praxis im Allgemeinen eine ausreichende Sachkenntnis, durch welche von vornherein „gute" von „schlechten" Gruppierungen unterschieden werden können. Weiterhin implizieren die Autoren, dass es darauf ankommt, sich an Algorithmen zu orientieren, die sinnvolle Cluster berechnen, ob und inwieweit jedoch bestimmte Cluster als am sinnvollsten betrachtet werden können bleibt häufig intersubjektiv nicht nachvollziehbar. Daher wurden in der vorliegenden Arbeit Clusteranalysen mit allen sieben Methoden durchgeführt, jedoch immer mit denselben Ausgangsdaten. Eine geeignete Grundlage für die Entscheidung, welche Landkreise dem Nationalparklandkreis am ähnlichsten sind, bietet unter den verschiedenen Darstellungen der Ausgabedatei von SPSS das Dendrogramm (vgl. Abb. 5).

Zur Identifizierung der Vergleichslandkreise wurde nach Möglichkeit aus Clustern ausgewählt, die bei Distanzmaßen zwischen 0 und ca. 10 gebildet wurden, was auf relativ hohe Ähnlichkeit zwischen den Objekten hinweist. Zu jedem Landkreis, der Nationalparkfläche umfasst, wird ein Vergleichslandkreis ausgewählt, so dass die Nationalparklandkreise zu den ausgewählten Vergleichslandkreisen im Verhältnis 1:1 stehen. Manche Nationalparke erstrecken sich über 2 oder mehrere Landkreise. Betont sei an dieser Stelle, dass nicht der direkte Vergleich zwischen zwei Landkreisen für diese Entscheidung maßgeblich ist, sondern schlichtweg das Bestreben, ein zahlenmäßiges Gleichgewicht zwischen den Vergleichsobjekten mit und ohne Nationalparkfläche zu erreichen. In den Fällen, in denen 2 oder mehrere Landkreise betroffen sind, die nicht im selben Cluster untergebracht sind, sondern in relativ unähnlichen Gruppen, wird aus dem jeweiligen Cluster des entsprechenden Nationalparklandkreises der nächstliegende ausgewählt. Mit dieser Vorgehensweise kann in den meisten Fällen eine Clusterverbindung um oder unter dem noch gut vertretbaren Distanzmaß von ca. 10 auf der Skala *Rescaled Distance* des Dendrogramms ausgemacht werden.

In der folgenden Übersicht (Tab. 17) sind die ausgewählten Vergleichslandkreise zu den einzelnen Nationalparken aufgelistet:

Tabelle 17: Übersicht zu den zu vergleichenden Landkreisen je Nationalpark

Nationalpark (Bundesland)	NP-Landkreis	Vergleichslandkreis
Berchtesgaden (BY)	Berchtesgadener Land	Garmisch-Partenkirchen
Bayerischer Wald (BY)	Regen	Cham
	Freyung-Grafenau	Bad Tölz-Wolfratshausen
Schleswig-Holsteinisches Wattenmeer (SH)	Nordfriesland	Schleswig-Flensburg
	Dithmarschen	Rendsburg-Eckernförde
Niedersächsisches Wattenmeer (NS)	Friesland	*Ammerland*[62]
	Aurich	*Osterholz*
	Leer	*Harburg*
	Wittmund	*Verden*
	Wesermarsch	*Stade*
	Cuxhaven	*Rotenburg (Wümme)*
Hamburgisches Wattenmeer (HH)	Cuxhaven[63]	*Rotenburg (Wümme)*
Harz (NS)	Goslar	Holzminden
	Osterode	Celle
Hainich (TH)	Unstrut-Hainich-Kreis	Weimarer Land
	Wartburgkreis	Saale-Orla-Kreis
Unteres Odertal (BB)	Uckermark	Prignitz
	Barnim	Dahme-Spreewald
Vorpommersche Boddenlandschaft + Jasmund (MV)	Nordvorpommern	*Nordwestmecklenburg*
	Rügen[64]	*Bad Doberan*
Müritz (MV)	Müritz	Ücker-Randow
	Mecklenburg-Strelitz	Parchim
Sächsische Schweiz (SN)	Sächsische Schweiz	Weißeritzkreis
Hochharz (SA)	Wernigerode	Ohrekreis

Nachdem die 13 Nationalparke des ursprünglichen Untersuchungskollektivs in 8 Bundesländern liegen und die zu vergleichenden Objekte jeweils aus den Landkreisen innerhalb eines Bundeslandes ausgewählt sind[65], war es nötig, mindestens 8 Clusteranalysen durchzuführen. Hinzu kommt noch der Anspruch, bei der Auswahl der Vergleichskreise mit Indikatoren zu arbeiten, die die Landkreise möglichst zeitnah zur Gründung jedes Nationalparks beschreiben. Dies war aber nicht immer möglich, so wurde z. B. für die beiden 1970 und 1978 gegründeten bayerischen Nationalparke eine Clusteranalyse mit Zahlen aus

---

[62] Die kursiv gekennzeichneten Vergleichslandkreise zu den Nationalparken Niedersächsisches, Hamburgisches Wattenmeer, Vorpommersche Boddenlandschaft und Jasmund wurden zwar in der Clusteranalyse den jeweiligen Nationalparklandkreisen als am ähnlichsten zugeordnet, zu den eigentlichen Zeitreihenvergleichen in den Kapiteln 4.4.2, 4.7.2 und 4.7.3 werden sie jedoch nicht herangezogen werden.

[63] Der niedersächsische Landkreis Cuxhaven ist der nächstgelegene zum Nationalpark Hamburgisches Wattenmeer. Der Nationalpark selbst und inmitten des Parks die knapp 3 km² große Insel Neuwerk 120 km westlich der Hansestadt, auf der sich ein Besucherzentrum und einige Hotels und Gaststätten befinden, gehören indes zum Bundesland Hamburg. Der Nationalpark Hamburgisches Wattenmeer wurde zwar 1990 gegründet, die für die Clusterbildung verwendeten Daten stammen aus dem Jahr 1986.

[64] Der relativ kleine Nationalpark Jasmund liegt im Osten der Insel Rügen. Der Landkreis Rügen umfasst die gleichnamige Insel und die westlich vorgelagerte Insel Hiddensee. Diese gehört jedoch zum Nationalpark Vorpommersche Boddenlandschaft. Im Kreisgebiet von Rügen befinden sich also 2 Nationalparke, die aus diesem Grund auch für den Landkreis-Vergleich zusammengefasst werden.

[65] Auf die Vor- und Nachteile der Auswahl der Referenzlandkreise innerhalb des jeweiligen Bundeslandes wird in Kapitel 6.2.1 im Rahmen der Diskussion näher eingegangen.

dem Jahr 1980 vorgenommen. Für Niedersachsen konnten die Indikatoren für die Jahre 1986 und 1994 gewonnen werden, für alle anderen Bundesländer, die nur je einen Nationalpark ausgewiesen haben, wurde auch nur jeweils eine Clusteranalyse durchgeführt. Für Schleswig-Holstein stammten die Indikatoren aus dem Jahr 1992, für Thüringen von 1997, für Brandenburg von 1995, für Sachsen von 1994 und für Sachsen-Anhalt von 1991. Mecklenburg-Vorpommern hat zwar 3 Nationalparke, da sie jedoch alle im selben Jahr gegründet wurden (1990), wurde nur eine Clusteranalyse erstellt mit Zahlen aus dem Jahr 1991. Insgesamt wurden also 9 verschiedene Clusteranalysen durchgeführt.

Zum Abschluss dieses Kapitels über die Auswahl der Vergleichsregionen mittels einer Methode der multivariaten Statistik sei noch einmal darauf hingewiesen, dass die Clusteranalyse ein heuristisches Verfahren darstellt. Die Berechnung aller potentiellen Gruppen in Form von totaler Enumeration und die darauffolgende Auswahl der besten ist zwar theoretisch denkbar, praktisch aber trotz der Möglichkeiten, die das Computer-Zeitalter bietet, letztlich nach wie vor unrealistisch (STEINGRUBE, 1998, S. 82). Nachdem eine Clusteranalyse also keine einzig wahre und objektiv richtige Typisierung zu liefern vermag, darf auch die hier getroffene Auswahl an Vergleichslandkreisen nur als ein bestimmtes Ergebnis unter mehreren möglichen interpretiert werden, das allerdings unter den hier geltenden Vorgaben als das optimale zu betrachten ist.

4 Vergleichende Betrachtung der Untersuchungsregionen mit Hilfe von Zeitreihen

4.1 Methodik

Im nun folgenden vierten Kapitel erfolgt die Gegenüberstellung der Zeitreihen touristischer Kennzahlen aus den Nationalparklandkreisen mit denen aus den jeweiligen Vergleichslandkreisen, welche auf der Grundlage der Ergebnisse der Clusteranalyse ausgewählt wurden. Dabei wird zunächst nach Bundesländern gegliedert. Die 13 ausgewählten Nationalparke Deutschlands liegen in insgesamt 8 Bundesländern. Es sind dies Bayern, Schleswig-Holstein, Niedersachsen, Thüringen, Brandenburg, Mecklenburg-Vorpommern, Sachsen und Sachsen-Anhalt. Daraus resultieren 8 Unterkapitel. Da die verfügbaren Sekundärdaten aus den einschlägigen Statistiken erstens nicht immer bundesweit verfügbar und zweitens nicht über mehrere Jahrzehnte hinweg konsistent sind, erfolgt in jedem dieser Unterkapitel eingangs eine Vorstellung der für die Zeitreihenanalyse in Frage kommenden Indikatoren und daran anschließend eine kurze Beschreibung der Untersuchungsregionen. Die fremdenverkehrswirtschaftliche Entwicklung der Nationalparklandkreise wird sodann mit jener der nationalparkfreien Kreise verglichen. Nachdem die Fläche eines Nationalparks auf mehrere Landkreise verteilt sein kann, wurde die Auswahl der zu vergleichenden Kreise mit und ohne Nationalpark im Verhältnis 1:1 vorgenommen.

Die Vorgehensweise, nach der in den folgenden Unterkapiteln versucht wird, einen Nationalparkeffekt auf regionaler Ebene festzustellen, gliedert sich grob in vier Schritte. Zunächst wird eine rein deskriptive Interpretation der Zeitreihenvergleiche zu Indikatoren des Fremdenverkehrs zwischen Nationalparklandkreisen und Nicht-Nationalparklandkreisen vorgenommen. Diese wird durch eine Betrachtung der durchschnittlichen Wachstumsraten ergänzt, zum einen basierend auf der Berechnung nach der Zinseszinsformel, zum anderen auf der Grundlage der Ergebnisse einer einfachen Trendregression für einige Jahre vor und nach Gründung des Nationalparks. Schließlich erfolgt die regressionsanalytische Prüfung des möglichen Zusammenhangs zwischen der Entwicklung der Tourismusindikatoren im Nationalparklandkreis und der Existenz des Parks. Der Zusammenführung der für die einzelnen Nationalparke erzielten Ergebnisse ist ein eigenes Kapitel (Kap. 5) gewidmet.

An dieser Stelle sei darauf hingewiesen, dass die schematisierte Verfahrensweise im Rahmen der vergleichenden Betrachtung der Untersuchungseinheiten nicht in allen Nationalparkregionen zur Anwendung kommt. Im Text der einzelnen Unterkapitel wird in diesen Fällen jedoch explizit begründet, warum z. B. manche Eigenschaften der Zeitreihen keine Wachstumsratenberechnung zulassen oder ein Zusammenhang zwischen dem Nationalpark und der regionalen Wirtschaftsentwicklung bereits theoretisch nicht plausibel ist, so dass auf eine Regressionsschätzung verzichtet wird.

Im Hinblick darauf, dass die Regressionsanalyse in der vorliegenden Arbeit sowohl bei den Wachstumsratenvergleichen in Form der einfachen Regressionsschätzung als auch bei den darauf folgenden eigentlichen Entwicklungsvergleichen in Form der multiplen Regressionsschätzung zum Einsatz kommt, werden an dieser Stelle kurz die wichtigsten theoretischen Grundlagen dieses Verfahrens der Ökonometrie vorgestellt, bevor danach detaillierter auf die einzelnen Abschnitte der Methodik des empirischen Teils der Studie eingegangen wird.

Die Regressionsanalyse ist ein Verfahren der multivariaten Statistik, das für zwei Fragestellungen besonders geeignet ist. Zum einen können in einer Regression in der Praxis benötigte Zielgrößen, die nicht direkt gemessen werden können, weil z. B. der dafür erforderliche Aufwand zu hoch wäre oder andere Gründe dem entgegenstehen, aufgrund anderer messbarer Größen gemessen oder geschätzt werden (HRADETZKY, 1978, S. 168). Zum anderen kann eine Regression Untersuchungen auf Vorliegen von Zusammenhängen und Abhängigkeiten von Messgrößen unterstützen (LOZÁN, 1992, S. 158). Eben letzteres ist mittels der Regressionsanalysen im Rahmen dieser Studie beabsichtigt. Folgende Voraussetzungen sollten für vertrauenswürdige und unverzerrte Schätzungen erfüllt sein (nach LOZÁN, 1992, S. 199):

---

1. Normalverteilung der Residuen

Die Häufigkeitsverteilung der Residuen sollte mit einer Normalverteilung verglichen werden. Voraussetzung hierfür wiederum ist eine Transformation der Werte, so dass die Variablen einen Mittelwert von 0 und eine Standardabweichung von 1 haben. Die Form der flächenproportionalen Darstellung der Häufigkeitsverteilung einer kontinuierlichen Variablen ist das Histogramm. Wegen der Bedeutung der Verteilung der Residuen für die Qualität der Schätzung sind für alle multiplen Regressionsschätzungen Histogramme der Residuen in Anhang 8.3 dokumentiert.

2. Konstanz der Variabilität über die n untersuchten Perioden (Homoskedastizität)

Die Varianz der Zielgröße soll für alle Untersuchungen, also im gesamten Bereich der Einflussgrößen, konstant sein. Die Residuen, d. h. die Differenz zwischen den beobachteten und den nach der Regressionsschätzung theoretisch zu erwartenden Werten, sollen zufällig um den Mittelwert 0 verteilt sein. Eine Struktur soll nicht erkennbar sein. Zu jeder der in dieser Arbeit durchgeführten multiplen Regressionsschätzungen sind ebenfalls in Anhang 8.3 Streudiagramme der Residuen abgebildet, an denen man auch ohne eigenen Test gut erkennen kann, ob Heteroskedastizität vorliegt.

3. Prüfung auf Autokorrelation der Residuen

Autokorrelation ist v. a. bei Zeitreihenanalysen, bei denen die Fälle der Stichprobe nebeneinander liegende Zeitpunkte oder -räume darstellen, ein wichtiger Faktor (BROSIUS/BROSIUS, 1995, S. 489). Zur Überprüfung der Unabhängigkeit der Residuen wird der Durbin-Watson-Koeffizient (DW) als Prüfgröße verwendet. Dieser Koeffizient kann Werte zwischen 0 und 4 annehmen. Die Schätzung ist umso weniger verzerrt, je näher der DW-Wert an 2 liegt. Die DW-Werte zu den in dieser Arbeit durchgeführten multiplen Regressionen sind im Text der Unterkapitel jeweils in der Ergebnistabelle angegeben.

---

a) Beschreibung der gebildeten Zeitreihen

Die touristischen Daten der Landkreise (Gästeankünfte, Gästeübernachtungen, Zahl der angebotenen Betten, Beherbergungsbetriebe etc.) liegen zunächst in Form von Absolutzahlen vor. Zu jeder dieser Datenreihen wurde ein Index berechnet. Die Indexbildung macht zwar das Erkennen unterschiedlicher Niveaus der absoluten Kennzahlen unmöglich, hat aber den Vorteil, dass alle Werte denselben Ausgangspunkt haben und sich somit relative Entwicklungstrends über mehrere Jahre bzw. Jahrzehnte deutlicher abzeichnen. Auch neutralisiert ein Index die Unterschiede, die aufgrund der unterschiedlichen Größenordnungen der Absolutzahlen in einem Vergleich möglicherweise ein verzerrtes Bild ergeben. Für Nationalparkregionen, die aus mehreren Landkreisen bestehen, wurden die Absolutgrößen auch für jede Kennzahl sowohl in den Kreisen mit Park als auch in den Vergleichskreisen ohne Park zu einer Größe aggregiert, wozu ebenfalls ein Index berechnet wurde. Nachfolgende Graphik (Abb. 6) veranschaulicht an einem zur Demonstration des Vorgehens idealtypisch gebildeten Zahlenbeispiel aus zwei 20 Jahre umfassenden Zeitreihen, wie der Kurvenverlauf der Entwicklung eines Tourismusindikators für einen Landkreis mit Nationalpark und einen zu vergleichenden Landkreis ohne Park möglicherweise aussehen könnte. Als Gründungsjahr des fiktiven Nationalparks wird das 10. Jahr angenommen.

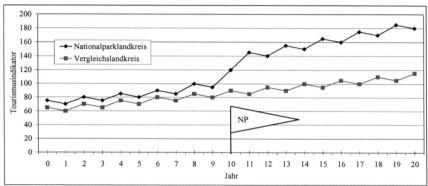

Abbildung 6: Mögliche Kurvenentwicklung am Beispiel eines allgemeinen Tourismusindikators in einem Nationalparklandkreis und einem nationalparkfreien Vergleichslandkreis

b) Wachstumsratenvergleiche

Im Anschluss an jede deskriptive Vorstellung und Interpretation der Zeitreihen findet sich eine kurze Tabelle mit den Absolutzahlen jedes Indikators aus dem ersten und letzten Jahr der Zeitreihe aus den zu vergleichenden Landkreisen, den Werten im Gründungsjahr des jeweiligen Nationalparks sowie der Angabe der entsprechenden Mittelwerte und der Standardabweichung als den wichtigsten charakterisierenden Maßzahlen einer Stichprobe. Soweit Daten als Jahreswerte für eine ausreichende Zeitspanne vor der Nationalparkgründung vorliegen, sind die durchschnittlichen Wachstumsraten der Kennzahlen für einige Jahre vor und unmittelbar nach der Gründung des Parks berechnet, wobei die Zinseszinsformel zur Berechnung der Wachstumsraten verwendet wird:

$$p = \sqrt[n]{\frac{K_n}{K_0}} - 1$$

Die Dauer der für die Berechnung der Wachstumsraten herangezogenen Periode variiert je nach Gründungsjahr des jeweiligen Nationalparks und Länge der zur Verfügung stehenden Zeitreihe. Grundsätzlich gilt, je früher der Park gegründet wurde, desto kürzer ist das den Zuwachsraten zugrunde liegende Zeitfenster. Um das Wachstum während des Gründungsjahres mit zu berücksichtigen, wird als Bezugspunkt das Vorjahr der Nationalparkausweisung gewählt. Übertragen auf das einführende Beispiel mit dem Indikator Gästeankünfte und dem Gründungsjahr 10 bedeut dies, dass die Jahre 0 bis 9 in die Berechnung des Zuwachses vor und die Jahre 10 bis 19 in die Berechnung des Zuwachses nach Gründung des Parks einschließlich des Gründungsjahres selbst einfließen. Zusätzlich zu den Wachstumsraten und den Eckdaten der Zeitreihen werden jeweils auch die für die

59

Berechnung der Zuwächse relevanten Jahreswerte der jeweiligen Parameter angegeben (Tab. 18).

Tabelle 18: Ausgewählte Absolutzahlen und Wachstumsraten eines Tourismusindikators im Nationalparklandkreis und im Vergleichslandkreis

Indikator	Nationalparklandkreis	Vergleichslandkreis
Tourismus Jahr 0	75	65
Tourismus Jahr 9	95	80
Tourismus Jahr 10	120	90
Tourismus Jahr 19	185	105
Tourismus Jahr 20	180	115
Mittelwert Jahre 0-20	123	86
Standardabweichung	41	16
Wachstum Jahre 0-9 in %	2,7	2,3
Wachstum Jahre 10-19 in %	4,9	1,7

Bei der Interpretation des Wachstumsratenvergleichs über ein bestimmtes Zeitfenster vor und nach der Nationalparkgründung ist v. a. in der zweiten Periode zu beachten, dass der Prozentsatz bei gleichem absoluten Zuwachs immer geringfügig sinken wird, wenn sich die Berechnung auf einen höheren Ausgangswert bezieht als in der ersten Periode.

Die für die Berechnung der Wachstumsraten verwendete Zinseszinsformel bezieht sich nur jeweils auf die zwei Werte des ersten und des letzten Jahres des betrachteten Zeitraums. Eine Möglichkeit, auch die während des Zeitraums jährlich erfassten Werte zu berücksichtigen und dadurch eventuell verzerrten Ergebnissen zu begegnen bzw. Trends besser zu erklären, ist die lineare Einfach-Regression. In die auf folgendem Grundmodell basierende Schätzfunktion einer einfachen linearen Regressionsgleichung

$$y = a + b \times x$$

werden der Tourismusindikator als abhängige, endogene Variable (y; Regressand) und die der Periode der zuvor jeweils durchgeführten Wachstumsratenberechnung entsprechende Zahl der Jahre vor und nach der Nationalparkgründung als unabhängige, exogene Variable (x; Prädiktor) eingesetzt.

Bei den Nationalparken, deren Gründungszeitpunkte die Analyse ausreichend langer Zeitreihen zu Fremdenverkehrsindikatoren erlauben, so dass Trendregressionen für Perioden vor und nach der Parkgründung berechnet werden können, werden hierfür auf das Jahr vor der Nationalparkgründung indexierte Werte verwendet. Ist der für den Zeitraum nach der Nationalparkgründung geschätzte Koeffizient positiv und gleichzeitig höher als der für den Zeitraum vor Gründung des Parks berechnete, weist dies auf einen möglichen Nationalparkeffekt hin. Dieser Anstieg kann jedoch nur dann als statistisch gesichert gelten, wenn die Regressionskoeffizienten auf dem gewählten 5 %-Niveau der Irrtumswahrscheinlichkeit von Null verschieden sind und sich die zugehörigen Konfidenzintervalle nicht überschneiden. Die Nullhypothese, nach der der Nationalpark keinen Einfluss auf die Fremdenverkehrsbranche der Region hätte, müsste dann verworfen werden, eine Trendbeschleunigung nach Ausweisung des Nationalparks wäre offensichtlich. Bei der mit den Daten des einführenden Beispiels gerechneten Trendregression für die

Entwicklung eines Tourismusindikators in dem Nationalparklandkreis für je 9 Perioden vor und nach der Gründung des fiktiven Nationalparks tritt dieser Fall ein (Tab. 19). Um eine Vorstellung zu bekommen von der Relation der Tourismusentwicklung in der Nationalparkregion im Vergleich zur nationalparkfreien Referenzregion, wurden für dieselben Zeiträume für den Vergleichslandkreis ebenfalls Trendregressionen der jeweils betrachteten Indikatoren geschätzt.

Tabelle 19: Ergebnisse der Trendregressionen für den Tourismusindikator für je 9 Jahre vor und nach der Nationalparkgründung im Nationalparklandkreis (NPLK) und dem Vergleichslandkreis (VLK)

Region	Zeitraum	R^2	Koeffizient	t-Statistik	Irrtums-wahrsch.	Konfidenzintervall von	Konfidenzintervall bis	N
NPLK	0-9	0,779	2,9	5,316	0,001	1,6	4,1	10
	9-18	0,818	7,7	6,004	0,000	4,7	10,6	10
VLK	0-9	0,759	2,8	5,021	0,001	1,5	4,2	10
	9-18	0,815	3,4	5,932	0,000	2,1	4,7	10

Bei den Nationalparken, deren Gründung bereits vor Beginn der zu untersuchenden Zeitreihen liegt, ist kein Vorher-Nachher-Vergleich der jeweiligen Trends möglich, daher wird in diesen Fällen auf einen Vergleich der Trends zwischen der Nationalpark- und der Vergleichsregion abgestellt. Ein solcher Fall ist in der nachfolgenden Tabelle beispielhaft über einen Zeitraum von 20 Jahren abgebildet (Tab. 20).

Tabelle 20: Ergebnisse der Trendregressionen für den Tourismusindikator für 20 Jahre im Nationalparklandkreis (NPLK) und dem Vergleichslandkreis (VLK)

Zeitraum 0-20	R^2	Koeffizient	t-Statistik	Irrtums-wahrsch.	Konfidenzintervall von	Konfidenzintervall bis	N
NPLK	0,936	3,6	16,710	0,000	3,1	4,0	21
VLK	0,941	2,2	17,362	0,000	1,9	2,4	21

c) Statistischer Nachweis des eventuellen Nationalparkeffekts

Für Indikatoren, die in Form von Jahreswerten und über mehrere Jahrzehnte hinweg vorliegen, werden – sofern ein Nationalparkeffekt plausibel erscheint – die einfache Beschreibung der graphisch dargestellten Indexreihen und die Interpretation der Ergebnisse der Wachstumsratenvergleiche schließlich mit einer jeweils mit den Absolutzahlen durchgeführten multiplen Regressionsschätzung ergänzt.

Auf Grundlage der in den vorangegangenen Kapiteln 1 und 2 angestellten Überlegungen wird mittels des Schätzansatzes einer multiplen Regression geprüft, ob die mit einer Dummy-Variablen operationalisierte Nationalparkgründung neben der allgemeinen Entwicklung des Tourismus einen signifikanten Einfluss auf den betrachteten Tourismusindikator besitzt. Das multiple lineare Regressionsmodell stellt den geeigneten Ansatz dar, sofern die Zielgröße, also die abhängige Variable, von mehr als einer Größe beeinflusst wird. Ferner wird davon ausgegangen, dass, analog zur linearen Einfach-Regression, die Methode der kleinsten Quadrate ein angemessenes Schätzverfahren für die Funktionsparameter darstellt. Die klassische Schätzgleichung einer multiplen Regression

$$y = a + b_1 \times x_1 + b_2 \times x_2 + b_3 \times x_3 + ...b_p \times x_p$$

ist so formuliert, dass die Abweichungen der touristischen Entwicklung im Nationalparklandkreis (NPLK) von der des Vergleichslandkreises (VLK) über das Vorhandensein eines Nationalparks (Dummy$_{NP}$) erklärt werden. Am Beispiel des allgemeinen Tourismusindikators dargestellt, lautet die in dieser Studie eingesetzte Regressionsgleichung:

$$Tourismusindikator\ _{NPLK} = a + b_1 \times Tourismusindikator\ _{VLK} + b_2 \times Dummy_{NP}$$

Analog dazu werden im Verlauf der Arbeit alle auf diese Weise untersuchten Parameter in diese Form der Gleichung eingesetzt. Es handelt sich also um eine standardisierte Vorgehensweise, die bei allen Indikatoren der Nationalpark- und Nicht-Nationalparkregionen des Untersuchungskollektivs, die für diese statistische Analyse in Frage kommen, angewendet wird.

Folgende Tabelle (Tab. 21) gibt die Ergebnisse einer Regressionsschätzung wieder, die mit den Daten des fiktiven Demonstrationsbeispiels berechnet wurde. Als abhängige und zu erklärende Variable wird wiederum der Tourismusindikator im Nationalparklandkreis herangezogen, die beiden unabhängigen Variablen sind der Tourismusindikator im Vergleichslandkreis und die kategoriale Stellvertreter-Variable (Dummy) mit dem Wert 0 für die Jahre 1 bis 9, also vor der Nationalparkgründung und dem Wert 1 für die Jahre 10-20, also nach der Nationalparkgründung einschließlich des Gründungsjahres.

Tabelle 21: Mögliche Ergebnisse einer Regressionsanalyse zu einem Tourismusindikator in einem Nationalparklandkreis als zu erklärende Variable

R²= 0,941; Korrigiertes R²= 0,934; N = 20; DW-Wert: 2,958; F= 135,778				
Erklärende Variable	**Regressions-koeffizient**	**Standardfehler**	**t-Statistik**	**Irrtums-wahrscheinlichkeit**
Konstante	-16,896	21,270	-0,794	0,438
Tourismusindikator im Vergleichslandkreis	1,382	0,286	4,830	0,000
Dummy für Nationalpark	38,597	8,746	4,413	0,000

Im obigen Beispiel wird mit einem Bestimmtheitsmaß von 0,941 ein sehr hoher Anteil der Streuung erklärt. Die t-Werte der Regressionskoeffizienten liegen bei beiden Variablen im hochsignifikanten Bereich, so dass mit hoher Wahrscheinlichkeit von einem Zusammenhang zwischen der Nationalparkausweisung und der steigenden Entwicklung des Tourismusindikators im Nationalparklandkreis ausgegangen werden kann. In dieser einführenden Illustration weicht der Durbin-Watson-Koeffizient (DW) innerhalb eines vertretbaren Rahmens von seinem Soll-Wert von 2 ab. Auch die Häufigkeitsverteilung der Residuen nähert sich bei dieser Regressionsschätzung an die Normalverteilungskurve an (Anhang 8.3.1).

Grundsätzlich deutet die Nicht-Erfüllung der genannten Voraussetzungen auf Unzulänglichkeiten des verwendeten Modells hin, entweder in der Form, dass es unvollständig ist (andere Einflussfaktoren), falsch spezifiziert ist (andere Kurvenform) oder erhebliche Messfehler bei den Daten vorliegen (LOZÁN, 1992, S. 199). Sind die Voraussetzungen nicht optimal gegeben, so ist in erster Linie die *Prognosequalität* des Regressionsmodells geschmälert. Nachdem hier jedoch die *Erklärungsqualität* des Modells für mögliche Zusammenhänge zwischen der Zielgröße und der Einflussvariablen ‚Nationalpark' im Vordergrund steht, werden im Folgenden auch die Ergebnisse einiger Regressionsschätzungen vorgestellt, bei denen die Voraussetzungen nicht erfüllt sind bzw. die Prämissen über die Verteilung der Residuen verletzt sind. Dies wird beim Heranziehen eines standardisierten Verfahrens impliziert.

In ökonometrischen Modellrechnungen müssen die in der Realität gegebenen Einflussgrößen sinnvoll operationalisiert werden. Inhaltlich wird durch die Regressionsschätzung die Hypothese getestet, die Gründung eines Nationalparks erhöhe den Tourismus, z. B. gemessen an der Zahl der Übernachtungen, um einen bestimmten absoluten und vom Jahr der Nationalparkgründung an für den Untersuchungszeitraum konstanten Betrag. Der geschätzte Regressionskoeffizient ist als dieser Betrag zu interpretieren. Es wird also ein linearer und über die Zeit konstanter Einfluss von Nationalparken auf den Fremdenverkehr unterstellt. Der Realitätsbezug dieser Modellannahme dürfte allerdings zu gering sein, um mit unverzerrten Schätzergebnissen rechnen zu können, denn in der Realität wird sich eine Attraktivitätssteigerung einer Fremdenverkehrsregion durch einen Nationalpark nicht schlagartig in einer Erhöhung der Zahl der Touristen bzw. der Übernachtungen bemerkbar machen, die dann auch noch über die Zeit konstant bleibt. Vielmehr wird man mit einem mehr oder weniger schnellen Anstieg auf ein höheres Niveau rechnen, gegebenenfalls mit einem Spitzenwert nach einigen Jahren und evtl. auch mit einem gewissen Rückgang nach einiger Zeit. Da jedoch keinerlei Anhaltspunkte für die zeitliche Dimension einer solchen Entwicklung und über die Form des Anstiegs bestehen, liegt es bei der Wahl des Schätzansatzes für ein standardisiertes Verfahren trotzdem nahe, die beschriebene vergröbernde Modellannahme zu treffen. Auf die zahlenmäßige Interpretation der Regressionskoeffizienten soll wegen der dargelegten Schwierigkeiten verzichtet werden. Wenn auch mit sehr realitätsbezogenen Schätzergebnissen nicht gerechnet werden kann, so ist doch zu erwarten, dass sich wesentliche Wachstumseffekte durch die Gründung eines Nationalparks in einer solchen Schätzung durch einen gegen Null gesicherten Regressionskoeffizienten zeigen. Insofern sollen die Ergebnisse dieses standardisierten Schätzansatzes dann als Indiz für einen positiven Nationalparkeffekt interpretiert werden, wenn die Nullhypothese für die Nationalpark-Dummyvariable verworfen werden kann. Dies basierend auf der Erfahrung, dass wesentliche Effekte von Determinanten in den Ergebnissen von Regressionsschätzungen auch dann deutlich werden, wenn das Modell hinsichtlich Funktionsform und auch hinsichtlich der Vollständigkeit nicht optimal spezifiziert ist. Damit entspricht das Vorgehen durchaus der verbreiteten Praxis ökonometrischer Untersuchungen, bei denen ein linearer Schätzansatz regelmäßig dann vorgezogen wird, wenn keine Anhaltspunkte dafür vorliegen, dass eine nichtlineare Beziehung vorliegt. Dies ist u. a. durch Vorteile der Interpretation der Ergebnisse gerechtfertigt.

Bei der Schätzung ökonometrischer Modelle bzw. ihrer Interpretation stellt sich immer die Frage, ab welcher Grenze der Irrtumswahrscheinlichkeit die Nullhypothese verworfen werden soll. Angesichts der Aufgabenstellung und der starken Vergröberung erscheint es gerechtfertigt, die Anforderungen an diese Grenze nicht zu übertreiben. Die Ergebnisse können ohnehin lediglich als Indizien für die Existenz eines Wachstumseffektes der Nationalparkgründung auf den regionalen Fremdenverkehr interpretiert werden. Ab einer Irrtumswahrscheinlichkeit von 10 % wurden die Ergebnisse der multiplen Regressionsschätzungen daher in diesem Sinne interpretiert. Bei der Auswertung der Trends wurde allerdings das 5 %-Niveau beibehalten.

4.2 Bayern

Die Untersuchungsregionen zu den beiden bayerischen Nationalparken Berchtesgaden und Bayerischer Wald, bestehend aus den Nationalparklandkreisen und den auf Basis der Ergebnisse der Clusteranalyse (Kap. 3) ausgewählten Vergleichslandkreisen, sind in nachfolgender Tabelle (Tab. 22) aufgeführt und in der Kreiskarte Bayerns (Karte 2) gekennzeichnet.

Tabelle 22: Nationalparke, Nationalparklandkreise und Vergleichslandkreise in Bayern

Nationalpark (Gründungsjahr)	NP-Landkreise	Vergleichslandkreise
Berchtesgaden (1978)	Berchtesgadener Land	Garmisch-Partenkirchen
Bayerischer Wald (1970, erw. 1997)	Freyung-Grafenau	Cham
	Regen	Bad Tölz – Wolfratshausen

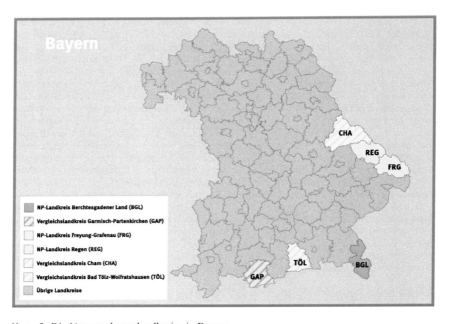

NP-Landkreis Berchtesgadener Land (BGL)
Vergleichslandkreis Garmisch-Partenkirchen (GAP)
NP-Landkreis Freyung-Grafenau (FRG)
NP-Landkreis Regen (REG)
Vergleichslandkreis Cham (CHA)
Vergleichslandkreis Bad Tölz-Wolfratshausen (TÖL)
Übrige Landkreise

Karte 2: Die Untersuchungslandkreise in Bayern

4.2.1 Indikatoren

Für die Feststellung möglicher regionalwirtschaftlicher Effekte aufgrund von Nationalparktourismus sind Daten aus der Beherbergungsstatistik[66] und der Handels- und Gaststättenzählung[67] relevant und beim Bayerischen Landesamt für Statistik und Datenverarbeitung grundsätzlich auch auf Kreisebene verfügbar.

Daneben gibt es noch einige weitere statistische Berichte, in denen jährliche Kennzahlen zum Gastgewerbe veröffentlicht werden, z. B. die Jahreserhebungen zur „Unternehmensstruktur im bayerischen Gastgewerbe" oder die Kreisergebnisse der „Gewerbeanzeigenstatistik" zu ausgewählten Wirtschaftsbereichen. Die Zahlen zur Unternehmensstruktur enthalten Angaben zu den Unternehmen und örtlichen Einheiten des Gastgewerbes, den Beschäftigten, Umsätzen, Aufwendungen, Bruttoinvestitionen, der Rohertragsquote und der Bruttowertschöpfung, allerdings nicht auf Kreisebene. Damit sind diese Daten für eine Analyse im Rahmen dieser Studie nicht ausreichend disaggregiert. Ähnlich verhält es sich mit der Gewerbeanzeigenstatistik, denn sie existiert erst seit 1997 auf Kreisebene.[68] Daten zur Arbeitsmarktsituation im Gastgewerbe sind zwar bei der Bundesagentur für Arbeit erhältlich, nur sind Zahlen zu den Arbeitsstätten erst ab 1999 und zu den Arbeitslosen erst ab Januar 2000 auf Kreisebene verfügbar, letztere wiederum nicht nach Wirtschaftsbereichen getrennt.[69]

Die Beherbergungsstatistik

Insbesondere die Datenreihen der Gästeankünfte, Gästeübernachtungen und der verfügbaren Gästebetten scheinen geeignete Indikatoren zur Analyse der Tourismusentwicklung im Rahmen dieses Vorhabens zu sein.

Die amtliche Beherbergungsstatistik weist die Daten erst seit 1975 für Kalenderjahre aus, bis einschließlich 1974 wurden die Zahlen nach Fremdenverkehrsjahren (von Oktober bis September) erfasst. Um für die zum Nationalpark Berchtesgaden untersuchten Landkreise eine durchgehende Zeitreihe aus Jahreswerten bilden zu können, wurde jeweils der Wert für die Fremdenverkehrsjahre 1972/73 und 1973/74 angegeben und anschließend fortlaufend die Werte der Kalenderjahre. Darüber hinaus findet die Erhebung nur in ausgewählten Berichtsgemeinden statt, in denen der Tourismus einen wesentlichen Bestandteil der Wirtschaft ausmacht. Nicht jede Gemeinde eines Landkreises ist also gleichzeitig auch Berichtsgemeinde und die Zahl der erfassten Gemeinden während des Berichtszeitraums kann geringfügig variieren. Auch ist es möglich, dass Zahlen aus einigen Berichtsgemeinden in Ausnahmejahren aus Geheimhaltungsgründen nicht veröffentlicht werden. Die Berichtsgemeinden waren bis 1973/74 nach bestimmten Gruppen von Fremdenverkehrsgebieten zusammengefasst (Großstädte, Heilbäder, Luftkurorte, Erholungsorte, Mittel- und Kleinstädte und übrige Berichtsgemeinden), für manche Indikatoren (Zahl der Gästeankünfte und Gästeübernachtungen) wurden seit 1970 Kreiswerte berechnet. Dieser Umstand war in einem Fall problematisch, nämlich im Rahmen der Analyse der Auswirkungen des ältesten deutschen Nationalparks (Bayerischer Wald). Um zu den 1970 gegründeten Park sinnvolle Zeitreihen zu bilden, mussten nach Möglichkeit Daten aus der Zeit vor dem Gründungsjahr betrachtet werden. Dies wurde bis zurück in das Jahr 1966

---

[66] BAYERISCHES LANDESAMT FÜR STATISTIK UND DATENVERARBEITUNG (1966-2004)
[67] BAYERISCHES LANDESAMT FÜR STATISTIK UND DATENVERARBEITUNG (a)
[68] So die telefonische Auskunft von der zuständigen Stelle des Bayerischen Landesamtes für Statistik und Datenverarbeitung, Außenstelle Schweinfurt, Tourismusstatistik, am 19.10.04.
[69] So die telefonische Auskunft von der zuständigen Stelle im Servicehaus/Datenzentrum der Bundesagentur für Arbeit in Nürnberg am 26.10.04.

für die Landkreise Freyung-Grafenau, Regen, Cham und Bad Tölz-Wolfratshausen versucht, wobei mangels Alternative einige geringfügige Inkonsistenzen in Kauf genommen wurden. Für die Jahre 1966 bis 1974 wurden daher die verfügbaren Ankunfts- und Übernachtungszahlen aus den damals erfassten Gemeinden aus den Untersuchungslandkreisen je zu einer Größe addiert. Um die ohnehin leicht eingeschränkte Konsistenz der Zeitreihe so weit wie möglich zu wahren und methodisch bedingte Sprünge um 1970 in der Zeitreihe zu vermeiden, wurde für die Untersuchungsregionen zum Nationalpark Bayerischer Wald dann auch trotz der in der Statistik bereits ab 1970 ausgewiesenen Jahreswerte bis einschließlich 1974 weiter so vorgegangen. Erst ab 1975 wurden dann die bereits zu Kreisdaten addierten Zahlen verwendet. Der Indikator der Zahl der verfügbaren Gästebetten wurde erst ab 1969 nach Berichtsgemeinden erfasst, bis einschließlich 1968 lediglich nach den oben genannten Gruppen von Berichtsgemeinden, so dass der Statistik für die Jahre vor 1969 nicht zu entnehmen ist, um welche Gemeinde es sich im Einzelnen handelt. Damit ist dieser Indikator für die Analyse zum Nationalpark Bayerischer Wald nicht geeignet, wohl aber für einen Zeitreihenvergleich zum Nationalpark Berchtesgaden. Da es sich bei dieser Größe um das Ergebnis der Zählung zu einem bestimmten Stichtag[70] handelt, wurden für das erste Jahr des Betrachtungszeitraums 1973 die jeweiligen Werte der Berichtsgemeinden der Landkreise Berchtesgadener Land und Garmisch-Partenkirchen addiert, ab 1974 ist die Zahl der verfügbaren Betten der Statistik nach Kreisen zusammengefasst zu entnehmen.

In die Statistik werden seit Januar 1981 diejenigen „Betriebe einbezogen, die nach Einrichtung und Zweckbestimmung dazu dienen, mehr als acht Gäste gleichzeitig vorübergehend zu beherbergen".[71] Dazu zählen Hotels, Hotels garnis, Gasthöfe, Pensionen, Erholungs- und Ferienheime, Schulungsheime, Ferienzentren, Ferienhäuser, Ferienwohnungen, Hütten, Jugendherbergen und jugendherbergsähnliche Einrichtungen, Sanatorien, Kurkrankenhäuser sowie Campingplätze. Vor 1981 gab es für diese Erhebung keine definierte Abschneidegrenze, d. h. es flossen auch sämtliche Beherbergungsbetriebe mit geringerer Kapazität als neun Gästebetten ein.

Die Handels- und Gaststättenzählung

Aus der in nur relativ langen zeitlichen Intervallen (so 1960, 1979, 1985 und zuletzt 1993) vom Statistischen Landesamt auf Kreisebene durchgeführten Handels- und Gaststättenzählung konnten drei Indikatoren verwendet werden, nämlich die Zahl der Arbeitsstätten im Gastgewerbe, die Zahl der Beschäftigten im Gastgewerbe und die zugehörigen Umsätze. Unter den Begriff Gastgewerbe fallen in dieser Statistik Betriebe des Beherbergungsgewerbes (Hotels, Gasthöfe, Pensionen, Hotels garnis, Erholungs- und Ferienheime, Ferienhäuser und Ferienwohnungen, Hütten, Campingplätze, Privatquartiere und sonstige Beherbergungsstätten) und Betriebe des Gaststättengewerbes (Speisewirtschaften, Imbisshallen, Schankwirtschaften, Bars, Tanzlokale, Cafes, Eisdielen, Trinkhallen, sonstige Bewirtungsstätten sowie Kantinen). Aufgrund des Besucheraufkommens bei den alle 10 Jahre stattfindenden Oberammergauer Passionsspielen – so auch im Jahr 1960 – im Landkreis Garmisch-Partenkirchen sind die Werte der Tourismusstatistik für diese Jahre mehr oder weniger deutlich erhöht. Um eine verzerrte Interpretation der Zeitreihen zu vermeiden, wurden zu der Analyse zum Nationalpark

---

[70] Hier jeweils der 1. April eines Jahres.
[71] Diese Praxis beruht auf dem Gesetz über die Statistik der Beherbergung im Reiseverkehr (BeherbStatG) vom 14.07.1980 (Email vom Bayerischen Landesamt für Statistik und Datenverarbeitung, Außenstelle Schweinfurt, Tourismusstatistik, vom 03.11.04).

Berchtesgaden sowohl die Indexwerte der Arbeitsstätten, Beschäftigten und Umsätze aus der Handels- und Gaststättenzählung berechnet und als Zeitreihe abgebildet als auch die Absolutzahlen. In allen folgenden Zeitreihen, die sich im Verlauf der vorliegenden Arbeit auf diese Statistik beziehen, wurden jeweils nur die berechneten Indices herangezogen.

4.2.2 Nationalpark Berchtesgaden

Kurzcharakteristik Nationalpark Berchtesgaden („Gipfel am Himmel"[72])

Der 20.808 ha große und 1978 gegründete Nationalpark Berchtesgaden im äußersten Südosten Bayerns ist Deutschlands einziger Hochgebirgs-Nationalpark (Karte 3). Er liegt in einem Gebiet, das ohnehin eine hohe Konzentration touristischer Attraktionen aufweist, insbesondere den Königssee mit der Halbinsel St. Bartholomä und den Watzmann. Neben dem eigentlichen Nationalparkhaus in Berchtesgaden betreut die aus 73 fest angestellten Mitarbeitern bestehende Nationalparkverwaltung 6 weitere Informationsstellen. Jegliche Besucherschätzungen, sei es zur absoluten Besucherzahl (vielen Touristen ist es gar nicht bewusst, dass sie sich auf Nationalparkgebiet aufhalten) oder zu der Gästezahl, die nur auf die speziell wegen des Nationalparks angereisten Touristen zurückzuführen ist, sind in diesem wie auch allen anderen deutschen Nationalparken kritisch zu betrachten, da die Parke frei zugänglich sind und Einrichtungen zur genauen Zählung (z. B. Drehkreuze) fehlen. Laut Auskunft der Nationalparkverwaltung zieht der Nationalpark Berchtesgaden jährlich 1,2 Mio. Besucher an, von denen allein 750.000 Fahrgäste der Königssee-Schiffahrt sind.[73] JOB et al. (2003) haben in ihrer Studie zur Ermittlung der regionalen Einkommens- und Beschäftigungseffekte des Berchtesgadener Nationalparktourismus mittels einer Befragung herauszufinden versucht, wie viele der Urlaubsbesuche in der Region von „Nationalparktouristen im engeren Sinn" geleistet werden. Die Autoren kommen für das Jahr 2002 zu dem Ergebnis, dass etwa 114.000 Besuche (davon 14,5 % Tages-, 20,5 % Kurzzeit- und 65 % Langzeittouristen) vornehmlich durch den Nationalpark motiviert waren[74] (JOB et al., 2003, S. 131).

---

[72] Die hinter dem jeweiligen Nationalparktitel in Klammern gesetzten Slogans sind das Ergebnis von Bestrebungen der Vertreter aller deutschen Nationalparke und verschiedener Tourismusverbände, charakteristische Alleinstellungsmerkmale jedes Nationalparks herauszuarbeiten, um jeden einzelnen Park gezielt im Tourismusmarketing positionieren zu können.
[73] Quelle: NATIONALPARK BERCHTESGADEN (http://www.nationalpark-berchtesgaden.de)
[74] Diejenigen Touristen, die auf die Frage, ob der Nationalpark Berchtesgaden ihre Entscheidung, in die Region zu kommen, beeinflusste, aus den 4 Antwortmöglichkeiten a) spielte eine sehr große Rolle, b) spielte eine große Rolle, c) spielte kaum eine Rolle oder d) nein, spielte keine Rolle, Antwort a) oder b) wählten, wurden als „Nationalparktouristen im engeren Sinn" klassifiziert (JOB et al., 2003, S. 129).

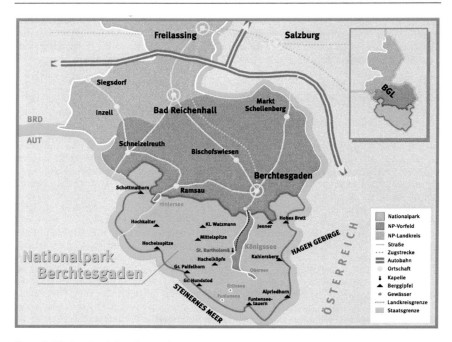

Karte 3: Nationalpark Berchtesgaden

Kurzcharakteristik Nationalparklandkreis Berchtesgadener Land

Der Landkreis Berchtesgadener Land bildet die Südostecke Bayerns. Im Osten, Süden und Südwesten ist die Landkreisgrenze zugleich Staatsgrenze. Westlicher und nordwestlicher Nachbar ist der Landkreis Traunstein. Der Landkreis gliedert sich in drei geographische Regionen: die voralpine um Laufen und Freilassing, die alpine um Bad Reichenhall und die hochalpine um Berchtesgaden. Höchster Punkt ist die 2.713 m hohe Watzmann-Mittelspitze. Mit einer Fläche von 84.000 ha nimmt der Landkreis Berchtesgadener Land unter den 71 bayerischen Landkreisen die 43. Stelle ein und gehört damit in Bayern zu den mittelgroßen Landkreisen. 1995 zählte der Landkreis rund 99.000 Einwohner und gehört damit auch der Bevölkerung nach zu den mittelgroßen Landkreisen. Die Bevölkerungsdichte entspricht mit 111 Einwohnern pro Quadratkilometer ebenfalls dem bayerischen Durchschnitt.[75]

Kurzcharakteristik Vergleichslandkreis Garmisch-Partenkirchen

Der 101.200 ha große Landkreis Garmisch-Partenkirchen liegt im Südwesten des Regierungsbezirks Oberbayern. Im südlichen Teil, dem ursprünglichen Werdenfelser Land, bilden die Felsmassive des Karwendel- und des Wettersteingebirges die Grenze zu Tirol/Österreich. Im Norden grenzt der Nachbarkreis Weilheim-Schongau an, im Osten der Landkreis Bad Tölz – Wolfratshausen und im Westen der Landkreis Ostallgäu. Deutschlands

---

[75] Alle Angaben vom LANDRATSAMT BERCHTESGADEN (http://www.lra-bgl.de)

höchster Gipfel, die Zugspitze mit 2.963 m, liegt im Landkreisgebiet. Im Jahr 2000 zählte der Landkreis 87.441 Einwohner, das entspricht einer, verglichen mit dem Nationalparklandkreis und dem Landesmittel, unterdurchschnittlich niedrigen Bevölkerungsdichte von 86 Einwohnern pro Quadratkilometer. Neben natürlichen Attraktionen bietet der Landkreis um den Wintersportort Garmisch-Partenkirchen (Olympische Spiele 1936, Weltmeisterschaft 1978) aber auch kulturinteressierten Touristen zahlreiche Möglichkeiten, z. B. mit den Oberammergauer Passionsspielen, dem Kloster Ettal und verschiedenen Schlössern.[76]

4.2.2.1 Gästeankünfte

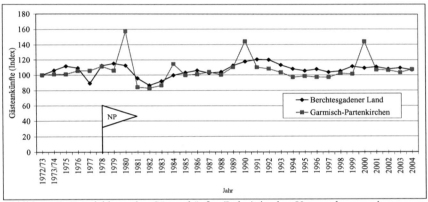

Abbildung 7: Entwicklung der Gästeankünfte (Index) in den Untersuchungsregionen zum Nationalpark Berchtesgaden

Die von 1972/73 bis 2004 abgebildete Entwicklung der Gästeankünfte im Nationalparklandkreis Berchtesgadener Land und im Vergleichslandkreis Garmisch-Partenkirchen verläuft in beiden Kreisen relativ ähnlich, abgesehen von einigen auffallenden „Peaks" in Garmisch-Partenkirchen in den Jahren 1980, 1984, 1990 und 2000 (Abb. 7). Laut Auskunft der Kurverwaltung Garmisch-Partenkirchen/ Tourismus[77] erklären sich diese Ausnahmewerte durch die alle 10 Jahre stattfindenden Passionsspiele in Oberammergau. 1984 fanden Jubiläumsspiele statt (350 Jahre). Nach Angaben der Gemeinde Oberammergau wurden die Spiele im Jahr 2000 von ca. 520.000 Menschen besucht[78]. Im Gründungsjahr des Nationalparks 1978 ist eine deutliche Steigerung der Gästeankünfte im Landkreis Berchtesgadener Land erkennbar (25,8 % gegenüber dem Vorjahr), die so ausgeprägt in Garmisch-Partenkirchen nicht stattfunden. Diese Steigung entspricht jedoch lediglich in etwa dem im Laufe des Vorjahres gemessenen Absinken und hält auch nicht an, so dass die Ankunftszahlen der folgenden Jahre 1979 und 1980 nur unerheblich über dem Wert liegen, den sie bereits vor der Nationalparkgründung erreicht hatten. Für den außergewöhnlich niedrigen Wert im Landkreis Berchtesgadener Land im Jahr 1977 konnte auch nach Rücksprache mit der Kurverwaltung Berchtesgaden keine plausible Erklärung gefunden

---

[76] Alle Angaben vom LANDRATSAMT GARMISCH-PARTENKIRCHEN (http://www.lra-gap.de)
[77] Telefonat vom 09.11.04.
[78] Quelle: GEMEINDE OBERAMMERGAU (http://www.passionsspiele2000.de)

werden.[79] Insgesamt ist bei der Indexentwicklung kein Trend ablesbar, die Ankunftszahlen in den beiden Landkreisen haben sich über den gesamten Betrachtungszeitraum von 1972 bis 2004 mehr oder weniger auf demselben Niveau bewegt.

In der folgenden Tabelle (Tab. 23) sind die Absolutzahlen der Gästeankünfte jeweils des ersten und letzten Jahres des Betrachtungszeitraums und des Gründungsjahres des Nationalparks sowie die statistischen Größen Mittelwert und Standardabweichung angegeben. Was die zeitliche Ausdehnung der Zeitreihe für die Jahre vor Gründung des Parks angeht, so wäre zwar eine Wachstumsratenberechnung für maximal 4 Perioden vor und nach Parkgründung möglich, hinsichtlich zweier Eigenschaften der Datenreihe in den Jahren 1980 und 1981 jedoch nicht sinnvoll. Vor 1981 wurden die Übernachtungszahlen von sämtlichen Beherbergungsbetrieben erfasst, nach 1981 nur von Häusern mit einer Beherbergungskapazität von mindestens neun Betten (vgl. Kapitel 4.2.1). Daraus resultiert eine deutlich reduzierte Anzahl der in die Statistik eingehenden Betriebe. Wollte man alternativ nur für 3 Perioden Wachstumsraten berechnen und dafür die Werte der Jahre 1973/74 bis 1977 und 1977 bis 1980 heranziehen, dann manifestiert sich ein anderes Problem. 1980 fanden im Vergleichslandkreis Garmisch-Partenkirchen die Oberammergauer Passionsspiele statt, was sich in einem extremen aber nur kurzfristigen Anstieg der Besucherankünfte ausdrückt. Diesen Ausnahmewert als Bezugsgröße für einen Wachstumsratenvergleich heranzuziehen, würde zu einer völlig verfälschten Interpretation der Ergebnisse führen. Sogar noch kürzere Zeiträume von weniger als 3 Jahren als Bezugsrahmen für die Berechnung von Zuwachsraten zugrunde zu legen, scheint ebenfalls nicht zielführend. Aus diesem Grund wird bei der Analyse der Indikatoren Gästeankünfte und Gästeübernachtungen (siehe Kapitel 4.2.2.2) auf die Berechnung der Wachstumsraten gänzlich verzichtet.

Tabelle 23: Ausgewählte Absolutzahlen der Gästeankünfte in den Untersuchungsregionen zum Nationalpark Berchtesgaden

Indikator	Berchtesgadener Land	Garmisch-Partenkirchen
Ankünfte 1972/73	426.514	566.298
Ankünfte 1978	478.118	629.682
Ankünfte 2004	456.518	609.821
Mittelwert 1972/73-2004	455.347	601.582
Standardabweichung	34.175	88.646

In Ergänzung zum schlichten deskriptiven Zeitreihenvergleich der Indices der Gästeankünfte wird eine Regressionsschätzung der absoluten Zahl der Gästeankünfte im Nationalparklandkreis als zu erklärender Variable durchgeführt. Neben der Zahl der Gästeankünfte im Vergleichslandkreis wurden als weitere erklärende Variablen zwei nominalskalierte Variablen (Dummys) eingeführt. Zum einen sollte damit die Erklärungskraft des Schätzansatzes für die Jahre seit Gründung des Nationalparks verbessert und zum anderen die Wirkung der Extremwerte für die Jahre mit den Passionsspielen im Landkreis Garmisch-Partenkirchen neutralisiert werden.

---

[79] Aus den wenigen für diesen Zeitraum noch vorhandenen Unterlagen konnten folgende Erklärungsversuche entnommen werden (Sommerbericht des Kurdirektors 1977): 1) Das Wetter in den entscheidenden Urlaubsmonaten wurde als absolut nicht zufriedenstellend bezeichnet. 2) Ferner wurde auf eine Umstellung der Datenverarbeitung hingewiesen, wodurch keine hundertprozentigen Erkenntnisse und Analysen möglich waren. 3) In diesem Jahr wurden auf dem Sektor der Landesfürsorge und der Versicherungsanstalten Sparmaßnahmen durchgeführt, welche ebenfalls negative Auswirkungen auf die Übernachtungszahlen hatten (Email des Zweckverbands Tourismus Berchtesgaden-Königssee vom 06.04.05).

Zusätzlich zur Streuung der normalverteilten Residuen auch Ausreißer anhand eines Dummys zu deuten, birgt zwar grundsätzlich die Gefahr einer willkürlichen Erhöhung der Erklärungskraft, verbunden mit einer Einschränkung der Prognosefähigkeit des Modells. Letztere ist jedoch für die Prüfung der forschungsleitenden Hypothese im Rahmen dieser Studie nicht von Bedeutung (vgl. Kap. 4.1,c). Auch ist der Hintergrund für die innerhalb des Betrachtungshorizonts vorkommenden 4 Extremwerte bekannt. Ferner rechtfertigt die geringe Zahl an Ausreißern den Versuch, deren Wirkung zu neutralisieren und so eine Fehlinterpretation der tatsächlich auf den Nationalparkeffekt zurückgehenden Streuung zu vermeiden.

Tabelle 24: Ergebnisse einer Regressionsschätzung der Zahl der Gästeankünfte im Nationalparklandkreis Berchtesgadener Land für den Zeitraum von 1972/73 bis 2004

R^2= 0,524; Korrigiertes R^2= 0,473; N = 32; DW-Wert: 1,662; F= 10,278

Erklärende Variable	Regressions-koeffizient	Standardfehler	t-Statistik	Irrtums-wahrscheinlichkeit
Konstante	164.392	53.456	3,075	0,005
Gästeankünfte im Vergleichslandkreis Garmisch-Partenkirchen	0,474	0,090	5,268	0,000
Dummy für Nationalpark	20.670	12.265	1,685	0,103
Dummy für Passionsspiele	-92.494	23.931	-3,865	0,001

Mit einem Bestimmtheitsmaß (R^2) von 0,524 wird ein beachtlicher Teil der Gesamtstreuung erklärt (Tab. 24). Die t-Werte, also die Quotienten aus den Regressionskoeffizienten und ihren Standardfehlern, für die beiden entscheidenden erklärenden Variablen, die Zahl der Gästeankünfte im Vergleichslandkreis sowie den Dummy für das Vorhandensein des Nationalparks, haben das erwartete Vorzeichen. Die sich aus den t-Werten ergebende Irrtumswahrscheinlichkeit (P-Wert), also die Wahrscheinlichkeit, mit der der jeweilige Regressionskoeffizient von Null verschieden ist, liegt für die Variable der Gästeankünfte im Vergleichslandkreis im hochsignifikanten Bereich (p < 0,001), hingegen ist der P-Wert für den Nationalpark-Dummy mit 0,103 gerade nicht mehr auf dem geforderten 10 %-Niveau signifikant. Obwohl hiermit ein Grenzfall vorliegt, kann die Nullhypothese, nach der die Gründung des Nationalparks keinen Einfluss besitzt, nicht abgelehnt werden. Von einem Zusammenhang zwischen der zu erklärenden Variablen auf der einen und den erklärenden Variablen auf der anderen Seite der Regressionsgleichung kann nicht ausgegangen werden.

4.2.2.2 Gästeübernachtungen

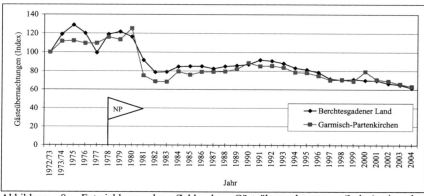

Abbildung 8: Entwicklung der Zahl der Gästeübernachtungen (Index) in den Untersuchungsregionen zum Nationalpark Berchtesgaden

Wie die obige Graphik (Abb. 8) zeigt, entwickeln sich auch die Übernachtungszahlen in beiden Landkreisen fast durchweg parallel. Der Grund für das starke Absinken in beiden Landkreisen ab 1981 liegt wiederum darin, dass es erst ab 1981 eine definierte Abschneidegrenze für die in die Statistik eingehenden Betriebe gab. Der Rückgang der Werte um etwa 30 % ist also erhebungstechnisch bedingt. Die unter 4.2.2.1 bei den Gästeankünften aufgrund der Oberammergauer Passionsspiele festgestellten Spitzenwerte der Jahre 1980, 1984, 1990 und 2000 in Garmisch-Partenkirchen sind bei den Übernachtungen ebenfalls erkennbar, wenn auch in wesentlich schwächerer Ausprägung. Auch im Index der Gästeübernachtungen manifestiert sich ein kurzfristiges einjähriges Absinken der Werte im Berchtesgadener Land im Vorjahr der Nationalparkgründung, die sich in den beiden Folgejahren zunächst auf einen Wert von 1976 einzupendeln scheinen, dann jedoch ähnlich wie im Vergleichslandkreis deutlich zurückgehen. Im Gegensatz zu den Gästeankünften ist bei einer Gesamtbetrachtung der Indexentwicklung von beiden Untersuchungsgebieten ein negativer Trend erkennbar. Dieser Umstand dürfte darauf zurückzuführen sein, dass die im Zielgebiet von Urlaubsgästen verbrachte Aufenthaltsdauer allgemein rückläufig ist. Diesen Schluss bestätigen Zahlen der einschlägigen Statistik, die z. B. für das Jahr 2004 eine durchschnittliche Aufenthaltsdauer eines Urlaubsgastes von 5,5 Tagen im Landkreis Berchtesgadener Land und 4,4 Tagen im Landkreis Garmisch-Partenkirchen angeben. Für das Jahr 1975 beispielsweise betrug die errechnete durchschnittliche Aufenthaltsdauer hingegen noch 11,1 Tage im Berchtesgadener Land und 8,2 Tage im Kreis Garmisch-Partenkirchen. Über die betrachteten 28 Jahre entspricht dies in beiden Kreisen einem Rückgang der durchschnittlichen Aufenthaltsdauer von über 50 %.

Die Datenreihe erlaubt ähnlich wie bei den Gästeankünften auch bei den Gästeübernachtungen keinen sinnvollen Wachstumsratenvergleich, dennoch seien an dieser Stelle einige ausgewählte Absolutzahlen des Indikators Gästeübernachtungen aufgeführt (Tab. 25).

Tabelle 25: Ausgewählte Absolutzahlen der Gästeübernachtungen in den Untersuchungsregionen zum Nationalpark Berchtesgaden

Indikator	Berchtesgadener Land	Garmisch-Partenkirchen
Übernachtungen 1972/73	4.084.640	4.204.672
Übernachtungen 1978	4.858.057	4.880.473
Übernachtungen 2004	2.517.566	2.661.556
Mittelwert 1972-2004	3.609.536	3.568.992
Standardabweichung	751.793	730.401

Analog zu der für die Zahl der Gästeankünfte erfolgten Regressionsanalyse wurde auch für die Zahl der Gästeübernachtungen als abhängige Variable und der Zahl der Gästeübernachtungen im Vergleichslandkreis sowie den beiden Dummys für die Existenz des Nationalparks und die Extremwerte im Landkreis Garmisch-Partenkirchen eine Regressionsschätzung mit folgenden Ergebnissen durchgeführt (Tab. 26).

Tabelle 26: Ergebnisse einer Regressionsschätzung der Zahl der Gästeübernachtungen im Nationalparklandkreis Berchtesgadener Land für den Zeitraum von 1972/73 bis 2004

$R^2 = 0,903$; Korrigiertes $R^2 = 0,893$; N = 32; DW-Wert: 1,316; F= 86,991

Erklärende Variable	Regressions-koeffizient	Standardfehler	t-Statistik	Irrtums-wahrscheinlichkeit
Konstante	78.575	383.542	0,205	0,839
Gästeübernachtungen im Vergleichslandkreis Garmisch-Partenkirchen	0,999	0,81	12,403	0,000
Dummy für Nationalpark	12.251	158.842	0,077	0,939
Dummy für Passionsspiele	-345.928	142.538	-2,427	0,022

Das Bestimmtheitsmaß von 0,903 ist erstaunlich hoch, jedoch lassen der sehr niedrige t-Wert für den Nationalpark-Dummy und daraus resultierend die Irrtumswahrscheinlichkeit von über 90 % ein Ablehnen der Nullhypothese nicht zu. Nachdem erhöhte Werte für die Jahre der Passionsspiele in der Messreihe der Gästeübernachtungen des Landkreises Garmisch-Partenkirchen weitaus schwächer ausgeprägt erscheinen als in der Zeitreihe zu den Gästeankünften (vgl. Kap. 4.1.2.1), wurde eine zweite Regressionsschätzung der Zahl der Gästeübernachtungen im Nationalparklandkreis ohne die Dummy-Variable für die Passionsspiele vorgenommen (Tab. 27).

Tabelle 27: Ergebnisse einer Regressionsschätzung der Zahl der Gästeübernachtungen im Nationalparklandkreis Berchtesgadener Land ohne Dummy für die Passionsspiele für den Zeitraum von 1972/73 bis 2004

$R^2 = 0,883$; Korrigiertes $R^2 = 0,875$; N = 32; DW-Wert: 1,734; F= 109,139

Erklärende Variable	Regressions-koeffizient	Standardfehler	t-Statistik	Irrtums-wahrscheinlichkeit
Konstante	392.778	390.283	1,006	0,323
Gästeübernachtungen im Vergleichslandkreis Garmisch-Partenkirchen	0,930	0,81	11,414	0,000
Dummy für Nationalpark	-120.135	161.269	-0,745	0,462

Wie zu erwarten ist, fällt das Bestimmtheitsmaß geringer aus, der Durbin-Watson-Koeffizient hingegen hat sich leicht verbessert. Entscheidend sind jedoch auch hier wiederum t-Wert und Irrtumswahrscheinlichkeit des für den Nationalpark-Dummy berechneten Regressionskoeffizienten. Ein negativer t-Wert und die Irrtumswahrscheinlichkeit von 0,462 lassen die Ablehnung der Nullhypothese ebenso wenig zu wie die Ergebnisse der Schätzung mit dem Dummy für die Festspiele im Vergleichslandkreis. Ein die Zahl der Übernachtungen erhöhender Nationalparkeffekt kann nicht festgestellt werden.

4.2.2.3 Gästebetten

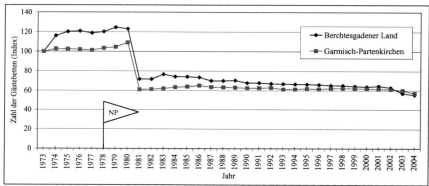

Abbildung 9: Entwicklung der Zahl der angebotenen Gästebetten (Index) in den Untersuchungsregionen zum Nationalpark Berchtesgaden

Am auffälligsten im Verlauf des Index der Zahl der angebotenen Gästebetten in den Landkreisen Berchtesgadener Land und Garmisch-Partenkirchen ist das erhebungstechnisch bedingte steile Absinken der Werte im Jahr 1981 (Abb. 9). Ignoriert man dies und konzentriert sich nur auf die Entwicklung der Kennzahl zwischen 1973 und 2004, so wird deutlich, dass der Nationalparklandkreis während der ersten Hälfte durchweg auf einem höheren Niveau liegt, sich ab Mitte bis Ende der 90er Jahre kontinuierlich dem mehr oder weniger unveränderten Niveau des Vergleichslandkreises annähert und dieses im Jahr 2003 sogar leicht unterschreitet. Das geringfügige Ansteigen der Kurve des Nationalparklandkreises in den Jahren 1978/79 bedeutet eine wenn auch verhaltene Kapazitätserweiterung im Beherbergungsgewerbe. Hoteliers und Gastwirte der Region könnten zu diesem Zeitpunkt mit einem verstärkten Gästeaufkommen infolge des 1978 gegründeten Nationalparks gerechnet haben. Die darin möglicherweise begründete Investitionsbereitschaft hält jedoch nicht an. Die Nationalparkgründung scheint keinen nennenswerten Einfluss auf die Entwicklung der Bettenkapazität im Landkreis Berchtesgadener Land zu nehmen.

Die Zeitreihe zu der Zahl der verfügbaren Gästebetten lässt nun im Gegensatz zu den beiden vorhergehenden eine Berechnung und den Vergleich von Wachstumsraten über eine Periode von 3 Jahren vor und nach der Parkgründung einschließlich des Gründungsjahres 1978 und zwischen den beiden Landkreisen zu (Tab. 28).

Tabelle 28: Ausgewählte Absolutzahlen und Wachstumsraten der Zahl der Gästebetten in den Untersuchungsregionen zum Nationalpark Berchtesgaden

Indikator	Berchtesgadener Land	Garmisch-Partenkirchen
Gästebetten 1973	34.283	35.668
Gästebetten 1974	39.801	36.625
Gästebetten 1977	40.724	36.109
Gästebetten 1978	41.216	36.899
Gästebetten 1980	42.194	38.949
Gästebetten 2004	18.944	20.330
Mittelwert 1973-2004	27.491	25.830
Standardabweichung	7.848	6.474
Wachstum 1974-77 in %	0,8	-0,5
Wachstum 1977-80 in %	1,2	2,6

In beiden Landkreisen ist sowohl vor als auch nach der Gründung des Nationalparks Berchtesgaden ein eher verhaltenes Wachstum der Zahl der angebotenen Betten zu beobachten, im Kreis Garmisch-Partenkirchen zwischen 1974 und 1977 sogar ein leichter Rückgang. Nach 1977 nimmt die Bettenzahl im Vergleichslandkreis stärker zu als im Nationalparklandkreis. Das Ergebnis dieses Wachstumsratenvergleichs lässt nicht auf eine durch den Nationalparktourismus induzierte merkliche Kapazitätserweiterung im Berchtesgadener Landkreis schließen.

Als Alternative zur Wachstumsratenberechnung anhand der Zinseszinsformel, in die nur jeweils die Werte des ersten und des letzten Jahres des betrachteten Zeitraums eingehen, wird eine einfache lineare Trendregression durchgeführt, die auch die während des Zeitraums jährlich auftretenden Werte berücksichtigt. Die Zahl der Gästebetten des Nationalparklandkreises (NPLK) bzw. des Vergleichslandkreises (VLK) wird als abhängige Variable eingesetzt und die Zeit – hier einschließlich des Gründungsjahres jeweils 3 Jahre vor und nach der Nationalparkgründung – als unabhängige Variable (Tab. 29).

Tabelle 29: Ergebnisse der Trendregressionen für die Zahl der Gästebetten in den Untersuchungsregionen zum Nationalpark Berchtesgaden

Region	Zeitraum	R^2	Koeffizient	t-Statistik	Irrtums-wahrsch.	Konfidenzintervall von	bis	N
NPLK	1974-77	0,290	0,7	0,904	0,431	-2,8	4,2	4
	1977-80	0,709	1,5	2,2	0,158	-1,4	4,2	4
VLK	1974-77	0,954	-0,5	-6,411	0,023	-0,8	-0,2	4
	1977-80	0,925	2,5	4,984	0,038	0,3	4,6	4

Der für den kurzen Zeitraum nach der Gründung für den Nationalparklandkreis geschätzte Regressionskoeffizient (1,5) ist zwar höher als der für den Zeitraum vor der Gründung (0,7), aber die Differenz der Werte der Referenzregion vor und nach der Gründung ist deutlich größer. Beide Koeffizienten der Nationalparkregion sind auf dem 5 %-Niveau der Irrtumswahrscheinlichkeit nicht von Null verschieden. Da sich die zugehörigen Konfidenzintervalle überschneiden, kann die Hypothese, dass der Koeffizient für den Zeitraum nach der Gründung nicht höher ist als für den Zeitraum vor der Gründung, nicht verworfen werden. Obwohl sich für den Zeitraum nach der Gründung ein etwas höherer durchschnittlicher Anstieg der Zahl der Betten berechnet, ist eine statistische Absicherung dieses Anstiegs folglich nicht gegeben. Anders ist die Situation in der Referenzregion. Die den Koeffizienten entsprechenden Vertrauensintervalle decken unterschiedliche Bereiche ab. Damit sind die Trends für die Zeiträume vorher und nachher statistisch signifikant voneinander verschieden.

Die obige Zeitreihe und auch die Betrachtung der jeweiligen Absolutzahlen für den Landkreis Garmisch-Partenkirchen in den entsprechenden Jahren weisen auf eine deutliche kurzfristige Erhöhung der Zahl der angebotenen Betten zu den Oberammergauer Passionsspielen hin. Bei der mit der Bettenzahl im Nationalparklandkreis als zu erklärende Variable und der Bettenzahl im Vergleichslandkreis und dem Nationalpark-Dummy als unabhängigen Variablen durchgeführten Regressionsschätzung wurde daher der bislang verwendete Dummy für die im Vergleichslandkreis bei den Gästeankünften und den Gästeübernachtungen auftretenden festspielbedingten Ausreißer nicht mehr berücksichtigt (Tab. 30).

Tabelle 30: Ergebnisse einer Regressionsschätzung der Zahl der Gästebetten im Nationalparklandkreis Berchtesgadener Land für den Zeitraum von 1973 bis 2004

$R^2 = 0,963$; Korrigiertes $R^2 = 0,960$; N = 32; DW-Wert: 0,742; F= 374,551				
Erklärende Variable	Regressions-koeffizient	Standardfehler	t-Statistik	Irrtums-wahrscheinlichkeit
Konstante	-5.008	2.328	-2,151	0,040
Gästebetten im Vergleichslandkreis Garmisch-Partenkirchen	1,227	0,061	20,040	0,000
Dummy für Nationalpark	952	1.074	0,886	0,383

Das Maß der erklärten Streuung ist bei einem R^2 von 0,963 zwar wiederum sehr hoch, entscheidend ist jedoch die Signifikanz des t-Werts des zu dem Nationalpark-Dummy gehörigen Regressionskoeffizienten. Im Gegensatz zu dem – wie nach Betrachtung der Zeitreihe auch zu erwarten ist – hochsignifikanten Niveau des Koeffizienten der Gästeübernachtungen im Vergleichslandkreis, kann die Nullhypothese mit einer Irrtumswahrscheinlichkeit von fast 40 % für den Nationalpark-Dummy nicht abgelehnt werden. Regressionsanalytisch kann ein Zusammenhang zwischen dem Entwicklungsverlauf der Zahl der verfügbaren Gästebetten im Nationalparklandkreis und der Einrichtung des Nationalparks Berchtesgaden nicht nachgewiesen werden.

4.2.2.4 Arbeitsstätten im Gastgewerbe

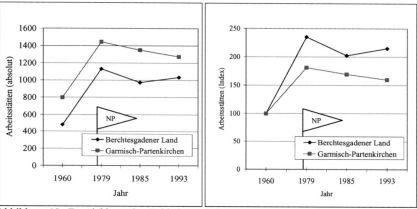

Abbildung 10: Entwicklung der Zahl der Arbeitsstätten im Gastgewerbe in Absolutwerten (links) und als Index (rechts) in den Untersuchungsregionen zum Nationalpark Berchtesgaden

Der zu den Absolutwerten der Entwicklung der Zahl der Arbeitsstätten im Gastgewerbe von 1960 bis 1993 dargestellte Kurvenverlauf macht deutlich, dass sich beide Landkreise sehr ähnlich entwickeln, wenn sich auch das Niveau des Landkreises Garmisch-Partenkirchen durchgehend etwa 20 % über dem des Nationalparklandkreises hält (Abb. 10, links). Bei der Betrachtung des Index (Abb. 10, rechts) fällt zunächst auf, dass er in den ersten 19 Jahren der untersuchten Zeitreihe im Landkreis Berchtesgadener Land steiler ansteigt als im Vergleichskreis Garmisch-Partenkirchen. Die deutlicher ausgeprägte Steigung ist in erster Linie darin begründet, dass sich die Berechnung des Index zum Nationalparklandkreis auf einen niedrigeren Ausgangswert bezieht als den des Vergleichskreises. Eine weitere Erklärung für das stärkere Ansteigen der Zahl der Arbeitsstätten im Gastgewerbe zwischen den Erhebungsjahren von 1960 und 1979 im Berchtesgadener Land könnte möglicherweise in der Gründung des Nationalparks mit dem dadurch verursachten Besucheranstieg gegen Ende dieses Zeitraums liegen, eine Vermutung, die sich mangels genauerer jährlicher Zahlen tatsächlich jedoch nicht erhärten lässt. In der folgenden Entwicklung ist in beiden Kreisen ein leicht negativer Trend erkennbar – sofern man bei nur 4 Werten über einen Zeitraum von 33 Jahren bereits Aussagen über mögliche Trends machen möchte. Hier wiederum liegt das Niveau der Berchtesgadener Werte in etwa 20 % über dem des Vergleichslandkreises.

4.2.2.5 Beschäftigte im Gastgewerbe

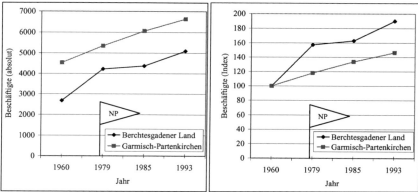

Abbildung 11: Entwicklung der Zahl der Beschäftigten im Gastgewerbe in Absolutwerten (links) und als Index (rechts) in den Untersuchungsregionen zum Nationalpark Berchtesgaden

Analog zu der Arbeitsstättenentwicklung weist auch das Bild der absoluten Zahl der Beschäftigten im Gastgewerbe auf einen recht ähnlichen Verlauf in beiden Vergleichsregionen hin (Abb. 11, linke Bildhälfte). Dadurch, dass der Ausgangswert des Nationalparklandkreises bei der Indexberechnung wiederum deutlich niedriger ist als der des Vergleichslandkreises, zeigt die Indexkurve des Berchtesgadener Kreises eine stärkere Steigung zwischen 1960 und 1979 (Abb. 11, rechte Bildhälfte). Als weiteren Grund hierfür den ab 1978 einsetzenden Nationalparktourismus heranzuziehen, darf auch in diesem Fall zwar als plausibel aber letztlich doch nur als Erklärungsversuch gewertet werden. In dem zweiten Kurvenabschnitt zwischen 1979 und 1985, also unmittelbar nach Gründung des Nationalparks Berchtesgaden, kommt in beiden Darstellungsformen nur eine minimale Erhöhung der Beschäftigtenzahlen zum Ausdruck.

4.2.2.6 Umsatz im Gastgewerbe

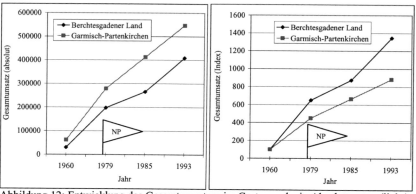

Abbildung 12: Entwicklung des Gesamtumsatzes im Gastgewerbe in Absolutwerten (links) und als Index (rechts) in den Untersuchungsregionen zum Nationalpark Berchtesgaden

Nach vergleichender Betrachtung der Arbeitsstätten- und Beschäftigtenzahlen ist eine den beiden vorhergehenden Graphiken entsprechende Entwicklung der Umsatzzahlen im Gastgewerbe zwischen 1960 und 1993 zu erwarten. Der Trendverlauf ist in den auf Absolutwerten basierenden Zeitreihen (Abb. 12, linke Bildhälfte) und den auf Indices basierenden Kurven (Abb. 12, rechte Bildhälfte) in beiden Gebieten durchweg positiv. In beiden Darstellungen zeigt sich die Umsatzsteigerung zwischen 1979 und 1985, also wieder in den Jahren nach Gründung des Parks, verglichen mit dem vorhergehenden und dem nachfolgenden Zeitintervall weniger ausgeprägt.

4.2.2.7 Ergebnisse Nationalpark Berchtesgaden

Zusammenfassend kann für den Nationalpark Berchtesgaden festgehalten werden, dass zumindest bei näherer Betrachtung von Zeitreihen zu Gästeankünften und –übernachtungen und der Zahl der angebotenen Gästebetten, auch mit anschließender regressionsanalytischer Prüfung, kein Zusammenhang zwischen der 1978 erfolgten Nationalparkausweisung und dem Verlauf der Entwicklung der Ankunfts- und Übernachtungszahlen im Nationalparklandkreis Berchtesgadener Land deutlich wird. Ein Vergleich der Wachstumsraten der drei Indikatoren während der Jahre vor und nach Gründung des Parks ist lediglich im Fall der verfügbaren Betten sinnvoll und durchgeführt worden. Eine Ausweitung der Bettenkapazität, die durch von der Gründung des Nationalparks induzierten Investitionen erklärt werden könnte, ist nicht feststellbar bzw. haben die Trendregressionen ergeben, dass die nationalparkfreie Referenzregion eine dynamischere Entwicklung erfahren hat als die Nationalparkregion. Die Betrachtung der Zahl der Arbeitsstätten, Beschäftigten und Umsätze im Gastgewerbe bringt ebenfalls keine Hinweise auf einen Nationalparkeffekt.

4.2.3 Nationalpark Bayerischer Wald

Kurzcharakteristik Nationalpark Bayerischer Wald („Grenzenlose Waldwildnis")

Der Nationalpark Bayerischer Wald wurde 1970 mit einer Fläche von knapp 13.000 ha gegründet und 1997 auf eine Fläche von insgesamt 24.250 ha erweitert (Karte 4). Die östliche Grenze des Nationalparks ist auf etwa 50 km identisch mit der Grenze der Bundesrepublik zur Tschechischen Republik. Zu rund 45 % liegt die Nationalparkfläche im Landkreis Regen und zu 55 % im Landkreis Freyung-Grafenau. Der Waldanteil an der Nationalparkfläche beträgt 98 %, der auf den überwiegend aus Graniten und Gneisen gebildeten Böden dominierende Waldtyp ist der Bergmischwald. Zusammen mit dem östlich angrenzenden, ca. 70.000 ha großen Nationalpark Böhmerwald bildet der Bayerische Wald das größte zusammenhängende Waldgebiet Europas. Höchster Gipfel im Nationalpark Bayerischer Wald ist der Große Rachel mit 1.453 m Seehöhe.[80] Laut Auskunft der Nationalparkverwaltung[81] verzeichnet der Park jährlich bis zu 2 Mio. Besucher. Insgesamt betreuen etwa 194 Mitarbeiter der Nationalparkverwaltung außer dem Besucherschwerpunkt Hans-Eisenmann-Haus bei Neuschönau mit benachbartem Tierfreigelände 8 weitere Informationsstellen (davon 2 noch im Bau).

---

[80] Siehe Internetseite NATIONALPARK BAYERISCHER WALD (http://www.nationalpark-bayerischer-wald.de)
[81] So die telefonische Auskunft der Nationalparkverwaltung Bayerischer Wald, Pressestelle, am 25.11.04, 09.02.05 sowie 09.03.05.

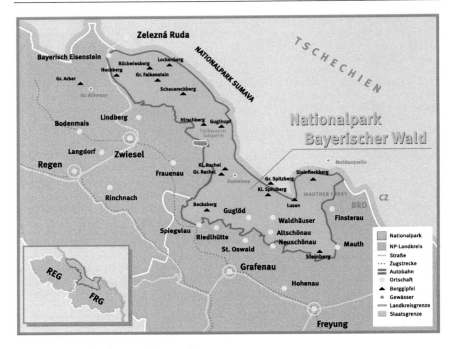

Karte 4: Nationalpark Bayerischer Wald

Kurzcharakteristik Nationalparklandkreise Regen und Freyung-Grafenau

Der Landkreis *Regen* befindet sich im inneren Bayerischen Wald und grenzt östlich an Tschechien an. Der südliche Nachbarlandkreis ist der Landkreis Freyung-Grafenau, im Norden schließt sich der Landkreis Cham an. Mit einer Fläche von 97.506 ha liegt der Landkreis Regen unter den 71 Landkreisen Bayerns an 31. Stelle. Derzeit zählt der Landkreis ca. 82.500 Einwohner bei einer Bevölkerungsdichte von 84 Einwohnern pro Quadratkilometer. Höchster Punkt ist der v. a. bei Wintersportlern beliebte 1.456 m hohe Große Arber, der direkt an den Nationalpark Bayerischer Wald angrenzt. Die Tourismusverbände der Region werben in erster Linie mit dem Naturerlebnis in der reizvollen und vielseitigen Mittelgebirgslandschaft im und um den Nationalpark, den Wintersportmöglichkeiten und der historischen aber teilweise auch heute noch existierenden Glasindustrie.[82]

Zusammen mit seinem südlichen Nachbarlandkreis Passau ist der Landkreis *Freyung-Grafenau* der östlichste Landkreis Bayerns. Im Westen grenzt er an den Landkreis Deggendorf und im Osten an die Tschechische Republik. Auf einer Fläche von 98.421 ha leben etwa 82.360 Menschen, das entspricht – ebenfalls wie im benachbarten Landkreis Regen – einer Bevölkerungsdichte von 84 Einwohnern pro Quadratkilometer. Der Landkreis entstand erst im Jahr 1972 im Zuge einer Kreisreform aus den beiden ehemaligen Kreisen

---

[82] Quelle: LANDRATSAMT REGEN (http://www.landkreis-regen.de)

Wolfstein und Grafenau.[83] Im Zentrum des touristischen Angebots stehen ebenfalls vergleichbar zum Landkreis Regen Wander- und Radtouren in der Naturlandschaft des südlichen Bayerischen Waldes, die Urtümlichkeit des Nationalparkgebietes, der Wintersport, die Ilz-Flusslandschaft sowie die „Glasstraße"[84].

Kurzcharakteristik Vergleichslandkreise Cham und Bad Tölz-Wolfratshausen

Der Landkreis *Cham* ist der östlichste Landkreis des Regierungsbezirks Oberpfalz in Bayern. Im Norden und Osten grenzt die Tschechische Republik an, im Süden die Landkreise Regen und Straubing-Bogen und im Westen die Landkreise Regensburg und Schwandorf. Auf einer Fläche von 151.030 ha leben 131.035 Menschen, das entspricht – verglichen mit den beiden Nationalparklandkreisen – einer leicht höheren Bevölkerungsdichte von 87 Einwohnern pro Quadratkilometer. Touristisch attraktiv ist im Landkreis Cham v. a. der Naturpark Oberer Bayerischer Wald mit seinem gut ausgebauten Rad- und Wanderwegenetz und seinen Wintersportmöglichkeiten.[85]

Der Landkreis *Bad Tölz-Wolfratshausen* entstand 1972 im Zuge der Gebietsreform aus den früheren Landkreisen Bad Tölz und Wolfratshausen und zählt zu den südlichen Grenzlandkreisen des Regierungsbezirks Oberbayern. Nachbarkreise sind im Norden der Landkreis München, im Osten der Landkreis Miesbach, im Süden das österreichische Bundesland Tirol und im Westen die Landkreise Garmisch-Partenkirchen, Weilheim-Schongau und Starnberg. Der Landkreis zählt auf einer Fläche von 111.067 ha etwa 118.730 Einwohner. Damit liegt die Bevölkerungsdichte mit 107 Einwohnern pro Quadratkilometer deutlich über dem Wert der Nationalparklandkreise mit 84 Einwohnern pro Quadratkilometer. Der Landkreis ist von den Flusstälern der Isar und der Loisach geprägt. Daneben tragen zahlreiche Seen zum landschaftlichen Reiz des Landkreises bei, der sowohl alpines als auch voralpines Gelände umfasst. Der 2.100 m hohe Schafreuter im Karwendel ist der höchste Berg im Landkreis. Das „Tölzer Land" wird von Seiten des Fremdenverkehrs mit einem vielseitigen Urlaubsangebot in der typisch oberbayerischen Landschaft beworben.[86]

---

[83] Quellen: WIKIPEDIA (http://de.wikipedia.org) und LANDRATSAMT FREYUNG-GRAFENAU (http://www.freyung-grafenau.de)

[84] Die Glasstrasse verbindet die „glastouristischen" Sehenswürdigkeiten der Region und verläuft auf einer Länge von 250 km von Neustadt an der Waldnaab bis Passau durch den Oberpfälzer und den Bayerischen Wald. Am 19. Juli 1997 wurde sie durch Altbundeskanzler Helmut Kohl eröffnet.

[85] Quelle: LANDRATSAMT CHAM (http://www.landkreis-cham.de)

[86] Quelle: LANDRATSAMT BAD TÖLZ-WOLFRATSHAUSEN (http://www.lra-toelz.de)

4.2.3.1 Auswirkungen der Parkgründung (a)

4.2.3.1.1 Gästeankünfte

In der folgenden Abbildung (Abb. 13) ist die Entwicklung des Index der Zahl der Gästeankünfte zwischen den Jahren 1966 und 2004 dargestellt, wobei die Werte aus den beiden Landkreisen der Nationalparkregion (Freyung-Grafenau und Regen) und die Werte aus den beiden Vergleichslandkreisen (Cham und Bad Tölz-Wolfratshausen) aggregiert wurden.

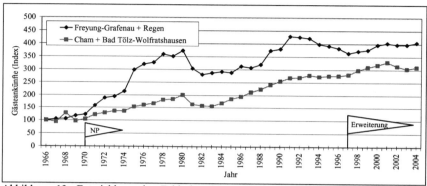

Abbildung 13: Entwicklung der Zahl der Gästeankünfte (Index) in den Untersuchungsregionen zum Nationalpark Bayerischer Wald

Das Niveau des Index der Ankünfte in den Nationalparklandkreisen hebt sich ab etwa 1971, also ein Jahr nach Gründung des Nationalparks deutlich vom Verlauf der Indexreihe der Vergleichslandkreise ab. Der bei beiden Zahlenreihen erkennbare positive Trend ist im Fall Regen und Freyung-Grafenau wesentlich stärker ausgeprägt. Das parallel in beiden Indexreihen in obiger Graphik zu sehende kurzfristige Abfallen der Werte ab 1981 ist in erster Linie durch eine Änderung in der Methodik der Datenerfassung bedingt, da 1981 eine Abschneidegrenze für die in die Erhebung eingehenden Beherbergungsbetriebe definiert wurde. Ab dem Jahr 1981 enthält die Fremdenverkehrsstatistik nur noch Daten aus Betrieben mit mindestens neun Betten, wohingegen vorher sämtliche Beherbergungsbetriebe erfasst wurden.[87] Die Spitzenwerte nach 1989 in den Landkreisen Freyung-Grafenau und Regen erklären sich laut Nationalparkverwaltung zum einen durch die Erleichterung der Reisebedingungen infolge der innerdeutschen Grenzöffnung, zum anderen sind sie als Auswirkung der politisch prekären Lage zu Beginn der 90er Jahre auf mehr oder weniger dem gesamten Balkan zu verstehen, der infolgedessen als Urlaubsreiseziel ausfiel.[88]

Die Wachstumsrate der Zahl der Gästeankünfte in den Nationalparklandkreisen war zwar bereits vor Gründung des Parks (1970) größer als in den Vergleichslandkreisen, die enorme Steigerungsrate zwischen 1969 und 1972, die fast doppelt so hoch ist wie in den Landkreisen

---

[87] Möglicherweise macht sich in dem vergleichsweise niedrigen Niveau der Ankunftszahlen in den achtziger Jahren auch die durch die Ölkrise von 1979/80 verstärkte allgemeine Rezession bemerkbar (hohe Teuerungsraten, sinkendes Bruttosozialprodukt, autofreie Sonntage zu Anfang der achtziger Jahre) (SCHMID, 2004).

[88] Telefonat mit der Nationalparkverwaltung Bayerischer Wald, Pressestelle vom 09.03.05.

Cham und Bad Tölz-Wolfratshausen, macht einen Nationalparkeffekt aber sehr wahrscheinlich (Tab. 31).

Tabelle 31: Ausgewählte Absolutzahlen und Wachstumsraten der Zahl der Gästeankünfte in den Untersuchungsregionen zum Nationalpark Bayerischer Wald (Gründung)

Indikator	Freyung-Grafenau + Regen	Cham + Bad Tölz-Wolfratshausen
Ankünfte 1966	166.748	210.769
Ankünfte 1969	195.618	205.233
Ankünfte 1970	203.826	219.884
Ankünfte 1972	315.081	271.593
Ankünfte 2004	674.831	653.608
Mittelwert 1966-2004	514.791	441.181
Standardabweichung	169.227	155.696
Wachstum 1966-69 in %	5,5	-0,9
Wachstum 1969-72 in %	17,2	9,8

Um die Annahme des Nationalparkeffekts in den Landkreisen Freyung-Grafenau und Regen zu bekräftigen, werden für die Nationalpark- und die Vergleichslandkreise einfache Trendregressionsschätzungen durchgeführt mit jeweils der Zahl der Gästeankünfte als abhängiger Variablen und einem Zeitraum von 3 Jahren vor und nach der Parkgründung einschließlich des Gründungsjahres selbst. Sofern sich die Vertrauensintervalle, innerhalb derer die geschätzten Regressionskoeffizienten der erklärenden Variablen liegen, nicht überschneiden, ist davon auszugehen, dass die Steigungen der entsprechenden Regressionsgeraden signifikant voneinander verschieden sind. Dieser Fall liegt hier jedoch weder bei den Nationalparkkreisen noch bei den Vergleichskreisen vor, obwohl die Koeffizienten sich deutlich unterscheiden und der Wert der zweiten Periode wesentlich höher liegt als der der ersten Periode. (Tab. 32). Auf dem 5 %-Niveau der Irrtumswahrscheinlichkeit statistisch abgesichert ist dieser Anstieg jedoch nicht.

Tabelle 32: Ergebnisse der Trendregressionen für die Zahl der Gästeankünfte für die Untersuchungsregionen zum Nationalpark Bayerischer Wald (Gründung)

Region	Zeitraum	R^2	Koeffizient	t-Statistik	Irrtums-wahrsch.	Konfidenzintervall von	bis	N
NPLK	1966-69	0,844	4	3,283	0,082	-1,4	10	4
	1969-72	0,931	21	5,206	0,035	3,7	39	4
VLK	1966-69	0,046	2,6	0,310	0,786	-34	39	4
	1969-72	0,967	11	7,668	0,017	5	18	4

Die mit der Zahl der Gästeankünfte im Nationalparklandkreis als abhängiger Variable und demselben Parameter des Vergleichslandkreises und dem Nationalpark-Dummy als unabhängigen Variablen durchgeführte Regressionsschätzung für den Gesamtzeitraum von 38 Jahren ergibt folgendes Resultat (Tab. 33).

Tabelle 33: Ergebnisse einer Regressionsschätzung für die Zahl der Gästeankünfte in den Nationalparklandkreisen Freyung-Grafenau und Regen für den Zeitraum von 1966 bis 2004

R^2= 0,859; Korrigiertes R^2= 0,851; N = 39; DW-Wert: 0,522; F= 109,838				
Erklärende Variable	Regressions-koeffizient	Standardfehler	t-Statistik	Irrtums-wahrscheinlichkeit
Konstante	5.623	36.862	0,153	0,880
Gästeankünfte in den Vergleichslandkreisen Cham und Bad Tölz-Wolfratshausen	0,781	0,78	10,051	0,000
Dummy für Nationalpark	183.445	39.361	4,661	0,000

Das relativ hohe Bestimmtheitsmaß von 0,859 weist auf die Güte der Anpassung der Regression an die empirischen Werte der abhängigen Variablen hin. Die hohen t-Werte der beiden unabhängigen Variablen haben das erwartete Vorzeichen und ihre Regressionskoeffizienten sind hochsignifikant gegen Null gesichert. Von einem Zusammenhang zwischen der Nationalparkgründung und der Entwicklung der Ankunftszahlen kann also ausgegangen werden.

4.2.3.1.2 Gästeübernachtungen

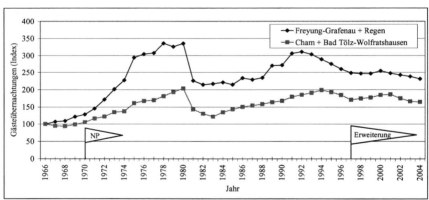

Abbildung 14: Entwicklung der Zahl der Gästeübernachtungen (Index) in den Untersuchungsregionen zum Nationalpark Bayerischer Wald

In den Jahren vor der Gründung des Nationalparks Bayerischer Wald (1970) lagen die Übernachtungszahlen in beiden Gebieten auf sehr ähnlichem Niveau, ab dem Jahr 1970 sowie zu Beginn der 90er Jahre steigt der Indexverlauf für die Nationalparkregion, bestehend aus den Landkreisen Freyung-Grafenau und Regen, jedoch deutlicher als in den Vergleichslandkreisen Cham und Bad Tölz-Wolfratshausen (Abb. 14). Das Abfallen der beiden Kurven im Jahr 1981 ist auch in dieser Datenreihe in erster Linie durch die in jenem Jahr erstmals definierte Abschneidegrenze bei den erfassten Beherbergungsbetrieben bedingt (s. o.). Insgesamt ist v. a. für die vergangenen beiden Jahrzehnte ein leicht rückläufiger Trend in beiden Gebieten zu erkennen, was, ähnlich wie in der Analyse der Übernachtungszahlen der Region um den Nationalpark Berchtesgaden und der dazugehörigen Vergleichsregion beobachtet, in der allgemein rückläufigen Entwicklung der Zahl der an einem Urlaubsort verbrachten Tage begründet liegt.

Eine merklich größere Zuwachsrate in der Zahl der Übernachtungen in den Nationalparklandkreisen gegenüber den Vergleichslandkreisen – und zwar sowohl für die Zeit vor Ausweisung des Nationalparks von 1966 bis 1969 als auch und noch viel deutlicher für die 3 Jahre zwischen 1969 und 1972 - ist auch der nachstehenden Tabelle (Tab. 34) zu entnehmen. In den Vergleichslandkreisen war jedoch ein ähnlich starker Anstieg zu beobachten, so dass dieses stärkere Wachstum kein eindeutiges Indiz für einen durch die Nationalparkgründung ausgelösten Wachstumsschub darstellt.

Tabelle 34: Ausgewählte Absolutzahlen und Wachstumsraten der Zahl der Gästeübernachtungen in den Untersuchungsregionen zum Nationalpark Bayerischer Wald (Gründung)

Indikator	Freyung-Grafenau + Regen	Cham + Bad Tölz-Wolfratshausen
Übernachtungen 1966	1.663.280	1.827.185
Übernachtungen 1969	2.021.592	1.796.898
Übernachtungen 1970	2.132.265	1.919.337
Übernachtungen 1972	2.856.736	2.230.444
Übernachtungen 2004	3.837.650	3.008.846
Mittelwert 1966-2004	3.940.259	2.847.964
Standardabweichung	1.064.613	575.804
Wachstum 1966-69 in %	6,7	-0,6
Wachstum 1969-72 in %	12,2	7,5

Der Versuch, durch eine einfache Trendregression den Einfluss des Nationalparks auf die Entwicklung der Gästeübernachtungen zu bestätigen, misslingt ebenso wie bei den Gästeankünften (Tab. 35). Zwar liegen die Koeffizienten der zweiten Periode jeweils deutlich höher als die der ersten, die Konfidenzintervalle der Koeffizienten haben jedoch auch im Fall der Einfach-Regression zur Zahl der Gästeübernachtungen in der Nationalparkregion und auch in der Vergleichsregion gemeinsame Bereiche. Damit kann nicht ausgeschlossen werden, dass die Geraden dieselbe Steigung haben. Für den Zeitraum von 1966 bis 1969 kann in der Vergleichsregion bei einer sehr hohen Irrtumswahrscheinlichkeit nicht mit Sicherheit davon ausgegangen werden, dass der Steigungsparameter des Trends von Null verschieden ist.

Tabelle 35: Ergebnisse der Trendregressionen für die Zahl der Gästeübernachtungen in den Untersuchungsregionen zum Nationalpark Bayerischer Wald (Gründung)

Region	Zeitraum	R^2	Koeffizient	t-Statistik	Irrtums-wahrsch.	Konfidenzintervall von	bis	N
NPLK	1966-69	0,921	5,5	4,815	0,041	0,6	10,5	4
	1969-72	0,937	13,8	5,438	0,032	2,9	24,8	4
VLK	1966-69	0,068	-0,6	-0,382	0,739	-7,8	6,5	4
	1969-72	0,985	8,4	11,502	0,007	5,2	11,5	4

Die Regressionsanalyse mit der Zahl der Gästeübernachtungen in der Nationalparkregion als abhängiger Variablen und der Zahl der Gästeübernachtungen im Vergleichsgebiet sowie des Dummys für die Jahre nach Gründung des Nationalparks als unabhängigen Variablen bringt folgendes Ergebnis (Tab. 36).

Tabelle 36: Ergebnisse einer Regressionsschätzung für die Zahl der Gästeübernachtungen in den Nationalparklandkreisen Freyung-Grafenau und Regen für den Zeitraum von 1966 bis 2004

R² = 0,845; Korrigiertes R² = 0,837; N = 39; DW-Wert: 0,349; F= 98,238

Erklärende Variable	Regressions-koeffizient	Standardfehler	t-Statistik	Irrtums-wahrscheinlichkeit
Konstante	-808.120	352.996	-2,289	0,028
Gästeübernachtungen in den Vergleichslandkreisen Cham und Bad Tölz-Wolfratshausen	1,487	0,159	9,383	0,000
Dummy für Nationalpark	571.280	296.959	1,924	0,062

Mit einem Bestimmtheitsmaß von 0,845 erklärt das Modell den größten Teil der Streuung der tatsächlichen Übernachtungszahlen in den beiden Nationalparklandkreisen Regen und Freyung-Grafenau. Der hohe t-Wert des Regressionskoeffizienten der Übernachtungen im Vergleichsgebiet führt zu einer hochsignifikanten Absicherung des Koeffizienten gegen Null. Der t-Wert des Dummys liegt mit 1,924 vergleichsweise niedrig. Nachdem es sich um einen zweiseitigen Test handelt, ergibt sich ein P-Wert von 0,062 knapp jenseits des mindestens geforderten Signifikanzniveaus von 0,05. Bei strenger Auslegung der Signifikanzbedingung (5 % Irrtumswahrscheinlichkeit) kann die Nullhypothese nicht verworfen werden, lässt man jedoch ein Signifikanzniveau von 10 % Irrtumswahrscheinlichkeit gelten, so kann die Nullypothese abgelehnt werden. Ein positiver Zusammenhang zwischen der Entwicklung der Übernachtungszahlen und der Nationalparkgründung ist durchaus wahrscheinlich bzw. unterliegt die Behauptung, es gäbe keinen Zusammenhang, einer hohen Irrtumswahrscheinlichkeit.

4.2.3.2 Auswirkungen der Parkerweiterung (b)

4.2.3.2.1 Gästeankünfte

Ab 1997, dem Jahr der Erweiterung des Nationalparks, verläuft die Entwicklung in beiden Regionen fast parallel, wenn auch in der Nationalparkregion auf deutlich höherem Niveau als in der Vergleichsregion (vgl. Abb. 13). Für die Nationalparkregion und die Vergleichslandkreise wurden nicht nur für die Jahre vor und nach der Parkgründung, sondern auch für den Zeitraum von 1988 bis 1996 sowie von 1996 bis 2004, jeweils für 8 Jahre vor und nach der Erweiterung des Parks, einschließlich der Bewegungen im Erweiterungsjahr selbst, Wachstumsraten berechnet. Jedoch ist das durchschnittliche Wachstum in den Nationalparklandkreisen von 0,7 % pro Jahr (Tab. 37) während der 8 Jahre nach der Erweiterung des Parks deutlich niedriger als das für den Zeitraum von 3 Jahren unmittelbar nach Gründung des Parks errechnete Anstieg der Ankunftszahlen um 17,2 % (Tab. 31).

Tabelle 37: Absolutzahlen und Wachstumsraten der Zahl der Gästeankünfte in den Untersuchungsregionen zum Nationalpark Bayerischer Wald (Erweiterung)

Indikator	Freyung-Grafenau + Regen	Cham + Bad Tölz-Wolfratshausen
Ankünfte 1988	533.220	471.762
Ankünfte 1996	638.203	583.360
Ankünfte 1997	606.846	592.615
Wachstum 1988-96 in %	2,3	2,7
Wachstum 1996-2004 in %	0,7	1,4

Für die bessere Einschätzung der Steigung der Regressionsgeraden wurden für beide zu vergleichenden Regionen auch für die Jahre vor und nach der Parkerweiterung für den Indikator Gästeankünfte Einfach-Regressionen vorgenommen (Tab. 38). Die Konfidenzintervalle der Regressionskoeffizienten für die Zahl der Gästeankünfte als unabhängige Variable überschneiden sich jeweils. Damit sind die Steigungsparameter nicht statistisch signifikant voneinander verschieden. Für den 8-Jahres-Zeitraum nach Gründung des Parks ergibt die Trendregression für die Nationalparklandkreise einen statistisch gegen Null gesicherten Anstieg. Auch für den 8-Jahres-Zeitraum vor der Gründung errechnet sich ein positiver Trend, der jedoch statistisch nicht gegen Null gesichert ist. Die hohe Unsicherheit dieses Trends erklärt, dass sich die Steigungen nicht signifikant voneinander unterscheiden. Für die Referenzregion ist die Situation ähnlich, wobei allerdings die größere Vorher-Nachher-Differenz der Koeffizienten für einen stärkeren Rückgang der Gästeankünfte spricht als in der Nationalparkregion.

Tabelle 38: Ergebnisse der Trendregressionen für die Zahl der Gästeankünfte in den Untersuchungsregionen zum Nationalpark Bayerischer Wald (Erweiterung)

Region	Zeitraum	R^2	Koeffizient	t-Statistik	Irrtums-wahrsch.	Konfidenzintervall von	bis	N
NPLK	1988-96	0,205	1,5	1,344	0,221	-1,1	4	9
	1996-04	0,672	1,2	3,783	0,007	0,4	1,9	9
VLK	1988-96	0,767	2,1	4,8	0,002	1,1	3,2	9
	1996-04	0,448	1,5	2,385	0,049	0,01	3,0	9

Anders als für den Gesamtzeitraum einschließlich des Gründungsjahres des Nationalparks fallen hingegen die Ergebnisse der multiplen Regression aus, die mit einem Dummy für die Jahre der Erweiterung des Nationalparks Bayerischer Wald für den Zeitraum von 1988 bis 2004 für die Zahl der Gästeankünfte berechnet wurden (Tab. 39). Nach Betrachtung der Zeitreihen und der Wachstumsraten in dem Nationalpark- und dem Vergleichsgebiet überraschen das relativ niedrige Bestimmtheitsmaß und auch die negativen Vorzeichen des Dummy-Koeffizienten bzw. des entsprechenden t-Werts nicht. Damit erübrigt sich die Interpretation des hohen Signifikanzniveaus von 0,1 % des Nationalpark-Dummys, ein positiver Zusammenhang zwischen der Entwicklung der Gästeankünfte und der Parkerweiterung erscheint nicht plausibel.

Tabelle 39: Ergebnisse einer Regressionsschätzung für die Zahl der Gästeankünfte in den Nationalparklandkreisen Freyung-Grafenau und Regen für den Zeitraum von 1988 bis 2004

R^2= 0,616; Korrigiertes R^2= 0,0,562; N = 17; DW-Wert: 1,184; F= 11,245

Erklärende Variable	Regressions-koeffizient	Standardfehler	t-Statistik	Irrtums-wahrscheinlichkeit
Konstante	108.262	115.408	0,938	0,364
Gästeankünfte in den Vergleichslandkreisen Cham und Bad Tölz-Wolfratshausen	0,983	0,208	4,733	0,000
Dummy für Nationalpark	-98.898	24.432	-4,048	0,001

4.2.3.2.2 Gästeübernachtungen

Wie sowohl an den fast parallel verlaufenden Kurven in Abbildung 14 als auch an den für den Zeitraum von 1988 bis 1996 und von 1996 bis 2004 berechneten Wachstumsraten (vgl. Tab. 40) ersichtlich ist, nimmt die Nationalparkerweiterung im Jahr 1997 keinen Einfluss auf die Entwicklung der Zahl der Gästeübernachtungen in der Nationalparkregion.

Tabelle 40: Ausgewählte Absolutzahlen und Wachstumsraten der Zahl der Gästeübernachtungen in den Untersuchungsregionen zum Nationalpark Bayerischer Wald (Erweiterung)

Indikator	Freyung-Grafenau + Regen	Cham + Bad Tölz-Wolfratshausen
Übernachtungen 1988	3.890.869	2.895.426
Übernachtungen 1996	4.322.416	3.370.601
Übernachtungen 1997	4.129.602	3.123.102
Wachstum 1988-96 in %	1,3	1,9
Wachstum 1996-2004 in %	-1,5	-1,4

Analog zur Analyse der Entwicklung der Gästeankünfte werden auch für die Zahl der Gästeübernachtungen in beiden Untersuchungsregionen einfache Trendregressionen für je 8 Jahre vor und nach der Erweiterung des Nationalparks Bayerischer Wald durchgeführt (Tab. 41). Die für die Nationalparklandkreise für beide 8-Jahres-Perioden und die Vergleichslandkreise für die zweite Periode berechneten Steigungen sind nicht signifikant von Null verschieden. Für die Nationalparkregion überschneiden sich daher die Konfidenzintervalle der Koeffizienten zwangsläufig. Für den 8-Jahres-Zeitraum nach der Erweiterung errechnet sich für die Nationalparkregion ein statistisch signifikanter negativer Trend und für die Vergleichsregion ein negativer Trend, der jedoch nicht auf dem 5 %-Signifikanzniveau als gesichert gilt. Nachdem jedoch der Trend in der Nationalparkregion für den 8-Jahres-Zeitraum vor der Erweiterung des Parks wenig ausgeprägt und statistisch nicht von Null verschieden ist und dies ebenfalls für den Trend der Vergleichsregion für den Zeitraum nach der Parkerweiterung gilt, ist der Umstand, dass nach dem Erweiterungsjahr jeweils ein negativer Trend auftritt, nicht überzubewerten, denn statistisch ist die Veränderung nicht abgesichert.

Tabelle 41: Ergebnisse der Trendregressionen für die Zahl der Gästeübernachtungen in den Untersuchungsregionen zum Nationalpark Bayerischer Wald (Erweiterung)

Region	Zeitraum	R^2	Koeffizient	t-Statistik	Irrtums-wahrsch.	Konfidenzintervall von	bis	N
NPLK	1988-96	0,076	1,0	0,760	0,472	-2,0	4,0	9
	1996-04	0,683	-1,0	-3,886	0,006	-1,6	-0,4	9
VLK	1988-96	0,749	2,4	4,576	0,003	1,5	3,6	9
	1996-04	0,223	-0,7	-1,418	0,199	-2,0	0,5	9

Ähnlich wie bei den Schätzergebnissen zu der Zahl der Gästeankünfte um das Erweiterungsjahr des Nationalparks Bayerischer Wald fällt das Maß für die erklärte Streuung der multiplen Regression zu den Gästeübernachtungen für den Zeitraum von 1988 bis 2004 geringer aus als das Bestimmtheitsmaß der ersten Schätzung zu den Übernachtungen, bei der ein Dummy für die Jahre nach Gründung des Parks eingesetzt wurde (Tab. 42). Die Werte für die Variablen der Gästeübernachtungen in den Vergleichslandkreisen und des Nationalpark-Dummys ab dem Jahr der Erweiterung sind mit einer Irrtumswahrscheinlichkeit von 1,2 bzw. 0,1 % beide signifikant. Letzterer weist jedoch für den Koeffizienten und den t-Wert ein negatives Vorzeichen auf. Als Erklärung für den Rückgang der Übernachtungszahlen einen Kausal-Zusammenhang mit der Erweiterung des Nationalparks zu sehen, erscheint wiederum nicht sachgerecht.

Tabelle 42: Ergebnisse einer Regressionsschätzung für die Zahl der Gästeübernachtungen in den Nationalparklandkreisen Freyung-Grafenau und Regen für den Zeitraum von 1988 bis 2004

R^2= 0,688; Korrigiertes R^2= 0,644; N = 17; DW-Wert: 1,046; F= 15,460

Erklärende Variable	Regressions-koeffizient	Standardfehler	t-Statistik	Irrtums-wahrscheinlichkeit
Konstante	1.630.442	1.046.856	1,557	0,142
Gästeübernachtungen in den Vergleichslandkreisen Cham und Bad Tölz-Wolfratshausen	0,919	0,317	2,901	0,012
Dummy für Nationalpark	-506.527	128.539	-3,941	0,001

Die Anzahl der Übernachtungen in den Vergleichslandkreisen erweist sich in diesem Schätzansatz nicht als eine erklärungskräftige Variable, womit die Aussagekraft des Schätzmodells insgesamt in Frage gestellt wird. Interessant ist aber, dass für die Dummy-Variable ein hoher t-Wert mit einem negativen Vorzeichen berechnet wird und die Konstante und die Dummy-Variable zusammen doch einen beachtlich hohen Anteil der Streuung erklären. Dies ist ein deutlicher Hinweis auf einen Rückgang der Übernachtungen in der zweiten Hälfte des Betrachtungszeitraums, also von 1997 bis 2004. Diesen Rückgang aber kausal auf die Erweiterung des Nationalparks zurückzuführen erscheint als nicht sachgerecht. Tatsächlich war die Erweiterung des Nationalparks politisch umstritten und wurde auch von Kräften in der Region nicht gewünscht (vgl. z. B. MÜLLER-JUNG, 1997, S. 3). Seit Mitte der 90er Jahre führte eine starke Vermehrung der Borkenkäfer zu großflächigem Absterben der alten Fichten, was in der Öffentlichkeit große Aufmerksamkeit fand (vgl. FAHSE/HEURICH, 2003, S. 13). Die Reaktion darauf war keineswegs uneingeschränkt positiv. Die Vermutung liegt nahe, diese Thematisierung in den Medien könnte zu einem Rückgang der Gästezahlen geführt haben. Von SUDA und PAULI (1998, S. 43) wurde allerdings sowohl in der relativ zeitnah durchgeführten, erstmaligen Zielgebietsstudie zur Wahrnehmung und Bewertung großflächig abgestorbener Bäume im Nationalpark Bayerischer Wald durch Touristen im Jahr

1997 als auch in der Wiederholung der Untersuchung im Jahr 2001 durch SUDA und FEICHT (2001, S. 4) festgestellt, dass das Entscheidungsverhalten der Urlauber durch die abgestorbenen Fichten nicht beeinflusst wurde. Die Autoren warnen aber grundsätzlich vor der anhaltenden Vermittlung eines negativen Bildes über die Fremdenverkehrsregion Bayerischer Wald, durch die dann durchaus die Attraktivität des Urlaubszieles Schaden nehmen könnte.

4.2.3.2.3 Gästebetten

Im Gegensatz zu den bis in die 60er Jahre zurückreichenden Zeitreihen, die für die Analyse der Auswirkungen der Nationalparkgründung Bayerischer Wald notwendig sind und die nur für die Indikatoren Gästeankünfte und –übernachtungen möglich waren, konnten nun für die Jahre vor und nach der Parkerweiterung im Jahr 1997 (1988 bis 2004) auch Daten zur Zahl der angebotenen Gästebetten auf Kreisebene ausgewertet werden (Abb. 15). Die Kurvenverläufe der Nationalparkregion und der Vergleichsregion sind fast identisch, eine Trendbeschleunigung nach der Parkerweiterung im Jahr 1997 liegt offensichtlich nicht vor, es scheint sich ab Ende der 90er Jahre im Gegenteil eher um eine leicht rückläufige Entwicklung zu handeln.

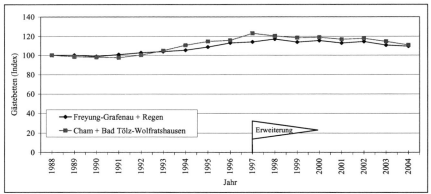

Abbildung 15: Entwicklung der Zahl der Gästebetten (Index) in den Untersuchungsregionen zum Nationalpark Bayerischer Wald

Auch die berechneten durchschnittlichen jährlichen Wachstumsraten gehen in beiden Vergleichsregionen während des 8-Jahres-Zeitraums nach Erweiterung des Nationalparks zurück, in den Nationalparklandkreisen mit 2 Prozentpunkten etwas weniger stark als in den Nicht-Nationalparklandkreisen mit 2,5 Prozentpunkten (Tab. 43).

Tabelle 43: Ausgewählte Absolutzahlen und Wachstumsraten der Zahl der Gästebetten in den Untersuchungsregionen zum Nationalpark Bayerischer Wald (Erweiterung)

Indikator	Freyung-Grafenau + Regen	Cham + Bad Tölz-Wolfratshausen
Gästebetten 1988	36.224	23.899
Gästebetten 1996	40.974	27.695
Gästebetten 1997	41.357	29.430
Wachstum 1988-96 in %	1,6	1,9
Wachstum 1996-2004 in %	-0,4	-0,6

Zu einem ähnlichen Schluss kommt man nach der Interpretation der Ergebnisse der einfachen Trendregressionsschätzung der Zahl der Gästebetten in den Nationalparklandkreisen und den Vergleichskreisen für denselben Zeitraum von 8 Jahren vor und nach der Parkerweiterung (Tab. 44). Im Gegensatz zu der Schätzung der Gästebetten für die Jahre vor 1997 liegt der Koeffizient für den Zeitraum von 1996 bis 2004 jeweils im negativen Bereich. Die zugehörigen Konfidenzintervalle überschneiden sich nicht. Damit sind die Steigungen der Regressionsgeraden bzw. die Trendverläufe statistisch signifikant voneinander verschieden.

Tabelle 44: Ergebnisse der Trendregressionen für die Zahl der Gästebetten in den Untersuchungsregionen zum Nationalpark Bayerischer Wald (Erweiterung)

Region	Zeitraum	R^2	Koeffizient	t-Statistik	Irrtums-wahrsch.	Konfidenzintervall von	bis	N
NPLK	1988-96	0,837	1,4	6,001	0,001	0,8	1,9	9
	1996-04	0,383	-0,5	-2,086	0,075	-1,0	0,6	9
VLK	1988-96	0,797	2,0	5,242	0,001	1,0	3,0	9
	1996-04	0,466	-0,8	-2,471	0,043	-1,4	-0,03	9

Von den Ergebnissen der multiplen Regression zur Erklärung der Bettenzahl in der Nationalparkregion für die Jahre zwischen 1988 und 2004 liegen die Schätzwerte für den Indikator der Referenzregion im hochsignifikanten Bereich, nicht jedoch der Koeffizient des Nationalpark-Dummys (Tab. 45). Dieser verfehlt zwar die gewöhnlich geforderte 5 %-Signifikanzbedingung, liegt mit einer Irrtumswahrscheinlichkeit von 0,099 aber knapp innerhalb des im Rahmen dieser Studie tolerierbaren 10 %-Signifikanzniveaus, womit die Nullhypothese abgelehnt werden kann. Ein Zusammenhang zwischen der Erweiterung des Nationalparks und der Entwicklung der Zahl der Gästebetten gilt dann als wahrscheinlich.

Tabelle 45: Ergebnisse einer Regressionsschätzung für die Zahl der Gästebetten in den Nationalparklandkreisen Freyung-Grafenau und Regen für den Zeitraum von 1988 bis 2004

$R^2= 0,950$; Korrigiertes $R^2= 0,943$; N = 17; DW-Wert: 2,833; F= 132,375				
Erklärende Variable	Regressions-koeffizient	Standardfehler	t-Statistik	Irrtums-wahrscheinlichkeit
Konstante	14.959	2.472	6,050	0,000
Gästebetten in den Vergleichslandkreisen Cham und Bad Tölz-Wolfratshausen	0,905	0,099	9,157	0,000
Dummy für Nationalpark	724	410	1,766	0,099

4.2.3.3 Arbeitsstätten im Gastgewerbe

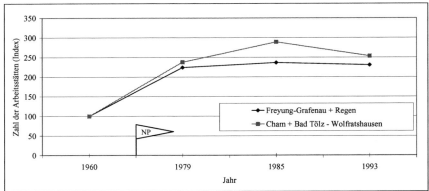

Abbildung 16: Entwicklung der Zahl der Arbeitsstätten im Gastgewerbe (Index) in den Untersuchungsregionen zum Nationalpark Bayerischer Wald

Eine Änderung der Zahl der Arbeitsstätten im Gastgewerbe ab dem Jahr der Nationalparkgründung 1970 ist mangels Daten innerhalb des zeitlichen Intervalls zwischen 1960 und 1979 nicht feststellbar. Insgesamt verläuft die Entwicklung im Vergleichsgebiet ohne Nationalpark auf leicht höherem Niveau als in der Nationalparkregion, nähert sich aber gegen die letztmalige Erhebung 1993 an die mehr oder weniger unveränderten Werte von Freyung-Grafenau und Regen an (Abb. 16).

4.2.3.4 Beschäftigte im Gastgewerbe

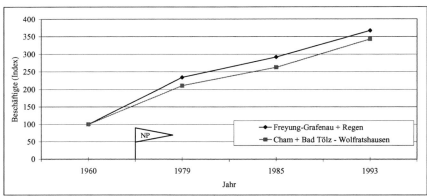

Abbildung 17: Entwicklung der Zahl der Beschäftigten im Gastgewerbe (Index) in den Untersuchungsregionen zum Nationalpark Bayerischer Wald

Auch der Vergleich der Beschäftigtenzahlen im Gastgewerbe in den beiden zu vergleichenden Regionen lässt keine unterschiedliche Entwicklung erkennen (Abb. 17). Über die 33 Jahre Berichtszeitraum steigt der Index kontinuierlich an, in den Nationalparklandkreisen etwas stärker als im Vergleichsgebiet, insgesamt jedoch fast parallel.

4.2.3.5 Umsatz im Gastgewerbe

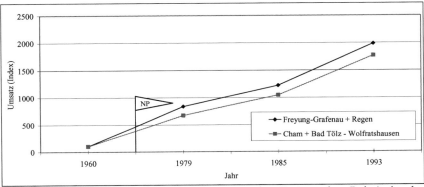

Abbildung 18: Entwicklung des Gesamtumsatzes im Gastgewerbe (Index) in den Untersuchungsregionen zum Nationalpark Bayerischer Wald

Ähnlich wie mit der Entwicklung der Beschäftigtenzahlen im Gastgewerbe verhält es sich auch mit dem zugehörigen Umsatz (Abb. 18). Bei insgesamt positiver Tendenz in beiden Regionen ist eine möglicherweise durch die Nationalparkausweisung bedingte veränderte Entwicklung in den Landkreisen Freyung-Grafenau und Regen nicht erkennbar.

4.2.3.6 Ergebnisse Nationalpark Bayerischer Wald

Die Tourismusentwicklung im weiteren Vorfeld des Nationalparks Bayerischer Wald, bestehend aus den beiden Landkreisen Regen und Freyung-Grafenau, und den ähnlich strukturierten Vergleichslandkreisen Cham und Bad Tölz-Wolfratshausen wurde zu den Auswirkungen der Parkgründung im Jahr 1970 anhand der Indikatoren Gästeankünfte und Gästeübernachtungen untersucht. Zu den Effekten der Parkerweiterung im Jahr 1997 wurde zusätzlich die Zahl der angebotenen Gästebetten betrachtet. Die Analyse der verschiedenen Zeitreihen ergab, dass v. a. die Betrachtung der Gästeankünfte über einen Zeitraum von 38 Jahren auf einen Zusammenhang zwischen Nationalparkgründung und dem Anstieg der Ankunftszahlen in den Nationalparklandkreisen schließen lässt. Dieses Bild hat sich in der ergänzend zum rein deskriptiven Zeitreihenvergleich durchgeführten Wachstums- und Regressionsanalyse bestätigt. Ähnlich verhält es sich mit den Übernachtungszahlen, auch diese Zeitreihen, Wachstumsraten und die entsprechend durchgeführte Regressionsanalyse weisen auf einen Zusammenhang hin. Die ergänzend zu den Wachstumsratenvergleichen, die jeweils nur auf der Basis von zwei Bezugswerten berechnet wurden, durchgeführten einfachen Trendregressionen zu den Ankunfts- und Übernachtungszahlen über dieselben Perioden zeigten jedoch in keinem der Fälle einen statistisch gesicherten Wachstumseffekt durch die Nationalparkgründung oder -erweiterung. Anders fallen hingegen die Ergebnisse der Analyse der Entwicklung der Bettenkapazität aus. Diese ist zwischen 1988 und 2004 in beiden Regionen leicht rückläufig. Dies zeigen die berechneten Wachstumsraten und auch die in der Einfach-Regression geschätzten Trendverläufe. Ein Zusammenhang zwischen der Parkerweiterung und dem Rückgang der Zahl der Gästebetten erscheint jedoch nicht plausibel und kann auch anhand der Ergebnisse der multiplen Regressionsschätzung statistisch nicht nachgewiesen werden. Der Vergleich der Zahl der Arbeitsstätten, Beschäftigten und Umsätze im Gastgewerbe in den Nationalpark- und Vergleichslandkreisen geben keinerlei Aufschluss über mögliche Auswirkungen des Nationalparks auf den Tourismus- bzw. Dienstleistungssektor der Region um den Nationalpark Bayerischer Wald.[89]

4.3 Schleswig-Holstein

Die Untersuchungsregion zu dem einzigen Nationalpark Schleswig-Holsteins, dem Nationalpark Schleswig-Holsteinisches Wattenmeer, besteht aus insgesamt vier Kreisen[90] (Karte 5). Die Nationalparkregion besteht aus den Kreisen Nordfriesland und Dithmarschen, als Vergleichsregion haben sich in der Clusteranaylse (vgl. Kap. 3) die beiden Kreise Schleswig-Flensburg und Rendsburg-Eckernförde ergeben (Tab. 46).

Tabelle 46: Nationalpark, Nationalparkkreise und Vergleichskreise in Schleswig-Holstein

Nationalpark (Gründungsjahr)	NP-Kreise	Vergleichskreise
Schleswig-Holsteinisches Wattenmeer (1985)	Nordfriesland Dithmarschen	Schleswig-Flensburg Rendsburg-Eckernförde

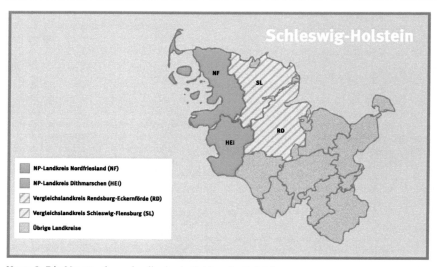

Karte 5: Die Untersuchungslandkreise in Schleswig-Holstein

---

[89] An dieser Stelle sei nochmals auf die für Zeitreihenvergleiche ungünstige Situation aufgrund der im Vergleich zu den übrigen 12 Nationalparken des Untersuchungskollektivs frühen Gründung des Nationalparks Bayerischer Wald 1970 hingewiesen. Sofern überhaupt verfügbar, mussten im Zuge der Datensammlung der für diese Arbeit relevanten Indikatoren teilweise verschiedene Statistiken verschnitten werden. Geringe Konsistenzeinbußen innerhalb der Datenreihen schienen jedoch vertretbar, so dass die bestmögliche Auswertung aussagekräftiger und bis in die 60er Jahre zurückreichender Fremdenverkehrszahlen nicht zuletzt im Hinblick auf das methodische Konzept dieser Arbeit im Großen und Ganzen gewährleistet blieb.

[90] Die offizielle Bezeichnung lautet in Schleswig-Holstein ‚Kreis' und nicht ‚Landkreis'.

4.3.1 Indikatoren

Wie in Bayern sind auch in Schleswig-Holstein in erster Linie die Beherbergungsstatistik und die Handels- und Gaststättenzählung für die Feststellung einer möglichen Belebung des regionalen Tourismus aufgrund des Nationalparks von Interesse. Daten aus der Beherbergungsstatistik auf Kreisebene zur Zahl der angebotenen Gästebetten, Gästeankünfte und Gästeübernachtungen wurden vom Statistischen Amt für Hamburg und Schleswig-Holstein für die Jahre 1981 bis 2004 zur Verfügung gestellt.[91] Untersucht wird auch die in der mehrjährigen Handels- und Gaststättenzählung dokumentierte Entwicklung der Zahl der Arbeitsstätten, Beschäftigten und Umsätze im Gastgewerbe, in Schleswig-Holstein durchgeführt in den Jahren 1968, 1979, 1985 und 1993.[92]

4.3.2 Nationalpark Schleswig-Holsteinisches Wattenmeer

Kurzcharakteristik Nationalpark Schleswig-Holsteinisches Wattenmeer („Meeresgrund trifft Horizont"[93])

Mit einer Fläche von 441.000 ha wurde das Wattenmeer an der schleswig-holsteinischen Nordseeküste zwischen Dänemark im Norden und der Elbmündung im Süden 1985 zum Nationalpark erklärt (Karte 6). Naturräumlich umfasst der Nationalpark Schleswig-Holsteinisches Wattenmeer bei einer Küstenlänge von insgesamt 460 km Strände, Dünen, Salzwiesen, Wattflächen und bis zu einer Tiefe von 20 m den Flachwasserbereich der Nordsee. Das Wattenmeer ist das vogelreichste Gebiet in Mitteleuropa. Von Bedeutung ist der Nationalpark v. a. als Brutgebiet und Station auf dem ostatlantischen Zugweg der Küstenvögel. Traditionelle Nutzungen wie die Krabben- und Muschelfischerei, Schiffsverkehr, Beweidung, aber auch u. a. Erdölförderung, Kies- und Sandentnahme sind zwar zugelassen, dennoch sieht die Nationalparkverwaltung das wirtschaftliche Potential des Nationalparks nicht in der Nutzung natürlicher Rohstoffe, sondern in der Faszination durch ungestörte Natur, die jährlich etwa 2 Mio. Besucher an die schleswig-holsteinische Westküste zieht.[94] Strandspaziergänge, das Bad im Meer, Wattwanderungen, Ausflugsfahrten zu Seehundbänken, Vogelbeobachtungen in den Salzwiesen u. v. m. werden als das „touristische Kapital" des Nationalparks bezeichnet. Die Nationalparkverwaltung selbst besteht aus 35 Mitarbeitern und arbeitet eng zusammen mit weiteren 65 Angestellten einer Nationalparkservice GmbH[95], die die Besucherattraktion „Multimar Wattforum" in Tönning mit allein 230.000 Gästen jährlich sowie weitere 5 Informationsstellen unterhält.

---

[91] STATISTISCHES AMT FÜR HAMBURG UND SCHLESWIG-HOLSTEIN (1981-2004)
[92] STATISTISCHES AMT FÜR HAMBURG UND SCHLESWIG-HOLSTEIN (a)
[93] Die drei Wattenmeer-Nationalparke werben mit demselben Motto „Meeresgrund trifft Horizont", alle anderen Nationalparke Deutschlands versuchen sich mit je einem anderen marketingwirksamen Zusatztitel zu positionieren und ihre Einzigartigkeit zu betonen.
[94] Angaben von der Internetseite des NATIONALPARKS SCHLESWIG-HOLSTEINISCHES WATTENMEER (http://www.wattenmeer-nationalpark.de) und telefonische Auskunft der Nationalparkverwaltung vom 09.02.05.
[95] Diese Einrichtung ist einzigartig unter den deutschen Nationalparken. Das Land Schleswig-Holstein ist Mehrheitsgesellschafter dieser Gesellschaft.

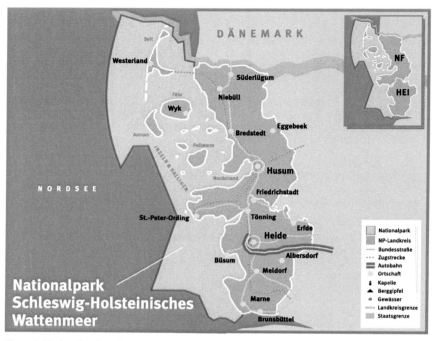

Karte 6: Nationalpark Schleswig-Holsteinisches Wattenmeer

Kurzcharakteristik Nationalparkkreise Dithmarschen und Nordfriesland

Der Kreis *Dithmarschen* liegt im Westen des Bundeslandes Schleswig-Holstein an der Nordsee. Im Norden schließen die Kreise Nordfriesland und Schleswig-Flensburg an, im Osten Rendsburg-Eckernförde, im Südosten Steinburg. Der südliche Teil des Landkreises Dithmarschen – der Wirtschaftsraum Brunsbüttel – gehört zur Metropolregion Hamburg. Auf einer Fläche von 142.812 ha leben 137.434 Menschen, das entspricht einer Bevölkerungsdichte von 96 Einwohnern je Quadratkilometer. Im Kreis Dithmarschen sind neben traditioneller Landwirtschaft noch verschiedene andere Wirtschaftszweige beheimatet, so z. B. die chemische Industrie, deren Betriebe zu den wesentlichen Arbeitgebern der Region zählen und auch die Nutzung von Windenergie ist von zunehmender Bedeutung.[96]

Der 204.698 ha große Kreis *Nordfriesland* ist der nördlichste Landkreis Deutschlands. Im Westen verläuft die Küste entlang der Nordsee, im Norden grenzt Dänemark an, im Osten der Kreis Schleswig-Flensburg und im Süden der Kreis Dithmarschen. Zum Kreisgebiet Nordfriesland gehören auch das Wattenmeer mit den zehn Halligen, die nordfriesischen Inseln Amrum, Föhr, Pellworm und Sylt. Die beiden Halbinseln Nordstrand und Eiderstedt liegen im Nationalpark. Mit seinen 165.795 Einwohnern hat der Kreis eine Bevölkerungsdichte von 81 Einwohnern je Quadratkilometer. Zu den wirtschaftlichen

---

[96] Quelle: LANDRATSAMT DITHMARSCHEN (http://www.dithmarschen.de)

Leitbranchen der Region zählt neben dem Tourismus insbesondere die Gewinnung von Windenergie.[97]

Kurzcharakteristik Vergleichskreise Rendsburg-Eckernförde und Schleswig-Flensburg

Der Kreis *Rendsburg-Eckernförde* ist mit etwa 220.000 ha der größte Kreis des nördlichsten Bundeslandes und liegt in der Mitte Schleswig-Holsteins auf halbem Weg zwischen Hamburg und der dänischen Grenze. Auf einer Länge von 55 km grenzt er an die Ostseeküste. Bei einer Bevölkerungsdichte von 125 Einwohnern pro Quadratkilometer leben etwa 273.000 Menschen im Kreisgebiet. Mit rund 75 % der Fläche in landwirtschaftlicher Nutzung und 10 % Wald ist der Kreis überwiegend ländlich strukturiert. Nicht zuletzt aufgrund von drei Naturparken, der Küste und zahlreichen Seen wirbt die Kreisverwaltung für eine insgesamt reizvolle Landschaft. Naherholung und Fremdenverkehr sind ein wichtiger Wirtschaftsfaktor, daneben werden aber auch Handel, Gewerbe und Industrie, hier v. a. die Werftindustrie, durch die zentrale Lage im Land Schleswig-Holstein und durch die guten Verkehrsanbindungen (Straße, Schiene, Wasser) begünstigt.[98]

Der 207.100 ha große Kreis *Schleswig-Flensburg* ist der zweitgrößte Kreis Schleswig-Holsteins und grenzt im Norden an Dänemark und die Flensburger Förde, im Osten an die westliche Ostsee, im Süden an den Nachbarkreis Rendsburg-Eckernförde, im Südwesten an den Kreis Dithmarschen und im Westen an den Kreis Nordfriesland. Ferner umschließt er im Norden die kreisfreie Stadt Flensburg. Er entstand 1973 im Zuge einer Kreisreform aus den beiden Kreisen Schleswig und Flensburg-Land. Die Einwohnerzahl hat sich bei etwa 199.000 eingependelt. Die Bevölkerungsdichte beträgt 97 Einwohner pro Quadratkilometer. Neben einer sehr leistungsfähigen Ernährungsindustrie prägen Handel, Handwerk und der Bereich Dienstleistung die Wirtschaft des Kreises. Als Ferienregion ist der Kreis Schleswig-Flensburg als ein Gebiet fern vom Massentourismus aber mit hohem Freizeitwert einzuschätzen.[99]

4.3.2.1 Gästeankünfte

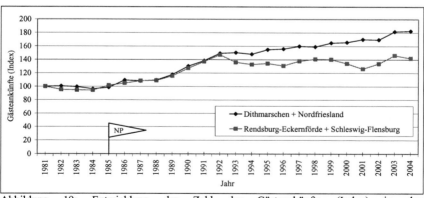

Abbildung 19: Entwicklung der Zahl der Gästeankünfte (Index) in den Untersuchungsregionen zum Nationalpark Schleswig-Holsteinisches Wattenmeer

---

[97] In dieser Branche entstanden im Kreisgebiet in den letzten Jahren mehr als 1.400 neue Arbeitsplätze. Quellen: LANDRATSAMT NORDFRIESLAND (http://www.nordfriesland.de) und WIKIPEDIA (http://de.wikipedia.org)
[98] Quelle: LANDRATSAMT RENDSBURG-ECKERNFÖRDE (http://www.kreis-rendsburg-eckernfoerde.de)
[99] Quelle: LANDRATSAMT SCHLESWIG-FLENSBURG (http://www.schleswig-flensburg.de)

In der ersten Hälfte der abgebildeten Zeitreihe zur Zahl der Gästeankünfte in den jeweils aggregierten Nationalparkkreisen und den Vergleichsgebieten zwischen 1981 und 2004 verlaufen die Indexkurven in beiden Gebieten fast identisch, erst ab 1992 nimmt die Zahl der Gästeankünfte in der Nationalparkregion stärker zu als in Rendsburg-Eckernförde und Schleswig-Flensburg, wo die Ankunftszahlen mehr oder weniger stagnieren (Abb. 19). Für Dithmarschen und Nordfriesland ist ein positiver Trend zu verzeichnen. Zwar ist im Gründungsjahr des Nationalparks 1985 ein leichter und kurzfristiger Anstieg der Ankünfte im Nationalparkvorfeld zu beobachten, der möglicherweise mit der Gründung des Parks zusammenhängt, insgesamt ist jedoch kein nennenswerter Einfluss erkennbar.

Dies bestätigt auch ein Vergleich der Wachstumsraten in beiden Regionen vor und nach dem Gründungsjahr des Nationalparks 1985 (Tab. 47). Für die Jahre 1981-84 errechnet sich jeweils ein negativer Wert, für die Jahre 1984-87 steigt die Zahl der Gästeankünfte in den nationalparkfreien Kreisen Rendsburg-Eckernförde und Schleswig-Flensburg stärker an als in den Nationalparkkreisen Dithmarschen und Nordfriesland. Einen Wachstumsvorsprung gegenüber ähnlichen Kreisen scheint die Nationalparkausweisung in der betroffenen Region Schleswig-Holsteins nicht zu verursachen.

Tabelle 47: Ausgewählte Absolutzahlen und Wachstumsraten der Gästeankünfte in den Untersuchungsregionen zum Nationalpark Schleswig-Holsteinisches Wattenmeer

Indikator	Dithmarschen + Nordfriesland	Rendsburg-Eckernförde + Schleswig-Flensburg
Ankünfte 1981	649.565	417.685
Ankünfte 1984	625.320	393.965
Ankünfte 1985	639.981	424.431
Ankünfte 1987	703.633	452.774
Ankünfte 2004	1.185.464	592.709
Mittelwert 1981-2004	898.565	517.052
Standardabweichung	191.290	74.947
Wachstum 1981-84 in %	-1,3	-1,9
Wachstum 1984-87 in %	4,0	4,7

Die anhand der vergleichenden Betrachtung der Wachstumsraten getroffene Feststellung bestätigt sich in den Ergebnissen der für die relativ kurze Periode der Wachstumsratenberechnung von 3 Jahren vor und nach der Nationalparkgründung durchgeführten einfachen Trendregressionen für die Zahl der Gästeankünfte im Nationalpark- und dem Vergleichslandkreis (Tab. 48). Für den 3-Jahres-Zeitraum vor der Gründung nahm die Zahl der Gästeankünfte durchschnittlich ab, für den 3-Jahres-Zeitraum nach der Parkgründung errechnet sich ein durchschnittlicher Anstieg. Die Trends sind jedoch in beiden Perioden bei den Nationalparkkreisen sowie in der ersten Periode bei der Vergleichsregion nicht gegen Null gesichert, was angesichts der Kürze der betrachteten Zeiträume nicht verwundert. Die Konfidenzintervalle der für die Nationalparkregion geschätzten Koeffizienten überschneiden sich in weiten Bereichen, so dass eine signifikante Trendbeschleunigung trotz des in der zweiten Phase deutlich höher geschätzten Werts des Regressionskoeffizienten nicht behauptet werden kann. Bei der Vergleichsregion hingegen ist der Trend des Zeitraums nach der Parkgründung statistisch signifikant verschieden vom für den Zeitraum vor Gründung des Nationalparks geschätzten.

Tabelle 48: Ergebnisse der Trendregressionen für die Zahl der Gästeankünfte in den Untersuchungsregionen zum Nationalpark Schleswig-Holsteinisches Wattenmeer

Region	Zeitraum	R^2	Koeffizient	t-Statistik	Irrtums-wahrsch.	Konfidenzintervall von	Konfidenzintervall bis	N
NPLK	1981-84	0,690	-1,3	-2,108	0,170	-3,9	1,3	4
	1984-87	0,824	4,9	3,063	0,092	-2,0	12,0	4
VLK	1981-84	0,728	-1,9	-2,314	0,147	-5,3	1,6	4
	1984-87	0,959	4,8	6,815	0,021	1,8	7,9	4

Eine mit den ebenfalls in beiden zu vergleichenden Regionen zu je einer Größe aggregierten Absolutzahlen der Gästeankünfte durchgeführte Regressionsanalyse kommt zu einem der Zeitreihenbetrachtung und dem Wachstumsratenvergleich ähnlichen Ergebnis (Tab. 49). Die zu erklärende Variable ist die Ankunftszahl in den Kreisen Dithmarschen und Nordfriesland. Als unabhängige Variablen wurden die Ankunftszahlen in der Vergleichsregion, bestehend aus den beiden Kreisen Rendsburg-Eckernförde und Schleswig-Flensburg, und ein Dummy für die Jahre nach der Nationalparkgründung eingesetzt.

Tabelle 49: Ergebnisse einer Regressionsschätzung für die Zahl der Gästeankünfte in den Nationalparklandkreisen Dithmarschen und Nordfriesland für den Zeitraum von 1981 bis 2004

$R^2 = 0,848$; Korrigiertes $R^2 = 0,833$; N = 24; DW-Wert: 0,498; F = 58,534

Erklärende Variable	Regressions-koeffizient	Standardfehler	t-Statistik	Irrtums-wahrscheinlichkeit
Konstante	-354.753	129.094	-2,748	0,012
Gästeankünfte in den Vergleichslandkreisen Rendsburg-Eckernförde und Schleswig-Flensburg	2,488	0,307	8,112	0,000
Dummy für Nationalpark	-39.536	60.374	-0,655	0,520

Das hohe Bestimmtheitsmaß überrascht nach vergleichender Betrachtung der Zeitreihen nicht, entscheidend ist jedoch der niedrige t-Wert des Nationalpark-Dummys mit negativem Vorzeichen, der sich in einer Irrtumswahrscheinlichkeit von über 50 % manifestiert. Damit kann die Nullhypothese nicht abgelehnt werden. Die Ausweisung des Nationalparks hat sich mit hoher Wahrscheinlichkeit nicht auf die Anzahl der Gästeankünfte ausgewirkt.

4.3.2.2 Gästeübernachtungen

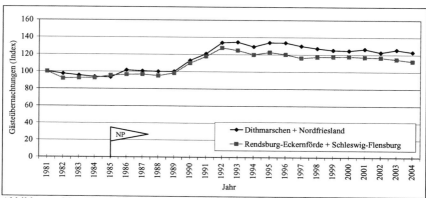

Abbildung 20: Entwicklung der Zahl der Gästeübernachtungen (Index) in den Untersuchungsregionen zum Nationalpark Schleswig-Holsteinisches Wattenmeer

Ein Zeitreihenvergleich der Entwicklung der Gästeübernachtungen (Abb. 20) über das Zeitfenster von 23 Jahren ähnelt dem bei den Ankünften dargestellten Kurvenverlauf. Auch bei den Gästeübernachtungen ist 1985 ein verhaltener und kurzfristiger Anstieg in der Nationalparkregion auszumachen. Insgesamt weicht die Entwicklung in beiden zu vergleichenden Regionen nicht in relevantem Maße voneinander ab. Ein Einfluss durch Nationalparktourismus für die Zeit nach dem Gründungsjahr 1985 ist aus den Zeitreihen nicht erkennbar.

Etwas anders erscheint die Situation zunächst wenn man die Zuwachsraten für die Jahre 1984-87, also einschließlich des Gründungsjahres, in beiden Vergleichsregionen betrachtet (Tab. 50). Die Zahl der Gästeübernachtungen nimmt während dieser Zeit in der Nationalparkregion deutlicher zu als in den Kreisen Rendsburg-Eckernförde und Schleswig-Flensburg. Dies könnte durchaus mit dem infolge der Nationalparkausweisung erhöhten Bekanntheits- und Attraktivitätsgrad für den Übernachtungstourismus in den Kreisen Dithmarschen und Nordfriesland zusammenhängen. Im Hinblick darauf, dass dieser Wachstumsvorsprung in den Wattenmeerkreisen nicht anhält (vgl. Abb. 20), liegt jedoch kein eindeutiges Indiz vor für einen Zusammenhang zwischen der Nationalparkgründung und der positiven Entwicklung der Gästeübernachtungen in den Nationalparkkreisen.

Tabelle 50: Ausgewählte Absolutzahlen und Wachstumsraten der Gästeübernachtungen in den Untersuchungsregionen zum Nationalpark Schleswig-Holsteinisches Wattenmeer

Indikator	Dithmarschen + Nordfriesland	Rendsburg-Eckernförde + Schleswig-Flensburg
Übernachtungen 1981	6.283.445	2.156.191
Übernachtungen 1984	5.897.156	1.997.335
Übernachtungen 1985	5.863.488	2.057.530
Übernachtungen 1987	6.320.483	2.088.662
Übernachtungen 2004	7.732.587	2.421.579
Mittelwert 1981-2004	7.294.992	2.364.537
Standardabweichung	949.522	256.218
Wachstum 1981-84 in %	-2,1	-2,5
Wachstum 1984-87 in %	2,3	1,5

Auch bei Betrachtung der Ergebnisse der linearen Einfach-Regression, die analog zu den Gästeankünften für die Nationalpark- und Vergleichskreise auch zu den Gästeübernachtungen und -betten erstellt wird, gelingt es nicht, diese Einschätzung der Situation in der Region um den Nationalpark Schleswig-Holsteinisches Wattenmeer zu revidieren (Tab. 51). Die Steigungen der Regressionsgeraden sind nicht unbedingt voneinander verschieden, eine Trendbeschleunigung nach Gründung des Parks ist also nicht statistisch gesichert.

Tabelle 51: Ergebnisse der Trendregressionen für die Zahl der Gästeübernachtungen in den Untersuchungsregionen zum Nationalpark Schleswig-Holsteinisches Wattenmeer

Region	Zeitraum	R²	Koeffizient	t-Statistik	Irrtums-wahrsch.	Konfidenzintervall von	bis	N
NPLK	1981-84	0,988	-2,2	-13,063	0,006	-2,9	-1,5	4
	1984-87	0,708	3,0	2,201	0,159	-2,9	9,0	4
VLK	1981-84	0,530	-2,3	-1,501	0,272	-9,0	4,4	4
	1984-87	0,860	1,5	3,5	0,073	-0,3	3,3	4

Mit der Zahl der Gästeübernachtungen in den Nationalparkkreisen als abhängige und der Zahl der Gästeübernachtungen in den Vergleichskreisen sowie dem Nationalpark-Dummy als unabhängigen Variablen bestätigt auch die ergänzend durchgeführte Regression das Bild der Zeitreihen- und Wachstumsratenvergleiche (Tab. 52).

Tabelle 52: Ergebnisse einer Regressionsschätzung für die Zahl der Gästeübernachtungen in den Nationalparkkreisen Dithmarschen und Nordfriesland für den Zeitraum von 1981 bis 2004

$R^2 = 0,958$; Korrigiertes $R^2 = 0,954$; N = 24; DW-Wert = 1,178; F = 239,262				
Erklärende Variable	Regressions-koeffizient	Standardfehler	t-Statistik	Irrtums-wahrscheinlichkeit
Konstante	-1.246.463	430.433	-2,896	0,009
Gästeübernachtungen in den Vergleichskreisen Rendsburg-Eckernförde und Schleswig-Flensburg	3,602	0,206	17,508	0,000
Dummy für Nationalpark	27.900	138.486	0,201	0,842

Der in den Zeitreihen beobachtbare fast identische Kurvenverlauf kommt in dem mit einem Bestimmtheitsmaß von 0,958 extrem hohen Anteil der erklärten Streuung an der Gesamtstreuung zum Ausdruck. Der Koeffizient der Gästeübernachtungen in den Vergleichskreisen ist hochsignifikant gegen Null abgesichert, der Dummy für den Nationalpark besitzt jedoch keinerlei Erklärungskraft.

4.3.2.3 Gästebetten

In nachstehender Graphik ist die Entwicklung der Zahl der angebotenen Gästebetten in den zu vergleichenden Gebieten abgebildet (Abb. 21).

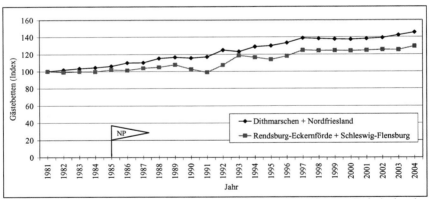

Abbildung 21: Entwicklung der Zahl der angebotenen Gästebetten (Index) in den Untersuchungsregionen zum Nationalpark Schleswig-Holsteinisches Wattenmeer

Ab dem Jahr 1985 verstärkt sich ein vorher nur minimal zu erkennender positiver Trend für die Kreise Dithmarschen und Nordfriesland. Diese beiden Kreise bleiben danach kontinuierlich auf dem höheren Niveau. Die Zahl der angebotenen Betten nahm also in der Nationalparkregion in stärkerem Maße zu als in der Vergleichsregion, eine Entwicklung, die sich auch in den in der folgenden Tabelle eingetragenen Wachstumsraten ausdrückt (Tab. 53). Die Zunahme der Zahl der verfügbaren Gästebetten in den Nationalparkkreisen zwischen 1984 und 1987 liegt 0,4 % über dem für die beiden Vergleichskreise für denselben Zeitraum berechneten Wert.

Tabelle 53: Ausgewählte Absolutzahlen und Wachstumsraten der angebotenen Gästebetten in den Untersuchungsregionen zum Nationalpark Schleswig-Holsteinisches Wattenmeer

Indikator	Dithmarschen + Nordfriesland	Rendsburg-Eckernförde + Schleswig-Flensburg
Gästebetten 1981	47.837	17.146
Gästebetten 1984	49.986	17.091
Gästebetten 1985	50.750	17.461
Gästebetten 1987	52.780	17.808
Gästebetten 2004	69.499	22.137
Mittelwert 1981-2004	58.917	19.261
Standardabweichung	6.974	1.877
Wachstum 1981-84 in %	1,5	-0,1
Wachstum 1984-87 in %	1,8	1,4

Die entsprechenden Trendregressionsschätzungen zu der Zahl der Gästebetten in den Kreisen Dithmarschen und Nordfriesland und den Kreisen der Referenzregion für die 3 Jahre vor und nach der Parkgründung zeigt mit Ausnahme der Vergleichskreise während der ersten Periode für alle Koeffizienten positive Werte und auch die Vertrauensbereiche sind größer Null (Tab. 54). Die Frage, ob die für den zweiten Zeitraum jeweils geschätzten Geraden eine signifikant unterschiedliche Steigung zu denen der ersten Periode aufweisen, d. h. einen deutlich stärkeren Trend, bleibt jedoch angesichts der beiden Konfidenzintervallpaaren gemeinsamen Bereiche offen.

Tabelle 54: Ergebnisse der Trendregressionen für die Zahl der Gästebetten in den Untersuchungsregionen zum Nationalpark Schleswig-Holsteinisches Wattenmeer

Region	Zeitraum	R^2	Koeffizient	t-Statistik	Irrtums-wahrsch.	Konfidenzintervall von	bis	N
NPLK	1981-84	0,988	1,5	13,027	0,006	1,0	1,9	4
	1984-87	0,903	2,0	4,3	0,052	0,001	4,1	4
VLK	1981-84	0,009	-0,03	-0,136	0,904	-1,0	0,9	4
	1984-87	0,813	1,2	2,953	0,098	-0,6	3,0	4

Die entsprechende multiple Regression wurde mit der Zahl der Gästebetten in der Nationalparkregion als zu erklärende Variable und der Zahl der Gästebetten in den Vergleichskreisen und dem Nationalpark-Dummy als erklärenden Variablen gerechnet (Tab. 55).

Tabelle 55: Ergebnisse einer Regressionsschätzung für die Zahl der Gästebetten in den Nationalparkkreisen Dithmarschen und Nordfriesland

$R^2 = 0,933$; Korrigiertes $R^2 = 0,927$; N = 23; DW-Wert = 1,688; F = 139,744

Erklärende Variable	Regressions-koeffizient	Standardfehler	t-Statistik	Irrtums-wahrscheinlichkeit
Konstante	-4.051	4.431	-0,914	0,371
Gästebetten in den Vergleichskreisen Rendsburg-Eckernförde und Schleswig-Flensburg	3,105	0,254	12,234	0,000
Dummy für Nationalpark	3.733	1.188	3,142	0,005

Im Gegensatz zu den t- und Signifikanz-Werten der vorhergehenden beiden multiplen Regressionsschätzungen, in denen versucht wurde, eine Erklärung für die Entwicklung der Zahl der Gästeankünfte und Gästeübernachtungen in der Nationalparkregion zu finden, zeigt die t-Statistik, dass der Regressionskoeffizient für die Dummy-Variable mit sehr hoher Wahrscheinlichkeit von Null verschieden ist, die Nullhypothese also abgelehnt werden muss.

Überraschenderweise korrespondiert die Entwicklung der Bettenzahl also nicht mit der Entwicklung der Zahl der Gästeankünfte oder der Gästeübernachtungen. Man könnte vermuten, dass das Beherbergungsgewerbe in den beiden Nationalparkkreisen Dithmarschen und Nordfriesland ab Mitte der 80er Jahre mit einer Zunahme des Tourismus gerechnet hat und daraufhin seine Kapazitäten erweitert hat. Tatsächlich hat aber – wie sich im Rahmen der Untersuchung der Entwicklung von Ankünften und Übernachtungen herausgestellt hat – die Nachfrage nicht merklich stärker als in den Vergleichskreisen zugenommen und auch diese Steigerung wird erst ab Anfang der Neunziger Jahre erkennbar. Eine telefonische Anfrage bei der Touristikzentrale Dithmarschen in Büsum am 01.12.04 konnte zwar die vermutete Kapazitätserweiterung seitens der Hotellerie und Parahotellerie in Erwartung eines Nachfrageanstiegs bestätigen, nicht jedoch einen Zusammenhang mit der Ausweisung des Nationalparks. Der Grund für Investitionen in den Fremdenverkehrsgebieten entlang der Nordseeküste, d. h. sowohl im Kreis Dithmarschen als auch im Nachbarkreis Nordfriesland, scheint klar die Öffnung der innerdeutschen Grenze mit dem damit verbundenen Besucherstrom ab dem Jahr 1989 zu sein und nicht etwa die Nationalparkgründung im Jahr 1985. Die Belebung des Tourismus für die Jahre unmittelbar nach der Grenzöffnung spiegelt sich in der Tat in den Zeitreihen wieder, und zwar sowohl bei den Ankünften (vgl. Abb. 19), den Übernachtungen (vgl. Abb. 20) und den angebotenen Betten (vgl. Abb. 21). Der Umstand, dass im weiteren Verlauf der Jahre die Werte der Nationalparkregion auf einem höheren Niveau liegen als in den beiden Ostseekreisen, ist darüber hinaus wohl eher auf die naturräumliche Ausstattung der Nordseeküste allgemein zurückzuführen (Wattenmeer) und weniger auf den Status ,Nationalpark' der Küstenregion.

4.3.2.4 Arbeitsstätten im Gastgewerbe

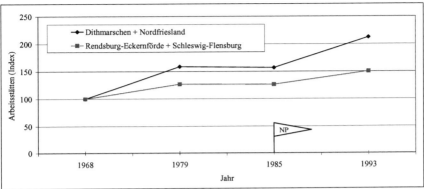

Abbildung 22: Entwicklung der Zahl der Arbeitsstätten im Gastgewerbe (Index) in den Untersuchungsregionen zum Nationalpark Schleswig-Holsteinisches Wattenmeer

Im ersten Drittel des betrachteten Zeitraums (1968 bis 1979) steigt der Index der Zahl der Arbeitsstätten im Gastgewerbe in der Nationalparkregion deutlicher an als in der Vergleichsregion (Abb. 22). Im zweiten Drittel (1979 bis 1985) halten beide Regionen ihr Niveau in etwa bei und im letzten Drittel (1985 bis 1993) ist wiederum ein stärkeres Ansteigen in Dithmarschen und Nordfriesland zu erkennen. Da die Handels- und Gaststättenzählung, aus der diese Zahlen entlehnt sind, eine mehrjährige Statistik ist, ist mangels genauerer Jahreswerte nicht feststellbar, ob die Zunahme in etwa zum Zeitpunkt der Nationalparkgründung begann oder später und damit die These der örtlichen Fremdenverkehrsorgane bekräftigt, wonach die Kreise Dithmarschen und Nordfriesland besonders zu Beginn der 90er Jahre mit der Grenzöffnung einen Touristik-Boom erlebten.

4.3.2.5 Beschäftigte im Gastgewerbe

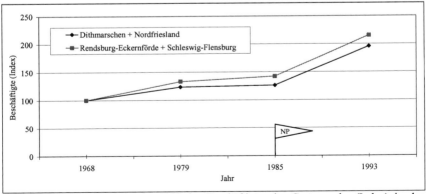

Abbildung 23: Entwicklung der Zahl der Beschäftigten im Gastgewerbe (Index) in den Untersuchungsregionen zum Nationalpark Schleswig-Holsteinisches Wattenmeer

Ein dem Arbeitsstätten-Index ganz ähnlicher Verlauf der Kurven ist der Abbildung der Entwicklung der Beschäftigtenzahlen von 1968 bis 1993 zu entnehmen (Abb. 23), mit dem Unterschied allerdings, dass die Kreise Rendsburg-Eckerförde und Schleswig-Flensburg leicht über den Werten der Nationalparkkreise liegen und die Entwicklungen insgesamt paralleler verlaufen als in der vorhergehenden Darstellung. Die deutlichste Steigerung in beiden Gebieten liegt auch hier zwischen den Jahren 1985 und 1993.

4.3.2.6 Umsatz im Gastgewerbe

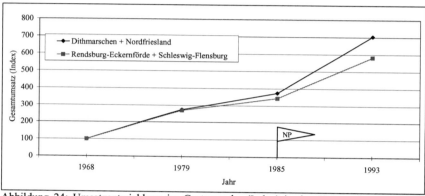

Abbildung 24: Umsatzentwicklung im Gastgewerbe (Index) in den Untersuchungsregionen zum Nationalpark Schleswig-Holsteinisches Wattenmeer

Bei der Betrachtung der Umsatzzahlen fällt die deutlicher ausgeprägte Zunahme bei den Nationalparkkreisen zwischen 1985 und 1993 ebenfalls auf (Abb. 24). Auch in diesem Fall erlaubt die ungünstige Datenlage zwar keine Schlüsse auf möglicherweise beeinflussende Faktoren, die Vermutung liegt jedoch nahe, dass diese Entwicklung ebenso auf die nach der Wende einsetzende Nachfragebelebung ab 1989 zurückgeht.

4.3.2.7 Ergebnisse Nationalpark Schleswig-Holsteinisches Wattenmeer

Weder bei den Gästeankünften noch bei den Gästeübernachtungen scheint ein Zusammenhang zwischen der Nationalparkausweisung und der Entwicklung dieser Kennzahlen in der Nationalparkregion zu existieren, wohl aber bei der Zahl der angebotenen Gästebetten. Es wird zunächst vermutet, dass dies auf vermehrte Investitionen der Gastgewerbebetreiber in der Nationalparkregion zurückzuführen ist, welche Umsatzsteigerungen infolge des nach 1985 einsetzenden Nationalparktourismus erwarten. Diese Hoffnung werden offensichtlich nicht erfüllt, denn die Zahl der Gästeankünfte und Übernachtungen ändert sich nach 1985 in beiden zu vergleichenden Regionen nicht nennenswert. Die Erklärung der örtlichen Tourismus-Vertreter für diese Entwicklung ist jedoch eine andere. Demnach überlagert die nach 1989 mit dem Mauerfall einsetzende Reisewelle an die naturräumlich einzigartige Nordseeküste jeden möglichen Effekt des Nationalparks. Auch nach der Analyse der Arbeitsstätten- und Umsatzentwicklung im Gastgewerbe scheint diese Annahme plausibel, ist aber mangels genauerer Daten letztlich nicht vollständig erklärbar. Der Kurvenverlauf zu den Beschäftigtenzahlen im Gastgewerbe weist allerdings nicht auf einen Zusammenhang zwischen der Ausweisung des Nationalparks Schleswig-Holsteinisches Wattenmeer und der Fremdenverkehrsentwicklung in der

Nationalparkregion hin. Eine Interpretationsmöglichkeit des Wachstumsstops bzw. des leichten Rückgangs bei den Gästeankünften und -übernachtungen in den Vergleichskreisen ist u. U. auch die Reisewelle, die nach der Grenzöffnung nicht nur von Osten nach Westen eingesetzt hatte, sondern mit der auch umgekehrt Ostseeurlauber statt in Schleswig-Holstein nun in Mecklenburg-Vorpommern Quartier bezogen haben.

4.4   Niedersachsen

Zu Niedersachsen gehören die beiden Nationalparke Niedersächsisches Wattenmeer und Harz. Aufgrund seiner Geographie soll jedoch ein weiterer Wattenmeer-Nationalpark, der Nationalpark Hamburgisches Wattenmeer unter diesem Kapitel (4.4) abgehandelt werden. Der 13.750 ha große Nationalpark Hamburgisches Wattenmeer zählt zwar verwaltungsrechtlich zum Bundesland Hamburg, geographisch liegt er aber an der Küste Niedersachsens, eingebettet zwischen die Nationalparke Niedersächsisches und Schleswig-Holsteinisches Wattenmeer, und sein „Vorfeld", also die Region, in deren Gemeinden aufgrund der Nähe zum Park Nationalparktourismus stattfindet, gehört zum niedersächsischen Kreis Cuxhaven.

Grundsätzlich ist den betroffenen Landkreisen aller drei Wattenmeer-Nationalparke (Niedersächsisches und Hamburgisches Wattenmeer sowie der bereits in Kapitel 4.3 untersuchte Nationalpark Schleswig-Holsteinisches Wattenmeer) aufgrund von deren Exposition und deren Umfang eine sehr eingeschränkte Vergleichbarkeit mit Nicht-Nationalparklandkreisen gemeinsam. So wären beispielsweise entlang der Nordseeküste Niedersachsens insgesamt 6 Landkreise (Leer, Aurich, Wittmund, Friesland, Wesermarsch, Cuxhaven) und die kreisfreien Städte Bremerhaven und Wilhelmshaven als Nationalparkregion zu dem 278.000 ha großen Nationalpark Niedersächsisches Wattenmeer zu definieren. Im Landkreis Cuxhaven dürfte gleichzeitig ein Großteil des Nationalparktourismus zum Nationalpark Hamburgisches Wattenmeer umgesetzt werden. Landschaftlich den Wattenmeer-Landkreisen vergleichbare Kreise gibt es in Niedersachsen nicht. Etwas anders gestaltet sich die Situation in Schleswig-Holstein, wo die an die Ostsee angrenzenden Kreise eine Gegenüberstellung der touristischen Kennzahlen mit den Wattenmeer-Kreisen erlaubten. Zwar war es durch die Clusteranalyse (vgl. Kapitel 3.4) möglich, ähnlich strukturierte Landkreise zu den von den Nationalparken Niedersächsisches und Hamburgisches Wattenmeer betroffenen Kreisen zu identifizieren, ein Vergleich der Zeitreihen zu touristischen Kennzahlen in diesen Wattenmeer-Nationalparklandkreisen und Nicht-Nationalparklandkreisen im Binnenland Niedersachsens kann jedoch kaum zielführend sein bzw. als sinnvoll im Kontext dieser Arbeit gesehen werden. Aus diesem Grund wird für die Wattenmeer-Nationalparke an dieser Stelle von dem grundsätzlichen Konzept der vorliegenden Arbeit abgewichen und die touristische Entwicklung in der Nationalparkregion mit der Entwicklung in Nicht-Nationalparklandkreisen eines anderen Bundeslandes verglichen. Als Vergleichsregion für die 6 niedersächsischen Küstenlandkreise Friesland, Aurich, Leer, Wittmund, Wesermarsch und Cuxhaven werden die beiden schleswig-holsteinischen Ostseelandkreise Rendsburg-Eckernförde und Schleswig-Flensburg ausgewählt, die bereits im Rahmen der Analyse der Auswirkungen des Nationalparks Schleswig-Holsteinisches Wattenmeer (Kap. 4.3) als Vergleichsregion herangezogen worden sind. Darüber hinaus werden mögliche Auswirkungen der Nationalparke Niedersächsisches und Hamburgisches Wattenmeer nicht getrennt analysiert, sondern beschränkt sich die Interpretation der Zeitreihen und statistischen Ergebnisse auf den eventuellen Effekt des Nationalparks Niedersächsisches Wattenmeer.

Nach der Untersuchung der Entwicklung des Fremdenverkehrs in der Wattenmeer-Region Niedersachsens folgt die Betrachtung der Region um den einzigen Land-Nationalpark Niedersachsens, den Nationalpark Harz (Kap. 4.4.3). Die Nationalparkregion Harz[100] liegt innerhalb der beiden Landkreise Goslar und Osterode am Harz, zu denen mit den Kreisen Holzminden und Celle zwei vergleichbare Landkreise ausgewählt wurden (vgl. Tab. 56 und Karte 7).

Tabelle 56: Nationalparke, Nationalparklandkreise und Vergleichslandkreise für Niedersachsen

Nationalpark (Gründungsjahr)	NP-Landkreise	Vergleichslandkreise
Niedersächsisches Wattenmeer (1986)	Friesland Aurich Leer Wittmund Wesermarsch Cuxhaven	
Hamburgisches Wattenmeer (1990)	Cuxhaven	
Harz (1994)	Goslar Osterode	Holzminden Celle

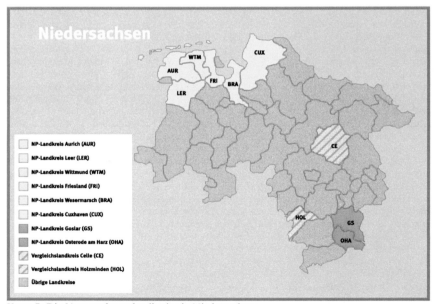

NP-Landkreis Aurich (AUR)
NP-Landkreis Leer (LER)
NP-Landkreis Wittmund (WTM)
NP-Landkreis Friesland (FRI)
NP-Landkreis Wesermarsch (BRA)
NP-Landkreis Cuxhaven (CUX)
NP-Landkreis Goslar (GS)
NP-Landkreis Osterode am Harz (OHA)
Vergleichslandkreis Celle (CE)
Vergleichslandkreis Holzminden (HOL)
Übrige Landkreise

Karte 7: Die Untersuchungslandkreise in Niedersachsen

---

[100] Mit dem 01.01.05 bezeichnet der Begriff ‚Nationalparkregion Harz' offiziell die gesamte Region um die mit diesem Datum zusammengeschlossenen Nationalparke Harz auf niedersächsischer und Hochharz auf sachsen-anhaltinischer Seite (siehe hierzu auch Kapitel 4.9). Da im Rahmen der vorliegenden Untersuchung jedoch der „alte" Nationalpark Harz betrachtet wird, bezieht sich auch die Nationalparkregion Harz auf das Vorfeld des Nationalparks in seinen Grenzen vor der Fusion mit dem benachbarten Nationalpark Hochharz.

4.4.1 Indikatoren

Für die Untersuchung eines möglichen Zusammenhangs zwischen einer Nationalparkausweisung und dadurch bedingten Veränderungen im Fremdenverkehr in der jeweiligen Region standen auch in Niedersachsen Zahlen aus der Beherbergungsstatistik zu Gästeankünften und -übernachtungen bis zurück in das Jahr 1981 auf Kreisebene zur Verfügung (NIEDERSÄCHSISCHES LANDESAMT FÜR STATISTIK, 1981-2004). Bei den Gästebetten wurde zwischen 1981 und 1988 die Gesamtzahl aller verfügbaren Betten erhoben, ab 1988 nur noch die Zahl der angebotenen Betten[101]. Damit lässt sich aus diesen Daten für die Analyse der Auswirkungen des Nationalparks Niedersächsisches Wattenmeer keine durchgängige Zeitreihe bilden, wohl aber für die Landkreise um den Nationalpark Harz. Auf die Auswertung der nur in relativ langen zeitlichen Intervallen durchgeführte Handels- und Gaststättenzählung (1979, 1985, 1993) wurde verzichtet, zum einen wegen der geringen Anzahl von nur drei Werten, zum anderen wegen der eingeschränkten Vergleichbarkeit der der auf Grundlage unterschiedlicher Wirtschaftssystematiken zustande gekommenen Ergebnisse für 1993 und 1985.[102]

4.4.2 Nationalparke Niedersächsisches und Hamburgisches Wattenmeer

Kurzcharakteristik Nationalparke Niedersächsisches und Hamburgisches Wattenmeer („Meeresgrund trifft Horizont")

Der 278.000 ha große Nationalpark *Niedersächsisches Wattenmeer* ist nach dem schleswig-holsteinischen Wattenmeer-Nationalpark der zweitgrößte Nationalpark Deutschlands und wurde 1986 gegründet (Karte 8). Seine geographische Lage ist die Nordseeküste Niedersachsens zwischen Ems und Elbe einschließlich der vorgelagerten Inseln. Sein westlichster Punkt an der Küste ist die südliche Dollartspitze[103] an der Grenze zu den Niederlanden, der östlichste die Kugelbake an der Wesermündung bei Cuxhaven. Wie alle Wattenmeer-Nationalparke umfasst auch der Nationalpark Niedersächsisches Wattenmeer Watt- und Wasserflächen (93 %) sowie Salzwiesen, Strände, Dünen und sonstige Landflächen auf Inseln und entlang der Küste (7 %). Die Gezeitenlandschaft dieses Ökosystems ist besonders in ihrer Funktion als Lebensraum für Seehunde, zentrale Drehscheibe des ostatlantischen Vogelzugs, Brut- und Mausergebiet für Wat- und Wasservögel, Winterquartier für nordische Wildgänse, Laichgebiet der Nordseefische sowie als Wuchsgebiet für besondere Pflanzen, die sich an den Einfluss von Salz und Wind, Überflutung oder Übersandung angepasst haben, geschützt.[104] Neben dem Wattenmeerhaus in der kreisfreien Stadt Wilhelmshaven, die auch gleichzeitig Sitz der Nationalparkverwaltung Niedersächsisches Wattenmeer ist, gibt es weitere 14 Informationseinrichtungen für Besucher u. a. auch auf den Inseln. Insgesamt zählt die Nationalparkverwaltung Niedersächsisches Wattenmeer rund 25 fest angestellte Mitarbeiter.[105]

---

[101] Die Zahl der angebotenen Betten umfasst nur jene, die tatsächlich zum Zeitpunkt der Befragung auch verfügbar sind, also z. B. ohne die saisonbedingt nicht angebotenen und ohne die Gästebetten in vorübergehend geschlossenen Häusern (Telefonische Auskunft Niedersächsisches Landesamt für Statistik vom 04.04.05).

[102] Auskunft des NIEDERSÄCHSISCHEN LANDESAMTES FÜR STATISTIK (Email vom 15.07.04)

[103] Als Dollart wird eine im späten Mittelalter durch Sturmfluten entstandene Meeresbucht bezeichnet.

[104] Quelle: BEZIRKSREGIERUNG WESER-EMS (http://www.bezirksregierung-weser-ems.de)

[105] Angaben von der Internetseite des NATIONALPARKS NIEDERSÄCHSISCHES WATTENMEER (http://www.nationalpark-wattenmeer.niedersachsen.de)

Der benachbarte Nationalpark *Hamburgisches Wattenmeer* wurde 1990 gegründet und ist mit 13.750 ha Fläche, davon 354 ha Inselfläche, wesentlich kleiner als die beiden anderen Wattenmeer-Parke. Begrenzt durch die offene See liegt er eingebettet in den Nationalpark Niedersächsisches Wattenmeer. Die Elbe bildet eine natürliche Grenze zum weiter nordöstlich gelegenen Nationalpark Schleswig-Holsteinisches Wattenmeer. Die Insel Neuwerk, auf der ganzjährig etwa 40 Menschen leben und auf der sich auch das Nationalparkhaus befindet, ist etwa 105 km Luftlinie von Hamburg entfernt. Für die Verwaltung des Parks zuständig ist die Hamburger Behörde für Stadtentwicklung und Umwelt.[106]

Nach Angaben der Nationalparkverwaltung Niedersächsisches Wattenmeer besuchen jedes Jahr etwa 2-3 Mio. Menschen die beiden benachbarten Parke, wobei genauere Schätzungen zu dem Anteil der Besucher im jeweiligen Nationalpark nicht bekannt sind.[107] Die Nationalparkverwaltung Hamburgisches Wattenmeer rechnet ihrerseits mit etwa 120.000 Gästen jährlich.

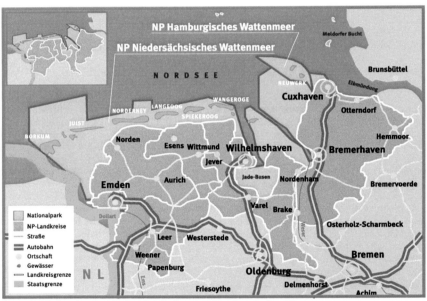

Karte 8: Nationalparke Niedersächsisches und Hamburgisches Wattenmeer

Kurzcharakteristik Nationalparklandkreise Leer, Aurich, Wittmund, Friesland, Wesermarsch und Cuxhaven

Der 108.577 ha große Landkreis *Leer*, zu dem auch Borkum, die westlichste der ostfriesischen Inseln gehört, liegt im Nordwesten Niedersachsens und bildet den südlichen Teil Ostfrieslands. Er grenzt im Norden an die kreisfreie Stadt Emden und an den Landkreis Aurich sowie geringfügig an die Kreise Wittmund und Friesland, im Osten an die Kreise

---

[106] Angaben von der Internetseite des NATIONALPARKS HAMBURGISCHES WATTENMEER
(http://www.nationalpark-hamburgisches-wattenmeer.de)
[107] Telefonische Auskunft Nationalparkverwaltung Niedersächsisches Wattenmeer vom 22.04.05.

Ammerland und Cloppenburg, im Süden an den Landkreis Emsland und im Westen an die Niederlande. Außerdem hat er im Westen eine kurze Küste am Dollart. Im Landkreis Leer leben ungefähr 163.000 Menschen, was einer Bevölkerungsdichte von 152 Einwohnern pro Quadratkilometer entspricht. Das Festland des Landkreises Leer ist durch die drei Landschaftsformen Marsch, Geest und Moor geprägt, was es besonders für Radfahr- und Wandertouristen interessant macht. Die seit 1850 als Nordseeheilbad anerkannte Insel Borkum ist daneben eine wesentliche touristische Attraktion des Landkreises.[108]

Im nördlichen Teil Ostfrieslands und damit im äußersten Nordwesten Niedersachsens liegt der der Landkreis *Aurich*, zu dem auch die Nordseeinseln Juist, Norderney und Baltrum gehören. Er hat im Westen und Norden eine Küste entlang der Nordsee. Im Osten grenzt er an den Landkreis Wittmund und im Süden an den Landkreis Leer sowie die kreisfreie Stadt Emden. In dem Kreisgebiet mit einer Fläche von 12.870 ha leben 189.200 Einwohner. Dies entspricht einer Bevölkerungsdichte von 147 Einwohnern pro Quadratkilometer. Der Landkreis Aurich stellt sich ebenfalls als vielseitige Ferienregion dar, mit einem breiten und familienfreundlichen Angebot zu den Natur- und Kulturattraktionen der Region.[109]

Ein weiterer ostfriesischer Landkreis ist der Landkreis *Wittmund* im Nordwesten Niedersachsens. Im Norden hat der Kreis eine Küste entlang der Nordsee, im Westen grenzt er an den Landkreis Aurich, im Osten an den Landkreis Friesland und im Süden kurz an den Landkreis Leer. Zum Kreisgebiet gehören auch die beiden ostfriesischen Inseln Langeoog und Spiekeroog. Auf einer Fläche von 65.664 ha leben etwa 57.530 Personen. Das ergibt eine Bevölkerungsdichte von nur 88 Einwohnern pro Quadratkilometer. Das Angebot an Freizeitmöglichkeiten sowohl auf dem Binnenland als auch an der Küste bzw. den Inseln ist vielfältig. Mit einem breiten Konzept zu familienfreundlichen Urlaubsaktivitäten in einer ursprünglichen Landschaft wirbt die Region um Besucher. Daneben hat sich ein ausgeprägter Kurbetrieb in verschiedenen Seeheilbädern und Luftkurorten etabliert.[110]

Der vierte Landkreis, innerhalb dessen Gemeindegebieten Nationalparkfläche ausgewiesen wurde, ist der Landkreis *Friesland,* ebenfalls im Nordwesten Niedersachsens. Er grenzt im Westen an den Landkreis Wittmund, im Norden und Osten verläuft die Nordseeküste (dazwischen grenzt die kreisfreie Stadt Wilhelmshaven an), und im Süden grenzt er an die Landkreise Wesermarsch, Ammerland und Leer. Der Landkreis Friesland umfasst eine Fläche von 60.774 ha. Bei etwa 101.600 Landkreisbewohnern ergibt sich eine Bevölkerungsdichte von 167 Einwohnern pro Quadratkilometer. Touristisch interessant ist der Landkreis Friesland v. a. durch seine Radfahr- und Wandermöglichkeiten in der landschaftlich einladenden Küstenregion, Kurmöglichkeiten in mehreren Nordseeheilbädern (Reizklima) und einigen historischen Kirchen, Schlössern, Museen und Windmühlen.[111]

Der 82.186 ha große Landkreis *Wesermarsch* erstreckt sich am westlichen Ufer der Unterweser von Lemwerder im Süden bis nach Butjadingen, der Halbinsel zwischen Außenweser und Jadebusen. Im Süden grenzen die kreisfreie Stadt und der Landkreis Oldenburg an, im Westen die Landkreise Ammerland und Friesland. Am östlichen Ufer der Außen- und Unterweser liegen die Landkreise Cuxhaven und Osterholz sowie der Stadtstaat Bremen und die Stadt Bremerhaven. Der Landkreis zählt etwa 94.200 Bewohner, das entspricht einer Bevölkerungsdichte von 115 Einwohnern pro Quadratkilometer. Insgesamt

---

[108] Quellen: LANDRATSAMT LEER (http://www.landkreis-leer.de) und WIKIPEDIA (http://de.wikipedia.org)
[109] Quellen: LANDRATSAMT AURICH (http://www.landkreis-aurich.de) und WIKIPEDIA (http://de.wikipedia.org)
[110] Quellen: LANDRATSAMT WITTMUND (http://www.landkreis.wittmund.de) und WIKIPEDIA (http://de.wikipedia.org)
[111] Quellen: LANDRATSAMT FRIESLAND (http://www.friesland.de) und WIKIPEDIA (http://de.wikipedia.org)

111

schützen 94 km Flussdeiche und 62 km Seedeiche das niedrig gelegene Marschenland vor Überflutungen.[112]

Der niedersächsische Landkreis *Cuxhaven* ist der sechste und damit letzte, der sowohl vom Nationalpark Niedersächsisches als auch vom Nationalpark Hamburgisches Wattenmeer betroffen ist. Der im Norden Niedersachsens gelegene Kreis Cuxhaven ist gemessen an seiner Fläche von rund 207.253 ha einer der größten des Landes. Im Westen hat er mit der Weser eine natürliche Grenze, westlich der Weser befindet sich der Landkreis Wesermarsch. Bei der Mündung der Weser ragt die zum Bundesland Bremen gehörende kreisfreie Stadt Bremerhaven in das Kreisgebiet. Die Küstenlinie entlang der Elbe und Nordsee verläuft zunächst in nördlicher Richtung und ab Cuxhaven in östlicher Richtung bis zur Kreisgrenze zum Nachbarkreis Stade. Im Südosten grenzt der Landkreis Rotenburg (Wümme) an und im Süden der Landkreis Osterholz. Auf dem Kreisgebiet leben etwa 206.488 Menschen, damit berechnet sich eine Einwohnerdichte von 100 Personen pro Quadratkilometer.[113]

4.4.2.1 Gästeankünfte

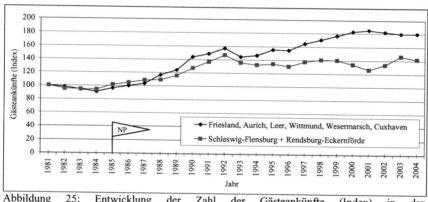

Abbildung 25: Entwicklung der Zahl der Gästeankünfte (Index) in den Untersuchungsregionen zu den Nationalparken Niedersächsisches und Hamburgisches Wattenmeer

Die Kurven zu den Indices der Zahl der Gästeankünfte verlaufen bis etwa Mitte der 90er Jahre in beiden Vergleichsgebieten weitgehend parallel (Abb. 25). Erst ab 1995 unterscheiden sich die Entwicklungen in den Nationalparklandkreisen Niedersachsens und den Nicht-Nationalparkkreisen Schleswig-Holsteins voneinander. Zwischen etwa 1985 und 1993 ist in beiden Gebieten ein positiver Trend erkennbar, wobei die Steigung in den niedersächsischen Kreisen ab 1987, also einem Jahr nach Gründung des Nationalparks Niedersächsisches Wattenmeer, deutlicher zunimmt. Die Gründung des Nationalparks Hamburgisches Wattenmeer 1990 scheint sich nicht auf die Zahl der Gästeankünfte auszuwirken. Von den 6 Landkreisen grenzt nur der Cuxhavener Kreis direkt an den Nationalpark Hamburgisches Wattenmeer an. Daher werden in der folgenden Tabelle die Wachstumsraten vor und nach der Gründung des Hamburgischen Parks nicht angegeben, sondern nur der mittlere jährliche Anstieg in den Jahren vor und nach der Ausweisung des niedersächsischen Parks im

---

[112] Quellen: LANDRATSAMT WESERMARSCH (http://www.landkreis-wesermarsch.de) und WIKIPEDIA (http://de.wikipedia.org)
[113] Quelle: WIKIPEDIA (http://de.wikipedia.org)

Jahr 1986 (Tab. 57). Während die Zahl der Gästeankünfte vor Gründung des Parks in den niedersächsischen Landkreisen durch einen leichten Rückgang gekennzeichnet war, ist das durchschnittliche jährliche Wachstum in den 4 Jahren des Betrachtungszeitraums nach der Parkgründung einschließlich des Jahres 1986 doppelt so hoch wie in der Vergleichsregion des benachbarten Bundeslandes.

Tabelle 57: Ausgewählte Absolutzahlen und Wachstumsraten der Zahl der Gästeankünfte in den Untersuchungsregionen zu den Nationalparken Niedersächsisches und Hamburgisches Wattenmeer

Indikator	Friesland, Aurich, Leer, Wittmund, Wesermarsch, Cuxhaven	Rendsburg-Eckernförde + Schleswig-Flensburg
Gästeankünfte 1981	1.034.112	417.685
Gästeankünfte 1985	994.829	424.431
Gästeankünfte 1986	1.034.163	437.859
Gästeankünfte 1989	1.283.010	482.749
Gästeankünfte 2004	1.859.132	592.709
Mittelwert 1981-2004	1.462.778	517.052
Standardabweichung	347.807	74.947
Wachstum 1981-85 in %	-1,0	0,4
Wachstum 1985-89 in %	6,6	3,3

Die Trendregressionen stützen die Vermutung, dass sich die Trends der Gästeankünfte bis zum Jahr 1985 und ab dem Jahr 1985 unterscheiden. Jedenfalls ist für den Zeitraum nach der Gründung des Nationalparks in den betroffenen Landkreisen ein signifikant positiver Trend der Gästeankünfte festzustellen, während sich für den vor der Gründung liegenden Zeitraum ein nicht signifikanter negativer Trend berechnet (Tab. 58). Die zugehörigen Konfidenzintervalle überschneiden sich nicht. Die für die Vergleichsregion geschätzten Trends sind hingegen nicht statistisch gesichert voneinander verschieden.

Tabelle 58: Ergebnisse der Trendregressionen für die Zahl der Gästeankünfte in den Untersuchungsregionen zu den Nationalparken Niedersächsisches und Hamburgisches Wattenmeer

Region	Zeitraum	R^2	Koeffizient	t-Statistik	Irrtums-wahrsch.	Konfidenzintervall von	bis	N
NPLK	1981-85	0,439	-1,5	-1,531	0,223	-4,6	1,6	5
	1985-89	0,940	7,5	6,879	0,006	4,0	11,0	5
VLK	1981-85	0,012	0,2	0,192	0,860	-3,6	4,1	5
	1985-89	0,944	3,2	7,107	0,006	1,7	4,6	5

In Ergänzung zu der Beschreibung der Zeitreihe und den Wachstumsratenvergleichen wird eine multiple Regressionsschätzung über einen Zeitraum von 23 Jahren für die Zahl der Gästeankünfte in den niedersächsischen Kreisen durchgeführt (Tab. 59). Die Zahl der Gästeankünfte und ein Nationalpark-Dummy werden als unabhängige Variablen eingesetzt. Das Bestimmtheitsmaß von 0,835 erklärt den Großteil der Streuung, erstaunlich ist jedoch der sehr niedrige t-Wert des Dummys und die damit einhergehende extrem hohe

Irrtumswahrscheinlichkeit von fast 100 %. Diese Ergebnisse der multiplen Regression lassen also ein Ablehnen der Nullhypothese nicht zu.

Tabelle 59: Ergebnisse einer Regressionsschätzung für die Zahl der Gästeankünfte in den Nationalparklandkreisen Friesland, Aurich, Leer, Wittmund, Wesermarsch und Cuxhaven für den Zeitraum von 1981 bis 2004

$R^2 = 0,835$; Korrigiertes $R^2 = 0,819$; N = 24; DW-Wert = 0,484; F = 53,140

Erklärende Variable	Regressions-koeffizient	Standardfehler	t-Statistik	Irrtums-wahrscheinlichkeit
Konstante	-729.085,8	273.493,84	-2,666	0,014
Gästeankünfte in den Vergleichskreisen Rendsburg-Eckernförde und Schleswig-Flensburg	4,238	0,654	6,482	0,000
Dummy für Nationalpark	531,081	118.122,84	0,004	0,996

4.4.2.2 Gästeübernachtungen

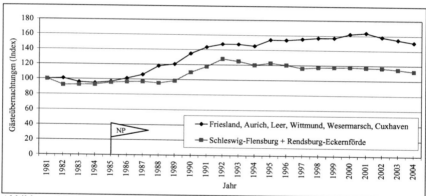

Abbildung 26: Entwicklung der Zahl der Gästeübernachtungen (Index) in den in den Untersuchungsregionen zu den Nationalparken Niedersächsisches und Hamburgisches Wattenmeer

Grundsätzlich ähnlich wie bei den Gästeankünften verläuft auch die Entwicklung der Zahl der Gästeübernachtungen in beiden Vergleichsgebieten (Abb. 26). Insgesamt ist in beiden Regionen ein positiver Trend abzulesen, allerdings fallen die Kurven zu einem früheren Zeitpunkt auseinander, nämlich ab etwa 1987. Damit liegt die Vermutung nahe, die Entwicklung der Gästeübernachtungen könnte durch die Gründung des Nationalparks Niedersächsisches Wattenmeer im Jahr 1986 beschleunigt worden sein. Auch im Jahr 1990, dem Gründungsjahr des Hamburgischen Parks steigt die Kurve des Index in den niedersächsischen Kreisen stärker an als in den schleswig-holsteinischen Vergleichskreisen. Betont wird diese Annahme auch durch die Ergebnisse des Wachstumsratenvergleichs (Tab. 60). In den niedersächsischen Kreisen kehrt sich der Rückgang von jährlich -1,0 % während der 4-Jahres-Periode vor Gründung des Parks um in ein Wachstum von im Durchschnitt 6,0 % pro Jahr. Für die schleswig-holsteinischen Kreise hingegen errechnet sich eine jährliche

Wachstumsrate von nur 0,1 % sowohl zwischen 1981 und 1985 als auch zwischen 1985 und 1989.

Tabelle 60: Ausgewählte Absolutzahlen und Wachstumsraten der Zahl der Gästeübernachtungen in den Untersuchungsregionen zu den Nationalparken Niedersächsisches und Hamburgisches Wattenmeer

Indikator	Friesland, Aurich, Leer, Wittmund, Wesermarsch, Cuxhaven	Rendsburg-Eckernförde + Schleswig-Flensburg
Gästeübernachtungen 1981	7.084.820	2.156.191
Gästeübernachtungen 1985	6.849.837	2.057.530
Gästeübernachtungen 1986	7.175.877	2.081.491
Gästeübernachtungen 1989	8.539.199	2.119.293
Gästeübernachtungen 2004	10.694.512	2.421.579
Mittelwert 1981-2004	9.502.453	2.364.537
Standardabweichung	1.794.428	256.218
Wachstum 1981-85 in %	-1,0	0,1
Wachstum 1985-89 in %	6,0	0,1

Die Ergebnisse der Trendregressionen bestätigen diese Entwicklung (Tab. 61) in der niedersächsischen Nationalparkregion. Im Gegensatz zur Referenzregion liegt der für die erste Periode geschätzte negative Koeffizient weit entfernt von dem für die zweite Periode berechneten positiven Wert und auch die Vertrauensintervalle überschneiden sich in keinem Bereich.

Tabelle 61: Ergebnisse der Trendregressionen für die Zahl der Gästeübernachtungen in den Untersuchungsregionen zu den Nationalparken Niedersächsisches und Hamburgisches Wattenmeer

Region	Zeitraum	R^2	Koeffizient	t-Statistik	Irrtums-wahrsch.	Konfidenzintervall von	bis	N
NPLK	1981-85	0,576	-1,3	-2,018	0,137	-3,4	0,7	5
	1985-89	0,961	6,7	8,570	0,003	4,2	9,1	5
VLK	1981-85	0,159	-0,9	-0,754	0,506	-4,6	2,9	5
	1985-89	0,306	0,5	1,149	0,334	-0,8	1,7	5

Auch in der für die Zahl der Gästeübernachtungen in den niedersächsischen Nationalparklandkreisen durchgeführten multiplen Regression wird mit einem relativ hohen Bestimmtheitsmaß fast 90 % der Streuung erklärt (Tab. 62). Der t-Wert des Nationalpark-Dummys liegt deutlich höher als bei den Gästeankünften, was sich in der geringen Irrtumswahrscheinlichkeit von 0,022 ausdrückt. Im Unterschied zu dem Schätzergebnis für die Gästeankünfte kann also für die Übernachtungszahlen die Nullhypothese verworfen werden.

Tabelle 62: Ergebnisse einer Regressionsschätzung für die Zahl der Gästeübernachtungen in den Nationalparklandkreisen Friesland, Aurich, Leer, Wittmund, Wesermarsch und Cuxhaven für den Zeitraum von 1981 bis 2004

$R^2 = 0,869$; Korrigiertes $R^2 = 0,857$; N = 24; DW-Wert = 0,513; F = 69,643

Erklärende Variable	Regressions-koeffizient	Standardfehler	t-Statistik	Irrtums-wahrscheinlichkeit
Konstante	-3.576.440	1.546.510,6	-2,313	0,031
Gästeübernachtungen in den Vergleichskreisen Rendsburg-Eckernförde und Schleswig-Flensburg	5,150	0,744	6,920	0,000
Dummy für Nationalpark	1.138.489,6	459.648,91	2,477	0,022

4.4.2.3 Ergebnisse Nationalparke Niedersächsisches und Hamburgisches Wattenmeer

Die Entwicklung der Gästeankünfte und –übernachtungen von 1981 bis 2004 in den 6 von den Nationalparken Niedersächsisches und Hamburgisches Wattenmeer betroffenen Landkreisen wurde mit der Entwicklung der Gästeankünfte und –übernachtungen in den beiden schleswig-holsteinischen Ostsee-Landkreisen Rendsburg-Eckernförde und Schleswig-Flensburg verglichen. Die Ergebnisse sind widersprüchlich. Der Vergleich der Kurvenverläufe der beiden betrachteten Tourismusindikatoren für den Zeitraum vor und nach der Gründung des Nationalparks weist auf einen positiven Einfluss hin. Allerdings ist auch für die Vergleichsregion für den Zeitraum nach der Nationalparkgründung teilweise ein Anstieg der Indikatoren festzustellen. Widersprüchlich sind aber insbesondere die Ergebnisse des Versuchs, mit Hilfe der touristischen Entwicklung in der Vergleichsregion und einer Dummy-Variable die touristische Entwicklung in der Nationalparkregion zu erklären. Während dies für den Indikator Gästeübernachtungen gelingt, kann die Hypothese, der Nationalpark habe keinen Einfluss, für den Indikator Gästeankünfte nicht verworfen werden. Die durchschnittliche Aufenthaltsdauer der Gäste in der Nationalparkregion scheint ab Mitte der 80er Jahre proportional stärker zuzunehmen als die Zahl der Gästeankünfte. Dies könnte durch den aufgrund des seit dem ausgehenden 19. Jahrhundert gepflegten Seebäderwesens geprägten Kurortcharakter vieler Ortschaften entlang der niedersächsischen Wattenmeerküste erklärt werden. Andererseits steht diese Beobachtung wiederum den in anderen Tourismusregionen Deutschlands (Beispiel Landkreise Berchtesgadener Land und Garmisch-Partenkirchen, siehe Kap. 4.2.2.2) getroffenen Feststellungen über den allgemein rückläufigen Trend im Hinblick auf die Dauer der an einem Urlaubsziel verbrachten Aufenthalte entgegen. Angesichts der Tatsache, dass es sich bei den 6 niedersächsischen Untersuchungslandkreisen um ein traditionelles Fremdenverkehrsgebiet handelt, scheint es gewagt, den Nationalparken Niedersächsisches und Hamburgisches Wattenmeer nur auf aufgrund der statistisch geschätzten Ergebnisse zu dem einen Indikator Gästeübernachtungen einen eindeutigen Tourismuseffekt zu attestieren. Es wäre zu prüfen, welche Einflüsse die Nachfrage nach Tourismusdienstleistungen neben der Ausweisung der Schutzgebiete ab Mitte der 80er Jahre überlagert bzw. ergänzt haben könnten, was jedoch nicht zum Kern des im Rahmen dieser Studie beabsichtigten Untersuchungsziels gehört. Hierzu wären auch z. B. die bereits in Kap. 4.3.2.7 angesprochenen touristischen Effekte der Wiedervereinigung zu zählen.

4.4.3 Nationalpark Harz

Kurzcharakteristik Nationalpark Harz („Sagenumwobene Bergwildnis")

Seit 1994 gibt es auf der niedersächsischen Seite des Harzes in Ergänzung zum Naturraum des Nationalparks Hochharz in Sachsen-Anhalt (siehe Kap. 4.8) den Nationalpark Harz. Die Abgrenzung des 15.800 ha großen Gebietes wurde so getroffen, dass vom Südrand des Mittelgebirges bei Herzberg über die Hochlagen um Torfhaus bei Altenau bis zum Nordrand bei Bad Harzburg alle Höhenstufen und charakteristischen Lebensraumtypen wie die unterschiedlichen Wälder, Moore, Felsen, Blockhalden und Fliesgewässer der Region umfasst sind (Karte 9). Der Nationalpark Harz steigt von seinen Randzonen bei ca. 230 m ü. NN im Norden bzw. 270 m ü. NN im Süden bis zum Bruchberg auf 927 m ü. NN kontinuierlich an. Ca. 95 % des Gebiets sind bewaldet. Als nördlichstes deutsches Mittelgebirge war und ist der Harz auf Grund seiner geographischen Exposition und naturräumlichen Ausstattung eines der bedeutendsten Fremdenverkehrsgebiete Mitteleuropas. Verlässliche Schätzungen der Besucherzahlen im Nationalpark Harz gibt es laut Auskunft der Nationalparkverwaltung jedoch nicht, wenngleich der Harzer Verkehrsverband derzeit von einer Besuchsfrequenz von jährlich rund 11 Mio. Besuchen insgesamt in der Region um die beiden Nationalparke Harz und Hochharz ausgeht.[114]

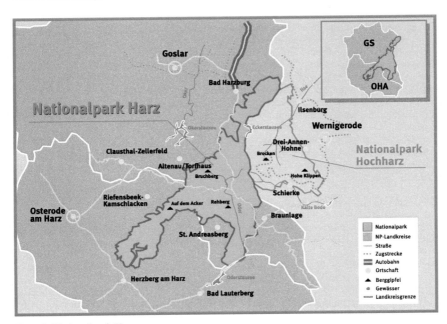

Karte 9: Nationalpark Harz

---

[114] Quellen: Telefonische Auskunft der Nationalparkverwaltung Harz vom 09.12.04, Email der Nationalparkverwaltung vom 09.12.04 und Internetseite des NATIONALPARKS HARZ (http://www.nationalpark-harz.de)

Kurzcharakteristik Nationalparklandkreise Goslar und Osterode

Der 96.500 ha große Landkreis *Goslar* umfasst den nordwestlichen Harz mit Teilen des Hochharzes und das Harzvorland im Südosten Niedersachsens. Er grenzt im Westen an die Landkreise Northeim und Hildesheim, im Norden an den Landkreis Wolfenbüttel und an die kreisfreie Stadt Salzgitter, im Osten an die Landkreise Halberstadt und Wernigerode und im Süden an den Landkreis Osterode am Harz. Mit insgesamt 153.000 Bewohnern hat der Landkreis Goslar eine Bevölkerungsdichte von 159 Einwohnern pro Quadratkilometer. Der Oberharz mit den Fremdenverkehrsorten St. Andreasberg, Braunlage, Altenau oder Goslars Stadtteil Hahnenklee ist seit Generationen ein Zentrum für Urlaub und Erholung.[115]

Der südliche Nachbarlandkreis *Osterode am Harz* grenzt im Westen an den Landkreis Northeim, im Osten an den Landkreis Nordhausen und im Süden an die Landkreise Eichsfeld und Göttingen. Auf einer Fläche von 63.599 ha leben 83.068 Menschen, das ergibt eine Bevölkerungsdichte von 131 Einwohnern pro Quadratkilometer. Der Landkreis Osterode am Harz ist einer der am stärksten durch Industrie geprägten Kreise Niedersachsens, dennoch stellt ihn die Kreisverwaltung als überschaubare und auch touristisch attraktive Industrieregion mit hohem Wohn- und Freizeitwert im Südharz dar.[116]

Kurzcharakteristik Vergleichslandkreise Holzminden und Celle

Der südniedersächsische Landkreis *Holzminden* umfasst eine Fläche von 69.247 ha und grenzt im Westen an die nordrhein-westfälischen Kreise Höxter und Lippe, im Norden an die Kreise Hameln-Pyrmont und Hildesheim und im Osten und Süden an den Landkreis Northeim. Es leben etwa 79.700 Menschen im Kreisgebiet, das entspricht einer Bevölkerungsdichte von 115 Einwohnern je Quadratkilometer. Bedingt durch seine Mittelgebirgslage weist der Landkreis Holzminden einen überdurchschnittlich hohen Anteil Wald (46 %) und einen vergleichsweise geringeren Anteil landwirtschaftlicher Fläche (43 %) auf. Unter allen niedersächsischen Landkreisen hat Holzminden den höchsten Anteil an Beschäftigten im produzierenden Gewerbe, der Anteil der Beschäftigten im Dienstleistungsgewerbe hingegen ist unterdurchschnittlich entwickelt. Touristisch einladend, v. a. für Fahrrad- und Wandertouristen sind der Hochsolling, der Naturpark Solling-Vogler und die Weser, kulturhistorisch interessant sind aber auch diverse Schlösser, Klöster und Museen.[117]

Der Landkreis *Celle* befindet sich in der östlichen Mitte Niedersachsens und wird eingerahmt von dem Kreis Soltau-Fallingbostel im Westen und Norden, dem Landkreis Uelzen im Nordosten, dem Kreis Gifhorn im Osten und der Region Hannover im Süden. Der 154.500 ha große Landkreis Celle beheimatet etwa 183.000 Menschen und hat damit eine Bevölkerungsdichte von 118 Einwohnern pro Quadratkilometer. Die absolute Bevölkerungszahl steigt durch Zuzüge in die Region im Einzugsbereich von Hannover stetig an. Neben seiner Attraktivität als Wirtschaftsraum bietet der Landkreis Celle Einheimischen und Besuchern auch einen abwechslungsreichen Naturraum mit der parkähnlichen Landschaft der Allerniederung im Süden bis hinauf zu den typischen Wald- und Heideflächen im Norden.[118]

---

[115] Quellen: LANDRATSAMT GOSLAR (http://www.landkreis-goslar.de) und WIKIPEDIA (http://de.wikipedia.org)
[116] Quellen: LANDRATSAMT OSTERODE (http://www.landkreis-osterode.de) und WIKIPEDIA (http://de.wikipedia.org)
[117] Quelle: LANDRATSAMT HOLZMINDEN (http://www.landkreis-holzminden.de)
[118] Quellen: LANDRATSAMT CELLE (http://www.landkreis-celle.de) und WIKIPEDIA (http://de.wikipedia.org)

4.4.3.1 Gästeankünfte

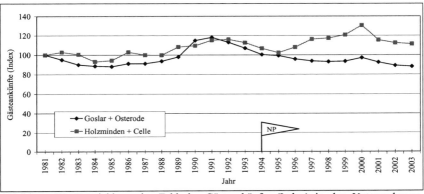

Abbildung 27: Entwicklung der Zahl der Gästeankünfte (Index) in den Untersuchungsregionen zum Nationalpark Harz

Die Entwicklung des Index der Gästeankünfte verläuft in dem betrachteten Zeitraum zwischen 1981 und 2003 weitgehend parallel, erst ab ca. 1995 bewegen sich die Werte der Landkreise Holzminden und Celle auf deutlich höherem Niveau (Abb. 27). Der Spitzenwert der zu einer Kurve aggregierten Ankunftszahlen aus den Vergleichslandkreisen Holzminden und Celle zum Jahr 2000 ist auf die Weltausstellung zurückzuführen, die vom 01. Juni bis 31. Oktober 2000 in Hannover stattfand[119]. Eine weitere Erklärung für die steigenden Ankunftszahlen in der Referenzregion neben dem Tourismus sind die Berufspendler, die – möglicherweise verstärkt aus den neuen Bundesländern kommend – im Großraum Hannover von Montag bis Freitag übernachteten (siehe auch Kap. 4.4.3.2, Gästeübernachtungen). Der Anstieg der Ankunftszahlen zwischen 1989 und etwa 1992 in beiden Regionen ist höchstwahrscheinlich auf den nach dem Mauerfall 1989 einsetzenden Besucherstrom in die relativ nah zur ehemaligen innerdeutschen Grenze gelegenen Landkreise zurückzuführen. An dem ab Beginn der 90er Jahre für die Nationalparklandkreise Goslar und Osterode am Harz kontinuierlich abfallenden Trend ist zum Zeitpunkt der Nationalparkgründung 1994 oder auch in den Jahren danach kaum eine Veränderung zu erkennen.

Die Betrachtung der Wachstumsraten, die für die Nationalpark- und die Vergleichsregion für 10 Jahre vor und nach der Parkgründung berechnet wurden, führt zu einem ähnlichen Ergebnis (Tab. 63). Ein Nationalparkeffekt kann hinsichtlich des stärkeren Ansteigens der Gästeankünfte in den Kreisen Goslar und Osterode vor der Einrichtung des Nationalparks Harz im Jahr 1994 und der deutlich schwächeren, in beiden Regionen sogar negativen Entwicklung nach der Parkgründung ausgeschlossen werden.

---

[119] Insgesamt haben etwa 17,2 Mio. Menschen die EXPO 2000 in Hannover besucht. Dieser Besucherstrom dürfte im gesamten Großraum Hannover (Entfernung Hannover zur Stadt Celle: ca. 40 km, zur Stadt Holzminden: ca. 80 km) für eine spürbare Nachfragebelebung gesorgt haben (Angaben von EXPOSEUM e.V., http://www.expo2000.de/expo2000/presseberichte/german/PM_Bilanz_Gesamt.pdf).

Tabelle 63: Ausgewählte Absolutzahlen und Wachstumsraten der Gästeankünfte in den Untersuchungsregionen zum Nationalpark Harz

Indikator	Goslar + Osterode	Holzminden + Celle
Ankünfte 1981	1.036.684	258.917
Ankünfte 1983	932.296	260.179
Ankünfte 1993	1.109.168	291.731
Ankünfte 1994	1.040.964	276.458
Ankünfte 2003	914.402	288.267
Mittelwert 1981-2003	1.006.041	280.990
Standardabweichung	89.247	23.371
Wachstum 1983-93 in %	1,8	1,2
Wachstum 1993-2003 in %	-1,9	-0,1

Die im Durchschnitt abnehmende der Zahl der Gästeankünfte in der Nationalparkregion Harz während der 10 Jahre nach Einrichtung des Parks kommt auch in den mit den Gästeankünften der Nationalpark- und der Vergleichsregion als abhängige und der Zeit jeweils vor und nach der Gründung als unabhängige Variable durchgeführten Einfach-Regressionen zum Ausdruck (Tab. 64). Für die 10-Jahres-Periode vor Einrichtung des Parks wird für die Nationalparklandkreise mit der Trendregression ein statistisch signifikanter Anstieg festgestellt, während sich für die 10-Jahres-Periode nach Parkgründung ein negativer Trend berechnet. Da keines der beiden Konfidenzintervalle Null einschließt, können sie sich auch nicht überschneiden. Die Steigungen und damit die Trends in der Nationalparkregion sind also in beiden betrachteten Perioden signifikant voneinander verschieden. Für die Vergleichsregion berechnet sich für den Zeitraum vor Parkgründung ebenfalls ein signifikanter Anstieg, der Trendverlauf für den Zeitraum nach der Einrichtung des Nationalparks ist jedoch weder statistisch gegen Null gesichert noch ist er signifikant verschieden zu dem für den Zeitraum vor Parkgründung geschätzten.

Tabelle 64: Ergebnisse der Trendregressionen für die Zahl der Gästeankünfte in den Untersuchungsregionen zum Nationalpark Harz

Region	Zeitraum	R^2	Koeffizient	t-Statistik	Irrtums-wahrsch.	Konfidenzintervall von	bis	N
NPLK	1983-93	0,727	2,8	4,899	0,001	1,5	4,0	11
	1993-03	0,776	-1,3	-5,581	0,000	-1,9	-0,8	11
VLK	1983-93	0,786	1,9	5,748	0,000	1,2	2,7	11
	1993-03	0,174	0,8	1,377	0,202	-0,5	2,2	11

Die mit den absoluten Ankunftszahlen vorgenommene Regressionsanalyse mit der Zahl der Gästeankünfte in den Nationalparklandkreisen Goslar und Osterode am Harz als abhängige Variable und der Zahl der Gästeankünfte in den beiden Vergleichskreisen Holzminden und Celle sowie dem Dummy für die Jahre seit Gründung des Nationalparks als erklärende Variablen kommt zu folgendem Ergebnis (Tab. 65).

Tabelle 65: Ergebnisse einer Regressionsschätzung für die Zahl der Gästeankünfte in den Nationalparklandkreisen Goslar und Osterode am Harz für den Zeitraum von 1981 bis 2003

$R^2 = 0,395$; Korrigiertes $R^2 = 0,335$; N = 23; DW-Wert = 0,625; F = 6,530				
Erklärende Variable	Regressions-koeffizient	Standardfehler	t-Statistik	Irrtums-wahrscheinlichkeit
Konstante	-334.317	216.123	1,574	0,138
Gästeankünfte in den Vergleichslandkreisen Holzminden und Celle	2,569	0,797	3,223	0,004
Dummy für Nationalpark	-115.608	36.758	-3,145	0,005

Die Regressionsschätzung bestätigt den erwarteten positiven Zusammenhang zwischen der Entwicklung der Gästeankünfte in den Nationalparklandkreisen und den Vergleichslandkreisen. Mit der erwarteten positiven Wirkung der Nationalparkgründung auf die Anzahl der anreisenden Gäste ist das Schätzergebnis jedoch nicht verträglich. Die Hypothese, dass der Nationalpark einen die Zahl der Gästeankünfte erhöhenden Effekt hat, muss deshalb verworfen werden. Der für die Nationalpark-Dummyvariable geschätzte Koeffizient hat ein negatives Vorzeichen und ist signifikant von Null verschieden. Daraus sollte jedoch nicht der Schluss gezogen werden, dass sich hier ein negativer Nationalpark-Effekt zeigt. Vielmehr kann das Ergebnis dieser Regressionsschätzung als Bestätigung der bereits in der obigen Index-Darstellung der Zeitreihen zur Zahl der Gästeankünfte ab ca. 1995 beobachteten Entkopplung des Kurvenverlaufs beider Vergleichsregionen interpretiert werden. Dies kann auch darauf zurückzuführen sein, dass die Zahl der Gästeankünfte in den Vergleichslandkreisen Celle und Holzminden einem systematischen, auf Erhöhung wirkenden Einfluss unterlegen ist. Die Frage nach der möglichen Ursache kann im Zuge dieser Untersuchung letztlich nicht geklärt werden. Es könnte vermutet werden, dass die relativ günstigere Entwicklung in den Landkreisen Celle und Holzminden mit den Vorbereitungen zur Weltausstellung in Hannover und den Besuchern der EXPO im Jahr 2000 in Zusammenhang steht. Da die Beeinflussung der Zahl der Gästeankünfte im Jahr 2000 durch die Weltausstellung sehr naheliegend ist, wurde – ähnlich wie im Fall der Passionsspiele in Garmisch-Partenkirchen - ein zusätzlicher Schätzversuch unter Hinzunahme einer Dummyvariable für das EXPO-Jahr durchgeführt. Dadurch ergab sich zwar ein geringfügig verbessertes Bestimmtheitsmaß von 0,448 und auch das negative Vorzeichen des geschätzten Koeffizienten dieser EXPO-Variablen (-116.576; t-Wert: -1,351) entspricht den Erwartungen. Der Koeffizient erweist sich jedoch als nicht ausreichend gegen Null gesichert (Irrtumswahrscheinlichkeit: 0,193). Insbesondere ergab dieser Schätzversuch keine wesentliche Änderung im Hinblick auf den Koeffizienten der Nationalpark-Dummyvariable.

4.4.3.2 Gästeübernachtungen

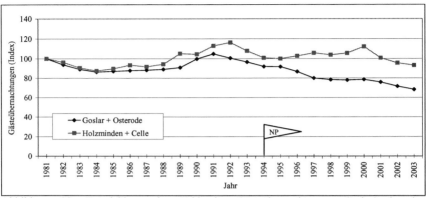

Abbildung 28: Entwicklung der Zahl der Gästeübernachtungen (Index) in den Untersuchungsregionen zum Nationalpark Harz

Der Index der Zahl der Übernachtungen liegt in den beiden Vergleichslandkreisen Holzminden und Celle zwischen 1981 und 2003 durchweg über dem Index der Gästeübernachtungen der Nationalparkregion und dieser Abstand vergrößert sich während der ersten Hälfte der 90er Jahre leicht, ab 1995 deutlicher (Abb. 28). Der durch die EXPO in Hannover bedingte hohe Index-Wert im Jahr 2000 für die Kreise Holzminden und Celle ist ähnlich wie in der Kurve der Gästeankünfte (vgl. Kap. 4.4.3.1) klar zu erkennen, liegt jedoch leicht unter dem Niveau, das der Index – vermutlich infolge der innerdeutschen Grenzöffnung – bereits für 1993 angibt. Die Nationalparkgründung 1994 scheint keine Auswirkung auf die Entwicklung der Übernachtungszahlen in den Kreisen Goslar und Osterode am Harz zu haben.

Noch klarer als bei den Gästeankünften manifestiert sich der Rückgang der Beherbergungsnachfrage bei den Gästeübernachtungen in der Nationalparkregion nach Gründung des Parks (Tab. 66). Die Entwicklung ist zwar in beiden Vergleichsgebieten nach 1993 rückläufig, in den Kreisen Goslar und Osterode ist die Wachstumsrate jedoch deutlich negativer als in den Landkreisen Holzminden und Celle, wodurch ein Nationalparkeffekt nicht mehr vermutet werden kann.

Tabelle 66: Ausgewählte Absolutzahlen und Wachstumsraten der Gästeübernachtungen in den Untersuchungsregionen zum Nationalpark Harz

Indikator	Goslar + Osterode	Holzminden + Celle
Übernachtungen 1981	5.295.652	723.170
Übernachtungen 1983	4.713.555	655.087
Übernachtungen 1993	5.112.418	779.797
Übernachtungen 1994	4.866.829	728.716
Übernachtungen 2003	3.618.566	673.588
Mittelwert 1981-2003	4.639.135	726.251
Standardabweichung	506.433	56.582
Wachstum 1983-93 in %	0,8	1,8
Wachstum 1993-2003 in %	-3,4	-1,5

Ein ähnliches Bild wie bei den Gästeankünften ergibt sich auch an dieser Stelle hinsichtlich der Ergebnisse der Trendregressionen für die Zahl der Gästeübernachtungen in den Nationalparklandkreisen und der Referenzregion (Tab. 67). Der für den 10jährigen Zeitraum nach Gründung des Nationalparks berechnete Koeffizient ist negativ und signifikant von Null verschieden, während sich für den vorhergehenden Zeitraum ein signifikanter positiver Koeffizient berechnet. Die entsprechenden Vertrauensintervalle haben keinen gemeinsamen Bereich. Die Steigungen der jeweiligen Geraden sind demnach signifikant voneinander verschieden. Insbesondere für die Periode 1993-2003 zeigt die hohe Erklärungskraft der Trendregression eine ausgeprägte lineare Abnahme der Zahl der Gästeübernachtungen. Die Entwicklung in der Vergleichsregion ist vor Gründung des Parks statistisch signifikant positiv, nicht jedoch in der zweiten Periode. Dennoch sind die beiden für die Kreise Holzminden und Celle für den Vorher- und Nachher-Zeitraum geschätzten Trends nachweislich voneinander verschieden.

Tabelle 67: Ergebnisse der Trendregressionen für die Zahl der Gästeübernachtungen in den Untersuchungsregionen zum Nationalpark Harz

Region	Zeitraum	R^2	Koeffizient	t-Statistik	Irrtums-wahrsch.	Konfidenzintervall von	bis	N
NPLK	1983-93	0,658	1,6	4,159	0,002	0,7	2,5	11
	1993-03	0,941	-2,7	-11,979	0,000	-3,2	-2,2	11
VLK	1983-93	0,828	2,6	6,582	0,000	1,7	3,5	11
	1993-03	0,167	-0,6	-1,342	0,213	-1,7	0,4	11

Das Ergebnis der entsprechenden Regression mit der absoluten Zahl Gästeübernachtungen in den Nationalparklandkreisen als zu erklärender Variable und der Zahl der Gästeübernachtungen in den Vergleichskreisen und dem Dummy für den Nationalpark (Tab. 68) überzeugt ebenso wenig wie das der Regression zu den Gästeankünften (Kap. 4.4.3.1).

Tabelle 68: Ergebnisse einer Regressionsschätzung für die Zahl der Gästeübernachtungen in den Nationalparklandkreisen Goslar und Osterode am Harz für den Zeitraum von 1981-2003
$R^2 = 0,681$; Korrigiertes $R^2 = 0,649$; N = 23; DW-Wert = 0,783; F = 21,380

Erklärende Variable	Regressions-koeffizient	Standardfehler	t-Statistik	Irrtums-wahrscheinlichkeit
Konstante	2.091.453,9	828.281,54	2,525	0,020
Gästeübernachtungen in den Vergleichslandkreisen Holzminden und Celle	3,975	1,149	3,461	0,002
Dummy für Nationalpark	-779.580,8	128.211,62	-6,080	0,000

Da sich in der Regressionsschätzung für die Nationalpark-Dummyvariable ein negatives Vorzeichen berechnet, kann die Hypothese, dass in Folge der Gründung des Nationalparks die Zahl der Übernachtungen steigt, nicht beibehalten werden. Da dieses Schätzergebnis aber auch auf einen auf die Übernachtungszahlen in den Vergleichslandkreisen wirkenden Einfluss zurückgeführt werden kann, ist der umgekehrte Schluss, die Nationalparkgründung hätte die Zahl der Übernachtungen vermindert, keineswegs zwingend. Die Ergebnisse einer zusätzlichen Regressionsschätzung – analog zu dem Vorgehen bei der Analyse der Gästeankünfte – unter Hinzunahme einer zusätzlichen Dummy-Variablen zur Berücksichtigung des EXPO-Effektes im Jahr 2000 überraschen auch im Fall der Übernachtungen nicht. Das Bestimmtheitsmaß liegt mit 0,711 etwas höher als in obiger Schätzung ohne EXPO-Dummy, aber der entsprechende Koeffizient (-453.060) und der zugehörige t-Wert (-1,401) zeigen ein negatives Vorzeichen. Mit einer Irrtumswahrscheinlichkeit von 0,177 ist dieser Koeffizient auch nicht ausreichend gegen Null gesichert. Es bleibt auch im Fall der Übernachtungen als Ergebnis festzuhalten, dass mit diesem Schätzansatz die Hypothese eines positiven Einflusses der Nationalparkausweisung auf die Zahl der Gästeübernachtungen in den Vorfeldkreisen Goslar und Osterode am Harz nicht gestützt werden kann.

4.4.3.3 Gästebetten

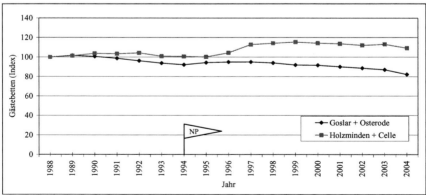

Abbildung 29: Entwicklung der Zahl der angebotenen Gästebetten (Index) in den Untersuchungsregionen zum Nationalpark Harz

Der Verlauf der Indexkurve zur Zahl der angebotenen Gästebetten in der Nationalparkregion zeigt insgesamt einen negativen Trend (Abb. 29). Ab 1994, dem Jahr der Nationalparkgründung, ist jedoch für wenige Jahre ein Stagnieren bzw. sogar ein sehr verhaltener Anstieg der Bettenzahl in den Landkreisen Goslar und Osterode zu erkennen, der mit der Ausweisung des Parks in Zusammenhang stehen könnte. Ab 1999 setzt sich allerdings die Verringerung der Bettenkapazität fort. Die Werte sinken unter die vor der Nationalparkgründung erfasste Bettenzahl. Im Gegensatz zur Entwicklung in den Nationalparklandkreisen ist in den Kreisen Holzminden und Celle ein insgesamt gegenläufiger Trend festzustellen, wobei der positive Kurvenverlauf zweifelsfrei auf die Ausweitung des Beherbergungsangebots in Zusammenhang mit der Weltausstellung 2000 im benachbarten Hannover zurückzuführen ist.

Die für die Zahl der Gästebetten berechneten durchschnittlichen jährlichen Wachstumsraten zeigen, dass sich der Rückgang in den Landkreisen Goslar und Osterode zwischen 1988 und 1993 nach Gründung des Parks in einen leichten Anstieg umkehrt. Angesichts der Werte für die Nicht-Nationalparklandkreise, die, verglichen mit der Nationalparkregion, sowohl für die erste als auch die zweite 5-Jahres-Periode für eine dynamischere Entwicklung sprechen, bleibt ein Nationalparkeffekt jedoch unwahrscheinlich (Tab. 69).

Tabelle 69: Ausgewählte Absolutzahlen und Wachstumsraten der Gästebetten in den Untersuchungsregionen zum Nationalpark Harz

Indikator	Goslar + Osterode	Holzminden + Celle
Gästebetten 1988	33.937	6.049
Gästebetten 1993	31.806	6.102
Gästebetten 1994	31.260	6.084
Gästebetten 1998	31.887	6.905
Gästebetten 2004	27.883	6.598
Mittelwert 1988-2004	31.785	6.487
Standardabweichung	1.725	359
Wachstum 1988-93 in %	-1,3	0,2
Wachstum 1993-1998 in %	0,1	2,5

Die einfache Trendregression – wiederum über denselben Zeitraum, der bereits der Wachstumsratenberechnung anhand der Zinseszinsformel als Bezugsrahmen dient – zu der Entwicklung der Bettenkapazität vor und nach der Nationalparkgründung ergibt für die erste Periode einen negativen Koeffizienten und entsprechende Vertrauensintervalle (Tab. 70) für die Nationalparkregion. Der Wert der zweiten Periode liegt nur knapp über Null. Aufgrund der relativ hohen Irrtumswahrscheinlichkeit gelingt es jedoch nicht, statistisch nachzuweisen, ob der Koeffizient von Null verschieden ist bzw. für eine Trendänderung nach Gründung des Parks spricht. In der Vergleichsregion verstärkt sich die leicht positive Entwicklung nach 1993, statistisch gesichert voneinander verschieden sind die Trends jedoch nicht.

Tabelle 70: Ergebnisse der Trendregressionen für die Zahl der Gästebetten in den in den Untersuchungsregionen zum Nationalpark Harz

Region	Zeitraum	R^2	Koeffizient	t-Statistik	Irrtums-wahrsch.	Konfidenzintervall von	bis	N
NPLK	1988-93	0,785	-1,5	-3,826	0,019	-2,6	-0,4	6
	1993-98	0,287	0,3	1,270	0,273	-0,4	1,0	6
VLK	1988-93	0,154	0,4	0,853	0,441	-0,8	1,5	6
	1993-98	0,804	3,0	4,056	0,015	1,0	5,0	6

Das Ergebnis der Regressionsschätzung mit den Gästebetten stützt die Ausgangshypothese nicht (Tab. 71). Der geschätzte Koeffizient für die Nationalpark-Dummyvariable ist negativ und auf dem Niveau von 5 % Irrtumswahrscheinlichkeit signifikant von Null verschieden. Wie im Fall der Übernachtungen und Gästeankünfte soll dies jedoch nicht dahingehend interpretiert werden, dass ein negativer Zusammenhang zwischen Nationalparkgründung und Bettenangebot vermutet wird. Vielmehr erscheint es als möglich, dass die eigentliche Ursache für dieses Schätzergebnis in einem Einfluss auf das Bettenangebot in den Vergleichslandkreisen zu suchen ist.

Tabelle 71: Ergebnisse einer Regressionsschätzung für die Zahl der Gästebetten in den Nationalparklandkreisen Goslar und Osterode am Harz für den Zeitraum von 1988 bis 2004

$R^2 = 0,537$; Korrigiertes $R^2 = 0,471$; N = 17; DW-Wert = 0,485; F = 8,119

Erklärende Variable	Regressions-koeffizient	Standardfehler	t-Statistik	Irrtums-wahrscheinlichkeit
Konstante	38.339	7.047	5,441	0,000
Gästebetten in den Vergleichslandkreisen Holzminden und Celle	-0,795	1,136	-0,7	0,496
Dummy für Nationalpark	-2.158	827	-2,608	0,021

4.4.3.4 Ergebnisse Nationalpark Harz

Die Zeitreihenvergleiche der Indices zur Zahl der Gästeankünfte, und -übernachtungen sowie der Zahl der angebotenen Betten in den Nationalparklandkreisen Goslar und Osterode am Harz und der Vergleichsregion (Landkreise Holzminden und Celle) lassen keinen positiven Effekt des seit 1994 bestehenden Nationalparks Harz erkennen. Die Ergebnisse könnten sogar dahingehend interpretiert werden, dass hier ein die touristische Entwicklung hemmender Effekt deutlich wird, denn die Werte der Nationalparkregion liegen jeweils unter denen des Vergleichsgebiets und ab etwa 1995 ist sowohl bei den Ankünften als auch bei den Übernachtungen und den Gästebetten in den Kreisen mit Nationalpark ein rückläufiger Trend zu verzeichnen. Wachstumsratenvergleiche, die auf Grundlage der Zinseszinsrechnung basieren, und die ergänzend für eine verbesserte Beurteilung einer eventuellen Trendbeschleunigung nach Gründung des Nationalparks durchgeführten einfachen Regressionsschätzungen bestätigen dieses Bild. Die rein formale Auslegung der Ergebnisse der beiden Regressionsanalysen zur Erklärung der Entwicklung der Ankünfte, Übernachtungs- und Bettenzahlen in den Kreisen Goslar und Osterode am Harz müsste auf einen Zusammenhang negativer Art zwischen Nationalparkausweisung und Tourismus in der Nationalparkregion hinauslaufen. Die Ursache dieses der herrschenden Meinung zur Wirkung eines Nationalparks widersprechenden Ergebnisses bedürfte einer detaillierten Studie über die Entwicklung des Fremdenverkehrs in der Region.

4.5 Thüringen

Der Nationalpark Hainich ist der einzige in Thüringen und der jüngste der im Rahmen dieser Arbeit untersuchten Parke. Seine Fläche liegt in den zwei Landkreisen Unstrut-Hainich-Kreis und Wartburgkreis. Als Vergleichslandkreise ohne Nationalparkfläche werden die Kreise Weimarer Land und Saale-Orla-Kreis herangezogen (Tab. 72, Karte 10).

Tabelle 72: Nationalpark, Nationalparklandkreise und Vergleichslandkreise in Thüringen

Nationalpark (Gründungsjahr)	NP-Landkreis	Vergleichslandkreis
Hainich (1997)	Unstrut-Hainich-Kreis	Weimarer Land
	Wartburgkreis	Saale-Orla-Kreis

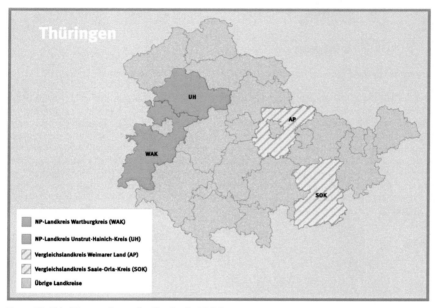

Karte 10: Die Untersuchungslandkreise in Thüringen

4.5.1 Indikatoren

Die Problematik der eingeschränkten Verfügbarkeit konsistenter und vergleichbarer Daten über einen im Rahmen dieser Studie ausreichenden Zeitraum – also zurück bis einige Jahre vor Gründung eines Nationalparks – ist allen Statistiken aus den neuen Bundesländern gemein. Im Fall Thüringens ist es allerdings beschränkt möglich, vergleichbare Zeitreihen aufzustellen und auf einen potentiellen Nationalparkeinfluss hin zu untersuchen, da die letzte Kreisreform bereits 1994 stattfand[120] und der Nationalpark Hainich erst 1997 gegründet wurde. Für die Analyse der möglichen Auswirkungen des Nationalparks Hainich auf die Entwicklung des Fremdenverkehrs seiner Region werden die vom Thüringer Landesamt für Statistik zur Verfügung gestellten Zahlen zu Gästeankünften, Gästeübernachtungen, angebotenen Betten und geöffneten Beherbergungsstätten herangezogen (THÜRINGER LANDESAMT FÜR STATISTIK, 1994-2004).

4.5.2 Nationalpark Hainich

Kurzcharakteristik Nationalpark Hainich („Urwald mitten in Deutschland")

Der 7.610 ha große Nationalpark Hainich wurde 1997 gegründet und liegt im Westen Thüringens zwischen den Städten Eisenach im Süden, Bad Langensalza im Osten, Mühlhausen im Norden und Eschwege im Westen (Karte 11). Zusammen mit dem gleichnamigen Naturraum Hainich bildet der Nationalpark auf einer Gesamtfläche von ca. 16.000 ha das größte zusammenhängende Laubwaldgebiet Deutschlands. Der Nationalpark Hainich ist ein Muschelkalkhöhenzug mit ausgedehnten Kalkbuchenwaldgesellschaften, der, eingebettet in den Naturpark Eichsfeld-Hainich-Werratal, das Thüringer Becken im Nordwesten hufeisenförmig umgrenzt.[121] Waren es nach Aussage der Nationalparkverwaltung im ersten Jahr der Besucherzählung 1998 nur 25.000 Nationalparkgäste, so ist diese Zahl im Jahr 2003 bereits auf schätzungsweise 135.000 Personen angestiegen.[122]

---

[120] Zum 01.01.1998 wurde die Stadt Eisenach kreisfrei und fiel dadurch aus dem Wartburgkreis. In diesem Fall wurden, um die Vergleichbarkeit der Daten zu wahren, die Zahlen der Stadt Eisenach dem Wartburgkreis von 1998 bis 2004 wieder hinzuaddiert.

[121] Alle Angaben von EUROPARC-Deutschland (http://www.europarc-deutschland.de) und Internetauftritt des NATIONALPARKS HAINICH (http://www.nationalpark-hainich.de)

[122] Die Nationalparkverwaltung nimmt hierfür in regelmäßigen Abständen stichprobenartige Zählungen an den Wanderparkplätzen des Parks vor und rechnet die Einzelergebnisse dann zu einer Gesamtjahresschätzung hoch (so die telefonische Auskunft vom 15.12.04).

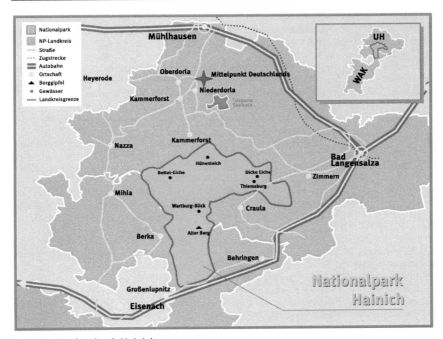

Karte 11: Nationalpark Hainich

Kurzcharakteristik Nationalparklandkreise Unstrut-Hainich-Kreis und Wartburgkreis

Der 97.500 ha große *Unstrut-Hainich-Kreis* liegt im Nordwesten Thüringens. Nachbarkreise sind im Nordwesten Eichsfeld, im Nordosten der Kyffhäuserkreis, im Osten Sömmerda, im Süden Gotha und der Wartburgkreis. Im Westen grenzt er an den hessischen Werra-Meißner-Kreis. Mit einer Einwohnerzahl von etwa 117.300 Menschen erreicht er eine Bevölkerungsdichte von 120 Einwohnern je Quadratkilometer. Der Unstrut-Hainich-Kreis ist als Ergebnis der Gebietsreform 1994 aus den zwei ehemals selbständigen Landkreisen Mühlhausen und Bad Langensalza hervorgegangen. Ein breites Spektrum mittelständischer Unternehmen, ein ausgesprochenes Kulturbewusstsein mit lebendigem Brauchtum an zahlreichen historischen Stätten sowie der landschaftliche Reiz des Landkreises durch die ihn umgebenden beiden Hügelketten Hainich und Dün mit dem Flüsschen Unstrut kennzeichnen die regionale Identität.[123]

Der angrenzende *Wartburgkreis* befindet sich im Westen Thüringens. Seine Nachbarkreise sind der Unstrut-Hainich-Kreis im Norden, Gotha im Osten und Schmalkalden-Meiningen im Südosten, im Süden und Südwesten grenzt er an Hessen. Der Landkreis entstand 1994 aus dem Zusammenschluss der Landkreise Eisenach und Bad Salzungen sowie einiger Gemeinden des Landkreises Bad Langensalza. Die kreisfreie Stadt Eisenach gehörte bis 1998 zum Landkreis und ragt von Westen nach Osten in das insgesamt 130.500 ha große Kreisgebiet. Der Wartburgkreis beheimatet etwa 142.600 Menschen, damit errechnet sich eine

---

[123] Quellen: LANDRATSAMT UNSTRUT-HAINICH-KREIS (http://www.landkreis-unstrut-hainich.de) und WIKIPEDIA (http://de.wikipedia.org)

Bevölkerungsdichte von 109 Einwohnern je Quadratkilometer. Der Wartburgkreis hat die größte Industriedichte Thüringens. Abgesehen von der Nähe zu einer der touristisch bedeutsamsten Burgen des Landes, der seit dem Jahr 2000 zum UNESCO-Weltkulturerbe erklärten Wartburg auf dem Wartberg bei Eisenach, bietet der Landkreis v. a. Wander- und Radtouristen ein vielfältiges Angebot. Außer dem Hainich im Norden des Kreises locken der im Nordwesten des Wartburgkreises beginnende Thüringer Wald sowie die Berge der südlich gelegenen Rhön Naturfreunde und im Winter auch Skitouristen in die Region.[124]

Kurzcharakteristik Vergleichslandkreise Weimarer Land und Saale-Orla-Kreis

Der 80.325 ha große Landkreis *Weimarer Land* ist ein Landkreis in der östlichen Mitte Thüringens. Er wird umrahmt von den Landkreisen Sömmerda im Norden, weiter im Uhrzeigersinn von dem sachsen-anhaltinischen Burgenlandkreis, dem Saale-Holzland-Kreis, der kreisfreien Stadt Jena, dem Landkreis Saalfeld-Rudolstadt und dem Ilm-Kreis und schließlich im Westen von der kreisfreien Stadt Erfurt. Die Stadt Weimar selbst ist ebenfalls kreisfrei und wird vollständig vom Landkreis Weimarer Land umfasst, der 1994 im Zuge der Kreis- und Gemeindereform Thüringens durch die Zusammenlegung der alten Landkreise Apolda und Weimar/Land sowie die Eingliederung von Gemeinden des alten Landkreises Erfurt/Land entstanden ist. Mit etwa 91.900 Bewohnern hat er eine Bevölkerungsdichte von 112 Einwohnern je Quadratkilometer. Zwar bilden mittelständische Betriebe und Gewerbe den Schwerpunkt der Wirtschaft, eine beachtliche Einnahmequelle bietet jedoch auch der Tourismus in der v. a. kulturhistorisch so bedeutsamen „Toskana des Ostens", wie sich der Landkreis selbst bewirbt. In zahlreichen Burgen, Schlössern, Museen erfährt der Besucher Wissenswertes über die Geschichte der Region und kann gleichzeitig im beschaulichen Ilm-Tal Naturgenuss erleben. Als Zugpferd, von dem auch die Fremdenverkehrsbranche des umgebenden Landkreises profitiert, darf sicherlich die Stadt Weimar selbst gelten.[125]

Im Südosten Thüringens liegt der *Saale-Orla-Kreis*. Seine Nachbarkreise sind wiederum im Uhrzeigersinn angefangen im Norden der Saale-Holzland-Kreis und Greiz, der sächsische Vogtlandkreis, die beiden bayerischen Landkreise Hof und Kronach und im Westen der Landkreis Saalfeld-Rudolstadt. Der 114.800 ha große Saale-Orla-Kreis ergab sich durch die Zusammenlegung der Landkreise Lobenstein, Pößneck und Schleiz im Jahr 1994 und ist die Heimat von ca. 95.370 Menschen, damit hat er eine Einwohnerdichte von 83 Personen pro Quadratkilometer. Eingebettet in den Naturpark „Ostthüringer Schiefergebirge/Obere Saale" werben innerhalb des Kreises v. a. die drei Fremdenverkehrsregionen „Thüringer Schiefergebirge und Obere Saale", das „Plothener Teichgebiet" und die „Ostthüringer Heide" um naturinteressierte Besucher.[126]

---

[124] Quellen: LANDRATSAMT WARTBURGKREIS (http://www.wartburgkreis.de) und WIKIPEDIA (http://de.wikipedia.org)

[125] Quellen: LANDRATSAMT WEIMARER LAND (http://www.weimarer.land.de) und WIKIPEDIA (http://de.wikipedia.org)

[126] Quellen: LANDRATSAMT SAALE-ORLA-KREIS (http://www.saale-orla-kreis.de) und WIKIPEDIA (http://de.wikipedia.org)

4.5.2.1 Gästeankünfte

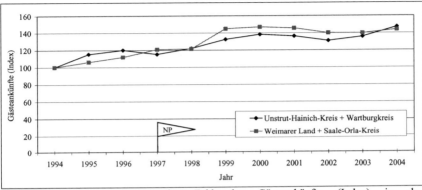

Abbildung 30: Entwicklung der Zahl der Gästeankünfte (Index) in den Untersuchungsregionen zum Nationalpark Hainich

In den ersten vier Jahren des Berichtszeitraums verläuft die Entwicklung der Zahl der Gästeankünfte in beiden Regionen positiv, wobei die Ankünfte zunächst in den Nationalparklandkreisen stärker zunehmen, welche dann aber von den Werten der Vergleichsregion übertroffen werden (Abb. 30). Ab 1998 ist in beiden Gebieten eine deutlichere Zunahme zu verzeichnen, besonders in den Vergleichskreisen Weimarer Land und Saale-Orla-Kreis. Der Grund für diese hohen Werte ab 1999 dürfe darin liegen, dass die kreisfreie Stadt Weimar in jenem Jahr zur Kulturhauptstadt Europas ernannt wurde, was wahrscheinlich Auswirkungen auf den Fremdenverkehr im umliegenden Landkreis Weimarer Land hatte. Eine Steigerung der Ankunftszahlen seit dem Gründungsjahr des Nationalparks 1997 ist auch in den beiden angrenzenden Landkreisen Unstrut-Hainich- und Wartburgkreis zu erkennen.

Angesichts der Kürze der Zeitspanne von nur 2 Perioden (1994 bis 1996), für die die Zahl der Gästeankünfte und auch der folgenden Indikatoren vor der Nationalparkgründung statistisch erfasst ist, erscheint es kaum sinnvoll, für die thüringischen Nationalpark- und Nicht-Nationalparklandkreise für den Zeitraum vor und nach der Nationalparkgründung Wachstumsraten zu berechnen. Stattdessen sind in der nachfolgenden Tabelle (Tab. 73) neben einigen Absolutzahlen die durchschnittlichen jährlichen Wachstumsraten des Tourismusindikators aus den zu vergleichenden Regionen über den gesamten 10-Jahres-Zeitraum angegeben.

131

Tabelle 73: Ausgewählte Absolutzahlen und Wachstumsraten der Gästeankünfte in den Untersuchungsregionen zum Nationalpark Hainich

Indikator	Unstrut-Hainich-Kreis + Wartburgkreis	Weimarer Land + Saale-Orla-Kreis
Ankünfte 1994	225.512	153.830
Ankünfte 1997	259.913	185.996
Ankünfte 2004	332.072	221.668
Mittelwert 1994-2004	285.825	198.861
Standardabweichung	30.447	27.042
Wachstum 1994-04 in %	3,9	3,7

In Ergänzung zu den sich nur auf einen Anfangs- und einen Endwert der Perioden beziehenden mittleren jährlichen Wachstumsraten wurden für die untersuchten Tourismusindikatoren für denselben Zeitraum lineare Einfach-Regressionen durchgeführt, um eventuelle Trendänderungen bzw. Trendbeschleunigungen in der Entwicklung aufzuzeigen (Tab. 74). Im Fall der Gästeankünfte liegen ähnlich wie bei den anhand der Zinseszinsformel berechneten Wachstumsraten die Koeffizienten der Nationalparkregion und der Referenzregion im positiven Bereich, wobei die Nicht-Nationalparklandkreise nun einen leichten Vorsprung aufweisen. Nachdem sich jedoch die Konfidenzintervalle überschneiden, handelt es sich nicht um eine signifikant unterschiedliche Steigung der Regressionsgeraden und damit der Trends.

Tabelle 74: Ergebnisse der Trendregressionen für die Zahl der Gästeankünfte in den Untersuchungsregionen zum Nationalpark Hainich

Zeitraum 1994-04	R²	Koeffizient	t-Statistik	Irrtums-wahrsch.	Konfidenzintervall von	bis	N
NPLK	0,830	2,5	6,619	0,000	1,7	3,4	11
VLK	0,770	3,2	5,490	0,000	1,9	4,6	11

Bei der Interpretation dieser Zeitreihe ist zu bedenken, dass der Nationalpark Hainich mit nur 7.610 ha Gesamtfläche ein eher kleiner Park ist und daher auch nur einen sehr geringen Flächenanteil in seinen beiden Landkreisen abdeckt. So liegen etwa 60 % der Parkfläche im Unstrut-Hainich-Kreis und 40 % im Wartburgkreis, was jeweils nur ungefähr 3 % der Landkreisfläche ausmacht. Hinzu kommt laut Nationalparkverwaltung der Umstand, dass der Hainich keine klassische Tourismusregion darstellt, wohl aber der angrenzende Thüringer Wald, der auch entsprechend beworben wird. Die in einer 6-Jahres-Bilanz der Nationalparkverwaltung dokumentierte Verfünffachung der Besucherzahl von 25.000 (1998) auf etwa 135.000 (2003) ist zwar beachtlich, aber verglichen mit den Besucherzahlen anderer Nationalparke in Deutschland doch eher gering. Die im Zuge der Besucherzählung an den Wanderparkplätzen erfolgte Auswertung der Autokennzeichen nach der Herkunft der Besucher ergab, dass der überwiegende Teil der Nationalparkbesucher aus den beiden Nationalparklandkreisen Unstrut-Hainich- und Wartburgkreis stammt, was sicherlich nicht zu einem Anstieg in den Ankunfts- und Übernachtungszahlen auf Kreisebene beiträgt, zumal speziell unter dem Begriff Ankünfte die Anzahl von Gästen in einer Beherbergungsstätte erfasst wurde, die im Berichtszeitraum ankamen und zum vorübergehenden Aufenthalt ein Gästebett belegten. Unter diesen Voraussetzungen scheint es vermessen, in dem in obiger Graphik (Abb. 30) zu beobachtenden Anstieg der Ankunftszahlen einen kausalen Zusammenhang zwischen der Ausweisung des Nationalparks Hainich und der Entwicklung der Zahl der Gästeankünfte in den angrenzenden Landkreisen Unstrut-Hainich-Kreis und Wartburgkreis zu sehen. Eine zusätzliche multiple regressionsanalytische Untersuchung der der Zeitreihe zugrunde liegenden Daten verspricht keine Erklärung für einen möglichen Zusammenhang zwischen der Entwicklung der Zahl der Gästeankünfte und auch der übrigen Tourismusindikatoren in den Nationalparklandkreisen Unstrut-Hainich-Kreis und Wartburgkreis und der Einrichtung des Nationalparks Hainich. Auf ihre Durchführung wird daher verzichtet.

4.5.2.2 Gästeübernachtungen

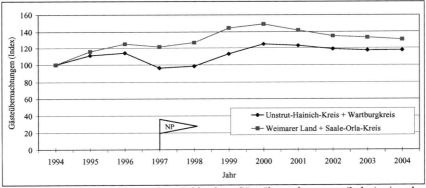

Abbildung 31: Entwicklung der Zahl der Gästeübernachtungen (Index) in den Untersuchungsregionen zum Nationalpark Hainich

Die Betrachtung des Index der Zahl der Gästeübernachtungen in beiden zu vergleichenden Regionen ergibt ein leicht differenziertes Bild (Abb. 31). So liegen die Werte der Landkreise Weimarer Land und Saale-Orla-Kreis durchweg auf einem höheren Niveau als die der Nationalparklandkreise. Von 1997 bis 2000 verhalten sich beide Kurven fast parallel. Die höchsten Werte erzielen die Kreise Weimarer Land und Saale-Orla-Kreis 1999 und 2000, wofür wiederum die Auszeichnung Weimars als Kulturhauptstadt Europas verantwortlich sein dürfte, was sich trotz der Tatsache, dass die Werte der jeweils zusammengehörigen Landkreise zu einer Größe aggregiert wurden, relativ deutlich bemerkbar macht. Die positive Entwicklung der Übernachtungszahlen in den beiden Nationalparklandkreisen auf die Gründung des Parks 1997 zurückzuführen, scheint jedoch aus den eben genannten Gründen (vgl. Kapitel 4.5.2.1) auch in diesem Fall nicht plausibel. Wie bei den Gästeankünften beschränkt sich auch die Darstellung der Wachstumsraten im Fall der Gästeübernachtungen auf einen Regionenvergleich über den Gesamtzeitraum (Tab. 75).

Tabelle 75: Ausgewählte Absolutzahlen und Wachstumsraten der Gästeübernachtungen in den Untersuchungsregionen zum Nationalpark Hainich

Indikator	Unstrut-Hainich-Kreis + Wartburgkreis	Weimarer Land + Saale-Orla-Kreis
Übernachtungen 1994	997.042	581.210
Übernachtungen 1997	960.682	705.459
Übernachtungen 2004	1.169.983	755.738
Mittelwert 1994-2004	1.117.655	751.232
Standardabweichung	97.174	81.596
Wachstum 1994-04 in %	1,6	2,7

Der für die Zahl der Gästeübernachtungen in der Nationalparkregion bei der Einfach-Regression geschätzte Koeffizient ist dem anhand der Zinseszinsformel berechneten Zuwachsprozent von 1,6 äquivalent (Tab. 76). Der Koeffizient der Referenzregion liegt ebenfalls über dem der Nationalparkregion, wobei die unterschiedliche Steigung allerdings nicht statistisch gesichert ist.

Tabelle 76: Ergebnisse der Trendregressionen für die Zahl der Gästeübernachtungen in den Untersuchungsregionen zum Nationalpark Hainich

Zeitraum 1994-04	R^2	Koeffizient	t-Statistik	Irrtums-wahrsch.	Konfidenzintervall von	bis	N
NPLK	0,398	1,6	2,442	0,037	0,1	3,0	11
VLK	0,445	2,2	2,684	0,025	0,3	4,0	11

4.5.2.3 Gästebetten

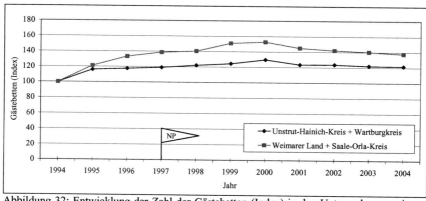

Abbildung 32: Entwicklung der Zahl der Gästebetten (Index) in den Untersuchungsregionen zum Nationalpark Hainich

Die Bettenkapazität wurde insgesamt während der 10 Jahre des betrachteten Zeitfensters in beiden Regionen erhöht, wobei die Nicht-Nationalparklandkreise eine deutlichere Zunahme erkennen lassen (Abb. 32). Ab dem Jahr 2000 kehrt sich das Wachstum in einen leichten

Rückgang bzw. in ein Stagnieren der Werte in der Nationalparkregion auf ein in etwa gleich bleibendes Niveau um. Das stärkere Wachstum der Bettenzahl in der Referenzregion wird auch in den in Tabelle 77 angegebenen durchschnittlichen jährlichen Wachstumsraten über den Zeitraum von 1994 bis 2004 deutlich.

Tabelle 77: Ausgewählte Absolutzahlen und Wachstumsraten der Gästebetten in den Untersuchungsregionen zum Nationalpark Hainich

Indikator	Unstrut-Hainich-Kreis + Wartburgkreis	Weimarer Land + Saale-Orla-Kreis
Betten 1994	6.157	4.265
Betten 1997	7.337	5.916
Betten 2004	7.494	5.869
Mittelwert 1994-2004	7.390	5.824
Standardabweichung	467	630
Wachstum 1994-04 in %	2,0	3,2

Zu einer ähnlichen Schlussfolgerung kommt man mit der Interpretation der in der Einfach-Regression geschätzten Koeffizienten für die Zahl der Gästebetten in beiden Vergleichsregionen (Tab. 78). Da sich die zugehörigen Konfidenzintervalle jedoch überschneiden, gilt der deutlicher ausfallende Wachstumstrend in der Referenzregion als statistisch nicht gesichert.

Tabelle 78: Ergebnisse der Trendregressionen für die Zahl der Gästebetten in den Untersuchungsregionen zum Nationalpark Hainich

Zeitraum 1994-04	R^2	Koeffizient	t-Statistik	Irrtums-wahrsch.	Konfidenzintervall von	bis	N
NPLK	0,443	1,3	2,673	0,025	0,2	2,4	11
VLK	0,407	2,1	2,487	0,035	0,2	4,0	11

4.5.2.4 Beherbergungsbetriebe

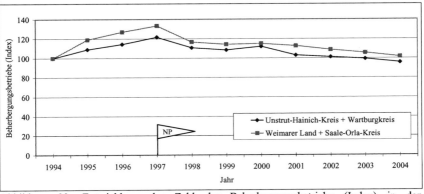

Abbildung 33: Entwicklung der Zahl der Beherbergungsbetriebe (Index) in den Untersuchungsregionen zum Nationalpark Hainich

Die Zahl der Beherbergungsbetriebe in den beiden Vergleichsregionen entwickelt sich weitgehend ähnlich (Abb. 33). Bis zum Jahr 2004 sinkt der Index der Nationalparkregion sogar leicht unter den Wert des Ausgangsjahres 1994. Der ab 1997 einsetzende kontinuierliche Rückgang dürfte nach Aussage der Nationalparkverwaltung Hainich und der Tourismus-Zentrale des Wartburgkreises auf das Abflauen des Nachfrage-Booms nach Tourismusdienstleistungen nach der Wiedervereinigung zurückzuführen sein sowie möglicherweise auf die Reduzierung staatlicher Fördergelder und der damit verbundenen Investitionen.[127] Entsprechend ist nachstehender Tabelle neben den Absolutwerten einiger Kennzahlen über den gesamten 10jährigen Zeitraum der Betrachtung für die Referenzregion eine sehr geringe bzw. für die Nationalparkregion eine leicht negative durchschnittliche jährliche Wachstumsrate der Zahl der Beherbergungsbetriebe zu entnehmen (Tab. 79).

Tabelle 79: Ausgewählte Absolutzahlen und Wachstumsraten zu den Beherbergungsbetrieben in den Untersuchungsregionen zum Nationalpark Hainich

Indikator	Unstrut-Hainich-Kreis + Wartburgkreis	Weimarer Land + Saale-Orla-Kreis
Beherbergungsbetriebe 1994	166	126
Beherbergungsbetriebe 1997	202	168
Beherbergungsbetriebe 2004	159	128
Mittelwert 1994-2004	177	144
Standardabweichung	13	13
Wachstum 1994-04 in %	-0,4	0,2

Die für den Indikator durchgeführte einfache Trendregression weist mit Koeffizienten im negativen Bereich sogar für beide zu vergleichenden Regionen auf einen leichten Rückgang der Zahl der Betriebe im Beherbergungsgewerbe hin (Tab. 80). Die geschätzten Trends in der Nationalpark- und der Referenzregion sind jedoch nicht statistisch gesichert voneinander verschieden.

Tabelle 80: Ergebnisse der Trendregressionen für die Zahl der Beherbergungsbetriebe in den Untersuchungsregionen zum Nationalpark Hainich

Zeitraum 1994-04	R^2	Koeffizient	t-Statistik	Irrtums-wahrsch.	Konfidenzintervall von	bis	N
NPLK	0,262	-1,2	-1,786	0,108	-2,8	0,3	11
VLK	0,174	-1,3	-1,4	0,202	-3,3	0,8	11

4.5.2.5 Ergebnisse Nationalpark Hainich

Abgesehen von dem Indexverlauf der Beherbergungsstätten lassen die Zeitreihenvergleiche zu Gästeankünften, Übernachtungen und den Erwerbstätigen im Bereich Dienstleistung insgesamt zwischen der Nationalparkregion, bestehend aus den Kreisen Unstrut-Hainich-Kreis und Wartburgkreis, und der Vergleichsregion, bestehend aus den Kreisen Weimarer Land und Saale-Orla-Kreis, zunächst einen positiven Zusammenhang zwischen der Nationalparkgründung und der Entwicklung dieser touristischen Kennzahlen in den betroffenen Landkreisen vermuten. Bei näherer Betrachtung der insofern besonderen Situation des Nationalparks Hainich als eher kleinem Nationalpark in einer touristisch

---

[127] Telefonate vom 15.12.04

vergleichsweise unbekannten Region mit sehr geringem Anteil an der jeweiligen Kreisfläche scheint dieser Zusammenhang jedoch unwahrscheinlich. Die diesbezügliche Einschätzung seitens der Nationalparkverwaltung selbst bestätigt, dass die durch den Nationalparktourismus ausgelösten Effekte des 13. deutschen Nationalparks so gering sein dürften, dass sie sich nicht in der amtlichen Beherbergungsstatistik auf Kreisebene erkennen lassen bzw. sich positive Effekte in Form von Kapazitätserweiterungen und Neugründungen von Beherbergungsbetrieben infolge von Nationalparktourismus allenfalls auf Einzelbetriebe im unmittelbaren Umfeld des Parks beschränken. Die ca. 1997 einsetzenden positiven Kurvenverläufe bei den Ankünften und Übernachtungen in den Nationalparklandkreisen, die auf einen vermeintlichen Zusammenhang hinweisen, sind also lediglich als zufällig mit der Nationalparkgründung zu verstehen.

4.6 Brandenburg

Der Nationalpark Unteres Odertal ist der einzige brandenburgische Nationalpark. Er wurde innerhalb der beiden Landkreise Uckermark und Barnim ausgewiesen. Der Landkreis Uckermark hat ca. 95 % Flächenanteil am Nationalpark Unteres Odertal, der Landkreis Barnim mit nur einer betroffenen Gemeinde etwa 5 %. Aus diesem Grund beschränken sich die Zeitreihenvergleiche touristischer Kennzahlen lediglich auf den Nationalparklandkreis Uckermark und den in der Clusteranalyse dazu ermittelten Vergleichskreis Prignitz (Tab. 81). Die Landkreise Barnim und die Vergleichsregion Dahme-Spreewald sind jedoch der Vollständigkeit wegen mit angegeben und in der Kreiskarte Brandenburgs verzeichnet (Karte 12).

Tabelle 81: Nationalpark, Nationalparklandkreise und Vergleichslandkreise in Brandenburg

Nationalpark (Gründungsjahr)	NP-Kreis	Vergleichskreis
NP Unteres Odertal (1995)	Uckermark Barnim	Prignitz Dahme-Spreewald

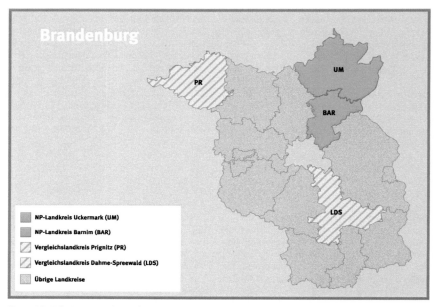

Karte 12: Die Untersuchungslandkreise in Brandenburg

4.6.1 Indikatoren

Die im Folgenden untersuchten Fremdenverkehrsindikatoren sind – wiederum aus der Beherbergungsstatistik – die Zahl der Gästeankünfte, Gästeübernachtungen, angebotenen Gästebetten und geöffneten Beherbergungsstätten. Vergleichbare und für Zeitreihen geeignete Jahreswerte dieser Kennzahlen sind beim brandenburgischen Landesbetrieb für Datenverarbeitung und Statistik ab 1993 auf Kreisebene erhältlich (LANDESBETRIEB FÜR DATENVERARBEITUNG UND STATISTIK LAND BRANDENBURG, 1993-2004).

4.6.2 Nationalpark Unteres Odertal

Kurzcharakteristik Nationalpark Unteres Odertal („Land im Strom")

Zwischen Hohensaaten und Stettin erstreckt sich der 1995 gegründete Nationalpark Unteres Odertal (Karte 13). Auf eine Länge von über 60 km sind auf deutscher Seite 10.500 ha Nationalparkfläche gesichert, auf polnischer Seite schließen sich die beiden sogenannten Landschaftsschutzparke Zehden und Unteres Odertal an. Als eine Art weiträumig schützende Pufferzone fungiert ein den Nationalpark auf deutscher Seite umgebendes Landschaftsschutzgebiet mit etwa 17.800 ha Fläche. Naturräumlich besteht die eiszeitlich entstandene Flussniederung Unteres Odertal aus Altwässern, Auen und periodisch überfluteten Feuchtwiesen, aber auch Trockenrasen und Hangwälder gehören zum Ökosystem. Mit fast 1.150 nachgewiesenen Arten gilt der Nationalpark als eines der artenreichsten Gebiete für Flora und Fauna in ganz Deutschland. Von besonderer Bedeutung ist die weiträumige Flussaue mit ihrem dichten Netz von Altarmen für die Vogelwelt, v. a. als Brut- und Rückzugsgebiet für durchziehende Wasservögel. Kernstück des Nationalparks bildet ein ausgeklügeltes Poldersystem aus Deichen mit einer Gesamtlänge von 177 km und insgesamt knapp 130 wassertechnischen Bauwerken, das Ergebnis von Regulierungsmaßnahmen, die zwischen 1906 und 1932 nach holländischem Vorbild durchgeführt wurden, um die Bewohner der Niederungen vor dem immer wiederkehrenden Hochwasser zu schützen. Es gibt ein Besucherzentrum in Criewen, dessen Hauptattraktion ein 15.000 Liter fassendes Aquarium mit ca. 30 Fischarten jedes Jahr ungefähr 25.000 Besucher anzieht. Untersuchungen der Parkverwaltung haben ergeben, dass ungefähr die Hälfte der Besucher unmittelbar aus der Region selbst stammt. Von der anderen Hälfte, also den Besuchern, die nicht in den Landkreisen Uckermark oder Barnim beheimatet sind, reist wiederum gut ein Viertel aus Berlin an. Etwa 10.000 Besucher (v. a. Schulklassen) werden zusätzlich im Rahmen von Umweltbildungsprojekten des Parks jedes Jahr von den Mitarbeitern betreut. Die aus nur 12 Mitarbeitern bestehende Nationalparkverwaltung rechnet mit ca. 150.000 Besuchern des einzigen deutschen Auennationalparks jährlich.[128]

---

[128] Quelle: Internetauftritt des NATIONALPARKS UNTERES ODERTAL (http://www.unteres-odertal.de/nationalpark) und Telefonat mit der Parkverwaltung (Leitung des Bereichs Öffentlichkeitsarbeit) am 21.12.04

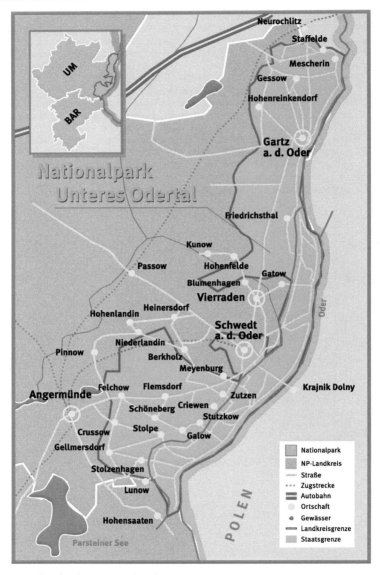

Karte 13: Nationalpark Unteres Odertal

Kurzcharakteristik Nationalparklandkreis Uckermark

Der Landkreis *Uckermark* liegt im Nordosten des Landes Brandenburg. Mit einer Fläche von 305.800 ha ist er der größte Landkreis der Bundesrepublik Deutschland. Er grenzt im Osten an die Republik Polen. Nachbarlandkreise im Norden und Nordwesten sind Uecker-Randow und Mecklenburg-Strelitz (Mecklenburg-Vorpommern), im Westen schließt der Landkreis Oberhavel an und im Süden der Landkreis Barnim. Der Landkreis Uckermark beheimatet ca. 145.000 Menschen und ist mit nur 47 Einwohnern je Quadratkilometer sehr dünn besiedelt. Entstanden ist der Landkreis Uckermark in seiner heutigen Form 1993 durch die Zusammenlegung der Kreise Angermünde, Prenzlau und Templin sowie der vorher kreisfreien Stadt Schwedt an der Oder. Rund 60 % der Landkreisfläche stehen in intensiver landwirtschaftlicher Nutzung. Beachtliche 50 % der Kreisfläche sind nach dem Naturschutzrecht besonders geschützt. Der Landkreis Uckermark hat überwiegenden Anteil an den drei Großschutzgebieten Nationalpark „Unteres Odertal", Biosphärenreservat „Schorfheide-Chorin" und Naturpark „Uckermärkische Seen".[129]

Kurzcharakteristik Vergleichslandkreis Prignitz

Der Landkreis *Prignitz* liegt im äußersten Nordwesten Brandenburgs. Er wird eingerahmt von den mecklenburgischen Landkreisen Ludwigslust und Parchim im Norden, von dem Landkreis Ostprignitz-Ruppin im Osten, dem sachsen-anhaltinischen Kreis Stendal im Süden und im Südwesten und Westen von dem niedersächsischen Landkreis Lüchow-Dannenberg. Er wurde nach der eiszeitlich geprägten historischen Landschaft der Prignitz benannt, die durch zahlreiche Fließgewässer und Rinnensysteme gekennzeichnet ist. Auf einer Fläche von 212.329 ha zählt der Landkreis Prignitz nur etwa 90.590 Einwohner, damit ergibt sich eine vergleichsweise geringe Bevölkerungsdichte von 43 Einwohnern pro Quadratkilometer. Der Landkreis ist als Teil des Biosphärenreservats Flusslandschaft Elbe zum einen landschaftlich für Touristen interessant, zum anderen hat die Prignitz als älteste Region der Mark Brandenburg eine bewegte Geschichte, wovon bis heute zahlreiche Burgen und Herrenhäuser, Kirchen, Rundlingsdörfer und historische Grabstätten zeugen.[130]

---

[129] Quelle: LANDRATSAMT UCKERMARK (http://www.uckermark.de)
[130] Quellen: LANDRATSAMT PRIGNITZ (http://www.landkreis-prignitz.de) und WIKIPEDIA (http://de.wikipedia.org)

4.6.2.1 Gästeankünfte

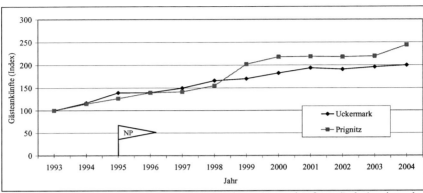

Abbildung 34: Entwicklung der Zahl der Gästeankünfte (Index) in den Untersuchungsregionen zum Nationalpark Unteres Odertal

Bis etwa 1998 verläuft die Entwicklung der Gästeankünfte in den beiden Vergleichsregionen weitgehend ähnlich, abgesehen von einem deutlicheren aber nicht anhaltenden Anstieg der Zahl der Gästeankünfte im Nationalparkkreis vor dem Jahr der Gründung des Parks 1995 (Abb. 34). Erst ab 1999 steigt die Zahl der Ankünfte im Vergleichslandkreis Prignitz deutlich an, während sich der Nationalparklandkreis weiterhin nur durch einen leicht positiven Trend auszeichnet. Eine Veränderung im Kreis Uckermark infolge eines möglichen Impulses durch die Nationalparkgründung ist nicht feststellbar. Zu berücksichtigen ist in diesem Zusammenhang – ähnlich wie bereits für den Nationalpark Hainich erläutert (Kap. 4.5.2.1) – die mit 10.500 ha geringe Größe des Nationalparks im Verhältnis zu seinem hauptsächlichen Vorfeld-Landkreis Uckermark (305.800 ha). Demnach ist generell fraglich, ob sich ein eventueller Effekt durch den nach 1995 einsetzenden Nationalparktourismus überhaupt in den Statistiken bemerkbar machen würde, zumal die Region Unteres Odertal nicht zu den klassischen Feriengebieten Brandenburgs gehört. Eine telefonische Anfrage bei der Nationalparkverwaltung zu dem Eigenbild der Parkleitung im Hinblick auf die Stellung des Nationalparks Unteres Odertal als touristischer Destinationstyp und als Erholungsgebiet ergab zudem, dass die Anbieterseite im Beherbergungswesen in dem Nationalparkvorfeld überwiegend aus bäuerlichen bis kleinständischen Betrieben mit weniger als neun Betten, oft auch im Nebenerwerb, zusammengesetzt ist, so dass diese Zahlen nicht in die amtliche Statistik eingehen. Eine Reaktion der Indexentwicklung zu den Gästeankünften in dem Nationalparklandkreis Uckermark nach dem Jahr der Gründung des Nationalparks Unteres Odertal 1995 ist folglich nicht zu erwarten.

Wie bereits bei den Nationalparken Berchtesgadener Land und Hainich sind auch hier im Fall des Nationalparks Unteres Odertal nur Daten aus 2 Perioden aus der amtlichen Statistik verfügbar. Damit ist eine ausreichende Grundlage zur Berechnung von durchschnittlichen Wachstumsraten nicht gegeben. In der folgenden Tabelle sind einige der Indexreihe entsprechenden Absolutzahlen sowie lediglich die für beide Landkreise für den gesamten 11-Jahres-Zeitraum berechneten durchschnittlichen jährlichen Wachstumsraten aufgeführt (Tab. 82).

Tabelle 82: Ausgewählte Absolutzahlen und Wachstumsraten zu den Gästeankünften in den Untersuchungsregionen zum Nationalpark Unteres Odertal

Indikator	Uckermark	Prignitz
Gästeankünfte 1993	107.523	32.009
Gästeankünfte 1995	149.808	40.546
Gästeankünfte 2004	214.948	78.090
Mittelwert 1993-2004	174.267	55.969
Standardabweichung	35.537	16.003
Wachstum 1993-04 in %	6,5	8,4

Ergänzend zu den anhand der Zinseszinsformel berechneten Wachstumsraten wurde auch zu jedem der vier zum Nationalpark Unteres Odertal untersuchten Fremdenverkehrsindikatoren eine einfache Trendregressionsschätzung vorgenommen. Hier im Fall der Gästeankünfte liegen analog zu den in obiger Tabelle angegebenen Zuwächsen beide Koeffizienten im positiven Bereich, der des Vergleichslandkreises nimmt einen höheren Wert an als der des Nationalparklandkreises (Tab. 83). Statistisch signifikant voneinander verschieden sind die beiden Trends jedoch nicht, wie die beiden entsprechenden, sich überschneidenden Vertrauensintervalle zeigen.

Tabelle 83: Ergebnisse der Trendregressionen für die Zahl der Gästeankünfte in den Untersuchungsregionen zum Nationalpark Unteres Odertal

Zeitraum 1993-04	R^2	Koeffizient	t-Statistik	Irrtums-wahrsch.	Konfidenzintervall von	bis	N
NPLK	0,943	4,4	12,870	0,000	3,7	5,2	12
VLK	0,937	5,5	12,189	0,000	4,5	6,5	12

4.6.2.2 Gästeübernachtungen

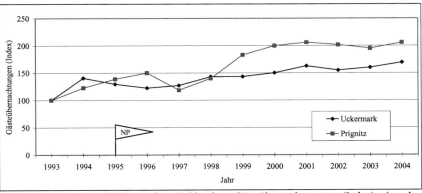

Abbildung 35: Entwicklung der Zahl der Gästeübernachtungen (Index) in den Untersuchungsregionen zum Nationalpark Unteres Odertal

Ein anfänglicher relativ steiler Anstieg der Zahl der Gästeübernachtungen in beiden Regionen im ersten Jahr bzw. in den ersten Jahren des betrachteten Zeitraums lässt auf die Nachwirkungen der Nachfragebelebung im Reiseverkehr allgemein nach der Grenzöffnung schließen, welche allerdings ab etwa Mitte der 90er Jahre konjunkturbedingt wieder leicht abflaute, was sich ebenfalls in obiger Graphik (Abb. 35) ausdrückt. Gegen Ende der 90er Jahre wurde der Fernreiseboom nicht zuletzt durch gezielte Marketinganstrengungen der verantwortlichen Tourismusverbände in den klassischen Urlaubsregionen der ehemaligen DDR in eine Wiederbelebung bzw. Rückbesinnung auf traditionelle und leicht erreichbare Ferienziele mit gutem Preis-Leistungs-Verhältnis umgelenkt, wovon altbekannte Urlaubsgebiete, aber auch neu beworbene Landstriche, wie z. B. die Flusslandschaft Elbe (Stichwort 'Biosphärenreservat', Landkreis Prignitz) profitierten. Aus diesen und den bereits unter Kap. 4.6.2.1 im Fall der Gästeankünfte erwähnten Gründen scheint auch bei der Entwicklung der Übernachtungszahlen im Nationalparklandkreis Uckermark der Einfluss des Nationalparks zu gering, um sich in den Datenreihen auf Kreisebene deutlich niederzuschlagen. Einige ausgewählte Kennzahlen sowie die mittleren jährlichen Wachstumsraten über den gesamten Betrachtungszeitraum zur obigen Indexreihe sind in nachfolgender Tabelle aufgeführt (Tab. 84).

Tabelle 84: Ausgewählte Absolutzahlen und Wachstumsraten zu den Gästeübernachtungen in den Untersuchungsregionen zum Nationalpark Unteres Odertal

Indikator	Uckermark	Prignitz
Gästeübernachtungen 1993	423.974	123.561
Gästeübernachtungen 1995	548.843	171.526
Gästeübernachtungen 2004	717.548	254.077
Mittelwert 1993-2004	601.259	201.824
Standardabweichung	83.288	48.261
Wachstum 1993-04 in %	4,9	6,8

Die in den Trendregressionen geschätzten Koeffizienten, die zwar auch beide positiv sind, aber geringer als die aus der einfachen Wachstumsratenberechnung hervorgegangenen, lassen auf ein etwas schwächeres Ansteigen der Zahl der Gästeübernachtungen schließen als ursprünglich angenommen (Tab. 85). Statistisch signifikant sind die Unterschiede der Steigungsparameter wiederum nicht.

Tabelle 85: Ergebnisse der Trendregressionen für die Zahl der Gästeübernachtungen in den Untersuchungsregionen zum Nationalpark Unteres Odertal

Zeitraum 1993-04	R^2	Koeffizient	t-Statistik	Irrtums-wahrsch.	Konfidenzintervall von	bis	N
NPLK	0,783	2,9	6,008	0,000	1,8	3,9	12
VLK	0,828	4,8	6,941	0,000	3,2	6,3	12

4.6.2.3 Gästebetten

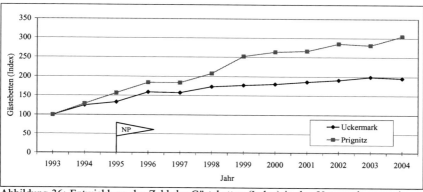

Abbildung 36: Entwicklung der Zahl der Gästebetten (Index) in den Untersuchungsregionen zum Nationalpark Unteres Odertal

Ab etwa 1994 entwickeln sich die Zahlen der angebotenen Gästebetten in den beiden Regionen deutlich auseinander, wobei der Referenzlandkreis Prignitz gegenüber dem Nationalparklandkreis Uckermark einen klaren Vorsprung einnimmt (Abb. 36). Der Kreis Uckermark hat nach der Gründung des Nationalparks im Jahr 1995 zwar eine beachtliche Erweiterung der Bettenkapazität erfahren, die Investitionen der Anbieterseite scheinen ungeachtet dessen in der Vergleichsregion jedoch größer zu sein, was auch in den in Tabelle 86 aufgeführten durchschnittlichen jährlichen Wachstumsraten in beiden Gebieten zum Ausdruck kommt.

Tabelle 86: Ausgewählte Absolutzahlen und Wachstumsraten zu den Gästebetten in den Untersuchungsregionen zum Nationalpark Unteres Odertal

Indikator	Uckermark	Prignitz
Gästebetten 1993	3.069	728
Gästebetten 1995	4.086	1.141
Gästebetten 2004	6.004	2.222
Mittelwert 1993-2004	5.053	1.586
Standardabweichung	953	490
Wachstum 1993-04 in %	6,3	10,7

Etwas abgeschwächt weisen die im Rahmen der Einfach-Regressionen ergänzend geschätzten Koeffizienten auf den Anstieg der Bettenzahlen in beiden Landkreisen hin (Tab. 87). Die in der tabellarischen Darstellung gerundet angegebenen Vertrauensintervalle reichen für den Wert im Nationalparklandkreis von 3,225 bis 5,160 und für den Wert im Vergleichslandkreis von 5,121 bis 6,879, d. h. sie überschneiden sie sich wenn auch nur in einem sehr geringen Bereich. Damit misslingt auch in diesem Fall der statistische Nachweis des Unterschieds der beiden Trends.

Tabelle 87: Ergebnisse der Trendregressionen für die Zahl der Gästebetten in den Untersuchungsregionen zum Nationalpark Unteres Odertal

Zeitraum 1993-04	R^2	Koeffizient	t-Statistik	Irrtums-wahrsch.	Konfidenzintervall von	bis	N
NPLK	0,903	4,2	9,655	0,000	3,2	5,1	12
VLK	0,959	6,0	15,205	0,000	5,1	6,9	12

4.6.2.4 Beherbergungsbetriebe

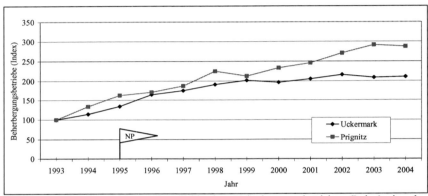

Abbildung 37: Entwicklung der Zahl der Beherbergungsbetriebe (Index) in den Untersuchungsregionen zum Nationalpark Unteres Odertal

Obige Abbildung (Abb. 37) gibt den Index der Entwicklung der Zahl der Beherbergungsstätten mit mehr als acht Betten im Nationalparklandkreis Uckermark sowie im Vergleichslandkreis Prignitz von 1993 bis 2004 wieder. Die Anbieterseite in der Referenzregion hatte mit deutlich mehr Neugründungen offensichtlich höhere Erwartungen in eine Zunahme der Nachfrage als die des Nationalparklandkreises. Der Trend verläuft in beiden Untersuchungsgebieten durchweg positiv, lediglich im Kreis Prignitz sinkt die Zahl der Beherbergungsbetriebe kurzfristig zwischen 1998 und 1999. Eine Veränderung der Kurve der Nationalparkregion ab 1995 zeichnet sich kaum ab, wenngleich sich der Aufwärtstrend in den Jahren nach der Nationalparkgründung klar fortsetzt. Die abgebildete Indexreihe und die dafür berechneten mittleren Wachstumsraten pro Jahr basieren auf folgenden Absolutzahlen aus der Beherbergungsstatistik (Tab. 88).

Tabelle 88: Ausgewählte Absolutzahlen und Wachstumsraten zu den Beherbergungsbetrieben in den Untersuchungsregionen zum Nationalpark Unteres Odertal

Indikator	Uckermark	Prignitz
Beherbergungsbetriebe 1993	56	24
Beherbergungsbetriebe 1995	75	39
Beherbergungsbetriebe 2004	118	69
Mittelwert 1993-2004	99	50
Standardabweichung	22	15
Wachstum 1993-04 in %	7,0	10,1

Die in den einfachen Trendregressionen geschätzten Koeffizienten beider Regionen sind ebenfalls deutlich positiv, wobei hier der Vorsprung der Referenzregion nicht ganz so klar zum Ausdruck kommt wie der Unterschied in den durchschnittlichen Wachstumsraten pro Jahr (Tab. 89). Wiederum sind die beiden ansteigenden Trends der Zahl der Beherbergungsbetriebe in den brandenburgischen Landkreisen statistisch nicht nachweisbar voneinander verschieden.

Tabelle 89: Ergebnisse der Trendregressionen für die Zahl der Beherbergungsbetriebe in den Untersuchungsregionen zum Nationalpark Unteres Odertal

Zeitraum 1993-04	R^2	Koeffizient	t-Statistik	Irrtums-wahrsch.	Konfidenzintervall von	bis	N
NPLK	0,848	4,9	7,461	0,000	3,4	6,3	12
VLK	0,969	5,8	17,564	0,000	5,0	6,5	12

4.6.2.5 Ergebnisse Nationalpark Unteres Odertal

Der Nationalpark Unteres Odertal ist im Verhältnis zu den Landkreisen, innerhalb derer eine Belebung der Nachfrage nach Tourismusdienstleistungen infolge der Nationalparkgründung zu vermuten wäre, sehr klein. Die telefonisch dazu befragte Nationalparkverwaltung versteht das ihr unterstellte Großschutzgebiet weniger als Tourismusmagnet, sondern in erster Linie als Naturschutzprojekt und in touristischer Hinsicht eher als Naherholungsgebiet für die Menschen der Region (Tagesausflügler) und als Ziel für einige wenige Gäste, die speziell um bestimmte v. a. vogelkundliche Phänomene des Odertals zu beobachten von weither angereist sind und in dem Vorfeld des Parks übernachtende Nationalparkbesucher. Die Feststellung eines möglichen Zusammenhangs zwischen der Nationalparkgründung 1995 und der Entwicklung der touristischen Kennzahlen, in diesem Fall Zahl der Gästeankünfte, Übernachtungen, angebotenen Gästebetten und Beherbergungsstätten im Nationalparklandkreis Uckermark, ist daher in den analysierten Zeitreihen grundsätzlich kaum zu erwarten. Bei allen vier untersuchten Indikatoren stellt sich heraus, dass sowohl die Nachfrage nach Tourismusdienstleistungen anhand der Zahl der Gästeankünfte und -übernachtungen als auch die Angebotsseite über die Betten- bzw. Beherbergungskapazitäten in der Referenzregion, dem Landkreis Prignitz, während des betrachteten Zeitfensters von 11 Jahren eine stärkere Belebung erfahren hat als die Nationalparkregion Uckermark.

4.7   Mecklenburg-Vorpommern

4.7.1   Vorbemerkung

In Mecklenburg-Vorpommern sind insgesamt drei Nationalparke ausgewiesen. Es sind dies der Nationalpark Vorpommersche Boddenlandschaft, der Nationalpark Jasmund und der Nationalpark Müritz. Alle Parke wurden 1990 gegründet. Die für einen Vergleich der touristischen Entwicklung zwischen Nationalparkregionen und den in der Clusteranalyse (Kap. 3) ermittelten Nicht-Nationalparkregionen auf Kreisebene notwendigen Kennzahlen sind beim Statistischen Landesamt Mecklenburg-Vorpommern für die Jahre vor der Kreisreform 1994 entweder nicht verfügbar oder nicht vergleichbar. Die Erstellung von Zeitreihen, die einen eventuellen Impuls in der Fremdenverkehrsnachfrage in den Nationalparklandkreisen nach Gründung der Parke aufzeigen, ist daher nicht sinnvoll. In Ergänzung zu den bisher möglichen Zeitreihenvergleichen von Fremdenverkehrsdaten ausgesuchter Landkreise, sollen für die folgenden Parke alternative Datensammlungen Schlüsse auf einen eventuellen Zusammenhang zwischen der Ausweisung eines Nationalparks und der touristischen Entwicklung seines Umfelds erlauben. Zu diesem Zweck wird – sofern ein Besuchermonitoring besteht – auf von den Parkverwaltungen selbst zusammengestelltes Zahlenmaterial (z. B. Besuchsstatistiken an Informationszentren) und Ergebnisse von den örtlichen Tourismuszentralen bzw. – ebenfalls sofern existent – Nationalpark-Zweckverbänden ausgewichen. Diese touristischen Daten zu dem Fremdenverkehrsaufkommen in den Nationalparkregionen werden entweder in gezielten einzelnen Expertenbefragungen erhoben oder den Veröffentlichungen der jeweiligen Institutionen entnommen (Nationalparkpläne, Jahresberichte, Entwicklungspläne etc.) und gegebenenfalls mit der für die letzten Jahre verfügbaren amtlichen Fremdenverkehrsstatistik abgeglichen. Abgesehen davon, dass es sich ähnlich der Situation der Wattenmeer-Nationalparke Niedersachsens (vgl. Kapitel 4.4) auch bei den Nationalparken Vorpommersche Boddenlandschaft und Jasmund grundsätzlich problematisch gestaltet, den jeweiligen touristisch hoch frequentierten Nationalparklandkreisen geeignete Vergleichslandkreise zuzuordnen, macht die Eigenschaft des Insellandkreises Rügen, an beiden Nationalparken Anteil zu haben, die Gegenüberstellung touristischer Kennzahlen auf Kreisebene unmöglich. Ein Zeitreihenvergleich ausgesuchter Indikatoren im Bereich Fremdenverkehr[131] aus Nationalparklandkreisen und Nicht-Nationalparklandkreisen scheint in Mecklenburg-Vorpommern nur im Fall des Nationalparks Müritz sinnvoll.

Die folgenden Darstellungen vermitteln einen Überblick über die Nationalparke Mecklenburg-Vorpommerns, die zugehörigen Nationalparklandkreise und die mittels der Clusteranalyse (Kap. 3) zu den vom Müritz-Nationalpark betroffenen Landkreisen ausgewählten Vergleichskreise (Tab. 90 und Karte 14).

---

[131] Die Daten wurden vom STATISTISCHEN LANDESAMT MECKLENBURG-VORPOMMERN (1994-2004) zur Verfügung gestellt.

Tabelle 90: Nationalparke, Nationalparklandkreise und Vergleichslandkreise Mecklenburg-Vorpommerns

Nationalpark (Gründungsjahr)	NP-Landkreis	Vergleichslandkreis
Vorpommersche Boddenlandschaft (1990)	Nordvorpommern Rügen	
Jasmund (1990)	Rügen	
Müritz (1990)	Müritz Mecklenburg-Strelitz	Parchim Ücker-Randow

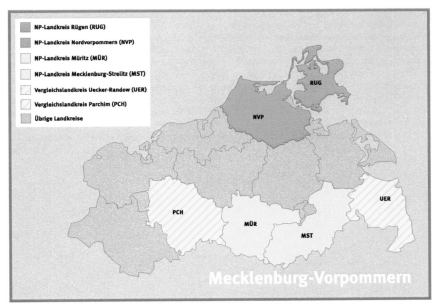

Karte 14: Die Untersuchungslandkreise in Mecklenburg-Vorpommern

149

4.7.2 Nationalpark Vorpommersche Boddenlandschaft

Kurzcharakteristik Nationalpark Vorpommersche Boddenlandschaft („Bodden – Lagunen der Ostsee")

Auf einer Fläche von 80.500 ha umfasst der 1990 gegründete Nationalpark Vorpommersche Boddenlandschaft[132] Ostsee- und Boddengewässer sowie Landflächen Vorpommerns im Bereich der Halbinsel Darß-Zingst sowie der westlich der Insel Rügen gelegenen Gewässer (Karte 15). Die Hälfte des Nationalparks ist offenes Meer, die andere Hälfte liegt in einem landschaftlich vielfältig strukturierten Raum, bestehend aus Flachwasserökosystemen mit sogenannten Windwatten, Sandhaken, Nehrungen, aktiven Kliffs, Stränden und Dünen, Brackwasserröhrichten und Küstenüberflutungsmooren aber auch Waldformen, die das gesamte Spektrum zwischen Pionier- und Klimaxgesellschaften abdecken. Der Naturraum allgemein ist durch eine hohe Küstendynamik gekennzeichnet und gleichzeitig eines der wichtigsten Tourismusgebiete des Landes Mecklenburg-Vorpommern. Ein durch menschliche Nutzungen entstandenes Ökosystem, das im Nationalpark im Rahmen der Gebietspflege erhalten werden soll, sind die typischen, durch jahrhundertelange Beweidung entstandenen Salzgrasländer. Laut Hochrechnungen der Nationalparkverwaltung[133] sind die Besucherzahlen von etwa 1,6 Mio. im Jahr 1992 auf 3 Mio. im Jahr 2003 angewachsen. Im Nationalpark gibt es 8 Besucherzentren, die über Besonderheiten und Naturausstattung in den unterschiedlichen Teilen des Parks informieren. Die Nationalparkverwaltung selbst zählt etwa 70 Mitarbeiter.

---

[132] Angaben zum Park von der Internetseite des NATIONALPARKS VORPOMMERSCHE BODDENLANDSCHAFT (http://www.nationalpark-vorpommersche-boddenlandschaft.de). Bodden ist der an der Ostsee gebräuchliche Name für vom offenen Meer durch Landzungen abgetrennte Küstengewässer, die nur über schmale Flutrinnen in Verbindung stehen. Die Landzungen der südlichen Ostseeküste und die dahinter liegenden Boddengewässer sind durch Küstenausgleich seit der letzten Eiszeit entstanden, sind also in geologischen Zeiträumen betrachtet sehr junge Bildungen. Auch haben Sie einen geringeren Salzgehalt als die Ostsee, da einmündende Fließgewässer laufend Süßwasser liefern und der Wasseraustausch mit dem offenen Meer lediglich über die Flutrinnen erfolgen kann (WIKIPEDIA, http://de.wikipedia.org).

[133] Telefonische Auskunft der Nationalparkverwaltung vom 11.01.05

Karte 15: Nationalpark Vorpommersche Boddenlandschaft

4.7.2.1 Die Bedeutung des Tourismus in der Nationalparkregion Vorpommersche Boddenlandschaft

Die mit dem Nationalpark unter Schutz gestellten Flächen gehören zu etwa gleichen Teilen zu den beiden Landkreisen Nordvorpommern und Rügen.

Der 218.800 ha große Landkreis *Nordvorpommern* befindet sich zwischen den Hansestädten Rostock und Greifswald und umschließt die Hansestadt Stralsund. Angrenzende Landkreise sind Bad Doberan im Westen, Güstrow und Demmin im Süden und Ostvorpommern im Osten. Der Landkreis Nordvorpommern ist 1994 aus der Kreisreform Mecklenburg-Vorpommerns hervorgegangen. Die Bevölkerungszahl ist ähnlich wie in anderen Kreisen Mecklenburg-Vorpommerns seit Jahren leicht rückläufig, im Juli 2004 waren 114.551 Personen im Kreis Nordvorpommern beheimatet. Das ergibt eine Bevölkerungsdichte von 54 Einwohnern pro Quadratkilometer.[134] Der westliche Teil des Nationalparks Vorpommersche Boddenlandschaft nimmt 5,2 % der Kreisfläche ein (11.300 ha), weitere 25 % des Landkreises sind ausgewiesene Landschaftsschutzgebiete, die überwiegend dem Nationalpark vorgelagert sind.

Der Landkreis *Rügen* ist mit 97.392 ha der flächenkleinste sowie, gemessen an der Einwohnerzahl von 72.633 nach dem Landkreis Müritz der zweitkleinste Landkreis Mecklenburg-Vorpommerns und hat eine Bevölkerungsdichte von 75 Einwohnern je Quadratkilometer. Er umfasst die gleichnamige und größte Insel Deutschlands, Rügen in der

---

[134] Quellen: WIKIPEDIA (http://de.wikipedia.org) und Kommunalstatistik des LANDKREISES NORDVORPOMMERN (http://www.lk-nvp.de)

Ostsee, sowie deren westlich vorgelagerte Insel Hiddensee und einige weitere kleinere Inseln wie Ummanz, Vilm, Liebitz, Heuwiese, Fährinsel und Öhe. Auf dem Festland liegen der Landkreis Nordvorpommern sowie die kreisfreie Stadt Stralsund dem Kreis Rügen am nächsten. Der Landkreis Rügen hat in der Zeit von der politischen Wende 1990 bis zum März 2004 fast 15 % seiner Bevölkerung verloren. Zum Bereich des am 01. Januar 2005 gegründeten Amtes Nord-Rügen gehören neben dem bekanntesten Kap Nordostdeutschlands, dem Kap Arkona, auch Anteile nicht nur des Nationalparks Vorpommersche Boddenlandschaft im Süden der Halbinsel Bug, sondern auch des Nationalparks Jasmund im Osten.[135]

Insgesamt umfasst die Nationalparkregion Vorpommersche Boddenlandschaft 46 Gemeinden, die den zwei Landkreisen sowie der kreisfreien Stadt Stralsund zugeordnet sind. Von 18 Gemeinden liegen Teilflächen des Gemeindegebiets direkt im Nationalpark.[136] Die 46 Gemeinden des Nationalparkvorfelds nehmen insgesamt eine Fläche von 112.139 ha ein und können den folgenden vier Teilregionen zugeordnet werden:

- *Fischland* (Graal-Müritz, Ahrenshoop, Dierhagen, Wustrow)
- *Südliche Boddenküste* (Hansestadt Stralsund, Stadt Barth, Stadt Ribnitz-Damgarten, Altenpleen, Groß Mohrdorf, Klausdorf, Kramerhof, Preetz, Prohn, Bartelshagen II b. Barth, Fuhlendorf, Karnin, Löbnitz, Lüderhagen, Pruchten, Saal, Divitz-Spoldershagen, Kenz-Küstrow, Groß Kordshagen, Lüssow, Neu Bartelshagen, Wendorf)
- *Darß/Zingst* (Zingst, Born a. Darß, Prerow, Wieck a. Darß, Insel Hiddensee) und
- *Westrügen* (Gingst, Kluis, Neuenkirchen, Schaprode, Trent, Ummanz, Altefähr, Dreschvitz, Rambin, Samtens, Altenkirchen, Breege, Dranske, Putgarten, Wiek).

Während in der Nationalparkregion im Jahr 1990 noch 151.000 Menschen lebten, ist diese Zahl bis zum Jahr 2000 auf etwa 136.000 Einwohner gesunken, davon leben allerdings 60.700 in Stralsund.

Derzeit Aussagen zu treffen über die Effekte des nationalparkinduzierten Tourismus in der Region Vorpommersche Boddenlandschaft ist nicht sinnvoll, da – abgesehen von der groben Schätzung von jährlich ca. 3 Mio. Gästen in dem traditionellen Fremdenverkehrsgebiet – detaillierte Erfassungen zur Zahl der Nationalparkbesucher fehlen. Um dennoch einen Eindruck von der regionalwirtschaftlichen Bedeutung des Nationalparktourismus in der Vorpommerschen Boddenlandschaft zu gewinnen, wurde alternativ auf von den Nationalparkverwaltung und örtlichen Tourismusverbänden zusammengestelltes Zahlenmaterial zu Besuchsintensität im Nationalpark und seinem Vorfeld ausgewichen.

Innerhalb Mecklenburg-Vorpommerns gilt die Nationalparkregion mit etwa 3,5 Mio. Übernachtungen als zweitwichtigstes Urlaubsgebiet hinter Rügen. Intensität und wirtschaftliche Bedeutung des Fremdenverkehrs variieren jedoch in den Teilregionen des Nationalparkvorfelds Vorpommersche Boddenlandschaft erheblich. Zu den touristischen Schwerpunktgebieten zählen die Halbinsel Fischland-Darß-Zingst sowie die Insel Hiddensee und die Gegend um Bug-Dranske im Landkreis Rügen. Die Anliegergemeinden der südlichen Boddenküste und Teile Westrügens stellen hingegen eher Tourismusentwicklungsräume dar, in denen der Fremdenverkehr bislang lediglich eine Rolle als ergänzende Einkommensquelle spielt. Die Nachfrage nach Tourismusdienstleistungen ist ähnlich wie in den anderen stark frequentierten Nationalparkregionen Deutschlands auch in den Urlaubsgebieten der

---

[135] Quellen: WIKIPEDIA (http://de.wikipedia.org) und LANDRATSAMT RÜGEN (http://www.kreis-rueg.de)
[136] LANDESAMT FÜR FORSTEN UND GROSSSCHUTZGEBIETE MECKLENBURG-VORPOMMERN (2002a, S. 12)

Vorpommerschen Boddenlandschaft abhängig vom Tages- bzw. Wohnortausflugsverkehr und vom Urlauberausflugsverkehr. Die Nationalparkverwaltung stellt in einer Bestandsanalyse aus dem Jahr 2002 fest, dass die Städte Rostock, Stralsund, Schwerin, Lübeck und mit Einschränkungen Hamburg und Berlin als Hauptquellen für den Wohnortausflugsverkehr betrachtet werden können. Im Gegensatz zum Tagesausflugsverkehr, der in abgeschwächter Form ganzjährig zu beobachten ist, konzentriert sich der Übernachtungsausflugsverkehr vornehmlich auf die Monate Juni bis August.[137] Allein für den Teilraum Fischland-Darß-Zingst kann bei rund 543.000 Gästeankünften (ohne Camping) von einem Übernachtungsvolumen von etwa 2,7 Mio. ausgegangen werden. Auf Hiddensee konnten bereits für das Jahr 1994 anhand der Passagierzahlen der „Weißen Flotte" etwa 700.000 Tagesausflügler registriert werden. Neben Erfahrungswerten und Hochrechnungen für besonders stark genutzte Wegeabschnitte und die vom Nationalpark umgebenen touristischen Hauptattraktionen (z. B. Dornbusch/Hiddensee oder Seebrücke und Hafenbereich Prerow) liefern die Besucherzahlen der Nationalpark-Informationszentren Anhaltspunkte für eine realistische Einschätzung der Entwicklung des Nationalparktourismus im engeren Sinn. Die Zahl der Besucherzentren selbst und ihr Angebot haben sich seit Gründung des Parks 1990 ständig erweitert. Nachstehende Abbildung (Abb. 38) verdeutlicht den Anstieg der Besucherfrequenz in den insgesamt sechs bestehenden Informationszentren in Trägerschaft des Nationalparks[138]:

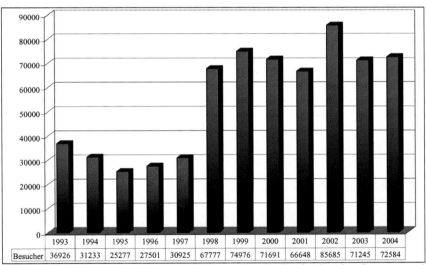

	1993	1994	1995	1996	1997	1998	1999	2000	2001	2002	2003	2004
Besucher	36926	31233	25277	27501	30925	67777	74976	71691	66648	85685	71245	72584

Abbildung 38: Besucher in Ausstellungen des Nationalparks in insgesamt 6 Informationszentren von 1993 bis 2004 (Quelle: Nationalparkverwaltung Vorpommersche Boddenlandschaft)[139]

---

[137] Beispiel Hiddensee: Rund 40 % der Nachfrage entfallen auf die Zeit zwischen Mitte Juni und Ende August, etwa 90 % auf den Zeitraum von April bis Oktober und nur 10 % auf die Monate von November bis März.
[138] Daneben gibt es noch 4 permanente Ausstellungen in anderer Trägerschaft.
[139] Per Email vom 20.01.05.

1993 existierten die drei Besucherzentren Wiek (ab 2000 Umzug nach Born), Zingst/Sundische Wiese und Barhöft, 1995 kam eine Ausstellung zu Geschichte und Landschaft des Bug hinzu, 1998 die stark frequentierte Informationseinrichtung in Vitte/Hiddensee und 1999 schließlich das Besucherhaus in Waase/Ummanz.

Sowohl die Nachfrage als auch die gewerbliche Fremdenverkehrskapazität allgemein in Mecklenburg-Vorpommern haben sich seit dem Jahr 1992 fast verdreifacht, so stieg die Zahl der Gästeankünfte von 2,7 Mio. (1992) auf 6,1 Mio. (2003), die Zahl der Übernachtungen von 9,4 Mio. auf 25,9 Mio., die Zahl der angebotenen Betten von 60.000 auf 164.000 und die Zahl der Beherbergungsbetriebe[140] von 975 auf 2.628. Für den nichtgewerblichen Bereich sind keine Zahlen veröffentlicht, in Schätzungen geht man aber davon aus, dass etwa 45 % der gesamten Übernachtungen einer Region in der amtlichen Statistik nicht erfasst werden, da diese Leistungen von Beherbergungsbetrieben mit weniger als 9 Gästebetten erbracht werden.[141] Es kann angenommen werden, dass dieser Trend der mecklenburgischen Landeswerte sich in den traditionellen Fremdenverkehrsgebieten der Nationalparkregion analog wenn nicht sogar in verstärkter Form abzeichnet. Diese Ausweitung der Beherbergungskapazität insbesondere in Küstennähe legt den Schluss nahe, dass sich die allgemein aufgrund anhaltender wirtschaftsstruktureller Defizite verschlechternde Arbeitsmarktsituation von v. a. im Binnenland gelegenen Gebieten und die negative Bevölkerungsentwicklung in Teilen Mecklenburg-Vorpommerns in der Nationalparkregion weniger drastisch auswirken und möglicherweise durch Wanderungsgewinne in touristisch prosperierenden Orten kompensiert werden könnten. Wenn in Mecklenburg-Vorpommern etwa jeder sechste sozialversicherungspflichtig Beschäftigte im Fremdenverkehr oder Gastgewerbe oder im Bereich tourismusnaher Dienstleistungen arbeitet, so dürfte dieser Anteil an der Beschäftigung in der Nationalparkregion noch bedeutend höher liegen.[142]

In der Nationalparkregion Vorpommersche Boddenlandschaft standen im Jahr 2000 rund 28.000 Gästebetten im gewerblichen Fremdenverkehr, also in Häusern mit mehr als neun Betten, zur Verfügung. Die örtlichen Tourismusverbände schätzen, dass ungefähr die doppelte Anzahl Betten aus dem nichtgewerblichen Bereich hinzukommt. Berücksichtigt man zusätzlich die 13.000 Übernachtungsplätze für Camper liegt die Gesamtzahl der Übernachtungsmöglichkeiten im Nationalparkvorfeld bei über 70.000.

Die Nationalparkverwaltung verwendet als Indiz für die regionalwirtschaftliche Bedeutung des Fremdenverkehrs die Übernachtungsintensität, d. h. die Zahl der Übernachtungen je 100 Einwohner und Jahr (ohne Camping) – ein Indikator, dessen Aussagekraft hinsichtlich des abwanderungsbedingten Bevölkerungsrückgangs in der Region allerdings fragwürdig scheint. Die höchsten Werte erreichen wiederum Gemeinden im Amtsbereich Fischland-Darß-Zingst (14.300 Übernachtungen je 100 Einwohner) und selbst für die innerhalb der Nationalparkregion touristisch vergleichsweise unterentwickelten Gemeinden der südlichen Boddenküste errechnet sich mit ca. 453 Übernachtungen je 100 Einwohner eine Zahl, die zwar unter dem Landesdurchschnitt von 1.018, aber immer noch über dem Bundesdurchschnitt von 397 liegt.

---

[140] Zahlen der angebotenen Betten und gewerblichen Beherbergungsbetriebe mit mehr als 9 Betten und jeweils für den Monat Juli (STATISTISCHES LANDESAMT MECKLENBURG-VORPOMMERN, http://www.statistik-mv.de)
[141] Die Prozentzahl ist der im Februar 2004 erarbeiteten „Einschätzung zum Tagestourismus/grauen Vermietermarkt für die Region Fischland-Darß-Zingst" des Tourismusverbandes Fischland-Darß-Zingst e. V. zu entnehmen. (Per Email am 13.01.05)
[142] Vgl. hierzu die Bestandsanalyse des Nationalparkplans Vorpommersche Boddenlandschaft (LANDESAMT FÜR FORSTEN UND GROSSSCHUTZGEBIETE MECKLENBURG-VORPOMMERN, 2002b, S. 162)

4.7.2.2 Ergebnisse Nationalpark Vorpommersche Boddenlandschaft

Der Nationalpark Vorpommersche Boddenlandschaft hat mit schätzungsweise 3 Mio. Gästen jährlich eine der höchsten Besucherzahlen aller deutschen Nationalparke. Er befindet sich allerdings in einer touristisch bereits zu DDR-Zeiten hoch frequentierten Urlaubsregion an der Ostsee. Der fast zeitgleich mit der politischen Wende stattfindenden Nationalparkgründung im Jahr 1990 folgen ein stark steigender Besucherstrom und damit einhergehend eine deutliche Ausweitung der Fremdenverkehrskapazitäten in der Nationalparkregion. Vergleichbare Zahlen aus amtlichen Fremdenverkehrsstatistiken, die die Entwicklung in der Region vor und nach der Nationalparkgründung dokumentieren bzw. die eine Gegenüberstellung der Entwicklung in den beiden Nationalparklandkreisen Nordvorpommern und Rügen mit derjenigen in ähnlichen Nicht-Nationalparklandkreisen erlauben, liegen nicht vor.[143] Das Tourismusaufkommen in den stark frequentierten Abschnitten innerhalb des Parks nimmt laut Nationalparkverwaltung bereits Ausmaße an, die den Zielen des Naturschutzes eher abträglich sind (Stichwort „Übertourismus")[144]. Ziel der verantwortlichen Stellen in der Parkverwaltung und der örtlichen Fremdenverkehrsverbände ist die Umlenkung der quantitativen Ausrichtung der Tourismuspolitik in der Nationalparkregion in Konzepte, die auf qualitativ hochwertigen und naturverträglichen Nationalparktourismus und eine das Gefälle zwischen den touristisch hoch entwickelten Tourismuszentren und den seltener besuchten Vorfeldgemeinden ausgleichende Besucherlenkung abzielen.[145] Es ist anzunehmen, dass die Region Vorpommersche Boddenlandschaft auch ohne das Prädikat ‚Nationalpark' ein touristischer Schwerpunkt des Landes Mecklenburg-Vorpommern geblieben wäre bzw. sich als solcher nach der Wende in ähnlicher Weise weiterentwickelt hätte. Dass die Unterschutzstellung des landschaftlich abwechslungsreichen Küstengebiets zu einem regionalwirtschaftlich spürbaren Tourismusimpuls geführt hätte, kann mangels vergleichbarer Zahlen zum Fremdenverkehrsaufkommen vor und nach der Parkgründung und ohne detaillierte Erhebungen zum Nationalparktourismus im engeren Sinn selbst von Seiten der Nationalparkverwaltung oder lokaler Tourismusverbände bestenfalls vermutet werden.

4.7.3 Nationalpark Jasmund

Kurzcharakteristik Nationalpark Jasmund ("Kreidefelsen am Meer")

Der Nationalpark Jasmund liegt im Nordosten des Bundeslandes Mecklenburg-Vorpommern, auf der Insel Rügen zwischen Sassnitz im Süden und Lohme im Norden (Karte 16). Er wurde 1990 gegründet. Das nur 3.003 ha große Nationalparkgebiet (davon 2.123 ha Wald, 673 ha Ostsee und ca. 200 ha sonstige Flächen) umfasst den bis auf 161 m über die See aufragenden, überwiegend aus Kreidekalk aufgebauten und bewaldeten Höhenrücken der Stubnitz, die Steilufer und einen 500 m breiten, dem Strand unmittelbar vorgelagerten Bereich der Ostsee. Charakteristisch für diesen Nationalpark und einzigartig in Deutschland sind die hohen, am Königsstuhl bis auf 118 m aufragenden Kreidekliffs. Die Besucherzahl versechsfachte sich in den 14 Jahren seit der Öffnung der innerdeutschen Grenze auf etwa 1,5 Mio.[146] Im Nationalpark Jasmund gibt es seit März 2004 ein Besucherzentrum (Königsstuhl), das von

---

[143] Selbst sollte diese Voraussetzung gegeben sein, käme für die statistische Auswertung von Kennzahlen auf Kreisebene erschwerend hinzu, dass der Landkreis Rügen Anteil an zwei Nationalparken hat.

[144] Telefonische Auskunft der Nationalparkverwaltung Vorpommersche Boddenlandschaft vom 12.01.05.

[145] Vgl. hierzu das Leitbild des Nationalparkplans Vorpommersche Boddenlandschaft (LANDESAMT FÜR FORSTEN UND GROSSSCHUTZGEBIETE MECKLENBURG-VORPOMMERN, 2002a, S. 48)

[146] Quelle: NATIONALPARK JASMUND (http://www.nationalpark-jasmund.de)

einer gemeinnützigen Betreiber-GmbH geführt wird und in seiner ersten Saison etwa 165.000 Besucher zählte.[147]

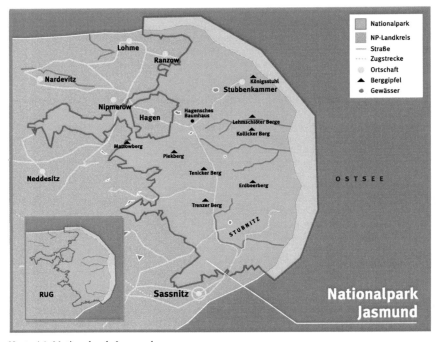

Karte 16: Nationalpark Jasmund

4.7.3.1 Die Bedeutung des Tourismus in der Nationalparkregion Jasmund

Der Tourismus ist für den Landkreis Rügen (vgl. Kapitel 4.6.2) der bedeutendste Wirtschaftsfaktor. Das Fremdenverkehrsaufkommen ist jedoch nicht gleichmäßig auf die einzelnen Teilregionen des Insellandkreises verteilt, sondern konzentriert sich auf einige hoch frequentierte Attraktionspunkte vornehmlich im Osten der Insel. Besonders beliebt sind hier die Ostseebäder (v. a. Binz mit dem Jagdschloss Granitz, ca. 15 km vom Nationalpark Jasmund entfernt), Kap Arkona (ca. 25 km vom Nationalpark Jasmund entfernt) und die Kreidefelsen im Nationalpark selbst. Das Beherbergungsgewerbe im Landkreis Rügen hat innerhalb der 10 Jahre nach der politischen Wende infolge des stark gestiegenen Reiseverkehrs seine Kapazitäten stark erweitert (Tab. 91).

---

[147] Die Hauptattraktion des Nationalparks Jasmund, der Aussichtspunkt „Königsstuhl", liegt in unmittelbarer Nähe zum Besucherzentrum. Die Besichtigung des Königsstuhls kostet Eintritt und anhand der verkauften Eintrittskarten lässt sich eine jährliche Besucherzahl von ungefähr 570.000 nur in diesem Bereich schätzen. Allerdings können Besucher auch ohne Eintrittsgeld zu entrichten zu der Sehenswürdigkeit gelangen, wenn sie vor oder nach den Öffnungszeiten der Kasse erscheinen, so dass die tatsächliche Zahl der Königsstuhlbesucher noch höher liegen dürfte.

Tabelle 91: Auszug aus der amtlichen Beherbergungsstatistik des Landkreises Rügen

Jahr	Geöffnete Betriebe[148]	Angebotene Gästebetten	Gäste-ankünfte	Gästeüber-nachtungen	Auslastung der angeb. Betten in %
1994	264	16608	438322	1914315	45,9
1995	309	18462	486811	2238867	44,4
1996	353	21334	528610	2554404	42,1
1997	377	24786	598759	2899896	37,8
1998	437	32338	638373	3404361	34,6
1999	489	36794	760082	4122719	34,6
2000	582	40285	845727	4713329	36,3
2001	640	42246	897336	5076120	37
2002	636	41972	960083	5450554	39,3
2003	635	41557	1007903	5596885	41,1

(Quelle: Statistisches Landesamt Mecklenburg-Vorpommern, verändert)

Die Angebotssteigerung des Hotel- und Gaststättengewerbes resultiert in einer insgesamt sinkenden Auslastungsquote der zur Verfügung stehenden Betten.[149] Zu der Gesamtzahl der gewerblich angebotenen und damit in der amtlichen Statistik erfassten Gästebetten im Jahr 2003 kommt nach Schätzungen der Tourismuszentrale Rügen ein weiteres Kontingent von etwa 12.500 Betten von nicht-gewerblichen Anbietern hinzu.[150]

Bei dem Begriff ‚Nationalparkvorfeld' ist in Zusammenhang mit dem Nationalpark Jasmund zu beachten, dass es sich um einen sehr kleinen Park handelt, der nur etwa 3 % der Fläche des Landkreises Rügen einnimmt. Mit den Kreidefelsen bzw. der Region um die Stubbenkammer ist zwar eine der Hauptattraktionen des Urlaubsmagneten Rügen unter Schutz gestellt und dadurch nochmals betont, das eigentliche Nationalparkvorfeld ist jedoch von entsprechend geringer Flächengröße. Nach Auskunft der Nationalparkverwaltung logieren die meisten der den Nationalpark besuchenden Übernachtungsgäste auf Rügen in den Ostseebädern Baabe, Binz, Sellin und Göhren.[151] Trotzdem profitieren auch die an den Nationalpark direkt angrenzenden Orte als Ausgangspunkt für Ausflüge in den Park von dem Besucherstrom, so z. B. der Ort Sassnitz[152] (8 Hotels, 2 Motels, 9 Pensionen, 19 Ferienhäuser und 167 Einzelzimmer, Hafen für Schifffahrten zu den Kreidefelsen im Park, Start und Ziel für Rundfahrten mit der Pferdekutsche, etc.), der Ort Hagen (zentraler Auffangparkplatz mit Gastronomie) oder die Dörfer Nipmerow (Campingplatz) und Lohme. Eine Art „Zweckgemeinschaft Nationalparkvorfeld Jasmund" gibt es nicht.

Nachdem der unmittelbar nach der politischen Wende Anfang der 90er Jahre einsetzende Tourismusboom auf Rügen mit dem Spitzenwert von ca. 2 Mio. Nationalparkbesuchern (nur Jasmund) etwa Mitte des vergangenen Jahrzehnts bei einer Gästezahl von 1 Mio. nachgelassen hatte, schätzt die Nationalparkverwaltung die aktuelle Besucherzahl im

---

[148] Die Werte für die geöffneten Betriebe und die angebotenen Gästebetten beziehen sich jeweils auf den Monat Juli, alle anderen sind Jahreswerte.

[149] Die Gefahr geringer Auslastung allgemein bei Überkapazitäten wird bereits 2002 in einem vom Landkreis in Auftrag gegebenen „Regionalen Entwicklungskonzept Rügen" berücksichtigt (POPP et al., 2002, S. 16, 39).

[150] Telefonische Auskunft vom 18.01.05

[151] Telefongespräch vom 17.01.05

[152] Die Kleinstadt Sassnitz ist staatlich anerkannter Erholungsort. Es ist der größte der an den Park angrenzenden Orte und zählt nur 11.600 Einwohner. Dennoch ist auch in Sassnitz die angebotene Bettenzahl in nur 2 Jahren von 1.345 (2001) auf 1.916 (2003) angewachsen. (Telefonische Auskunft der Abteilung Wirtschaftsförderung der Stadt Sassnitz vom 18.01.05)

Nationalpark Jasmund auf etwa 1,5 Mio. jährlich. Der im Nationalpark Jasmund gelegene Königsstuhl ist eine von mehreren Hauptattraktionen für Rügen-Besucher. Die unmittelbaren Vorfeldgemeinden partizipieren zwar an der Nachfrage nach Tourismusdienstleistungen, scheinen jedoch in ihrem Beherbergungsangebot mit der Attraktivität der relativ nahe gelegenen kulturhistorisch gewachsenen Seebäder nicht konkurrieren zu können. Auch ist in diesem Zusammenhang zu bedenken, dass sich das eigentliche Nationalparkvorfeld in einem landschaftlich vielfältigen Landkreis befindet, in dem auch in anderen Teilregionen Naturschutzziele u. a. zur Existenzsicherung des Tourismus verfolgt werden. Die Insel Rügen hat Anteil an dem Nationalpark Vorpommersche Boddenlandschaft (knapp 4 % der Kreisfläche), an dem Nationalpark Jasmund (3 % der Kreisfläche) und dem Biosphärenreservat Südost-Rügen als weitere Großschutzgebietskategorie (24 % der Kreisfläche). Die Parkverwaltung selbst versteht sieht sich in erster Linie als Naturschutzbehörde, zu deren Aufgaben auch die naturverträgliche Lenkung des v. a. im Sommerhalbjahr und an bestimmten Feiertagen an Massentourismus grenzenden Besucheraufkommens auf der Halbinsel Jasmund gehört. Ein Monitoring-Konzept zu dem Besuchsverhalten von Nationalparktouristen im engeren Sinn liegt der Parkverwaltung zwar vor, seine konkrete Umsetzung scheiterte bislang jedoch an dem finanziellen und personellen Engpass innerhalb des Nationalparkamtes. Detaillierte Informationen über Art und Umfang des eigentlichen Nationalparktourismus und die Bedeutung für sein unmittelbares Vorfeld konnten nicht gewonnen werden, weder auf Seiten der Parkverwaltung noch auf Seiten der amtlichen Statistik.

4.7.3.2 Ergebnisse Nationalpark Jasmund

Deutschlands kleinster Nationalpark liegt auf der Insel Rügen in einer touristisch hoch frequentierten Region. Die im Nationalpark gelegenen Kreidefelsen (Königsstuhl) haben den Charakter eines von mehreren Ausflugszielen im Rahmen eines Rügen-Aufenthalts. Die seit Öffnung der innerdeutschen Grenze stattfindende Vervielfachung der Besucherzahlen sowohl im Landkreis Rügen insgesamt als auch im Nationalpark (1,5 Mio.) hat zur Folge, dass mit der Einrichtung ‚Nationalpark' auf der Halbinsel Jasmund in erster Linie die naturräumliche Einzigartigkeit der Küstenregion geschützt werden soll. Der Nationalpark Jasmund erfüllt damit eher eine die Attraktivität der Region bzw. die Grundlage des Tourismus sichernde als eine die Regionalentwicklung fördernde Funktion. Abgesehen davon, dass statistische Erhebungen, die einen möglichen Impuls durch das Prädikat ‚Nationalpark' in den Fremdenverkehraufkommen der Nationalparkregion ab 1990 aufzeigen könnten, nicht verfügbar sind, ist fraglich, ob und wie sich ein von dem Jasmunder Schutzgebiet ausgehender Einfluss des Nationalparktourismus auf die traditionelle Ferienregion überhaupt quantifizieren lässt. Der Nationalpark Jasmund spielt zwar angesichts allgemein geringer Auslastungszahlen bei Beherbergungsüberkapazitäten und im Bestreben um eine saisonal und regional ausgleichende Tourismuspolitik von Seiten der Kreisverwaltung und der örtlichen Fremdenverkehrsverbände eine Rolle, als Instrument der Regionalentwicklung auf Deutschlands beliebtester Ferieninsel scheint er jedoch nicht konzipiert.

4.7.4 Nationalpark Müritz

Kurzcharakteristik Nationalpark Müritz („Land der tausend Seen")

Der 1990 gegründete Nationalpark Müritz[153] befindet sich inmitten der Mecklenburgischen Seenplatte in etwa auf halber Strecke zwischen Berlin und Rostock (Karte 17). Der Park setzt sich aus zwei Teilgebieten (25.969 ha am Ostufer der Müritz, Norddeutschlands größtem See, und weitere 6.230 ha um Serrahn) zusammen und umfasst damit eine Gesamtfläche von 32.199 ha. Das größere der beiden Teilgebiete ist durch weite Kiefernwälder und große Moore gekennzeichnet, im kleineren Teil sieht man alte Buchenwälder in einer hügeligen Landschaft mit vielen kleinen Seen und Mooren. Zu den besonderen Landschaften im Nationalpark gehört auch das Havel-Quellgebiet unmittelbar an der Endmoräne, die die Wasserscheide zwischen Nord- und Ostsee bildet, sowie die Sukzessionsflächen auf den ehemaligen Truppenübungsplätzen. Im Müritz-Nationalpark liegen über 100 Seen, die größer sind als 1 ha und etwa 13 % der Gesamtfläche bedecken. 72 % des Parkgebiets sind mit Wald bestockt, bei 8 % der Fläche handelt es sich um waldfreie Moore und bei 7 % um Äcker und Wiesen. Im Jahr 2004 konnte der Nationalpark Müritz rund 600.000 Besucher verzeichnen. Etwa 135 Mitarbeiter (inklusive Außenstellen) sind im Nationalparkamt beschäftigt, das u. a. neben dem Nationalparkzentrum in Neustrelitz sechs weitere Informationseinrichtungen unterhält.[154]

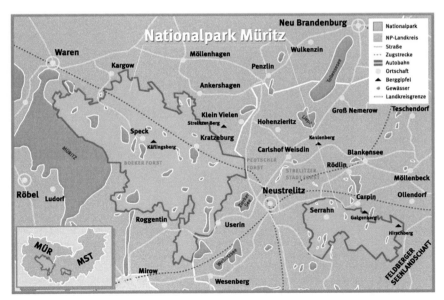

Karte 17: Nationalpark Müritz

---

[153] Die im 7. und 8. Jahrhundert in den mecklenburgischen Raum eingedrungenen Slawen nannten die Müritz „morcze", kleines Meer, davon leitet sich der heutige Name ab (SCHOKNECHT/SCHLIMPERT (1989, unveröffentlicht) in: LANDESAMT FÜR FORSTEN UND GROSSSCHUTZGEBIETE MECKLENBURG-VORPOMMERN, 2003b, S. 8).

[154] Quelle: LANDESAMT FÜR FORSTEN UND GROSSSCHUTZGEBIETE MECKLENBURG-VORPOMMERN (2003a, S. 12) und Internetauftritt des NATIONALPARKS MÜRITZ (http://www.nationalpark-mueritz.de)

4.7.4.1 Die Bedeutung des Tourismus in der Nationalparkregion Müritz

In den beiden Landkreisen Müritz und Mecklenburg-Strelitz haben insgesamt 17 Städte oder Gemeinden Anteil am Nationalpark Müritz oder grenzen unmittelbar an. Der Flächenanteil des Nationalparks am Kreis Müritz liegt bei 40 % (12.940 ha) und am Kreis Mecklenburg-Strelitz 60 % (19.260 ha).[155] Damit handelt es sich im Vergleich zu anderen Nationalparken (z. B. Hainich oder Hochharz) um einen relativ hohen Anteil an der Landkreisfläche.

Der mecklenburgische Landkreis *Müritz* liegt in der südlichen Mitte des Bundeslandes und wird eingerahmt von den Landkreisen Demmin im Nordosten, Mecklenburg-Strelitz (mit der kreisfreien Stadt Neubrandenburg) im Osten, Ostprignitz-Ruppin (Bundesland Brandenburg) im Süden, Parchim im Westen und Güstrow im Nordwesten. Er entstand 1994 aus der Kreisreform und beheimatet auf einer Fläche von 171.400 ha etwa 69.500 Personen. Damit hat er eine sehr niedrige Bevölkerungsdichte von nur 41 Einwohnern pro Quadratkilometer.[156]

Der östliche Nachbarlandkreis *Mecklenburg-Strelitz* wird umgeben von den Kreisen Demmin und Ostvorpommern im Norden, Ücker-Randow im Nordosten, den brandenburgischen Landkreisen Uckermark, Oberhavel und Ostprignitz-Ruppin im Südosten und Süden. Im Norden schneidet die kreisfreie Stadt Neubrandenburg einen schmalen Streifen aus dem 208.900 ha großen Kreisgebiet. Der Landkreis Mecklenburg-Strelitz hat mit seinen rund 85.000 Bewohnern eine dem Kreis Müritz ähnlich niedrige Einwohndichte von 42 Bewohnern pro Quadratkilometer.[157]

Im Rahmen eines vom Deutschen Wirtschaftswissenschaftlichen Institut für Fremdenverkehr (DWIF) 1995 durchgeführten Projektes zum Thema „Sozioökonomie unter besonderer Berücksichtigung des Tourismus in den Großschutzgebieten Mecklenburg-Vorpommerns und ihren Randbereichen" wurde eine räumliche Abgrenzung des Nationalparkvorfelds Müritz definiert, die auch heute noch gilt:[158]

- alle Anrainergemeinden, alle Gemeinden mit Flächen oder Enklaven im Nationalpark;
- alle von der B192 geschnittene Gemeinden nördlich des Nationalpark-Teilgebiets;
- alle Gemeinden im Nahbereich des Ortes Blankensee östlich von Neustrelitz;
- das Gebiet bis einschließlich Feldberg und Ortsteil der Gemeinde Feldberger Seenlandschaft als wichtigem Fremdenverkehrsort östlich des Teilgebiets um Serrahn;
- alle Gemeinden der mecklenburgischen Kleinseenlandschaft südlich des Nationalparks bis zur Landesgrenze.

Mit einer Ausdehnung von etwa 174.300 ha nimmt die Nationalparkregion Müritz 7,5 % der Landesfläche ein. Die Situation der allgemeinen demographischen Entwicklung in der Nationalparkregion ist in den letzten Jahren ähnlich wie in anderen Teilen Mecklenburg-Vorpommerns gekennzeichnet durch einen Bevölkerungsrückgang aufgrund von Abwanderung aus der Region und auch aufgrund der Altersstruktur. Derzeit leben knapp 86.900 Menschen in der Nationalparkregion, damit ergibt sich analog zu den beiden

---

[155] Angabe vom Nationalparkamt Müritz per Email vom 25.01.05
[156] Quelle: LANDRATSAMT MÜRITZ (http://www.landkreis-mueritz.de)
[157] Quelle: LANDRATSAMT MECKLENBURG-STRELITZ (http://www.mecklenburg-strelitz.de)
[158] Alle Angaben hierzu aus: LANDESAMT FÜR FORSTEN UND GROSSSCHUTZGEBIETE MECKLENBURG-VORPOMMERN (2003b, S. 7 ff.)

Nationalparklandkreisen eine sehr niedrige Bevölkerungsdichte von nur 50 Einwohnern pro Quadratkilometer.[159]

Bereits 1991 wurde zum Zweck der Pflege und Förderung des Lebens-, Erholungs- und Wirtschaftsraumes der Vorfeldregion ein Zweckverband der Müritz-Nationalpark-Anliegergemeinden gegründet, zu dessen Hauptaufgaben v. a. die Koordinierung gemeindlicher Entwicklungen im Verbandsgebiet (z. B. Infrastrukturausbau, Fremdenverkehrsangebot) mit den Zielen des Nationalparks zählt.

Abgesehen vom Camping-Tourismus in der Neustrelitzer Kleinseenplatte und einigen Einrichtungen des staatlich organisierten Erholungswesens war die heutige Nationalparkregion zu DDR-Zeiten kein traditionelles Fremdenverkehrsgebiet. Stattdessen war die Region für Sondernutzungen vorgesehen, wie z. B. als militärisches Übungsgelände oder als Staatsjagdgebiet. Einer Bestandsanalyse der Nationalparkverwaltung ist zu entnehmen, dass die touristische Entwicklung in der Nationalparkregion soweit vorhanden nach einem drastischen Einbruch der Besucherzahlen nach der Wende 1989/90 und trotz der Schwierigkeiten hinsichtlich der Ausstattung, des baulichen Zustands und unklarer Eigentumsverhältnisse der betrieblichen und staatlichen Fremdenverkehrseinrichtungen während der anschließenden nachfrageorientierten Umgestaltung des Beherbergungswesens in den letzten Jahren einen deutlichen Aufschwung erfahren hat.[160] Demnach sind heute aus landesplanerischer Sicht wesentliche Teile der Nationalparkregion erklärte Tourismusschwerpunkträume.

Hilfreich für die Einschätzung der Entwicklung des Nationalparks als Urlaubs- und Ausflugsziel ist auch im Fall Müritz-Nationalpark dank des seit einigen Jahren durchgeführten Besuchermonitorings die Kenntnis über die Annahme von Informationseinrichtungen durch Nationalparktouristen. Das folgende Säulendiagramm (Abb. 39) zeigt die Besucherzahlentwicklung der Informationszentren (ganzjährig betreut) und den Informationsstellen (saisonal betreut) in den Eingangsbereichen Boek, Federow, Friedrichsfelde und Kratzeburg, in den Orten Schwarzenhof (seit 2001) und Serrahn sowie des Nationalparkhauses in Neustrelitz.

---

[159] Der Bundesdurchschnitt liegt bei 228, der Landesdurchschnitt Mecklenburg-Vorpommerns bei 77 Einwohnern je Quadratkilometer (LANDESAMT FÜR FORSTEN UND GROSSSCHUTZGEBIETE MECKLENBURG-VORPOMMERN (2003b, S. 107).

[160] LANDESAMT FÜR FORSTEN UND GROSSSCHUTZGEBIETE MECKLENBURG-VORPOMMERN (2003b, S. 114)

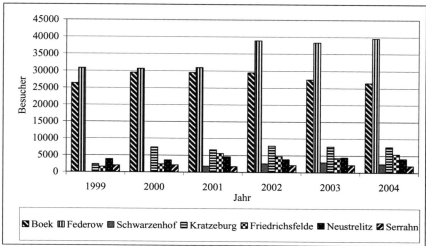

Abbildung 39: Entwicklung der Besucherzahlen in den Informationseinrichtungen[161] des Nationalparks Müritz von 1999 bis 2004

Die z. T. beträchtlichen Unterschiede in der Besuchsfrequenz der einzelnen Informationseinrichtungen liegen darin begründet, dass die Besucherzentren hinsichtlich Größe und Informationsangebot sehr verschieden ausgestattet sind. Die Gesamtsumme der in insgesamt sieben verschiedenen Einrichtungen registrierten Besucher im Bereich des Nationalparks Müritz ist von 66.905 im Jahr 1999 auf 87.535 im Jahr 2004 angewachsen, was einer Steigerung um knapp 31 % entspricht.

Im Folgenden wird die touristische Entwicklung in der Nationalparkregion, bestehend aus den beiden Landkreisen Müritz und Mecklenburg-Strelitz, und der korrespondierenden Nicht-Nationalparkregion, bestehend aus den Landkreisen Parchim und Ücker-Randow, anhand der vier Indikatoren Gästeankünfte (a), Gästeübernachtungen (b), Gästebetten (c) und Beherbergungsbetriebe (d) von 1994 bis 2003 kurz vergleichend dargestellt. Zu jedem Tourismusindikator wird ein mit den Absolutzahlen erstelltes Säulen-Diagramm[162] abgebildet und kurz beschrieben. Die dazu berechneten Indices werden ebenfalls im Text erwähnt. Für die Dauer der Zeitreihen von jeweils 9 Jahren werden außerdem die auf Basis der Zinseszinsformel berechneten durchschnittlichen Wachstumsraten angegeben. Da die Zeitreihen mangels verfügbarer Daten für den Zeitraum vor 1994 erst vier Jahre nach Gründung des Nationalparks Müritz beginnen, lassen sie keinerlei Schlüsse zu auf einen

---

[161] Zu den aktuell 7 bestehenden Informationseinrichtungen des Nationalparks Müritz gehörte bis zum Jahr 2000 auch die Besuchereinrichtung in Speck mit über 24.000 Besuchern. Nach Angabe der Nationalparkverwaltung wurde diese Einrichtung jedoch ab 2001 nicht mehr gewertet, da der Charakter eines Nationalpark-Informationszentrums nicht gewahrt werden konnte (per Email vom 25.01.05).

[162] Für die Analyse zu den Nationalparken Berchtesgadener Land, Bayerischer Wald, Schleswig-Holsteinisches Wattenmeer, Harz, Hainich und Unteres Odertal wurde für die graphische Darstellung der Index-Zeitreihen jeweils das Liniendiagramm gewählt, da die Zeitreihe vor dem Jahr der Nationalparkgründung beginnt und dadurch eine eventuelle Trendänderung gut sichtbar wird. Für die zum Nationalpark Müritz und die in den folgenden Kapiteln untersuchten Tourismusparameter zu den Nationalparken Sächsische Schweiz (Kap. 4.8.2.1) und Hochharz (Kap. 4.9.2.1) werden Säulendiagramme verwendet, weil das Gründungsjahr der Parke vor dem Beginn der Zeitreihe liegt und dadurch ein Nationalparkeffekt in Form einer Trendbeschleunigung ohnehin nicht erkennbar werden kann.

eventuell erfolgten Fremdenverkehrsimpuls während des Gründungsjahres oder kurz danach. Mittels einer einfachen Regressionsschätzung mit den einzelnen Indikatoren als zu erklärende und der Zeit als erklärende Variable wird getestet, ob sich die Entwicklungen im Fremdenverkehr in der Nationalparkregion und in der Vergleichsregion Parchim und Ücker-Randow statistisch signifikant unterscheiden.

a) Zahl der Gästeankünfte

Besonders klar zeigt sich der Vorsprung der Nationalparklandkreise Müritz und Mecklenburg-Strelitz gegenüber den Vergleichslandkreisen Parchim und Ücker-Randow ab dem Jahr 2000 bei dem ersten der vier im Folgenden angeführten Indikatoren, der Zahl der Gästeankünfte (Abb. 40).

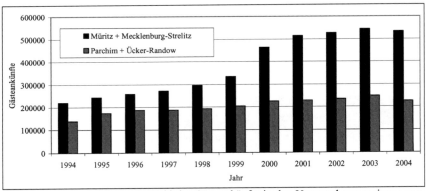

Abbildung 40: Entwicklung der Zahl der Gästeankünfte in den Untersuchungsregionen zum Nationalpark Müritz

Auffallend bei dieser Darstellung der Absolutzahlen der Gästeankünfte ist der stärkere Anstieg der Nachfrage in der Nationalparkregion v. a. in der zweiten Hälfte des Betrachtungszeitraums. Setzt man den entsprechenden Index[163] auf einen Ausgangswert von 100 im Jahr 1994, so erreicht dieser für die Nationalparkregion im Jahr 2004 einen Wert von 242, in der Vergleichsregion lediglich einen Wert von 163. Insgesamt ist die Zahl der Gästeankünfte während der betrachteten 10 Jahre in den Nationalparklandkreisen um 9,3 %, in den Vergleichslandkreisen hingegen nur um 5,0 % jährlich im Durchschnitt gestiegen (Tab. 92).

---

[163] jeweils ohne Abbildung

Tabelle 92: Ausgewählte Absolutzahlen und Wachstumsraten zu den Gästeankünften in den Untersuchungsregionen zum Nationalpark Müritz

Indikator	Müritz + Mecklenburg-Strelitz	Parchim + Ücker-Randow
Ankünfte 1994	220.654	137.514
Ankünfte 2004	534.592	224.380
Mittelwert 1994-2004	383.147	203.566
Standardabweichung	133.283	32.276
Wachstum 1994-04 in %	9,3	5,0

Darüber hinaus kommt der schwächer verlaufende Trend in der Vergleichsregion auch in dem in der Einfach-Regression für denselben Zeitraum deutlich geringer geschätzten Koeffizienten für die Nicht-Nationalparklandkreise zum Ausdruck (Tab. 93). Die entsprechenden beiden Vertrauensintervalle überschneiden sich in diesem Fall in keinem Bereich, damit gelten die Trends in der Nationalpark- und der Referenzregion als statistisch signifikant voneinander verschieden.

Tabelle 93: Ergebnisse der Trendregressionen für die Zahl der Gästeankünfte in den Untersuchungsregionen zum Nationalpark Müritz

Zeitraum 1994-04	R²	Koeffizient	t-Statistik	Irrtumswahrsch.	Konfidenzintervall von	bis	N
NPLK	0,921	7,2	10,275	0,000	5,6	8,8	11
VLK	0,862	4,0	7,495	0,000	2,8	5,2	11

b) Zahl der Gästeübernachtungen

Auch die Entwicklung der Zahl der Gästeübernachtungen in den Nationalparklandkreisen hebt sich v. a. in den letzten Jahren der abgebildeten Periode klar ab von der in den Vergleichslandkreisen beobachteten (Abb. 41).

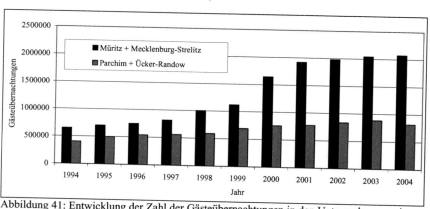

Abbildung 41: Entwicklung der Zahl der Gästeübernachtungen in den Untersuchungsregionen zum Nationalpark Müritz

Der zugehörige Index der Nationalparkregion verdreifacht sich etwa bis zum Jahr 2004 und erreicht einen Wert von 320. Der für die Vergleichsregion berechnete Index verdoppelt sich dagegen lediglich und erreicht im letzten Jahr des betrachteten Zeitraums mit 203 einen geringeren Wert. Die Zahl der Gästeübernachtungen in den Landkreisen Müritz und Mecklenburg-Strelitz ist während des 10-Jahres-Zeitraums fast um das Vierfache ihres Ausgangswerts im Jahr 1994 gestiegen, die dazu berechnete durchschnittliche Wachstumsrate beträgt 12,3 % (Tab. 94). Dahingegen beläuft sich der für die Landkreise Parchim und Ücker-Randow berechnete Anstieg nur auf 7,3 %.

Tabelle 94: Ausgewählte Absolutzahlen und Wachstumsraten zu den Gästeübernachtungen in den Untersuchungsregionen zum Nationalpark Müritz

Indikator	Müritz + Mecklenburg-Strelitz	Parchim + Ücker-Randow
Übernachtungen 1994	647.900	403.878
Übernachtungen 2004	2.074.639	819.626
Mittelwert 1994-2004	1.336.193	669.188
Standardabweichung	595.369	158.864
Wachstum 1994-04 in %	12,3	7,3

Die wiederum mit den auf das letzte Jahr der Zeitreihe indexierten Werten erstellte Trendregression weist entsprechend unterschiedliche Koeffizienten für die Nationalpark- und die Vergleichsregion aus, die im Vergleich mit den anhand der Zinseszinsformel berechneten durchschnittlichen jährlichen Wachstumsraten etwas schwächer ausfallen, im Verhältnis zueinander jedoch in ähnlichen Bereichen liegen (Tab. 95). Die Konfidenzintervalle überschneiden sich nur in einem sehr geringen Bereich, damit gelten die beiden zugehörigen Trends nicht als statistisch signifikant voneinander verschieden.

Tabelle 95: Ergebnisse der Trendregressionen für die Zahl der Gästeübernachtungen in den Untersuchungsregionen zum Nationalpark Müritz

Zeitraum 1994-04	R^2	Koeffizient	t-Statistik	Irrtums-wahrsch.	Konfidenzintervall von	bis	N
NPLK	0,933	8,3	11,153	0,000	6,6	10,0	11
VLK	0,945	5,7	12,4	0,000	4,6	6,7	11

c) Zahl der angebotenen Gästebetten

Angesichts des starken und gleichmäßigen Anstiegs der Nachfrage nach Tourismusdienstleistungen, der in den eben betrachteten Indikatoren zum Ausdruck kommt, ist es nicht verwunderlich, wenn auch die Beherbergungskapazität in den Nationalparklandkreisen eine stärkere Ausweitung erfahren hat als in den Vergleichslandkreisen (Abb. 42).

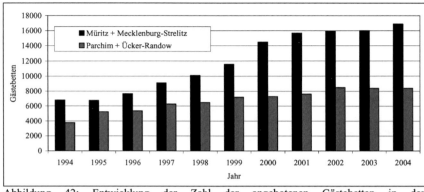

Abbildung 42: Entwicklung der Zahl der angebotenen Gästebetten in den Untersuchungsregionen zum Nationalpark Müritz

Die entsprechenden Indices zur Zahl der Gästebetten erreichen im Jahr 2004 Werte von 249 für das Nationalparkvorfeld und 222 für die Vergleichsregion. Dadurch, dass der relative Anstieg der Zahl der angebotenen Betten jedoch in beiden zu vergleichenden Regionen weniger ausgeprägt ausfällt als bei den Gästeankünften und –übernachtungen, liegt auch die durchschnittliche Wachstumsrate der Bettenzahl für die 10 Jahre zwischen 1994 und 2004 in der Nationalparkregion mit 9,5 % nur 1,2 Prozentpunkte über der der Landkreise Parchim und Ücker-Randow mit 8,3 % (Tab. 96).

Tabelle 96: Ausgewählte Absolutzahlen und Wachstumsraten zu den Gästebetten in den Untersuchungsregionen zum Nationalpark Müritz

Indikator	Müritz + Mecklenburg-Strelitz	Parchim + Ücker-Randow
Gästebetten 1994	6.799	3.782
Gästebetten 2004	16.905	8.381
Mittelwert 1994-2004	11.914	6.776
Standardabweichung	4.012	1.513
Wachstum 1994-04 in %	9,5	8,3

In der Einfach-Regression wird mit den sich nicht überschneidenden, im positiven Bereich liegenden Konfidenzintervallen und dem für die Kreise Müritz und Mecklenburg-Strelitz deutlich höher geschätzten Koeffizienten die unterschiedliche Steigung der Trends in den beiden zu vergleichenden Regionen statistisch abgesichert (Tab. 97).

Tabelle 97: Ergebnisse der Trendregressionen für die Zahl der angebotenen Gästebetten in den Untersuchungsregionen zum Nationalpark Müritz

Region	R^2	Koeffizient	t-Statistik	Irrtums-wahrsch.	Konfidenzintervall von	bis	N
NPLK	0,954	1.181	13,636	0,000	985	1.377	11
VLK	0,930	440	10,968	0,000	349	531	11

d) Zahl der Beherbergungsbetriebe

Die Fremdenverkehrsstatistik hat in der Nationalpark- und der Vergleichsregion im ersten Jahr der betrachteten Zeitspanne 1994 eine fast gleichgroße Anzahl Beherbergungsbetriebe erfasst (Abb. 43). Der Index der Nationalparkregion erreicht bis zum Jahr einen Wert von 255, die Vergleichsregion kommt auf 160 Indexpunkte.

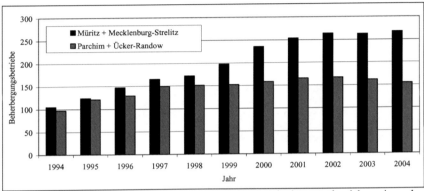

Abbildung 43: Entwicklung der Zahl der Beherbergungsbetriebe in den Untersuchungsregionen zum Nationalpark Müritz

Bis zum Jahr 2004 hat sich diese Zahl in den Landkreisen Müritz und Mecklenburg-Strelitz kontinuierlich auf das Zweieinhalbfache des Ausgangswerts erhöht, das entspricht einem Wachstum von im Mittel 9,8 % (Tab. 98). In den Vergleichskreisen hingegen hat die Zahl der Betriebe lediglich um etwa die Hälfte des Werts von 1994 zugenommen und das hauptsächlich während der ersten drei Jahre der Periode. Ab 1997 beginnt die Entwicklung in der Vergleichsregion zu stagnieren bzw. sich auf eine Zahl von knapp über 150 Betrieben einzupendeln. Insgesamt beläuft sich die Wachstumsrate für die Kreise Parchim und Ücker-Randow auf 4,8 %.

Tabelle 98: Ausgewählte Absolutzahlen und Wachstumsraten zu den Beherbergungsbetrieben in den Untersuchungsregionen zum Nationalpark Müritz

Indikator	Müritz + Mecklenburg-Strelitz	Parchim + Ücker-Randow
Beherbergungsbetriebe 1994	105	97
Beherbergungsbetriebe 2004	268	155
Mittelwert 1994-2004	200	146
Standardabweichung	60	22
Wachstum 1994-04 in %	9,8	4,8

Die Ergebnisse der Trendregressionen, insbesondere die weit voneinander entfernt liegenden Koeffizienten und die Bereiche der Konfidenzintervalle, bestätigen die unterschiedliche Entwicklung in den Nationalpark- und Nicht-Nationalparklandkreisen (Tab. 99). Nachdem die Konfidenzintervalle verschiedene Bereiche umfassen, handelt es sich bei der Steigerung in der Nationalparkregion um eine statistisch signifikante Trendbeschleunigung im Vergleich zu der Entwicklung in der Referenzregion.

Tabelle 99: Ergebnisse der Trendregressionen für die Zahl der Beherbergungsbetriebe in den Untersuchungsregionen zum Nationalpark Müritz

Region	R^2	Koeffizient	t-Statistik	Irrtums-wahrsch.	Konfidenzintervall von	bis	N
NPLK	0,960	18	14,722	0,000	15	21	11
VLK	0,718	5,5	4,782	0,001	3	8	11

Zum Abschluss dieser differenzierten Vorstellung der Entwicklung des Fremdenverkehrs in den zum Müritz-Nationalpark ausgewählten Untersuchungsregionen sei kurz auf die Situation der Kapazitätsauslastung in den Kreisen Müritz, Mecklenburg-Vorpommern, Parchim und Ücker-Randow hingewiesen. Anders als im Zusammenhang mit den mit dem Ausbau der Kapazitäten im Landkreis Rügen festgestellten sinkenden Auslastungszahlen bei den angebotenen Gästebetten steigt hier in den beiden Nationalparklandkreisen die Quote zwischen 1994 und 2004 mehr oder weniger stark – im Landkreis Mecklenburg-Strelitz von 29,5 auf 35,7 % und im Kreis Müritz von 35,5 auf 39,8 %. Im Kreis Parchim sinkt die Auslastung der Bettenkapazität allerdings leicht von 36,4 auf 34,2 % und im Kreis Ücker-Randow von 30,9 % im Jahr 1994 auf 21,4 % im Jahr 2004.

4.7.4.2 Ergebnisse Nationalpark Müritz

Die Nationalparkregion Müritz war verglichen mit den anderen beiden mecklenburgischen Nationalparken und deren unmittelbarem Umfeld nach der innerdeutschen Grenzöffnung eine eher strukturschwache Region, in der der Tourismus nicht den Stellenwert wie in der Nationalparkregion Vorpommersche Boddenlandschaft oder Jasmund innehatte. Vermutlich liegt hierin und in dem für die mecklenburgische Seenlandschaft während des vergangenen Jahrzehnts explizit betriebenen Regionalmarketing der Grund dafür, dass sich die touristische Entwicklung der Region, die sich mit dem Prädikat ‚Nationalpark' positionieren kann, deutlicher von der in den ausgewählten Vergleichslandkreisen abhebt als in traditionellen Fremdenverkehrsregionen. Die zu den vier Indikatoren analysierten Zeitreihen ergeben durchweg deutlich höhere Steigerungsraten in der Nationalparkregion, bei den Entwicklungen der Zahl der Gästeankünfte und der Beherbergungsbetriebe konnte sogar eine statistisch signifikante Trendbeschleunigung aufgezeigt werden. Wenngleich letztlich mangels vergleichbarer Daten zu der Situation vor und nach Gründung des Parks im Jahr 1990 keine Aussage darüber getroffen werden kann, ob ein kausaler Zusammenhang zwischen der Nationalparkausweisung und der in den 90er Jahren steigenden Tourismusnachfrage in der Nationalparkregion Müritz besteht, scheint die Auszeichnung ‚Nationalpark' und die damit verbundenen Bemühungen um Attraktivitätssteigerung seitens Parkverwaltung und Zweck- bzw. Tourismusverbänden der Region um das Schutzgebiet einen klaren Wettbewerbsvorteil zu verschaffen.

4.8 Sachsen

4.8.1 Vorbemerkung

Der Nationalpark Sächsische Schweiz ist das einzige Großschutzgebiet dieser Kategorie in Sachsen. Auch dieser Nationalpark wurde 1990 gegründet, was die Bildung konsistenter Zeitreihen über das Gründungsdatum hinaus in die Vergangenheit unmöglich macht. Das Statistische Landesamt des Freistaates Sachsen konnte mit der Zahl der Gästeankünfte, der Gästeübernachtungen, der Zahl der angebotenen Betten sowie der geöffneten Beherbergungsbetriebe Daten zur Verfügung stellen, die zwar nicht bis zur Nationalparkgründung 1990 zurückreichen, die aber für die beiden Landkreise bis in das Jahr 1992 (also 2 Jahre vor der Kreisreform) rückgerechnet worden sind, so dass die Vergleichbarkeit gewährleistet blieb. Mit Hilfe dieser Kennzahlen und, sofern existent, auch eigenen Erhebungen seitens der Nationalparkverwaltung Sächsische Schweiz selbst bzw. den Fremdenverkehrsorganen vor Ort, sollte es möglich sein, einen Eindruck von Art und Umfang der Wechselwirkungen zwischen der Einrichtung ‚Nationalpark' und dem Tourismusaufkommen in der Region Sächsische Schweiz zu gewinnen. Der Nationalpark Sächsische Schweiz betrifft den Landkreis Sächsische Schweiz, als Referenzregion wurde der Weißeritzkreis gewählt (vgl. Tab. 100 und Karte 18).

Tabelle 100: Nationalpark, Nationalparklandkreise und Vergleichslandkreise in Sachsen

Nationalpark (Gründungsjahr)	NP-Landkreis	Vergleichslandkreis
Sächsische Schweiz (1990)	Sächsische Schweiz	Weißeritzkreis

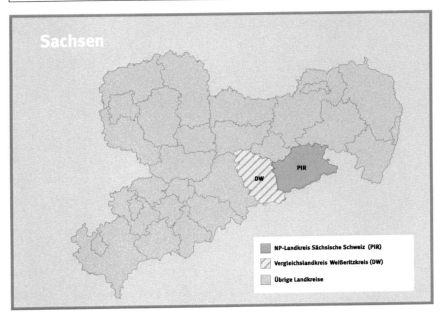

Karte 18: Die Untersuchungslandkreise in Sachsen

4.8.2 Nationalpark Sächsische Schweiz

Kurzcharakteristik Nationalpark Sächsische Schweiz („Bizarre Felsen – wilde Schluchten")

Etwa 30 km südöstlich von Dresden beginnt der 1990 ausgewiesene Nationalpark Sächsische Schweiz. Die unter Schutz stehende Mittelgebirgslandschaft besteht aus zwei räumlich getrennten Teilflächen und hat insgesamt eine Ausdehnung von 9.350 ha (davon nördlich von Bad Schandau etwa 1/3, südlich der Stadt Sebnitz und entlang der tschechischen Grenze 2/3; vgl. Karte 19). Es handelt sich jeweils um einen Ausschnitt aus dem Elbsandsteingebirge, für den bizarre Felsformationen, Steilwände und tief eingeschnittene Täler und Schluchten charakteristisch sind. Auf tschechischer Seite grenzt der 7.900 ha große Nationalpark Böhmische Schweiz unmittelbar an. Auf deutscher Seite geht die Parkverwaltung von einer jährlichen Besucherzahl von etwa 2,3 Mio. aus. Nach Auskunft der Nationalparkverwaltung verteilen sich die Nationalparktouristen zu etwa 2/3 auf den kleineren Teil des Parks und zu 1/3 auf den größeren Gebietsteil. 70 % aller Nationalparkgäste sind Tagesbesucher, 20 % Urlauber in der Region und 10 % Einheimische.[164] Eine Attraktion ist die im kleineren Teilgebiet des Nationalparks gelegene Bastei, eines der bekanntesten Naturdenkmäler Deutschlands und herausragender Aussichtspunkt der Felskante entlang der Elbe oberhalb des Ortes Rathen. Der relativ bequem auf asphaltierten Straßen erreichbare Landschaftsausblick allein zieht schätzungsweise 1,6 Mio. Besucher jährlich an.[165] Im Nationalpark Sächsische Schweiz gibt es drei Informationsstellen, davon zwei an Gastronomiebetriebe angegliederte unbesetzte Besuchereinrichtungen und eine dauerhaft betreute Ausstellung zu Natur und Landschaft des Nationalparks. Im Jahr 2005 soll zum Thema Natur und Kunst eine weitere Informationseinrichtung eröffnet werden. Daneben gibt es in Bad Schandau das Nationalparkhaus Sächsische Schweiz, das in der Trägerschaft der Sächsischen Landesstiftung Natur und Umwelt 7 eigene Angestellte beschäftigt. Derzeit arbeiten in der Nationalparkverwaltung 79 fest angestellte Mitarbeiter.[166]

---

[164] Quelle: Zählungen der Nationalparkverwaltung Sächsische Schweiz 1997-1999 (per Email vom 03.02.05)
[165] Überschlägigen Schätzungen zufolge dürften Ende der 80er Jahre sogar bis zu 3 Mio. DDR-Bürger jährlich im Zuge des staatlich organisierten Erholungswesens ihren Urlaub in der Region Sächsische Schweiz verbracht haben (Nationalparkverwaltung Sächsische Schweiz, Email vom 03.02.05).
[166] Quelle: NATIONALPARK SÄCHSISCHE SCHWEIZ (http://www.nationalpark-saechsische-schweiz.de) und telefonische Auskunft vom 01.02.05

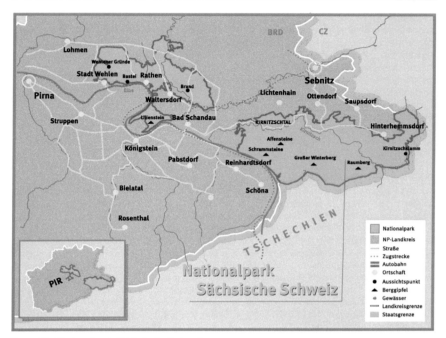

Karte 19: Nationalpark Sächsische Schweiz

4.8.2.1 Die Bedeutung des Tourismus in der Nationalparkregion Sächsische Schweiz

Die beiden Gebietsteile des Nationalparks werden im Wesentlichen von dem 28.750 ha großen Landschaftsschutzgebiet Sächsische Schweiz umgeben, dessen äußere Grenze zugleich die Grenze der Nationalparkregion Sächsische Schweiz bildet. Der Nationalpark Sächsische Schweiz liegt zu 100 % im gleichnamigen Landkreis.

Der Landkreis *Sächsische Schweiz* entstand 1994 im Zuge der Kreisreform aus den beiden Kreisen Pirna und Sebnitz. Im Osten und Süden des Kreises grenzt die Republik Tschechien an, gefolgt von dem Weißeritzkreis im Westen, Dresden im Nordwesten und den Landkreisen Kamenz und Bautzen im Norden. Das Kerngebiet des 88.788 ha großen Kreises beinhaltet die Sächsische Schweiz, im Nordosten aber auch die Ausläufer des Lausitzer Berglands und im Westen die Vorläufer des Erzgebirges. Mitten durch den Landkreis fließt die Elbe. Auch im Landkreis Sächsische Schweiz ist ein kontinuierlicher Bevölkerungsrückgang spürbar. Im Jahr 1990 lebten noch 156.000 Menschen im Kreisgebiet, bis zum Jahr 2003 ist diese Zahl auf rund 142.000 gesunken. Damit ergibt sich eine Einwohnerdichte von 161 Menschen pro Quadratkilometer.[167] Etwa 43 % der Kreisfläche sind als Nationalparkregion klassifiziert und gleichzeitig ein seit 200 Jahren stark vom Fremdenverkehr geprägtes Gebiet. Einen Höhepunkt erreichte die touristische Tradition und Bekanntheit der Region zwischen den Jahren 1880 und 1900 durch die Aufenthalte zahlreicher Künstler der Romantik, die die

---

[167] Quelle: LANDRATSAMT SÄCHSISCHE SCHWEIZ (http://www.lra-saechsische-schweiz.de)

reliefreiche Gegend auf der Suche nach Motiven und Inspiration bereisten. Die Sächsische Schweiz hat aber auch bereits seit 140 Jahren als ein in Mitteleuropa einzigartiges Kletterparadies unter den Anhängern des Bergsports einen Namen. Zwar gibt es keinen eigentlichen Zweckverband der Nationalparkanrainergemeinden, wohl aber einen Tourismusverband Sächsische Schweiz, der regionale Akteure und interessierte Gemeinden im Bemühen um regionale Entwicklung zusammenführt. Abgesehen von einem gewissen Städtetourismus nach Pirna liegt fast das gesamte touristische Potential des Landkreises in der Vielzahl an Anziehungspunkten und den landschaftsbezogenen Erholungsmöglichkeiten im Bereich des Nationalparks und der Nationalparkregion. Die Mehrtagestouristen halten sich im Landkreis Sächsische Schweiz durchschnittlich 4 Tage lang auf. Die Nähe des Nationalparks Sächsische Schweiz zu Dresden[168] bietet auch denjenigen Urlaubern interessante Möglichkeiten, die Natur- und Kulturerlebnisse verbinden möchten.

Die Vergleichsregion, der *Weißeritzkreis*, ist mit einer Fläche von 76.500 ha etwas kleiner als der Nationalparklandkreis Sächsische Schweiz und zählt mit rund 124.000 Einwohnern auch weniger Bewohner. Dennoch ergibt sich eine dem Nationalparklandkreis ähnliche Bevölkerungsdichte von 162 Einwohnern je Quadratkilometer. Im Weißeritzkreis haben sich seit vielen Jahren v. a. drei Tourismusgebiete herausgebildet, es sind dies das Osterzgebirge, die Talsperre Malter mit der Dippser Heide und der Tharandter Wald. Im Gegensatz zur Sächsischen Schweiz findet im Weißeritzkreis ausgeprägter Wintertourismus statt, wodurch er eine ähnlich hohe Fremdenverkehrsintensität aufweist.[169] So haben beide Kreise 7.000 und mehr Übernachtungen je 1000 Einwohner (Höchstwerte in Sachsen). Der Weißeritzkreis hatte 2003 außerdem eine etwas höhere durchschnittliche Bettenauslastung von 42,4 % gegenüber dem Landkreis Sächsische Schweiz (40,6 %) und die durchschnittliche Aufenthaltsdauer der Gäste lag im Weißeritzkreis mit 4,2 Tagen ebenfalls leicht über dem für den Kreis Sächsische Schweiz errechneten Wert (STATISTISCHES LANDESAMT DES FREISTAATES SACHSEN, 2004b).

Anhand des Vergleichs der Zahl der Gästeankünfte (a), der Gästeübernachtungen (b), der angebotenen Betten (c) und der geöffneten Beherbergungsbetriebe (d) soll die touristische Entwicklung des in der Clusteranalyse (Kap. 3) ermittelten und dem Landkreis Sächsische Schweiz ähnlichsten Weißeritzkreises mit der Entwicklung des Nationalparklandkreises verglichen werden. Wiederum lässt sich auf der Grundlage dieser Zeitreihenvergleiche keine Aussage bezüglich eines möglichen Impulses durch die Gründung des Nationalparks Sächsische Schweiz treffen. Die zu jedem Indikator berechneten Indices, Wachstumsraten und auch die Ergebnisse der Trendregressionen geben einen Eindruck der unterschiedlichen Niveaus und Entwicklungsverläufe des touristischen Angebots und der Nachfrage in den beiden Landkreisen zwischen 1992 und 2004.

---

[168] Entfernung Dresden – Bad Schandau ca. 38 km
[169] Angaben siehe LANDRATSAMT WEISSERITZKREIS (http://www.weisseritzkreis.com) und telefonische Auskunft des Tourismusverbands Sächsische Schweiz vom 02.02.05

a) Zahl der Gästeankünfte

Die Werte des etwas größeren und im Gegensatz zum Weißeritzkreis traditionelle Reiseziele umfassenden Landkreises Sächsische Schweiz liegen durchweg höher als die des Vergleichskreises (Abb. 44).

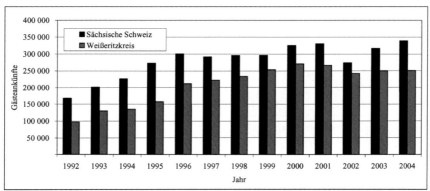

Abbildung 44: Entwicklung der Zahl der Gästeankünfte in den Untersuchungsregionen zum Nationalpark Sächsische Schweiz

Betrachtet man jedoch die Entwicklung insgesamt während der in der Zeitreihe abgebildeten 12 Jahre, so wird erkennbar, dass der deutlich stärker ausgeprägte positive Trend im Weißeritzkreis den Vorsprung des Nationalparklandkreises bis zum Jahr 2004 verringert. Das Absinken der Werte im Jahr 2002 dürfte auf die Flutkatastrophe im August jenes Jahres zurückzuführen sein. Der für den gesamten Zeitraum berechnete Index erreicht im Jahr 2004 für den Landkreis Sächsische Schweiz einen Wert von 202, für den Weißeritzkreis hingegen 257. Die durchschnittliche Wachstumsrate der Zahl der Gästeankünfte im Nationalparklandkreis beträgt 6,0 % und liegt damit deutlich unter der des Vergleichslandkreises von 8,2 % (Tab. 101).

Tabelle 101: Ausgewählte Absolutzahlen und Wachstumsraten zu den Gästeankünften in den Untersuchungsregionen zum Nationalpark Sächsische Schweiz

Indikator	Sächsische Schweiz	Weißeritzkreis
Ankünfte 1992	167.865	97.424
Ankünfte 2004	338.888	250.078
Mittelwert 1992-2004	280.013	209.276
Standardabweichung	51.848	58.587
Wachstum 1992-04 in %	6,0	8,2

Auch bei einer einfachen Trendregression berechnet sich für den Nationalparklandkreis ein niedrigerer Koeffizient als für den Vergleichslandkreis (Tab. 102). Da sich die Konfidenzintervalle jedoch überschneiden, kann die Differenz der Trends jedoch nicht als statistisch gesichert gelten.

Tabelle 102: Ergebnisse der Trendregressionen für die Zahl der Gästeankünfte in den Untersuchungsregionen zum Nationalpark Sächsische Schweiz

Zeitraum 1992-04	R^2	Koeffizient	t-Statistik	Irrtums-wahrsch.	Konfidenzintervall von	bis	N
NPLK	0,697	3,3	5,033	0,000	1,8	4,7	13
VLK	0,784	5,3	6,310	0,000	3,5	7,2	13

b) Zahl der Gästeübernachtungen

Die eben bei den Gästeankünften beschriebenen Entwicklungen in den beiden sächsischen Landkreisen kommen in der Zeitreihe zu den Gästeübernachtungen noch deutlicher zum Ausdruck (Abb. 45).

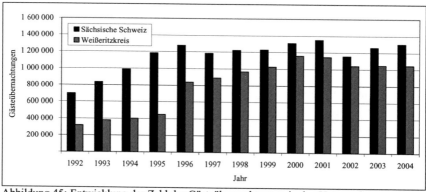

Abbildung 45: Entwicklung der Zahl der Gästeübernachtungen in den Untersuchungsregionen zum Nationalpark Sächsische Schweiz

Bis zu den Jahren 2000 bzw. 2001 hat sich die Zahl der Gästeübernachtungen im Vergleichslandkreis ausgehend von 1992 in etwa vervierfacht, im Nationalparklandkreis hingegen nur knapp verdoppelt. In den letzten Jahren der Zeitreihe weist der Verlauf in beiden Regionen eine leicht abnehmende Tendenz auf, wobei der relativ niedrige Wert des Jahres 2002 wiederum durch die Hochwasserkatastrophe bedingt sein dürfte. Ausgehend von einem Basiswert von 100 im Jahr 1992 erreicht der Vergleichslandkreis mit 327 Indexpunkten einen wesentlich höheren Wert im Jahr 2004 als der Landkreis mit dem Nationalpark mit nur 188. Die für den Landkreis Sächsische Schweiz berechnete mittlere Wachstumsrate über den 12-Jahres-Zeitraum beläuft sich auf 5,4 % (Tab. 103). Im Weißeritzkreis hingegen ist die Zahl der Gästeankünfte im selben Zeitraum um 10,4 % gestiegen.

Tabelle 103: Ausgewählte Absolutzahlen und Wachstumsraten zu den Gästeübernachtungen in den Untersuchungsregionen zum Nationalpark Sächsische Schweiz

Indikator	Sächsische Schweiz	Weißeritzkreis
Übernachtungen 1992	695.243	319.525
Übernachtungen 2004	1.304. 916	1.044.923
Mittelwert 1992-2004	1.153.437	823.689
Standardabweichung	196.673	315.458
Wachstum 1992-04 in %	5,4	10,4

Der in der Trendregression für den Vergleichslandkreis geschätzte Koeffizient ist mehr als doppelt so groß wie der für die Nationalparkregion angegebene Wert (Tab. 104). Trotzdem überschneiden sich die jeweiligen Vertrauensintervalle, wenn auch nur in einem relativ geringen Bereich. Eine statistische Absicherung der unterschiedlichen Steigung beider Regressionsgeraden auf dem 5 %-Niveau gelingt damit nicht.

Tabelle 104: Ergebnisse der Trendregressionen für die Zahl der Gästeübernachtungen in den Untersuchungsregionen zum Nationalpark Sächsische Schweiz

Zeitraum 1992-04	R^2	Koeffizient	t-Statistik	Irrtums-wahrsch.	Konfidenzintervall von	bis	N
NPLK	0,591	3,0	3,988	0,002	1,3	4,7	13
VLK	0,790	6,9	6,436	0,000	4,5	9,3	13

c) Zahl der Gästebetten

Auch die Analyse der Zahl der Gästebetten von 1992 bis 2004 zeigt eine im Vergleichslandkreis wesentlich dynamischer verlaufende Entwicklung als im Nationalparklandkreis (Abb. 46).

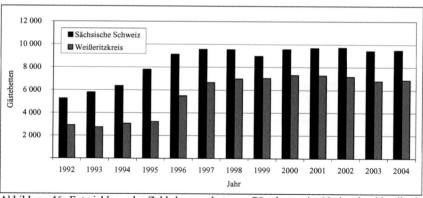

Abbildung 46: Entwicklung der Zahl der angebotenen Gästebetten im Nationalparklandkreis Sächsische Schweiz und dem zu vergleichenden Weißeritzkreis

Transformiert man die Absolutzahlen wiederum in einen Index, so liegt der Wert des Landkreises Sächsische Schweiz bei 181, der Weißeritzkreis erreicht dagegen 236 Indexpunkte. Durchschnittliche Wachstumsraten von 7,4 % im Vergleichslandkreis und lediglich 5,1 % im Nationalparklandkreis bestätigen diese Entwicklung.

Tabelle 105: Ausgewählte Absolutzahlen und Wachstumsraten zu den Gästebetten in den Untersuchungsregionen zum Nationalpark Sächsische Schweiz

Indikator	Sächsische Schweiz	Weißeritzkreis
Gästebetten 1992	5.251	2.917
Gästebetten 2004	9.498	6.881
Mittelwert 1992-2004	8.491	5.661
Standardabweichung	1.627	1.913
Wachstum 1992-04 in %	5,1	7,4

Die Ergebnisse der Trendregressionen allerdings ergeben ein ähnliches Bild wie bereits bei den Gästeankünften und den Gästeübernachtungen in den beiden sächsischen Landkreisen (Tab. 106). Zwar ist der Regressionskoeffizient des Vergleichslandkreises größer als der des Nationalparklandkreises, aber die zugehörigen Vertrauensintervalle zeigen gemeinsame Bereiche. Damit sind unterschiedliche Steigungen der Geraden und damit der Trends nicht gegeneinander gesichert.

Tabelle 106: Ergebnisse der Trendregressionen für die Zahl der angebotenen Gästebetten in den Untersuchungsregionen zum Nationalpark Sächsische Schweiz

Zeitraum 1992-04	R^2	Koeffizient	t-Statistik	Irrtums-wahrsch.	Konfidenzintervall von	bis	N
NPLK	0,689	3,7	4,941	0,000	2,0	5,3	13
VLK	0,736	6,1	5,542	0,000	3,7	8,6	13

d) Zahl der Beherbergungsbetriebe

Die Zahl der geöffneten Beherbergungsbetriebe ist der einzige unter den vier untersuchten Tourismusindikatoren, bei dem die Entwicklung in den beiden Landkreisen von 1992 bis 2004 fast parallel verläuft (Abb. 47).

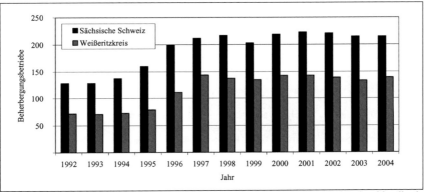

Abbildung 47: Entwicklung der Zahl der Beherbergungsbetriebe im Nationalparklandkreis Sächsische Schweiz und dem zu vergleichenden Weißeritzkreis

Dennoch zeigt der Vergleichslandkreis auch hier eine etwas stärkere Dynamik. Die Indexwerte betragen im Jahr 2004 167 im Nationalparklandkreis und 193 im Weißeritzkreis. Die durchschnittliche Wachstumsrate liegt für die Vergleichsregion mit 5,6 % ebenfalls höher als für die Nationalparkregion mit 4,3 % (Tab. 107).

Tabelle 107: Ausgewählte Absolutzahlen und Wachstumsraten zu den Beherbergungsbetrieben in den Untersuchungsregionen zum Nationalpark Sächsische Schweiz

Indikator	Sächsische Schweiz	Weißeritzkreis
Beherbergungsbetriebe 1992	129	72
Beherbergungsbetriebe 2004	215	139
Mittelwert 1992-2004	191	117
Standardabweichung	37	31
Wachstum 1992-04 in %	4,3	5,6

Die ähnlichen Ergebnisse der Trendregressionen bestätigen die Entwicklung (Tab. 108). Die Konfidenzintervalle decken sich in weiten Teilen, so dass wiederum nicht mit Sicherheit von unterschiedlichen Steigungen der Geraden ausgegangen werden kann.

Tabelle 108: Ergebnisse der Trendregressionen für die Zahl der Beherbergungsbetriebe in den Untersuchungsregionen zum Nationalpark Sächsische Schweiz

Zeitraum 1992-04	R^2	Koeffizient	t-Statistik	Irrtums-wahrsch.	Konfidenzintervall von	bis	N
NPLK	0,736	3,8	5,536	0,000	2,3	5,4	13
VLK	0,707	4,8	5,153	0,000	2,8	6,9	13

4.8.2.2 Ergebnisse Nationalpark Sächsische Schweiz

Die Region um den Nationalpark Sächsische Schweiz hat eine knapp 200jährige touristische Tradition. Seit etwa 120 Jahren gehört sie zu den bekanntesten und am besten entwickelten Fremdenverkehrsgebieten im heutigen Freistaat Sachsen. Die Nationalparkgründung 1990 fand fast zeitgleich mit dem Einsetzen eines durch die innerdeutsche Grenzöffnung bedingten Besucherstroms statt. Wie bei anderen Nationalparken, die in einer von Besuchern hoch frequentierten Gegend liegen bzw. auf deren Flächen sich die Hauptattraktionspunkte befinden, ist auch im Fall des Nationalparks Sächsische Schweiz anzunehmen, dass die Gründung des Schutzgebiets im Jahr 1990 den Anbietern von touristischen Dienstleistungen in der Region lediglich einen zusätzlichen Standortvorteil verschafft hat. In der Gesamtschau fällt auf, dass alle vier Indikatoren, also die Zahl der Gästeankünfte, Übernachtungen, Betten und Beherbergungsbetriebe, während der ersten Hälfte der 90er Jahre die größten Wachstumsraten aufweisen. Sowohl für den Nationalpark- als auch für den Vergleichslandkreis ist ab etwa 1996 ein Einpendeln aller vier Kennzahlen auf ein mehr oder weniger gleichbleibendes Niveau zu beobachten. Ferner sind die Unterschiede zwischen beiden Landkreisen 1992 deutlicher ausgeprägt als jeweils gegen Ende der betrachteten Zeitreihen im Jahr 2004. Es stellt sich die Frage, ob der Nationalpark als Standortvorteil für den Landkreis Sächsische Schweiz entweder nicht ausgereicht hat oder nicht entsprechend genutzt wurde, um zwischen 1992 und 2004 ein mindestens ebenso starkes Wachstum zu generieren wie im Weißeritzkreis. Der Vorsprung, den der traditionell fremdenverkehrsintensive Nationalparklandkreis Sächsische Schweiz gegenüber dem Nicht-Nationalparklandkreis hat, fällt insgesamt geringer aus verglichen mit der Situation beispielsweise im Fall der touristisch weitaus weniger bekannten Landschaft um den Müritz-Nationalpark in den beiden Nationalparklandkreisen Müritz und Mecklenburg-Strelitz und den Nicht-Nationalparklandkreisen Parchim und Ücker-Randow (vgl. Kap. 4.7.4).

4.9   Sachsen-Anhalt

4.9.1   Vorbemerkung

Beim Statistischen Landesamt Sachsen-Anhalt sind nur Daten ab 1994 erhältlich, die die Situation des Fremdenverkehrs im Nationalparklandkreis Wernigerode und im vergleichbaren Nicht-Nationalparklandkreis, dem Ohrekreis, beschreiben (vgl. Tab. 109 und Karte 20). Von den örtlichen Tourismusverbänden bzw. der Nationalparkverwaltung selbst werden keine Statistiken zur Tourismusentwicklung im eigentlichen Nationalparkvorfeld Hochharz erstellt bzw. erst seit wenigen Jahren Kennzahlen aus dem Beherbergungswesen beobachtet, die sich dann allerdings in Zusammenhang mit der laufenden Fusion der beiden benachbarten Nationalparke Harz und Hochharz auch nur auf die gesamte Nationalparkregion Harz beziehen. Daher beschränkt sich die Analyse der Fremdenverkehrsentwicklung um den Nationalpark Hochharz im Wesentlichen wiederum auf die Zeitreihenvergleiche zu ausgewählten Kennzahlen aus dem Nationalparklandkreis Wernigerode und dem zu vergleichenden Ohrekreis (Gästeankünfte, Gästeübernachtungen, Gästebetten und Zahl der geöffneten Betriebe).

Tabelle 109: Nationalpark, Nationalparklandkreis und Vergleichslandkreis in Sachsen-Anhalt

Nationalpark (Gründungsjahr)	NP-Landkreis	Vergleichslandkreis
NP Hochharz (1990)	Wernigerode	Ohrekreis

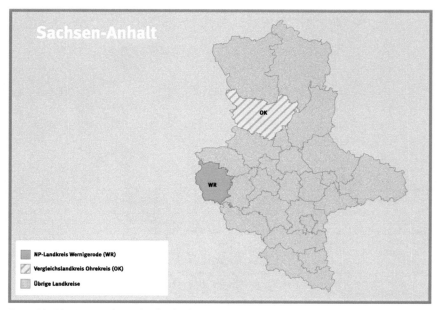

Karte 20: Die Untersuchungslandkreise in Sachsen-Anhalt

179

4.9.2 Nationalpark Hochharz

Kurzcharakteristik Nationalpark Hochharz („Sagenumwobene Bergwildnis")

Im Drei-Länder-Eck zwischen Sachsen-Anhalt, Niedersachsen und Thüringen erstreckt sich der Harz, ein Mittelgebirge, in dessen Waldungen zwei Nationalparke ausgewiesen worden sind. Es sind dies auf niedersächsischer Seite der Nationalpark Harz (vgl. Kap. 4.4.3) und auf sachsen-anhaltinischer Seite zwischen den Orten Ilsenburg im Norden, Drei-Annen-Hohne und Schierke im Osten bzw. Süden und der Landesgrenze im Westen der Nationalpark Hochharz[170] (Karte 21). Der Nationalpark Hochharz wurde 1990 mit einer Fläche von zunächst 5.780 ha gegründet und im Jahr 2001 auf 8.920 ha erweitert. Sein Kernbereich ist das Granitmassiv um den mit 1.142 m höchsten Berg des Harzes, den Brocken[171]. Der Hochharz ist ein ausgesprochener Waldnationalpark (98 %), nur 2 % der Fläche sind Wiesen, Fliessgewässer und offene Moore. Die von der Nationalparkverwaltung geschätzte Besucherzahl beläuft sich insgesamt auf etwa 1,5 Mio[172]. Im Rahmen eines sozio-ökonomischen Monitorings werden im Nationalpark Hochharz seit Anfang 2003 versuchsweise automatisierte Besucherzählungen durchgeführt, um die Schätzungen mit konkreten Zahlen zu unterlegen. Die Nationalparkverwaltung beschäftigt derzeit 29 fest angestellte Mitarbeiter und unterhält neben dem Brockenhaus auf dem Berg selbst weitere 3 betreute Nationalparkhäuser und eine Rasthütte.[173]

---

[170] Derzeit bereiten die Verwaltungen der beiden Nationalparke Harz und Hochharz ihre Fusion zum 01.01.06 vor. Mit der Unterzeichnung eines Staatsvertrages „Nationalpark Harz" durch die Ministerpräsidenten Niedersachsens und Sachsen-Anhalts im August 2004 hat die Zusammenführung der beiden Parke bereits konkrete Züge erfahren, bis Ende 2005 sollen die rechtlichen Grundlagen des neuen Großschutzgebietes festgesetzt sein. Der Nationalpark Hochharz ist seit dem 01.01.05 offiziell umbenannt in ebenfalls Nationalpark Harz, die Verwaltungsorganisation ist zunächst jedoch beibehalten worden, so dass der Nationalpark Harz als ein Park mit zwei Standorten (auf niedersächsischer und sachsen-anhaltinischer Seite) betrachtet werden darf. Im Zuge dieser Arbeit wird weiterhin der alte Name ‚Nationalpark Hochharz' verwendet, da sich die Untersuchung der touristischen Entwicklung in den Nationalparkgebieten auf die Vergangenheit bezieht.

[171] Einmalig für deutsche Mittelgebirge ist die natürliche Waldgrenze, die auf dem Brocken ab etwa 1.100 m ü. NN (je nach Exposition) beginnt.

[172] Diese Zahl ergibt sich aus ca. 700.000 verkauften Tickets der Harzer Schmalspurbahn, die auf den Brocken führt, sowie schätzungsweise weiteren 700.000 Wanderern (Telefonische Auskunft der Harzer Schmalspurbahn vom 10.12.04).

[173] Angaben zum Park siehe Internetauftritt NATIONALPARK HOCHHARZ (http://www.nationalpark-hochharz.de)

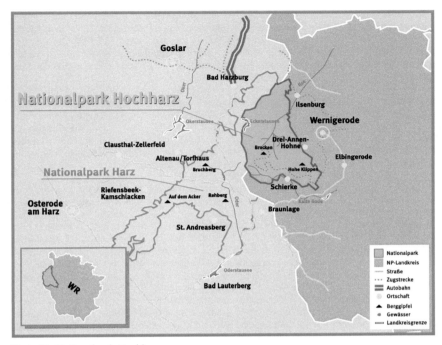

Karte 21: Nationalpark Hochharz

4.9.2.1 Die Bedeutung des Tourismus in der Nationalparkregion Hochharz

Zusammen mit dem Harzer Verkehrsverband als zentralem Partner sowie Akteuren und Verantwortlichen in Politik und Wirtschaft der Region versuchen die beiden Nationalparkverwaltungen im Rahmen einer „Europäischen Charta für nachhaltigen Tourismus in Schutzgebieten" ein touristisches Leitbild umzusetzen, das den „Nationalparkgedanken als Kapital" für eine nachhaltige Fremdenverkehrswirtschaft versteht.[174] Vor diesem Hintergrund finden seit einigen Jahren in regelmäßigen Abständen Stärken-Schwächen-Analysen bzw. Bestandsaufnahmen hinsichtlich des touristischen Angebots der Nationalparkregion statt. Diese Zahlen umfassen aber das Vorfeld beider Nationalparke, so dass eine isolierte Betrachtung der Region Hochharz nicht möglich ist. Laut Nationalparkverwaltung[175] erfuhr die heutige Nationalparkregion Hochharz unmittelbar nach der Wende zunächst einen spürbaren Einbruch im Fremdenverkehrswesen, da der staatlich organisierte Übernachtungstourismus in zahlreichen Ferieneinrichtungen im Harz nicht mehr existierte. Der zeitgleich mit der Grenzöffnung und auch zeitnah mit der Nationalparkgründung 1990 einsetzende Boom im Reiseverkehr, der dem Harz und insbesondere dem Brocken Rekordbesucherzahlen von bis zu 2 Mio. bescherte, beschränkte sich vornehmlich auf Tagesausflügler. Diese Zahl ging in den Folgejahren auf jährlich schätzungsweise ca. 1,5 Mio. zurück, was auch die Zahl der Fahrgäste der Harzer

---

[174] NATIONALPARK HOCHHARZ (ebd.)
[175] So die telefonische Auskunft vom 08.02.05.

Schmalspurbahn belegt. Zu insgesamt 12 Themenbereichen[176] präsentiert der Harzer Verkehrsverband die Mittelgebirgsregion als ein vielseitiges Urlaubsziel. Unter dem Motto „Natur-Harz" finden sich Hinweise auf die Wander- und Erlebnismöglichkeiten in und um den Nationalpark, was den Schluss nahelegt, dass der Nationalpark als eines von vielen touristischen Elementen in der Region Harz kommuniziert wird und nicht etwa als einziges Zugpferd im Fremdenverkehrsmarketing.

Der Nationalpark Hochharz befindet sich vollständig auf dem 79.760 ha Fläche umfassenden Kreisgebiet des Landkreises *Wernigerode*, von dem er etwa 11 % der Kreisfläche abdeckt. Nachbarkreise zu Wernigerode sind die Landkreise Halberstadt im Norden, Quedlinburg im Osten, der thüringische Landkreis Nordhausen im Süden und der niedersächsische Landkreis Goslar im Westen. Im Kreis Wernigerode leben etwa 94.600 Menschen, was einer Bevölkerungsdichte von 119 Einwohnern pro Quadratkilometer entspricht.[177]

Im Ergebnis der in Kapitel 3 durchgeführten Clusteranalyse stellte sich der *Ohrekreis* als dem Kreis Wernigerode am ehesten vergleichbar heraus. An den 149.361 ha großen Ohrekreis grenzen im Norden der Altmarkkreis Salzwedel und der Landkreis Stendal an, im Osten der Landkreis Jerichower Land, im Süden die kreisfreie Stadt Magdeburg und der Bördekreis und im Westen der niedersächsische Landkreis Helmstedt sowie im Nordwesten der Landkreis Gifhorn. Der Ohrekreis hat in den ersten 10 Jahren seiner Existenz (seit der Kreisreform 1994) ein Einwohnerwachstum zu verzeichnen. 1994 registrierte die Kreisverwaltung 106.878 Bürger, im Jahr 2004 waren es 116.249 Personen. Hieraus ergibt sich für den Ohrekreis eine Einwohnerdichte von 78 Bewohnern je Quadratkilometer.[178] Der Ohrekreis hat zwar landschaftlich und kulturell Erholungssuchenden Attraktives zu bieten, wie z. B. die Colbitz-Letzlinger-Heide mit dem größten geschlossen Lindenwald Europas (220 ha) sowie zahlreiche historische Stätten (Straße der Romanik), die überregionale Bekanntheit und Beliebtheit des Harzes dürfte er jedoch nicht erreichen.

Im Folgenden werden die ab 1994 verfügbaren Kennzahlen zu Gästeankünften und Gästeübernachtungen, angebotenen Betten und geöffneten Betriebe aus der amtlichen Beherbergungsstatistik der beiden Landkreise Wernigerode und Ohrekreis einander gegenübergestellt. Zu jedem Indikator sind im Textverlauf die entsprechenden Indexwerte, in Tabellenform jeweils die durchschnittlichen jährlichen Wachstumsraten von 1994 bis 2004 sowie die Ergebnisse der für die 10-Jahres-Periode für beide Landkreise durchgeführten Trendregressionen angegeben. Die eventuelle Feststellung eines Nationalparkeffekts nach dessen Gründung im Jahr 1990 kann angesichts der Kürze der Zeitreihen wiederum nicht erwartet werden.

---

[176] Diese sind: Bergbau-Harz, Gesund-Harz, Mythen-Harz, Sport-Harz, Kuschel-Harz, Junger Harz, Nostalgie-Harz, Kultur-Harz, Schnupper-Harz, Winter-Harz, Kinder-Harz und schließlich Natur-Harz (HARZER VERKEHRSVERBAND, http://www.harzinfo.de).

[177] Quelle: LANDRATSAMT WERNIGERODE (http://www.wernigerode.de) und WIKIPEDIA (http://de.wikipedia.org)

[178] Quelle: LANDRATSAMT OHREKREIS (http://www.ohrekreis.de) und WIKIPEDIA (http://de.wikipedia.org)

a) Zahl der Gästeankünfte

Obwohl der Ohrekreis fast doppelt so groß ist wie der Landkreis Wernigerode, zeigt die Zahl der Gästeankünfte, dass die Nationalparkregion mit dem klassischen Fremdenverkehrsgebiet Harz touristisch eindeutig attraktiver ist (Abb. 48).

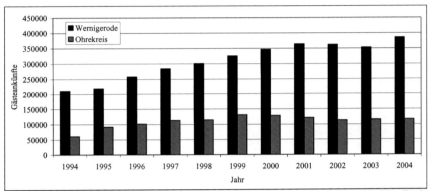

Abbildung 48: Entwicklung der Zahl der Gästeankünfte im Nationalparklandkreis Wernigerode und dem zu vergleichenden Ohrekreis

Dieses Bild täuscht jedoch leicht, denn berechnet man aus den der Zeitreihe zugrunde liegenden Absolutzahlen einen Index, so erreicht der Kreis Wernigerode im Jahr 2004 einen Wert von 183, der Ohrekreis mit 192 aber einen höheren Wert. Auch die durchschnittlichen Wachstumsraten belegen, dass die Entwicklung trotz der wesentlich geringeren Absolutwerte im Vergleichskreis einen dynamischeren Verlauf genommen hat. Für die Jahre von 1994 bis 2004 ergibt sich für den Nationalparkkreis eine Steigerung der Ankünfte um 6,2 %, für den Ohrekreis hingegen sind es 6,7 % (Tab. 110).

Tabelle 110: Ausgewählte Absolutzahlen und Wachstumsraten zu den Gästeankünften in den Untersuchungsregionen zum Nationalpark Hochharz

Indikator	Wernigerode	Ohrekreis
Ankünfte 1994	210.810	60.998
Ankünfte 2004	386.263	116.980
Mittelwert 1994-2004	310.197	110.056
Standardabweichung	60.509	19.733
Wachstum 1994-04 in %	6,2	6,7

Werden sämtliche Jahreswerte in die Berechnung der Wachstumssteigerung einbezogen, so ergibt sich ein leicht anderes Bild, wie die in den Einfach-Regressionen geschätzten Koeffizienten zeigen (Tab. 111). Danach hat nun der Nationalparklandkreis einen kleinen Vorsprung gegenüber dem Vergleichslandkreis. Die Unterschiede der Trends sind jedoch aufgrund der sich überschneidenden Vertrauensintervalle statistisch nicht signifikant.

Tabelle 111: Ergebnisse der Trendregressionen für die Zahl der Gästeankünfte in den Untersuchungsregionen zum Nationalpark Hochharz

Zeitraum 1994-04	R^2	Koeffizient	t-Statistik	Irrtums-wahrsch.	Konfidenzintervall von	bis	N
NPLK	0,928	4,5	10,773	0,000	3,5	5,4	11
VLK	0,462	3,5	2,778	0,021	0,6	6,3	11

b) Zahl der Gästeübernachtungen

Im Hinblick auf den Übernachtungstourismus allgemein weist ebenfalls der Nationalparklandkreis die deutlich größere Zahl an Logiernächten aus (Abb. 49).

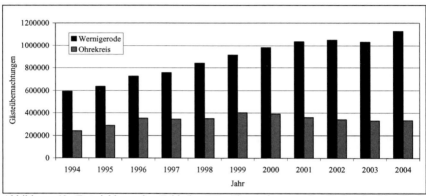

Abbildung 49: Entwicklung der Zahl der Gästeübernachtungen im Nationalparklandkreis Wernigerode und dem zu vergleichenden Ohrekreis

Im Gegensatz zu den Gästeankünften hat er jedoch auch was den gesamten Entwicklungsverlauf von 1994 bis 2004 anbelangt, einen Vorteil gegenüber dem Ohrekreis. Dies belegen sowohl die entsprechenden Indexwerte von 190 im Kreis Wernigerode und 138 im Ohrekreis als auch die durchschnittlichen Wachstumsraten der Übernachtungszahlen von 6,6 % im Nationalparkkreis aber nur 3,3 % in der Vergleichsregion (Tab. 112).

Tabelle 112: Ausgewählte Absolutzahlen und Wachstumsraten zu den Gästeübernachtungen in den Untersuchungsregionen zum Nationalpark Hochharz

Indikator	Wernigerode	Ohrekreis
Übernachtungen 1994	593.676	241.186
Übernachtungen 2004	1.126.647	332.244
Mittelwert 1994-2004	881.612	339.401
Standardabweichung	182.108	44.281
Wachstum 1994-04 in %	6,6	3,3

Nicht verwunderlich ist auch hier, dass der Wert des in den einfachen Trendregressionen für den Landkreis Wernigerode geschätzten Koeffizienten wesentlich über dem des Ohrekreises liegt, die zugehörigen Vertrauensintervalle sich jedoch knapp überschneiden (Tab. 113). Für den Ohrekreis kann überdies nicht auf dem 5 %-Niveau der Irrtumswahrscheinlichkeit behauptet werden, dass die Steigung von Null verschieden ist.

Tabelle 113: Ergebnisse der Trendregressionen für die Zahl der in den Untersuchungsregionen zum Nationalpark Hochharz

Zeitraum 1994-04	R^2	Koeffizient	t-Statistik	Irrtums-wahrsch.	Konfidenzintervall von	bis	N
NPLK	0,965	4,8	15,812	0,000	4,1	5,5	11
VLK	0,196	1,8	1,482	0,172	-0,9	4,5	11

c) Zahl der Gästebetten

Im Gegensatz zum Vergleichslandkreis wird bei Betrachtung der Zeitreihe zur Zahl der Gästebetten eine zunehmende Entwicklung im Nationalparklandkreis klar erkennbar (Abb. 50).

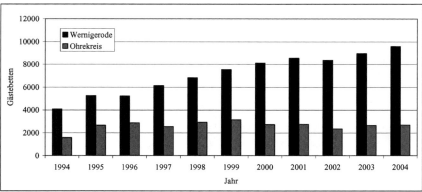

Abbildung 50: Entwicklung der Zahl der Gästebetten in den Untersuchungsregionen zum Nationalpark Hochharz

Der Kreis Wernigerode erreicht bei der Transformation der Absolutwerte in einen Index einen Wert von 234, wohingegen sich für den Ohrekreis nur ein Wert von 171 berechnet. Zwischen 1994 und 2004 wächst die Bettenkapazität im Nationalparklandkreis mit durchschnittlich 8,9 %, im Vergleichskreis steigt die Zahl der Gästebetten im Mittel nur um 5,5 % (Tab. 114).

Tabelle 114: Ausgewählte Absolutzahlen und Wachstumsraten zu den Gästebetten in den Untersuchungsregionen zum Nationalpark Hochharz

Indikator	Wernigerode	Ohrekreis
Gästebetten 1994	4.093	1.584
Gästebetten 2004	9.584	2.703
Mittelwert 1994-2004	7.153	2.633
Standardabweichung	1.770	404
Wachstum 1994-04 in %	8,9	5,5

Die in den Trendregressionen für denselben Zeitraum geschätzten Koeffizienten sind entsprechend verschieden (Tab. 115). Der in der Tabelle jeweils gerundet angegebene Wertebereich der Vertrauensintervalle reicht für den Koeffizienten des Vergleichslandkreises bis 4,566, für den des Nationalparklandkreises beginnt er bei 4,625. Damit wird klar, dass keine Überschneidung vorliegt, die Trendbeschleunigung in der Nationalparkregion also statistisch signifikant verschieden von der Entwicklung in der Referenzregion verläuft.

Tabelle 115: Ergebnisse der Trendregressionen für die Zahl der Gästebetten in den Untersuchungsregionen zum Nationalpark Hochharz

Zeitraum 1994-04	R^2	Koeffizient	t-Statistik	Irrtums-wahrsch.	Konfidenzintervall von	bis	N
NPLK	0,963	5,4	15,3	0,000	4,6	6,2	11
VLK	0,093	1,4	0,963	0,361	-1,8	4,6	11

d) Zahl der Beherbergungsbetriebe

Die Entwicklung der Zahl der geöffneten Beherbergungsbetriebe verläuft in beiden Regionen ähnlich der der Zahl der Gästebetten, wobei zwischen 1994 und 2004 für den Ohrekreis keine deutlich erkennbare Veränderung über die Zeit zu beobachten ist (Abb. 51).

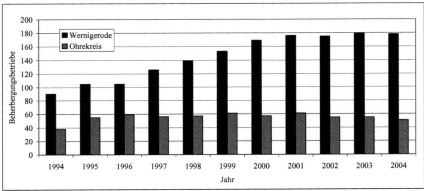

Abbildung 51: Entwicklung der Zahl der Beherbergungsbetriebe in den Untersuchungsregionen zum Nationalpark Hochharz

Im Landkreis Wernigerode hingegen wurden die Kapazitäten erheblich ausgeweitet. Für den Nationalparkkreis berechnet sich ein Indexwert von 198 und eine durchschnittliche Wachstumsrate der Zahl der Betriebe von 7,1 % (Tab. 116). Der Index des Vergleichskreises beläuft sich auf nur 134 und mit 3,0 % ist auch der mittlere Anstieg der Zahl der Betriebe im Beherbergungswesen im Ohrekreis geringer.

Tabelle 116: Ausgewählte Absolutzahlen und Wachstumsraten zu den Beherbergungsbetrieben in den Untersuchungsregionen zum Nationalpark Hochharz

Indikator	Wernigerode	Ohrekreis
Beherbergungsbetriebe 1994	90	38
Beherbergungsbetriebe 2004	178	51
Mittelwert 1994-2004	145	55
Standardabweichung	34	6
Wachstum 1994-04 in %	7,1	3,0

In den Trendregressionen wird für den Tourismusindikator im Nationalparklandkreis ein deutlich höherer Koeffizient geschätzt als für die Referenzregion (Tab. 117). Die beiden Konfidenzintervalle überschneiden sich nicht, die Trends sind also statistisch gesichert voneinander verschieden, wobei das Ergebnis der Schätzung für den Vergleichslandkreis zeigt, dass der Koeffizient nicht signifikant von Null verschieden ist.

Tabelle 117: Ergebnisse der Trendregressionen für die Zahl der Beherbergungsbetriebe in den Untersuchungsregionen zum Nationalpark Hochharz

Zeitraum 1994-04	R^2	Koeffizient	t-Statistik	Irrtums-wahrsch.	Konfidenzintervall von	bis	N
NPLK	0,926	5,5	10,632	0,000	4,3	6,6	11
VLK	0,086	1,1	0,922	0,380	-1,6	3,8	11

4.9.2.2 Ergebnisse Nationalpark Hochharz

Der 1990 gegründete Nationalpark Hochharz befindet sich in einer touristisch traditionell sehr beliebten Mittelgebirgsregion Deutschlands. Sein höchster Gipfel, der Brocken, gehörte v. a. nach der politischen Wende mit zu den am häufigsten bereisten Ausflugszielen in den neuen Bundesländern. Die Zahl der Touristen in der Region hat ihren Höchststand zu Beginn der 90er Jahre von etwa 2 Mio. verloren und hat sich in den letzten Jahren auf etwa 1,5 Mio. eingependelt. Das Prädikat ‚Nationalpark' dürfte dem weitläufigen und auch kulturell sehr vielseitig nutzbaren Wanderparadies Harz bzw. Hochharz eine zusätzliche Facette im Rahmen des durch die örtlichen Tourismusverbände koordinierten und beworbenen Freizeitangebots geliefert haben. Die daraus resultierende Betonung der landschaftlichen Einzigartigkeit des Harzes und der Region um den Brocken auf sachsen-anhaltinischer Seite verstärkte wahrscheinlich einen ohnehin vorhandenen Standortvorteil im Tourismusmarketing. Wie stark der Gründung des Nationalparks zur Entwicklung des Tourismus beigetragen hat, kann hier nicht geklärt werden. Jedenfalls kann man im Vergleich zu dem Ohrekreis mit einer Ausnahme (Wachstumsraten der Gästeankünfte) bei den untersuchten Indikatoren sowohl anhand der berechneten Wachstumsraten als auch mittels der Einfach-Regressionen doch eine günstigere Entwicklung konstatieren und in den Fällen der Gästebetten und Beherbergungsbetriebe handelt es sich sogar um statistisch signifikant voneinander verschiedene Trends. Schließlich darf nicht übersehen werden, dass der Nationalpark Hochharz mit seinen knapp 9.000 ha zwar mit dem Brocken und der historischen Harzer Schmalspurbahn die Hauptsehenswürdigkeit der Region ist, er insgesamt jedoch nur einen relativ kleinen Teil des etwa 110 km langen und 30-40 km breiten Gebirgszuges ausmacht.

5 Zusammenführung der Ergebnisse

5.1 Vorbemerkungen zu den Untersuchungsregionen

Von den insgesamt 15 deutschen Nationalparken blieben lediglich die beiden im Jahr 2004 ausgewiesenen und damit jüngsten Nationalparke Deutschlands, Kellerwald-Edersee und Eifel, aus der Analyse zu den regionalökonomischen Effekten ausgeklammert. Bei den 13 Nationalparken, die auf ihre Auswirkungen im Bereich von Tourismusdienstleistungen in ihren jeweiligen Landkreisen analysiert wurden, handelt es sich um die Nationalparke Berchtesgaden, Bayerischer Wald, Schleswig-Holsteinisches Wattenmeer, Niedersächsisches Wattenmeer, Hamburgisches Wattenmeer, Harz, Hainich, Unteres Odertal, Vorpommersche Boddenlandschaft, Jasmund, Müritz, Sächsische Schweiz und Hochharz. Die von den beiden unmittelbar benachbarten Nationalparken Niedersächsisches und Hamburgisches Wattenmeer betroffenen Landkreise wurden zu einer Untersuchungsregion aggregiert. Die Gründung der zum Untersuchungskollektiv gehörenden Nationalparke liegt bereits einige Jahre zurück, so dass eine Evaluierung der Entwicklung des Fremdenverkehrs im Hinblick auf Erwartungen seitens der Regionalplanung aber auch des Naturschutzes für die Nationalparkregionen angebracht schien und grundsätzlich auch möglich war. Die nachstehend abgebildete Zeitachse vermittelt einen Eindruck der zeitlichen Abstände, in denen die in der vorliegenden Studie betrachteten Nationalparke zwischen 1960 und 2000 gegründet wurden (Abb. 52). Oberhalb der Achse eingetragen sind die in der statistischen Auswertung verwendeten Abkürzungen BGD für den Nationalpark Berchtesgaden, BW-G und BW-E[179] für den Nationalpark Bayerischer Wald, WM-N(ord) für den Schleswig-Holsteinischen Wattenmeer-Nationalpark, WM-W(est) für die in der Untersuchung zusammengefassten Nationalparke Niedersächsisches (NS) und Hamburgisches (HH) Wattenmeer[180] und HA für den Nationalpark Harz. Unterhalb eingezeichnet sind sämtliche Nationalparke der neuen Bundesländer, für deren Regionen deskriptive Zeitreihenvergleiche, Wachstumsanalysen, aber keine multiplen Regressionsschätzungen zu der Entwicklung der Fremdenverkehrsindikatoren durchgeführt wurden. Ggf. wurden zusätzlich Besuchsstatistiken seitens der Nationalparkverwaltungen selbst analysiert. Es handelt sich um die Nationalparke Vorpommersche Boddenlandschaft (VPBL), Jasmund (JAS), Müritz (MÜ), Sächsische Schweiz (SS), Hochharz (HHA), Unteres Odertal (UOT) und Hainich (HAI). Der größte zeitliche Abstand liegt mit acht Jahren zwischen den Gründungen der beiden bayerischen Nationalparke Bayerischer Wald und Berchtesgaden, der kleinste zeitliche Abstand von nur einem Jahr liegt zwischen der Gründung der Parke Schleswig-Holsteinisches und Niedersächsisches Wattenmeer bzw. Harz und Unteres Odertal. Der Vollständigkeit wegen sind auch die beiden jüngsten Nationalparke Kellerwald-Edersee (KE) und Eifel (EIF) in Hessen bzw. Nordrhein-Westfalen eingezeichnet, die jedoch nicht Teil des Untersuchungskollektivs waren. Im Mittel wurde fast alle vier Jahre ein Nationalpark ausgewiesen.

---

[179] Mit -G ist das Gründungsjahr des Nationalparks Bayerischer Wald gemeint, mit -E das Erweiterungsjahr.
[180] Nachdem diese beiden Parke für die Analyse zusammengefasst wurden, findet im Folgenden nur noch die Abkürzung für Wattenmeer-West (WM-W) Verwendung.

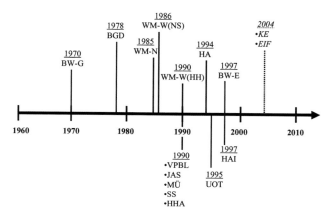

Abbildung 52: Zeitachse mit den Gründungsjahren aller 15 Nationalparke

Für die Landkreise, die von den Nationalparken Berchtesgaden, Bayerischer Wald, Schleswig-Holsteinisches Wattenmeer, Hamburgisches und Niedersächsisches Wattenmeer, Harz, Hainich und Unteres Odertal betroffen sind, sowie zu den passenden Vergleichskreisen, konnten von den jeweiligen Statistischen Landesämtern der einzelnen Bundesländer die Daten bezogen werden, die für die Erstellung von Zeitreihen ausgewählter touristischer Kennzahlen geeignet waren und mit deren Erhebung bereits einige Jahre vor Gründung jener Nationalparke begonnen wurde. Anders gestaltete sich die Situation mit den sämtlich 1990 in den neuen Bundesländern gegründeten Nationalparken Vorpommersche Boddenlandschaft, Jasmund, Müritz, Sächsische Schweiz und Hochharz. Sofern für diese Regionen vor der innerdeutschen Grenzöffnung Zahlen des staatlich organisierten Fremdenverkehrswesens erfasst wurden, waren sie nicht mit denen der völlig veränderten Tourismus-Nachfrage nach der politischen Wende 1989 vergleichbar. Ein weiteres Problem im Zusammenhang mit der Vergleichbarkeit von Beherbergungsstatistiken auf Kreisebene ist die in allen neuen Bundesländern 1994 durchgeführte Kreisreform, mit der auch einige der im Zuge dieser Arbeit untersuchten Landkreise neu organisiert wurden und sich in ihrer Flächenzusammensetzung änderten. Mit Ausnahme des kaum vergleichbaren Insellandkreises Rügen, der Anteil an zwei Nationalparken hat (Vorpommersche Boddenlandschaft und Jasmund), wurde dennoch versucht, die Entwicklung des Fremdenverkehrs in den Nationalparklandkreisen der neuen Bundesländer der Entwicklung des Fremdenverkehrs in ähnlichen Landkreisen ohne Nationalpark gegenüberzustellen, um einen Eindruck über mögliche Unterschiede zu gewinnen. Aufgrund der Einzigartigkeit der Wattenmeer-Landkreise wurden darüber hinaus – abweichend vom grundlegenden Konzept der Studie, nach dem die Nationalparklandkreise nur mit Nicht-Nationalparklandkreisen innerhalb eines Bundeslandes verglichen werden – zwei schleswig-holsteinische Nicht-Nationalparkkreise entlang der Ostsee als Vergleichsgebiet zu der niedersächsischen Wattenmeerregion ausgewählt.

Die nachstehende Zusammenfassung gibt in tabellarischer Form eine Übersicht zu einigen relevanten Eigenschaften des Untersuchungskollektivs und den entsprechenden Untersuchungsregionen (Tab. 118). Der angegebene Untersuchungszeitraum bezieht sich auf die wichtigsten der analysierten Kennzahlen aus der Beherbergungsstatistik (Gästeankünfte, Gästeübernachtungen, Gästebetten und Beherbergungsbetriebe), für die ggf. Wachstumsraten berechnet wurden bzw. Trendregressionen oder deren Entwicklung in einer multiplen Regression geschätzt wurde.

Tabelle 118: Größe, Besucherzahl, Gründungsjahr, Untersuchungsregion und -zeitraum zu den 13 Nationalparken

Nationalpark (Bundesland)	Größe in ha	Geschätzte Besucherzahl	Gründungsjahr	Nationalparklandkreis	Vergleichslandkreis	Untersuchungszeitraum
1) Berchtesgaden (BY)	20.808	1.200.000	1978	Berchtesgadener Land	Garmisch-Partenkirchen	1972/73 – 2004
2) Bayerischer Wald (BY)	24.250	2.000.000	1970 (1997 erw.)	Freyung-Grafenau Regen	Cham Bad Tölz-Wolfratshausen	1966 – 2004
3) Schleswig-Holsteinisches Wattenmeer (SH)	441.000	2.000.000	1985	Dithmarschen Nordfriesland	Rendsburg-Eckernförde Schleswig-Flensburg	1981 – 2004
4) Hamburgisches Wattenmeer (HH)	13.750	120.000	1990	Cuxhaven	Rendsburg-Eckernförde Schleswig-Flensburg	1981-2004
5) Niedersächsisches Wattenmeer (NS)	278.000	2.500.000	1986	Friesland, Aurich, Leer, Wittmund, Wesermarsch, Cuxhaven		
6) Harz (NS)	15.800	Keine Angabe[181]	1994	Goslar Osterode am Harz	Holzminden Celle	1981 – 2003[182] 1988 – 2004[183]
7) Hainich (TH)	7.600	135.000	1997	Unstrut-Hainich-Kreis Wartburgkreis	Weimarer Land Saale-Orla-Kreis	1994 – 2004
8) Unteres Odertal (BB)	10.500	150.000	1995	Uckermark	Prignitz	1993 – 2004
9) Vorpommersche Boddenlandschaft (MV)	80.500	3.000.000	1990	Nordvorpommern Rügen	-	-
10) Jasmund (MV)	3.003	1.500.000	1990	Rügen	-	-
11) Müritz (MV)	32.199	600.000	1990	Müritz Mecklenburg-Strelitz	Parchim Ücker-Randow	1994 – 2004
12) Sächsische Schweiz (SN)	9.350	2.300.000	1990	Sächsische Schweiz	Weißeritzkreis	1992 – 2004
13) Hochharz (SA)	8.920	1.500.000	1990	Wernigerode	Ohrekreis	1994 – 2004

181 Besucherzahlschätzungen liegen nicht vor, der Harzer Verkehrsverband rechnet mit bis zu 11 Mio. Besuchen in der Gesamtregion um die Nationalparke Harz und Hochharz.
182 Für die Indikatoren Zahl der Gästeankünfte und Zahl der Gästeübernachtungen
183 Für den Indikator Zahl der Gästebetten

Mit Ausnahme der kaum vergleichbaren Landkreise um die beiden mecklenburgischen Ostsee-Nationalparke konnten aus den amtlichen Statistiken der jeweiligen Bundesländer zu allen Nationalparkregionen Daten zu den wichtigsten Fremdenverkehrsindikatoren auf Kreisebene gewonnen und jenen der entsprechenden Vergleichsregionen ohne Nationalpark gegenübergestellt werden. Die Auswertung zusätzlich gesammelter, statistischer Erhebungen beispielsweise zur Entwicklung von Besucherfrequenzen seitens der Nationalparkverwaltungen selbst (z. B. Nationalpark Vorpommersche Boddenlandschaft) und die mit Verantwortlichen der meisten Nationalparkämter sowie der örtlichen Tourismuszentralen telefonisch durchgeführten Expertenbefragungen rundeten das Bild ab und waren hilfreich für die getroffenen Schlussfolgerungen.

Die folgende Übersicht zeigt, welche Tourismusindikatoren im Einzelnen zu den Nationalparken analysiert werden konnten (Tab. 119):

Tabelle 119: Die zu den einzelnen Nationalparken untersuchten Tourismusindikatoren aus der amtlichen Statistik

Nationalpark	Gäste-ankünfte	Gäste-über-nacht-ungen	Gäste-betten	Beher-bergungs-betriebe	Arbeits-stätten im Gast-gewerbe	Beschäf-tigte im Gast-gewerbe	Umsatz im Gast-gewerbe
1) Berchtesgaden	×	×	×		×	×	×
2) Bayerischer Wald	×	×	×[184]		×	×	×
3) Schleswig-Holstein. Wattenmeer	×	×	×		×	×	×
4) Hamburgisches und 5) Nieders. Wattenmeer	×	×					
6) Harz	×	×	×				
7) Hainich	×	×	×	×			
8) Unteres Odertal	×	×	×	×			
9) Müritz	×	×	×	×			
10) Sächsische Schweiz	×	×	×	×			
11) Hochharz	×	×	×	×			

---

[184] Eine Zeitreihe zur Entwicklung der Bettenkapazität konnte für die Nationalparkregion Bayerischer Wald nur für die Jahre um die Erweiterung 1997 erstellt werden.

5.2 Ergebnisse für die Nationalparke der alten Bundesländer

5.2.1 Zeitreihenvergleich beschränkt auf die Nationalparkregionen

Eine einfache Analyse der zur Verfügung stehenden Zeitreihen der Tourismusindikatoren erfolgte in zwei Varianten. Erstens wurde für einen mindestens dreijährigen Zeitraum vor der Nationalparkgründung sowie einen gleichlangen Zeitraum danach mit der Zinseszinsformel die durchschnittliche Wachstumsrate des jeweiligen Indikators berechnet. Zweitens wurde für dieselben Zeiträume vor und nach der Gründung eine einfache lineare Trendregression berechnet, so dass getestet werden konnte, ob die Indikatoren in den betrachteten Zeiträumen signifikante positive oder negative Trends zeigten und ob sich diese Trends für die Zeiträume vor und nach der Gründung unterschieden (vgl. Kap. 4.1). Über die Resultate dieser Vorher-Nachher-Vergleiche wird hier zuerst berichtet, bevor die Ergebnisse der Vergleiche zwischen den Regionen dargestellt werden (Kap. 5.2.2). Dabei soll zuerst der Frage nachgegangen werden, ob für die Zeiträume vor und nach der Gründung des jeweiligen Nationalparks Wachstumsraten bzw. Trends mit unterschiedlichen Vorzeichen gefunden werden können (Tab. 120). Bei Trends mit gleichem Vorzeichen kann ferner über die Konfidenzintervalle geprüft werden, ob sie sich signifikant unterscheiden. Die Fragestellung, ob sich in den Zeitreihen der Tourismusindikatoren für die Nationalparkregionen Hinweise auf Wirkungen der Gründungen finden, wird dabei erst summarisch verfolgt (Tab. 120 und Tab. 121), bevor eine Analyse für die einzelnen Nationalparke vorgenommen wird (Tab. 122).

Tabelle 120: Entwicklung der Tourismusindikatoren gemessen an durchschnittlichen Wachstumsraten für Untersuchungszeiträume vor und nach den Gründungsjahren der Nationalparke

| Indikator | durchschnittliche Wachstumsraten | | | | | |
| | vorher | | nachher | | Veränderung | |
	positiv	negativ	positiv	negativ	höher	niedriger
Ankünfte	3	2	4	1	3	2
Übernachtungen	3	2	3	2	3	2
Betten	3	1	3	1	3	1
Summe	9	5	10	4	9	5

Eine summarische Betrachtung des Vorher-Nachher-Vergleichs der Wachstumsraten (Tab. 120) führt zu dem Ergebnis, dass die Zahl der für den Zeitraum nach der Gründung eine positive Wachstumsrate zeigenden Tourismusindikatoren etwas größer ist als für den Zeitraum vor der Gründung. Von den insgesamt betrachteten 14 Zeitreihen zeigten 9 für den Zeitraum nach der Gründung einen Anstieg des durchschnittlichen Wachstums, während in nur 5 Fällen eine Minderung der Wachstumsrate beobachtet wurde.

Zu einem ähnlichen Ergebnis kommt man bei einer summarischen Betrachtung der berechneten linearen Trends und ihrer Veränderung (vgl. Tab. 121).

Tabelle 121: Entwicklung der Tourismusindikatoren gemessen an Vorzeichen und Signifikanz von Trendkoeffizienten für Untersuchungszeiträume vor und nach den Gründungsjahren der Nationalparke

Indikator	Koeffizienten der linearen Trendregressionen											
	vorher				nachher				Veränderung			
	positiv		negativ		positiv		negativ		höher		geringer	
	sig.	n.sig.	n.sig.	sig.	sig.	n.sig.	n.sig.	sig.	sig.	n.sig.	n.sig.	sign.
Ankünfte	1	2	2	0	3	1	0	1	1	2	1	1
Übernachtungen	2	1	1	1	2	1	0	2	1	2	1	1
Betten	2	1	0	1	1	2	1	0	0	3	0	1
Summe	5	4	3	2	6	4	1	3	2	7	2	3
Verhältnis	9	:	5		10	:	4		9	:	5	

Für die Zeiträume vor den Nationalparkgründungen überwiegen die positiven Trends mit einem Verhältnis von 9 zu 5, für die Zeiträume nach den Gründungen verbessert sich dieses Verhältnis geringfügig auf 10 zu 4. Insgesamt konnte in 9 von den 14 Fällen für den Zeitraum nach der Gründung eine Verbesserung, also ein höherer Koeffizient im Vergleich mit dem sich für den Zeitraum vor der Gründung berechnenden, festgestellt werden. Allerdings war diese positive Veränderung nur in zwei Fällen statistisch signifikant. Dieser Feststellung stehen 5 Fälle mit einem niedrigeren Koeffizienten gegenüber, wobei in 3 Fällen ein signifikantes Ergebnis vorliegt.

Insgesamt ist das Ergebnis der summarischen Betrachtung der Entwicklung der Fremdenverkehrsindikatoren in den Nationalparkregionen nicht eindeutig. Zu der Ausgangshypothese, dass die Gründung eines Nationalparks positiv auf die Entwicklung des Fremdenverkehrs wirkt, stehen die Entwicklungen der betrachteten Fremdenverkehrsindikatoren zwar nicht in eindeutigem Widerspruch, aber die keineswegs eindeutigen Ergebnisse können nur als ein schwaches Indiz für die Gültigkeit dieser Hypothese gedeutet werden.

Zur Beantwortung der Frage, ob die Entwicklung der Fremdenverkehrsindikatoren in den Nationalparkregionen über die Zeit Hinweise auf einen Effekt der Gründung des jeweiligen Nationalparks erkennen lässt, können die Differenzen der Wachstumsraten betrachtet werden (Tab. 122, linker Teil). Diese Differenzen sind positiv, wenn die durchschnittliche Wachstumsrate im Zeitraum nach der Gründung höher war als im Vergleichszeitraum vor der Gründung. Im rechten Teil der Tabelle ist für die linearen Trendregressionen entsprechend angegeben, ob die Steigung im Zeitraum nach der Gründung des jeweiligen Nationalparks höher (+) oder niedriger (-) bzw. signifikant höher oder niedriger (sig.) war als im Vergleichszeitraum vor der Gründung.

Tabelle 122: Vorher-Nachher-Vergleich der Wachstumsraten und Trends der Tourismusindikatoren in den Nationalparkregionen

Nationalpark	Differenzen der durchschnittlichen Wachstumsraten in Prozentpunkten			Vergleich der Steigungen der Trendregressionen		
	Ankünfte	Übernachtungen	Betten	Ankünfte	Übernachtungen	Betten
BGD			+0,4			+
BW-G	+11,7	+5,5		+	+	
BW-E	-1,6	-2,8	-2,0	-	-	- (sig.)
WM-N	+5,3	+4,4	+0,3	+	+	+
WM-W	+7,6	+7,0		+ (sig.)	+ (sig.)	
HA	-3,7	-4,2	+1,4	- (sig.)	- (sig.)	+ (sig.)

Als erstes Ergebnis dieser Auswertung für die durchschnittlichen Wachstumsraten ist festzuhalten, dass die Veränderungen der Wachstumsraten der Indikatoren für die einzelnen Parke in den Fällen, in denen mehrere Indikatoren zur Verfügung standen (in 5 von 6 Fällen) mit einer Ausnahme identische Vorzeichen aufweisen. Diese Ausnahme ist die Bettenkapazität in der Region Nationalpark Harz (HA), die ein positives Vorzeichen aufweist, während die Indikatoren für die tatsächlich erbrachten Fremdenverkehrsdienstleistungen (Gästeankünfte und –übernachtungen) beide ein negatives Vorzeichen besitzen. Da die Kapazitätsentwicklung und die Inanspruchnahme der Kapazität sich nicht gleichgerichtet ändern müssen, sind die Ergebnisse der Auswertung der Wachstumsraten für die einzelnen Parks also nicht widersprüchlich. Die Indikatoren für die Inanspruchnahme der Kapazität, die für insgesamt fünf Fälle ausgewertet werden konnten, deuten gleichsinnig für den Nationalpark Berchtesgaden, die Erstgründung des Nationalparks Bayerischer Wald und die als Wattenmeer-Nord bzw. Wattenmeer-West abgekürzten Nationalparke vor der Schleswig-Holsteinischen bzw. Niedersächsischen Nordseeküste darauf hin, dass der Fremdenverkehr von den Gründungen profitiert haben könnte. Allerdings gilt für die beiden anderen Fälle, für den Nationalpark Harz und die Erweiterung des Nationalparks Bayerischer Wald, das Gegenteil. Insoweit stützt die zu beobachtende Entwicklung der Indikatoren für die erbrachten Tourismusdienstleistungen in drei Fällen die Ausgangshypothese. In zwei Fällen steht die Entwicklung der Indikatoren aber mit dieser Hypothese in Widerspruch. Betrachtet man die Entwicklung der Anzahl der Gästebetten, dann ist das Ergebnis etwas deutlicher zugunsten der Ausgangshypothese. Nur in einem von den hier verfügbaren vier Fällen, im Fall der Erweiterung des Nationalparks Bayerischer Wald, ist nach der Gründung eine im Vergleich mit dem Zeitraum vor der Gründung niedrigere Wachstumsrate des Kapazitätsindikators festzustellen.

Als Ergebnis des Vergleichs der Regressionskoeffizienten der einfachen Trendregressionen für die Zeiträume vor und nach den Nationalparkgründungen kann festgehalten werden, dass diese zu den Ergebnissen für die durchschnittlichen Wachstumsraten vollständig parallel ausfallen. Für alle Nationalparke, für die mehrere Indikatoren ausgewertet werden konnten (5 von 6 Fällen) zeigen die Veränderungen der Trends in die gleiche Richtung. Die einzelnen Indikatoren ergeben für die jeweils betrachteten Parke also keine widersprüchlichen Ergebnisse.

Als zweites wichtiges Ergebnis ist festzuhalten, dass die Veränderungen der berechneten Trendkoeffizienten in den Vorzeichen mit den Veränderungen der berechneten durchschnittlichen Wachstumsraten übereinstimmen. Es zeigen sich also keine widersprüchlichen Ergebnisse zwischen der Auswertung über die durchschnittlichen Wachstumsraten und die Auswertung mittels der einfachen Trendregressionen. Auch bei der Auswertung mittels der Trendregressionen zeigen von den insgesamt 6 Fällen bzw. 5 Parken die beiden Fälle der Neugründung des Nationalparks Harz in Niedersachsen und der Erweiterung des Nationalparks Bayerischer Wald im Jahr 1996 nach der Gründung eine Abnahme der Indikatoren für die tatsächlich erbrachten Fremdenverkehrsdienstleistungen, während im jeweiligen Vergleichszeitraum vor der Gründung bzw. Erweiterung eine Zunahme zu verzeichnen war. Auch hier ist das Ergebnis insoweit im Hinblick auf die Ausgangshypothese nicht eindeutig, als die Indikatoren für die erbrachten Fremdenverkehrsdienstleistungen in zwei Fällen ab dem Gründungs- bzw. Erweiterungsjahr für eine ungünstigere und in drei Fällen für eine günstigere Entwicklung sprechen. Auch im Hinblick auf die Kapazitätsentwicklung decken sich die Ergebnisse der Auswertung der Trendregressionen vollständig mit denen der Auswertung der durchschnittlichen Wachstumsraten.

Der einfache Vorher-Nachher-Vergleich der Wachstumsraten und der Trendkoeffizienten der Nationalparklandkreise über die drei verschiedenen Indikatoren Ankünfte, Übernachtungen und Zahl der Gästebetten ist in den nachstehenden Abbildungen graphisch dargestellt (Abb. 53 und Abb. 54). Die Datenpunkte der einzelnen Indikatoren für die Nationalparkregionen sind für den betrachteten Zeitraum vor der Nationalparkgründung jeweils auf der Ordinate und in dem Zeitraum nach der Gründung auf der Abszisse als Koordinaten eingetragen und mit Abkürzungen der entsprechenden Nationalparke versehen. Die Koordinaten zu den Gästeankünften sind in Grün gekennzeichnet, die Gästeübernachtungen in Rot und die Gästebetten in Blau.

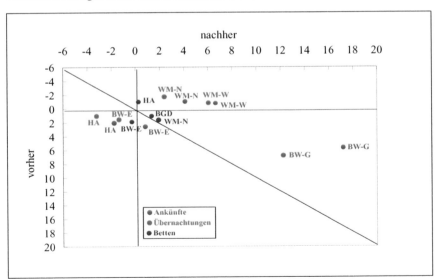

Abbildung 53: Vorher-Nachher-Vergleich der Wachstumsraten der Indikatoren in den Nationalparklandkreisen

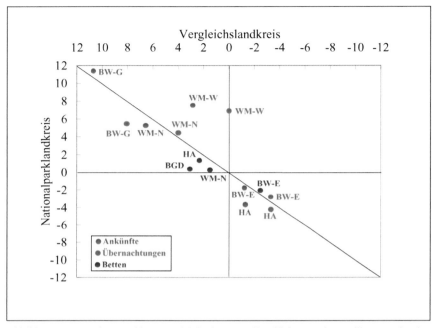

Abbildung 54: Vorher-Nachher-Vergleich der Trendkoeffizienten der Indikatoren in den Nationalparklandkreisen

Entscheidend für die Interpretation der sehr ähnlich ausfallenden Punktewolken in den Diagrammen ist die von links oben nach rechts unten verlaufende Diagonale. Liegen die Datenpunkte oberhalb dieser Diagonalen, dann war das Wachstum des Fremdenverkehrsindikators nach Gründung des Nationalparks höher als vorher, was für einen Nationalparkeffekt sprechen würde. Dies trifft in beiden Abbildungen beispielsweise auf den Indikator Gästeübernachtungen in der Nationalparkregion Bayerischer Wald (Gründung) zu. In den gegenteiligen Fällen, wenn also das Wachstum vorher stärker war als nachher, sind die Datenpunkte unterhalb der Diagonalen zu finden. Die Entwicklung in diesen Nationalparkregionen, also z. B. die der Gästeankünfte in den vom Nationalpark Harz betroffenen Landkreisen, würde eher für die Gültigkeit der Gegenhypothese sprechen.

Insgesamt kann man zur Analyse der Zeitreihen der Fremdenverkehrsindikatoren für die Nationalparkregionen feststellen, dass sich konsistente Ergebnisse ergaben und aus diesen Ergebnissen auch ein gewisses, wenn auch nur sehr schwaches Indiz dafür gewonnen werden konnte, dass die Gründung der Parks eine überwiegend positive Wirkung auf die Tourismusindikatoren hatte. Dies trifft etwas stärker für die Angebotsseite bzw. die Kapazität der Anbieter (Zahl der Betten) zu als für die Inanspruchnahme der Kapazität durch Besucher. Ein den Fremdenverkehr mindernder Einfluss kann allerdings mindestens in einem Teil der Fälle nicht ausgeschlossen werden.

5.2.2 Der Zeitreihen- und Quervergleich zwischen Nationalpark- und Referenzregionen

Für den Vergleich der Entwicklung des Fremdenverkehrs in den Nationalparkregionen und den Vergleichsregionen können neben den Wachstumsraten und den linearen Trends auch die Ergebnisse der Regressionsschätzungen herangezogen werden, bei denen mit einem standardisierten Vorgehen versucht wurde, die Entwicklung des Tourismusindikators für die Nationalparkregion durch denselben Indikator für die Vergleichsregion und durch eine Dummy-Variable für die Existenz des Nationalparks zu erklären.

In diesem Kapitel wird nach einer Zusammenstellung und einem Vergleich der Zeitreihen der Daten zuerst eine Analyse mit eher qualitativem Charakter vorgenommen, bei der auf die Änderungen der Vorzeichen bzw. der Richtung des Wachstums der Fremdenverkehrsindikatoren abgestellt wird. Anschließend werden die Differenzen des Wachstums in den Nationalparkregionen und ihren jeweiligen Referenzregionen gegenübergestellt. Dies wird bei der Analyse der Trends durch eine Berücksichtigung der Konfidenzintervalle ergänzt.

Will man die Wachstumsraten bzw. Trends von Tourismusindikatoren aus Nationalparkregionen und Vergleichsregionen gegenüberstellen, um Hinweise darauf zu bekommen, ob Nationalparkgründungen zu einem stärkeren Wachstum des Fremdenverkehrs führen, dann liegt eine Situation vor, in der ein zweistufiger Vergleich vorgenommen werden muss. Es ist zu beurteilen, wie sich das Wachstum des Fremdenverkehrs in der Nationalparkregion nach der Gründung relativ zur Fremdenverkehrsentwicklung in der Referenzregion entwickelt hat. Der zur Beantwortung dieser Frage notwendige Vergleich erlaubt es, entweder zuerst den Vergleich zwischen den Regionen und im zweiten Schritt den Vergleich zwischen den Perioden durchzuführen oder in umgekehrter Reihenfolge vorzugehen. Die erstgenannte Alternative entspricht der Fragestellung, wie sich die Wachstumsdifferenz zwischen Nationalparkregion und Referenzregion mit dem Gründungszeitpunkt des Nationalparks verändert hat. Für die Gültigkeit der Ausgangshypothese würde sprechen, wenn die Nationalparkregion einen Rückstand vermindert oder sogar in einen Vorsprung verwandelt oder einen Vorsprung vergrößert. Die umgekehrte Reihenfolge des zweistufigen Vergleichs - also zunächst der Periodenvergleich und anschließend der Regionenvergleich - entspricht der Fragestellung, in welcher Region die Differenz des Wachstums in der Zeit nach der Gründung des Nationalparks im Vergleich zu dem Zeitabschnitt vor der Gründung (positiv) größer war.

Für die Gültigkeit der Ausgangshypothese würde bei dieser Reihenfolge sprechen, wenn einer positiven Wachstumsdifferenz in der Nationalparkregion eine geringere positive oder eine negative Wachstumsdifferenz in der Vergleichsregion gegenüberstünde bzw. bei einer Abnahme des Wachstums in der Nationalparkregion eine noch stärkere Abnahme in der Referenzregion zu beobachten wäre. Hinsichtlich der Folgerung für die Falsifikation oder Stützung der Ausgangshypothese müssen diese beiden Reihenfolgen der Fragestellung äquivalent sein. Da vorab ein reiner Vergleich der Zeitreihen der Indikatoren für die Nationalparkregionen vorgenommen wurde, wird zur Vermeidung von Unklarheiten im Folgenden der Darstellungsweise der zweiten Variante der Vorzug gegeben. Bevor jedoch der beschriebene zweistufige Vergleich vorgenommen wird, werden die Daten zur Entwicklung der Tourismusindikatoren in den Nationalparkregionen und in den Vergleichsregionen gegenübergestellt, um zu prüfen, ob auffallende systematische Unterschiede zwischen den Regionen bestehen und ggf. schon aus den Daten Indizien zur Falsifikation oder Stützung der Ausgangshypothese gewonnen werden können.

5.2.2.1 Summarische Auswertung der Wachstumsraten und Trends

In Tabelle 123 sind die Wachstumsraten und Trends der verfügbaren Tourismusindikatoren und die jeweiligen Differenzen nach Nationalparklandkreisen (NPLK), Vergleichslandkreisen (VLK) und den Perioden zusammengestellt. Die Trendkoeffizienten wurden dabei wegen der Vergleichbarkeit für auf das Jahr vor der Nationalparkgründung indexierte Datenreihen berechnet.

Tabelle 123: Durchschnittliche Wachstumsraten und Trendkoeffizienten für die Zeiträume vor und nach der Gründung des jeweiligen Nationalparks

National-park	Indikator	Region	Wachstumsraten			Trendkoeffizienten		
			vorher	nachher	Diff.	vorher	nachher	Diff.
BGD	Betten	NPLK	+0,8	+1,2	+0,4	+0,7	+1,5	+0,8
		VLK	-0,5	+2,6	+3,1	-0,5	+2,5	+3,0
BW-G	Ankünfte	NPLK	+5,5	+17,2	+11,7	+4,0	+21,0	+17,0
		VLK	-0,9	+9,8	+10,7	+2,6	+11,0	+8,4
	Übernach-tungen	NPLK	+6,7	+12,2	+5,5	+5,5	+13,8	+8,3
		VLK	-0,6	+7,5	+8,1	-0,6	+8,4	+9,0
BW-E	Ankünfte	NPLK	+2,3	+0,7	-1,6	+1,5	+1,2	-0,3
		VLK	+2,7	+1,4	-1,3	+2,1	+1,5	-0,6
	Übernach-tungen	NPLK	+1,3	-1,5	-2,8	+1,0	-1,0	-2,0
		VLK	+1,9	-1,4	-3,3	+2,4	-0,7	-3,1
	Betten	NPLK	+1,6	-0,4	-2,0	+1,4	-0,5	-1,9
		VLK	+1,9	-0,6	-2,5	+2,0	-0,8	-2,8
WM-N	Ankünfte	NPLK	-1,3	+4,0	+5,3	-1,3	+4,9	+6,2
		VLK	-1,9	+4,7	+6,6	-1,9	+4,8	+6,7
	Übernach-tungen	NPLK	-2,1	+2,3	+4,4	-2,2	+3,0	+5,2
		VLK	-2,5	+1,5	+4,0	-2,3	+1,5	+3,8
	Betten	NPLK	+1,5	+1,8	+0,3	+1,5	+2,0	+0,5
		VLK	-0,1	+1,4	+1,5	-0,03	+1,2	+1,2
WM-W	Ankünfte	NPLK	-1,0	+6,6	+7,6	+1,5	+7,5	+6,0
		VLK	+0,4	+3,3	+2,9	+0,2	+3,2	+3,0
	Übernach-tungen	NPLK	-1,0	+6,0	+7,0	-1,3	+6,7	+8,0
		VLK	+0,1	+0,1	0,0	-0,9	+0,5	+1,4
HA	Ankünfte	NPLK	+1,8	-1,9	-2,7	+2,8	-1,3	-4,1
		VLK	+1,2	-0,1	-1,3	+1,9	+0,8	-1,1
	Übernach-tungen	NPLK	+0,8	-3,4	-4,2	+1,6	-2,7	-4,3
		VLK	+1,8	-1,5	-3,3	+2,6	-0,6	-3,2
	Betten	NPLK	-1,3	+0,1	+1,4	-1,5	+0,3	+1,8
		VLK	+0,2	+2,5	+2,3	+0,4	+3,0	+2,6

Bei der Betrachtung der Vorzeichen der 14 Regionenpaare kommt man für die Zeiträume vor den Nationalparkgründungen zu dem eher erstaunlichen Ergebnis, dass sich in 7 von 14 Fällen die Vorzeichen der Wachstumsraten für die Nationalparkregionen und die jeweiligen Referenzregionen unterscheiden. Die Auswahl der Vergleichsregionen hat, beurteilt an diesen

Daten, also nicht dazu geführt, dass Regionen ausgewählt wurden, die sich hinsichtlich des Wachstums des Fremdenverkehrs in den Zeiten vor den jeweiligen Nationalparkgründungen sehr ähnlich waren. Dieses Ergebnis mag aber stark von der Berechnung der Wachstumsraten (aus nur zwei Werten) beeinflusst sein. Erstaunlich ist aber, dass die Wachstumsraten für die Zeiträume nach der jeweiligen Nationalparkgründung diese Richtungsunterschiede nicht aufweisen. Die Vorzeichen sind hier bei allen 14 Regionenpaaren gleich. Vergleicht man die für die Zeiträume vor und nach der jeweiligen Nationalparkgründung berechneten linearen Trends, dann findet sich ein nicht ganz so ausgeprägtes, aber paralleles Ergebnis. Richtungsunterschiede der Trends der 14 Regionenpaare finden sich für die Zeiträume vor der Gründung in vier Fällen und nach der Gründung in einem Fall (Gästeankünfte in der Region Harz und der Vergleichsregion). Dieser Befund ist erstaunlich und spricht gegen die Gültigkeit der Ausgangshypothese, weil im Falle geeigneter Auswahl von Vergleichsregionen und einer starken Wirkung von Nationalparkgründungen auf den Fremdenverkehr zu erwarten wäre, dass die Entwicklung der Indikatoren in den verglichenen Regionen in der Zeit vor den Nationalparkgründungen eher parallel und nach diesen Zeitpunkten eher unterschiedlich verlaufen würde. Daher würden im Gegensatz zu den Zeiträumen vor den Gründungen für die Perioden danach gegenläufige Vorzeichen der Wachstumsraten und Trendkoeffizienten der Erwartung entsprechen.

Bei einem paarweisen Vergleich der Höhe der durchschnittlichen Wachstumsraten für die Zeiträume nach der jeweiligen Nationalparkgründung findet man nur bei der Hälfte der Regionenpaare in den Nationalparkregionen die absolut höheren Wachstumsraten. Derselbe Vergleich bei den Trends führt zu einem Verhältnis von acht zu sechs Fällen zugunsten der Nationalparkregionen. Auch ein Vergleich des Wachstums der Indikatoren für die Zeiträume nach den Nationalparkgründungen deutet also nicht auf einen starken Einfluss dieser Ereignisse auf das Wachstum des Fremdenverkehrs in den Nationalparkregionen hin.

Im Durchschnitt beträgt die Differenz der Wachstumsraten in der Zeit vor der jeweiligen Nationalparkgründung für alle 14 Indikatoren 0,85 Prozentpunkte. Die Nationalparkregionen zeigten also im Durchschnitt schon vorher ein höheres Wachstum der Fremdenverkehrsindikatoren. Für die Zeiträume danach ist die Differenz der Wachstumsraten mit 0,97 Prozentpunkten nicht wesentlich höher. Dieser aggregierte Vergleich kann jedoch nur ein ganz schwaches Indiz für die Ausgangshypothese der Arbeit sein. Bei den Trendkoeffizienten ergibt sich ein ähnliches, etwas deutlicheres Ergebnis. Für den Zeitraum vor der jeweiligen Nationalparkgründung ist die Differenz im Durchschnitt 0,52 zugunsten der Nationalparkregionen, nach der Gründung im Durchschnitt 1,44.

5.2.2.2 Analyse der Richtungsänderungen der Wachstumsraten und Trends

Das oben bereits erläuterte Auswertungsschema eines zweistufigen Vergleichs stellt im ersten Schritt durch Differenzbildung auf die Entwicklung des Wachstums des jeweils betrachteten Indikators in den Vergleichsperioden vor und nach der Gründung des Nationalparks ab und vergleicht im zweiten Schritt, in welcher Region die Veränderung des Indikators eine günstigere Entwicklung des Fremdenverkehrs anzeigt. Es wird also zuerst berechnet, wie sich das Wachstum des Indikators mit der Nationalparkgründung verändert hat, und dann werden diese Veränderungen des Wachstums zwischen den Regionen verglichen (vgl. Tab. 123).

Graphisch kann dieses Auswertungsschema des Regionenvergleichs wiederum als ein durch eine Diagonale zweigeteiltes Feld dargestellt werden, auf dessen senkrechter Achse die Wachstumsentwicklung bzw. Wachstumsdifferenz in der Nationalparkregion aufgetragen ist, während in der Waagerechten symmetrisch skaliert die Wachstumsentwicklung bzw. Wachstumsdifferenz in der Vergleichsregion dargestellt ist (Abb. 55). Trägt man in dieses Feld die Datenpunkte für den Vergleich des Wachstums der Indikatoren ein, zeigen alle Kombinationen unter der Diagonalen eine in der Nationalparkregion im Vergleich zur Referenzregion ungünstige Wachstumsentwicklung. Ist die Änderung des Wachstums gerade gleich, liegen die Punkte auf der Diagonalen. Alle über der Diagonalen liegenden Punkte stehen für Fälle, in denen die Wachstumsentwicklung in der Nationalparkregion im Vergleich zur Referenzregion günstig war. Nach diesem Schema wird im Folgenden für Wachstumsraten und Trendkoeffizienten zuerst ein auf Vorzeichenwechsel und Richtungsänderungen abstellender und anschließend ein quantitativer Vergleich durchgeführt.

Abbildung 55: Graphische Darstellung des Schemas zum Regionenvergleich

● Ankünfte ● Übernachtungen ● Betten ☐ Diagonale	Vergleichsregion			
	Vorzeichen - nach +	Richtung steigend	Richtung fallend	Vorzeichen + nach -

Nationalparkregion	Vorzeichen - nach +	WM-N WM-N	WM-W WM-W HA		
	Richtung steigend	BGD BW-G BW-G WM-N			
	Richtung fallend			BW-E	
	Vorzeichen + nach -				BW-E BW-E HA HA

Abbildung 56: Vergleich der Entwicklung des Fremdenverkehrs in den Nationalpark- und Referenzregionen nach der qualitativen Änderung der Wachstumsraten

● Ankünfte ● Übernachtungen ● Betten ☐ Diagonale	Vergleichsregion			
	Vorzeichen - nach +	Richtung steigend	Richtung fallend	Vorzeichen + nach -

Nationalparkregion	Vorzeichen - nach +	WM-N WM-N WM-W	HA		
	stärker steigend	BGD WM-N BW-G	BW-G WM-W		
	stärker fallend			BW-E	
	Vorzeichen + nach -			HA	BW-E BW-E HA

Abbildung 57: Vergleich der Entwicklung des Fremdenverkehrs in den Nationalpark- und Referenzregionen nach der qualitativen Änderung der Trendkoeffizienten

Bei einer qualitativen Interpretation wäre das stärkste Indiz für die Gültigkeit der Ausgangshypothese ein Vergleichsfall, bei dem in der Nationalparkregion mit der Nationalparkgründung eine Phase des Rückganges des Fremdenverkehrs zu Ende ginge und ein Aufschwung seinen Anfang nähme, während sich in der Referenzregion gerade eine entgegengesetzte Richtungsänderung der Fremdenverkehrsentwicklung einstellen würde. Werden graduelle Richtungsänderungen einbezogen, können die Daten in die 16 Felder einer dem Schema des Regionenvergleichs (Abb. 55) entsprechenden Matrix eingeordnet werden (Abb. 56 und Abb. 57). Es zeigt sich dabei, dass in keinem der insgesamt 14 Fälle ein entgegengesetzter Vorzeichenwechsel vorkommt. Die prototypische, für die Gültigkeit der Ausgangshypothese sprechende Datenkonstellation findet sich also in keinem Fall, weder bei Verwendung der durchschnittlichen Wachstumsraten noch bei Verwendung der Trendkoeffizienten als Indikatoren der Entwicklung des Tourismus. Es gibt mithin keinen einzigen Fall bzw. Indikator, bei dem in der Nationalparkregion nach der Nationalparkgründung eine Zunahme festgestellt werden konnte, während gleichzeitig in der Referenzregion eine Abnahme beobachtet wurde. Damit gibt es keinen Fall, der dahingehend interpretiert werden könnte, dass durch die Gründung eines Nationalparks in der Region ein absoluter Zuwachs im Bereich des Fremdenverkehrs bewirkt wurde, während in der Referenzregion gleichzeitig ein absoluter Rückgang des Fremdenverkehrs zu beobachten war. Beispielsweise haben die Übernachtungen in der Region des Wattenmeer-Nationalparks in Schleswig-Holstein zwar im Zeitraum vor der Gründung um durchschnittlich 2,1 % abgenommen und nach der Gründung um durchschnittlich 2,3 % zugenommen. In der Referenzregion war aber ebenfalls eine solche Umkehrung des Wachstumstrends zu beobachten. Genausowenig findet sich aber die für die Gegenhypothese sprechende Konstellation mit doppeltem Vorzeichenwechsel in die jeweils andere Richtung. Beispielsweise haben die Übernachtungen in der Nationalparkregion Harz vor der Gründung im Durchschnitt ein Wachstum von 0,8 % gezeigt, während sie nach der Gründung eine durchschnittliche Abnahme von 3,4 % aufwiesen. In der Referenzregion war aber eine gleichsinnige Richtungsänderung von einer Wachstumsrate von + 1,8 % zu einer Schrumpfungsrate von 1,5 % zu verzeichnen.

Zieht man die Wachstumsraten zur Beurteilung heran, ist die Hälfte der Vergleichsfälle in den Feldern der Hauptdiagonalen zu finden, stellt man auf die Trends ab, sind sogar 9 von 14 Fällen den Feldern der Hauptdiagonalen zuzuordnen. Für mindestens die Hälfte der Fälle ist bei einer auf qualitative Richtungsänderungen abstellenden Analyse also keine Aussage über die Stützung oder die Ablehnung der Ausgangshypothese möglich.

Für die Gültigkeit der Ausgangshypothese sprechen bei Beurteilung an den durchschnittlichen Wachstumsraten 3 Fälle und bei Beurteilung an den Trends nur ein Fall. Die Argumentation für die Gültigkeit der Gegenhypothese wird bei Auswertung der Wachstumsraten und der Trends von jeweils 4 Fällen gestützt. Insgesamt ergibt dies ein leichtes Übergewicht für die Gegenhypothese.

Die Konsistenz der Ergebnisse kann in zweierlei Hinsicht geprüft werden. Einmal kann darauf abgestellt werden, ob die betrachteten Indikatoren für denselben Nationalpark zu einer unterschiedlichen Beurteilung führen. Zweitens kann gefragt werden, ob beim Vergleich der Analyse der Wachstumsraten und der Trends die Indikatoren für denselben Nationalpark einmal für die Gültigkeit der Ausgangshypothese und einmal für die der Gegenhypothese sprechen. Widersprüchliche Ergebnisse im ersten Sinne liegen bei der Analyse der Trendkoeffizienten vor, da für den Nationalpark Harz der Indikator Betten für die Ausgangshypothese spricht und der Indikator Ankünfte für die Gegenhypothese. Da nicht parallele Entwicklungen für die Kapazitäts- und die Leistungsindikatoren aber nicht unplausibel sind, ist das Ergebnis deshalb nicht als inkonsistent zu beurteilen. Bei der Analyse der Wachstumsraten gibt es keine Inkonsistenzen. Ebenso finden sich keine widersprüchlichen Ergebnisse im zweiten Sinne. Auffällig ist, dass unter den Indikatoren, die in Feldern außerhalb der Hauptdiagonalen zu finden sind, die Kapazitätsindikatoren überrepräsentiert und die Indikatoren für die tatsächlich erbrachten Fremdenverkehrs-Dienstleistungen eher unterrepräsentiert sind. Dies kann zusammen mit der eher gleichmäßigen Verteilung auf Felder über und unterhalb der Hauptdiagonalen als Hinweis darauf gedeutet werden, dass vor allem die tatsächlich erbrachten Tourismusdienstleistungen nicht wesentlich durch die Nationalparkgründungen beeinflusst werden.

Der Vergleich der Trendkoeffizienten erlaubt die Berücksichtigung der Konfidenzintervalle und damit eine statistisch gesicherte Aussage darüber, ob die Entwicklung eines Fremdenverkehrsindikators vor und nach der Nationalparkgründung im Vergleich der Regionen für die Ausgangshypothese spricht. Am stärksten spräche ein Regionenvergleich für die Ausgangshypothese, wenn sich nach der Gründung des Parks der Wachstumstrend des betrachteten Tourismusindikators in der Nationalparkregion signifikant zum Positiven verändert hätte und gleichzeitig in der Referenzregion eine signifikante Verringerung des Wachstumstrends festgestellt werden könnte. Umgekehrt wäre es ein starkes Indiz für die Gegenhypothese, wenn sich in einer Nationalparkregion nach der Gründung des Parks der Wachstumstrend eines Fremdenverkehrsindikators signifikant zum Negativen verändern würde, während in der Referenzregion gleichzeitig eine signifikante Veränderung des Wachstumstrends zum Positiven beobachtet werden könnte. Das in Abbildung 57 verwendete 16-Felder-Schema kann so modifiziert werden, dass die beiden beschriebenen Fälle die Eckfelder rechts oben und links unten bilden (Abb. 58) und sich drei Klassen von Regionenvergleichen ergeben, die mit unterschiedlicher Stärke für die Ausgangshypothese, oberhalb der Hauptdiagonalen, bzw. die Gegenhypothese sprechen. Je weiter die Felder von der Hauptdiagonalen entfernt liegen, desto stärker spricht der dem Feld zugeordnete Beispielsfall für die Gültigkeit der jeweiligen Hypothese.

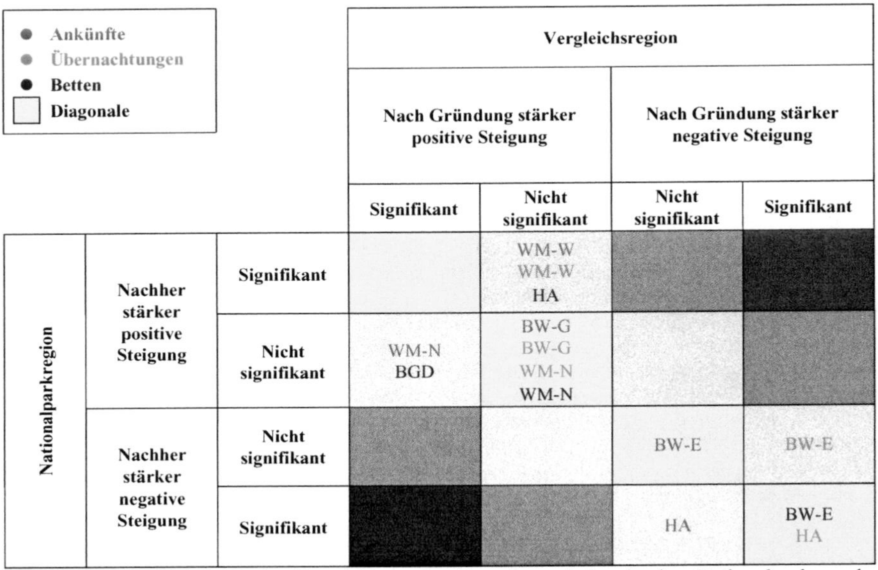

● Ankünfte ● Übernachtungen ● Betten ☐ Diagonale			Vergleichsregion			
			Nach Gründung stärker positive Steigung		Nach Gründung stärker negative Steigung	
			Signifikant	Nicht signifikant	Nicht signifikant	Signifikant
Nationalparkregion	Nachher stärker positive Steigung	Signifikant		WM-W WM-W HA		
		Nicht signifikant	WM-N BGD	BW-G BW-G WM-N WM-N		
	Nachher stärker negative Steigung	Nicht signifikant			BW-E	BW-E
		Signifikant			HA	BW-E HA

Abbildung 58: Vergleich der Entwicklung des Fremdenverkehrs in den Nationalpark- und Referenzregionen unter Berücksichtigung der Konfidenzintervalle

Auch im Falle dieser die Konfidenzintervalle berücksichtigenden Analyse liegt die Hälfte der Konstellationen auf den zur Hauptdiagonalen zählenden Feldern. 4 Fälle (Wattenmeer-West Ankünfte und Übernachtungen, Harz Betten, Bayerischer Wald Erweiterung Übernachtungen) liegen oberhalb der Hauptdiagonalen. Unterhalb der Hauptdiagonalen liegen drei Fälle (Harz Ankünfte, Wattenmeer-Nord Ankünfte, Berchtesgaden Betten). In die Felder rechts oben und links unten, deren Besetzung am stärksten für die Gültigkeit der Ausgangshypothese bzw. der Gegenhypothese sprechen würde, kann kein einziger Fall eingeordnet werden. Alle 7 Fälle, die nicht Feldern der Hauptdiagonalen zuzuordnen sind, liegen in Feldern direkt an der Diagonalen. Die Felder, denen in der Argumentation ein größeres Gewicht beigemessen werden könnte, bleiben also unbesetzt. Insgesamt ergibt sich eine Situation, in der die für die Ausgangshypothese sprechenden Beispiele ein marginal höheres Gewicht besitzen.

Im Hinblick auf die Konsistenz der nur die Richtungsänderungen (Abb. 56 und 57) und der die Konfidenzintervalle berücksichtigenden Analysen (Abb. 58) ist festzustellen, dass eine Reihe von in der ersten Analyse auf der Hauptdiagonalen liegenden Fälle bei Berücksichtigung der Konfidenzintervalle in Felder außerhalb der Diagonalen eingeordnet werden. Auch der umgekehrte Fall tritt zweimal auf. Damit erweist sich die nur auf Richtungsänderungen der Trends abstellende Analyse als in Einzelfällen wenig konsistent mit einer die Konfidenzintervalle berücksichtigenden Auswertung. Letzterer sollte im Zweifel der Vorzug gegeben werden, was aber angesichts der in beiden Auswertungen weder deutlich für noch gegen die Ausgangshypothese sprechenden Ergebnisse nicht von großer Relevanz ist.

5.2.2.3 Analyse der Differenzen von Wachstumsraten und Trends

Da die Analyse der Vorzeichen und Richtungen der Wachstumsraten ein im Hinblick auf die Falsifikation bzw. Stützung der Ausgangshypothese keineswegs eindeutiges Ergebnis ergibt, sollen nachfolgend die Differenzen der Wachstumsraten der Zeiträume vor und nach der Gründung der Nationalparke quantitativ betrachtet werden (vgl. Abb. 59). Die quantitative Betrachtung nimmt dem Vorzeichenwechsel das in der vorstehenden Betrachtung gegebene Gewicht. Die graphische Darstellungsweise bleibt grundsätzlich gleich, nur entfällt die Darstellung in Feldern. Das Gewicht, mit dem ein Regionenpaar für die Gültigkeit oder die Ablehnung der Ausgangshypothese spricht, kommt graphisch im (senkrechten) Abstand zur Hauptdiagonalen des Feldes zum Ausdruck (vgl. Abb. 56 und Abb. 59).

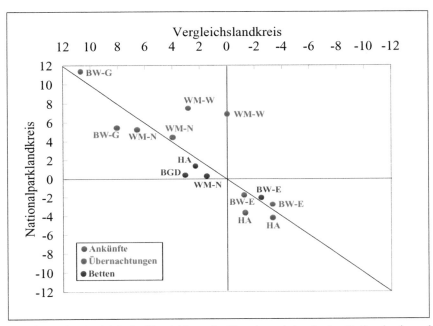

Abbildung 59: Vergleich der Entwicklung des Fremdenverkehrs in den Nationalpark- und Referenzregionen nach den Differenzen der Wachstumsraten

Auch für die Trendkoeffizienten kann die Analyse entsprechend modifiziert werden, so dass auch hier der Vorzeichenwechsel nicht ins Gewicht fällt (vgl. Abb. 57 und Abb. 60).

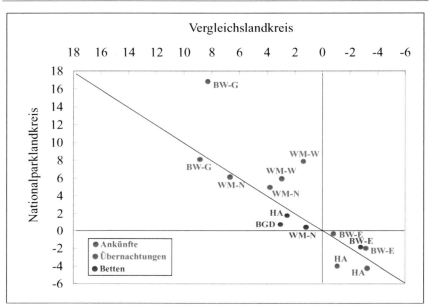

Abbildung 60: Vergleich der Entwicklung des Fremdenverkehrs in den Nationalpark- und Referenzregionen nach den Differenzen der Trendkoeffizienten

In den Abbildungen 59 und 60 bestätigt sich auf den ersten Blick ein wesentliches Ergebnis der vorstehend vorgenommenen Analyse. Sowohl bei Betrachtung der Wachstumsraten als auch der Trends in ihren zahlenmäßigen Ausprägungen liegen die meisten Regionenpaare relativ nahe der Hauptdiagonalen des Feldes. Über der Hauptdiagonalen liegen bei der Auswertung der Wachstumsraten 6 von 14 und bei der Auswertung der Trendkoeffizienten 7 von 14 Regionenpaaren. Beispiele für Regionenpaare, die deutlich für die Ausgangshypothese oder deutlich für die Gegenhypothese sprechen würden, sind also rar. Bei Betrachtung der Wachstumsraten ist es die beiden Indikatoren für die Nationalparkregion Wattenmeer-West, die als einzige einen deutlichen Abstand zur Hauptdiagonalen aufweisen (Abb. 59) und über der Hauptdiagonalen liegend für die Gültigkeit der Ausgangshypothese sprechen. Bei Betrachtung der Trendkoeffizienten liegt neben diesen beiden Indikatoren nur der Indikator Ankünfte des Nationalparks Bayerischer Wald (Gründung) ebenfalls deutlich über der Hauptdiagonalen (Abb. 60). Daneben finden sich erneut die beiden Indikatoren der Nationalparkregion Wattenmeer-West mit einem relativ deutlichen Abstand zur Diagonalen. Unterhalb der Hauptdiagonalen finden sich weder bei der Auswertung für die Wachstumsraten noch bei der Auswertung für die Trendkoeffizienten Datenkombinationen mit deutlichem Abstand zur Hauptdiagonalen.

Wie bei der vorausgehenden Analyse der Richtungsänderungen kann eine Konsistenzprüfung in zwei Richtungen vorgenommen werden. Es ist zu fragen, ob sich die Aussagen der Indikatoren für die jeweiligen Nationalparke widersprechen und es ist zu klären, ob die Ergebnisse der Analyse der Wachstumsraten und der Trends konsistent sind. Widersprüchliche Ergebnisse der ersten Kategorie sind für drei Fälle festzustellen. Es handelt sich um den Nationalpark Schleswig-Holsteinisches Wattenmeer und die Gründung und die Erweiterung des Nationalparks Bayerischer Wald. Im Falle des erstgenannten Nationalparks finden sich in beiden Analysen die Indikatoren Ankünfte und Betten unterhalb und die Übernachtungen oberhalb der Hauptdiagonalen. Im Falle der Gründung des Nationalparks Bayerischer Wald findet sich ebenfalls bei beiden Auswertungen der Indikator Ankünfte oberhalb und der Indikator Übernachtungen unterhalb der Hauptdiagonalen. Im Falle der Erweiterung des Nationalparks Bayerischer Wald sprechen bei Auswertung der Wachstumsraten die Indikatoren Übernachtungen und Betten für die Ausgangshypothese und der Indikator Ankünfte für die Gegenhypothese. Bei der Auswertung der Trends liegt dieser Widerspruch jedoch nur für die Gründung des Nationalparks vor; für die Erweiterung finden sich beide bzw. alle drei Indikatoren oberhalb der Diagonalen, sprechen also alle für die Gültigkeit der Ausgangshypothese. Die zweite Kategorie der Widersprüche beschränkt sich auf diesen Fall der Erweiterung des Nationalparks Bayerischer Wald. Im Fall des Wattenmeer-Nationalparks in Schleswig Holstein und der Gründung des Nationalparks Bayerischer Wald führen die Auswertungen der Wachstumsraten und der Trends zu demselben Ergebnis.

Betrachtet man die Ergebnisse der Auswertungen für die Wachstumsraten und die Trends summarisch, können sie weder als Argument für noch als Argument gegen die Gültigkeit der Ausgangshypothese herangezogen werden. In Abbildung 59 liegen 6 von 14 über und 8 unter der Diagonalen. In Abbildung 60 ist das zahlenmäßige Verhältnis der für und gegen die Ausgangshypothese sprechenden Indikatorenpaare mit 7 zu 7 ausgeglichen. Insgesamt legt der Vergleich von Wachstumsraten und Trends damit eher den Schluss nahe, dass Nationalparkgründungen im Regelfall keine wesentlichen Auswirkungen auf den Fremdenverkehr erwarten lassen als schlagkräftige Argumente für die Gültigkeit der Ausgangshypothese zu bieten.

Angesichts der geringen Zahl der Indikatoren ist eine nach Ankünften, Übernachtungen und Betten unterscheidende Interpretation zwar als gewagt zu bezeichnen, aber es findet sich ein schwaches Indiz dafür, dass ein positiver Nationalparkeffekt eher im Bereich der Übernachtungen zu finden ist als bei den Ankünften (jeweils 2 zu 3). Betrachtet man die Betten, spricht die Mehrzahl der Vergleiche gegen die Ausgangshypothese (3 zu 1 bei Wachstumsraten und Trends).

5.2.2.4 Die multiplen Regressionsschätzungen

Für insgesamt fünf Nationalparke (Berchtesgaden, Bayerischer Wald, Schleswig-Holsteinisches Wattenmeer, Niedersächsisches und Hamburgisches Wattenmeer und Harz) und die drei Tourismusindikatoren wurden insgesamt 16 Regressionsschätzungen[185] vorgenommen, bei denen der jeweilige Tourismusindikator für die Nationalparkregion als Funktion desselben Indikators für die Vergleichsregion und einer Dummy-Variablen für die Jahre seit der Nationalparkgründung erklärt wurde.

Die bei den Schätzungen erreichte Erklärung der Streuung, gemessen durch das Bestimmtheitsmaß (R^2), ist in den meisten Fällen sehr hoch (Tab. 124). Die sich ergebenden Bestimmtheitsmaße liegen zwischen 0,39 und 0,96, in fünf Fällen liegen sie über 0,9, in zehn

---

[185] Der Grund dafür, dass hier nun 16 Regressionsschätzungen vorgestellt werden können, in den vorangegangenen Ausführungen der Ergebniszusammenführung aber immer nur von maximal 14 Fällen der Wachstumsanalyse die Rede war, liegt in den für den Berchtesgadener Park hinzugekommenen Auswertungen zu den Indikatoren Gästeankünfte und -übernachtungen. Aufgrund zeitlicher Überschneidungen mit erstens den Passionsspielen im Vergleichslandkreis 1980 und zweitens der Änderung der Datenerfassung in der Statistik 1981 wurden keine Wachstumsraten oder Trendregressionen geschätzt. Für die multiple Regression spielten diese Ausnahmejahre jedoch keine Rolle (vgl. Kap. 4.2.2).

Fällen über 0,8 und nur in drei Fällen unter 0,6. Es fällt auf, dass die Schätzungen für die Übernachtungszahlen und für die Anzahl der Betten im Mittel zu deutlich höheren Bestimmtheitsmaßen führen als die Schätzungen für die Gästeankünfte.

Tabelle 124: Bestimmtheitsmaße aller 16 multiplen Regressionsschätzungen

Nationalpark	Bestimmtheitsmaß (R^2)		
	Ankünfte	Übernachtungen	Betten
BGD	0,524	0,903	0,963
BW-G	0,859	0,845	-
BW-E	0,616	0,688	0,950
WM-N	0,848	0,958	0,933
WM-W	0,835	0,869	-
HA	0,395	0,681	0,537

Die Irrtumswahrscheinlichkeiten für die Nullhypothese, nach der die Tourismusindikatoren der Vergleichsregion keine Erklärungskraft besitzen, sind entsprechend sehr gering. Daten über die Anzahl der Gästebetten standen für eine die Gründung des Nationalparks Bayerischer Wald einschließende Zeitreihe und zu den Wattenmeer-Nationalparken Niedersachsens und Hamburgs nicht zur Verfügung. In Tabelle 125 ist zu jedem der drei Indikatoren die für den Koeffizienten des Vergleichslandkreises (VLK) und den des Dummys berechnete Irrtumswahrscheinlichkeit in Prozent angegeben sowie das Vorzeichen der entsprechenden Koeffizienten (in Klammern).

Tabelle 125: Vorzeichen und Irrtumswahrscheinlichkeiten der Koeffizienten der multiplen Regressionsschätzungen

Nationalpark	Irrtumswahrscheinlichkeit in %					
	Ankünfte		Übernachtungen		Betten	
	VLK	Dummy	VLK	Dummy	VLK	Dummy
BGD	(+) 0,0	(+) 10,3	(+) 0,0	(+) 93,9	(+) 0,0	(+) 38,8
BW-G	(+) 0,0	(+) 0,0	(+) 0,0	(+) 6,2		
BW-E	(+) 0,0	(-) 0,1	(+) 1,2	(-) 0,1	(+) 0,0	(+) 9,9
WM-N	(+) 0,0	(-) 52,0	(+) 0,0	(+) 84,2	(+) 0,0	(+) 0,5
WM-W	(+) 0,0	(+) 99,6	(+) 0,0	(+) 2,2		
HA	(+) 0,4	(-) 0,5	(+) 0,2	(-) 0,0	*(-) 49,6*	*(-) 2,1*

Die Schätzergebnisse zeigen eindrucksvoll, dass es mit Hilfe der Clusteranalyse gelungen ist, ganz überwiegend solche Vergleichsregionen auszuwählen, in denen die Entwicklung des Fremdenverkehrs sehr ähnlich verlaufen ist wie in den Nationalparkregionen. Als unbefriedigend kann lediglich das Ergebnis der Schätzung der Zahl der Betten für den Nationalpark Harz bezeichnet werden. Bei dieser Schätzung ist die Irrtumswahrscheinlichkeit für den Einfluss des Indikators aus der Vergleichsregion so groß, dass an der Aussagekraft des Schätzmodells insgesamt gezweifelt werden muss. Daher soll dieses bei der weiteren Interpretation unberücksichtigt bleiben.

Der Grad der Konsistenz der Ergebnisse ist für die hier vorgestellten Regressionsschätzungen etwas geringer als für die einfachen Wachstumsratenvergleiche und Trendvergleiche, die im vorstehenden Abschnitt vorgestellt wurden. Andererseits sind die auftretenden Inkonsistenzen nicht sehr gravierend. Nicht ganz widerspruchsfrei sind die Ergebnisse für den Wattenmeer-Nationalpark an der niedersächsischen und hamburgischen Nordseeküste. In diesem Fall erweist sich die Dummy-Variable in der Schätzung der Übernachtungszahlen als signifikant, während in der Schätzung der Zahl der Gästeankünfte die Irrtumswahrscheinlichkeit nur den Schluss rechtfertigt, dass die Nullhypothese für diese Schätzung abgelehnt werden muss. In etwas schwächerer Ausprägung findet sich diese Inkonsistenz auch bei den Schätzungen für den Nationalpark Berchtesgaden. Zu diskutieren ist hier auch das Ergebnis der Schätzungen für die Erweiterung des Nationalparks Bayerischer Wald. In diesem Fall wurden für die Dummy-Variablen unterschiedliche Vorzeichen berechnet. Dies ist jedoch insofern kein inkonsistentes Ergebnis als eine Ausweitung der Kapazitäten durchaus plausibel erscheint, während die Anzahl der Gäste aus den schon in Kapitel 4.2.3.2.2 genannten Gründen nach 1997 zurückgegangen sein kann.

Auf den ersten Blick könnte das Ergebnis für den Nationalpark Wattenmeer in Schleswig-Holstein inkonsistent wirken, weil die Vorzeichen für die beiden Indikatoren Ankünfte und Übernachtungen sich nicht entsprechen. Eine Inkonsistenz liegt aber nicht wirklich vor, weil die Irrtumswahrscheinlichkeiten jeweils so groß sind, dass dies als zufälliges Ergebnis interpretiert werden muss.

Keineswegs eindeutig sind die Ergebnisse hinsichtlich der Wirkung der National-parkgründung auf die betrachteten Tourismusindikatoren für die Nationalparkregionen. Die Nullhypothese, nach der die Gründung des jeweiligen Nationalparks keine Auswirkung auf den betrachteten Indikator hat, konnte bei den insgesamt 15 hier zu berücksichtigenden Regressionsschätzungen nur siebenmal auf dem Niveau von 5 % bzw. neunmal auf dem Niveau von 10 % Irrtumswahrscheinlichkeit abgelehnt werden. Dabei war die Wirkung der Nationalparkgründung nur in insgesamt 3 bzw. 5 Fällen positiv, davon jeweils einmal bei der Bettenkapazität. Die 4 signifikant negativen Koeffizienten der Dummy-Variablen für den Nationalpark betreffen die Erweiterung des Nationalparks Bayerischer Wald und den Nationalpark Harz. Bei diesen beiden Parken legen somit die Schätzungen für die Gästeankünfte und die Schätzungen für die Zahl der Übernachtungen den Schluss nahe, dass die Nationalparkausweisung einen Rückgang des Fremdenverkehrs bewirkt hat. Für den Bayerischen Wald weist das auf dem Niveau von 10 % Irrtumswahrscheinlichkeit signifikante positive Vorzeichen bei der Schätzung der Bettenzahl aber darauf hin, dass die Anbieter eher in Erwartung einer Zunahme des Fremdenverkehrs die Kapazitäten ausgebaut haben. Gerade im Fall der Erweiterung des Nationalparks Bayerischer Wald gibt es jedoch Grund zu der Annahme, dass die in der überregionalen Presse thematisierte Ausbreitung der Borkenkäfer den relativen Rückgang des Fremdenverkehrs bewirkt haben könnte. Eine sich in ähnlicher Weise aufdrängende Erklärung zum Rückgang des Fremdenverkehrs in der Region des Nationalparks Harz liegt allerdings nicht vor.

Im Unterschied zur Erweiterung im Jahr 1997 stützen die Schätzergebnisse für die Gründung des Nationalparks Bayerischer Wald die Hypothese, dass der Tourismus durch die Nationalparkgründung zunimmt. Wie oben schon gesagt, sind die Ergebnisse für den Wattenmeer-Nationalpark an der Küste Niedersachsens und Hamburgs eher widersprüchlich und für die Nationalparke Berchtesgaden und Schleswig-Holsteinisches Wattenmeer kann die Nullhypothese nicht verworfen werden.

Versucht man mit den Ergebnissen der Analyse der 6 Nationalparkgründungen die Hypothese, eine Nationalparkgründung fördere den regionalen Fremdenverkehr, insgesamt zu beurteilen, erhält man ein widersprüchliches Bild. Lediglich einer der 6 Fälle (Bayerischer Wald) stützt die Hypothese durchgängig. Mindestens ein Fall (Harz) zeigt eher eine entgegengesetzte Tendenz. Die übrigen 4 Fälle führen zu widersprüchlichen Ergebnissen oder wären eher geeignet die These zu belegen, es gäbe gar keinen Einfluss auf den Fremdenverkehr (Nationalpark Schleswig-Holsteinisches Wattenmeer). Tendenziell scheinen die Schätzergebnisse für die Betten-Kapazitäten eher die Hypothese zu stützen, dass die Anbieter durch eine Nationalparkgründung dazu veranlasst werden, in Erwartung höherer Nachfrage die Kapazitäten auszubauen.

5.3 Ergebnisse für die Nationalparke der neuen Bundesländer

Von den insgesamt 13 untersuchten deutschen Nationalparken liegen 7 in den neuen Bundesländern. Die Gliederung des Untersuchungskollektivs in Nationalparke der alten und neuen Bundesländer schien für die Ergebniszusammenfassung geeignet, da die Nationalparke und auch die bei den statistischen Landesämtern verfügbaren Tourismus-Kennzahlen jeweils Eigenschaften aufweisen, die eine mehr oder weniger einheitliche Vorgehensweise in der Analyse der möglichen Nationalparkeffekte in den Regionen der alten und neuen Bundesländer nahelegten. Vor dem Jahr 1990 gab es im Gebiet der neuen Bundesländer keinen Nationalpark, in engem zeitlichem Zusammenhang mit der Wiedervereinigung wurde eine ganze Reihe von Großschutzgebieten begründet (vgl. Tab. 118). Geordnet nach dem Gründungszeitpunkt sind dies die beiden jüngsten ostdeutschen Nationalparke Hainich und Unteres Odertal sowie schließlich die sämtlich im Jahr 1990 gegründeten Parke Vorpommersche Boddenlandschaft, Jasmund, Müritz, Sächsische Schweiz und Hochharz. Es ist naheliegend, dass wegen der sehr weitgehenden Umstellung der Wirtschaftsstatistik und der verwaltungstechnischen Probleme in den ersten Jahren bis in das Jahr 1990 zurückreichende Zeitreihen für Tourismusindikatoren nicht zur Verfügung standen. Die längste Zeitreihe zu touristischen Indikatoren konnte zu den Landkreisen Sachsens ab dem Jahr 1992 gebildet werden. Kreisreformen zu Anfang der 90er Jahre machten teilweise eine aufwendige Rückrechnung erforderlich bzw. konnten konsistente Datenreihen für Brandenburg erst ab 1993 und schließlich für Thüringen, Mecklenburg-Vorpommern und Sachsen-Anhalt erst ab 1994 erstellt werden.

Ein Vergleich des Verlaufs von Zeitreihen der Fremdenverkehrsindikatoren vor und nach der Gründung der Nationalparke, wie er für die Parke in den alten Bundesländern vorgenommen werden konnte, war für die Parke in den neuen Bundesländern wegen der Gründungszeitpunkte und der Verfügbarkeit der Daten nicht möglich. Es konnten ausschließlich Vergleiche zum Wachstum des Fremdenverkehrs in den Nationalparkregionen und den Referenzregionen vorgenommen werden, wobei das letzte Jahr des Vergleichs einheitlich das Jahr 2004 ist. Die Länge der dazu verfügbaren Datenreihen unterscheidet sich in den einzelnen Bundesländern etwas. Für Sachsen standen die Daten für einen Zeitraum von 12 Jahren zur Verfügung, für Brandenburg für 11 und für die anderen Bundesländer (Mecklenburg-Vorpommern, Sachsen, Sachsen-Anhalt und Thüringen) für einen Zeitraum von 10 Jahren. Zusätzlich zu den für die westdeutschen Untersuchungsgebiete analysierten Kennzahlen zu Gästeankünften, -übernachtungen, und -betten wurde in den ostdeutschen Untersuchungsregionen die Zahl der geöffneten Beherbergungsbetriebe zur Auswertung herangezogen. Damit standen zur Beurteilung des Wachstums des Tourismus insgesamt vier Fremdenverkehrsindikatoren zur Verfügung, für die jeweils Wachstumsraten und Trends verglichen werden konnten und die mit Ausnahme der Nationalparke Vorpommersche Boddenlandschaft und Jasmund zu jedem der Nationalparke analysiert wurden. Die beiden Ostsee-Parke blieben deshalb aus der vergleichenden Betrachtung ausgeklammert, weil sie beide Anteil an dem einzigartigen und touristisch hoch frequentierten Insellandkreis Rügen haben, so dass die Auswertung auf Kreisebene in diesem Fall nicht sachgerecht gewesen wäre.

Bei der Betrachtung der durchschnittlichen Wachstumsraten bzw. der Trends fällt im Vergleich mit den Daten für die alten Bundesländer die absolute Höhe des Wachstums im Bereich des Fremdenverkehrs ins Auge (Tab. 126).

Tabelle 126: Wachstumsraten und Trendkoeffizienten der Indikatoren in den Untersuchungsregionen zu den ostdeutschen Nationalparken

Nationalpark (von…bis)	Indikator	Wachstumsraten		Trendkoeffizienten	
		NPLK	VLK	NPLK	VLK
HAI (1994-04)	Ankünfte	3,9	3,7	2,5	3,2
	Übernachtungen	1,6	2,7	1,6	2,2
	Betten	2,0	3,2	1,3	2,1
	Betriebe	-0,4	0,2	-1,2	-1,3
UOT (1993-04)	Ankünfte	6,5	8,4	4,4	5,5
	Übernachtungen	4,9	6,8	2,9	4,8
	Betten	6,3	10,7	4,2	6,0
	Betriebe	7,0	10,1	4,9	5,8
MÜ (1994-04)	Ankünfte	9,3	5,0	7,2	4,0
	Übernachtungen	12,3	7,3	8,3	5,7
	Betten	9,5	8,3	7,0	5,3
	Betriebe	9,8	4,8	6,7	3,6
SS (1992-04)	Ankünfte	6,0	8,2	3,3	5,3
	Übernachtungen	5,4	10,4	3,0	6,9
	Betten	5,1	7,4	3,7	6,1
	Betriebe	4,3	5,6	3,8	4,8
HHA (1994-04)	Ankünfte	6,2	6,7	4,5	3,5
	Übernachtungen	6,6	3,3	4,8	1,8
	Betten	8,9	5,5	5,4	1,4
	Betriebe	7,1	3,0	5,5	1,1

Von insgesamt 20 für die verglichenen Regionen jeweils berechneten durchschnittlichen Wachstumsraten ergibt sich nur in einem einzigen Fall (Nationalpark Hainich, Betriebe) ein negatives Vorzeichen. Für die Vergleichsregionen sind sogar sämtliche Wachstumsraten positiv. Von den 20 für die Nationalparkregionen berechneten durchschnittlichen Wachstumsraten liegen 14 auf einem Niveau von 5,0 % pro Jahr oder darüber. Bei den Vergleichsregionen sind 13 von 20 Werten größer oder gleich 5,0 %. Der Wachstums-Spitzenwert berechnet sich für die Übernachtungen in der Nationalparkregion Müritz mit 12,3 % pro Jahr. Diese Zahlen geben deutliche Hinweise darauf, dass in den betrachteten Zeiträumen der Fremdenverkehr in der Mehrzahl der Regionen ein beachtliches Wachstum zeigte.

Angesichts des für die meisten Indikatoren ausgewiesenen deutlichen Wachstums ist es nicht überraschend, dass sich die Indikatoren im Hinblick auf ihre Aussagen zum Wachstum des Fremdenverkehrs nicht widersprechen und auch die Betrachtung von Trends und Wachstumsraten nicht zu widersprüchlichen Beurteilungen des Wachstums des Fremdenverkehrs in den Regionen führt.

Die Frage, ob der Fremdenverkehr in der jeweils betrachteten Region gewachsen ist, ist für 4 von den 5 Regionenpaaren eindeutig zu beantworten, denn einzig für die Region des Nationalparks Hainich und dessen Vergleichsregion tritt der Fall auf, dass für einen Indikator ein negatives Vorzeichen berechnet wird. Dabei handelt es sich um die Zahl der Betriebe, für die sich bei der Berechnung der Trends in beiden Regionen ein negatives Vorzeichen ergibt. Bei den Wachstumsraten ist das Vorzeichen für die Nationalparkregion negativ und für die Vergleichsregion berechnet sich ein sehr geringes durchschnittliches Wachstum von 0,2 %. Da alle drei übrigen Indikatoren beider Regionen bei den Trends und den Wachstumsraten deutlich positive Werte aufweisen, kann auch für dieses Regionenpaar festgestellt werden, dass der Fremdenverkehr im betrachteten Zeitraum gewachsen ist. Während in den übrigen Regionen auch die Zahl der Betriebe teilweise erheblich gewachsen ist, hat diese in der Region Hainich (Landkreise Unstrut-Hainich-Kreis und Wartburgkreis) und der Vergleichsregion (Landkreise Weimarer Land und Saale-Orla-Kreis) im Betrachtungszeitraum einen leichten Rückgang erfahren.

Sehr eindeutig lässt sich auch die Frage beantworten, ob im jeweiligen Untersuchungszeitraum das Wachstum des Fremdenverkehrs in der jeweiligen Nationalparkregion oder der Referenzregion stärker war (Tab. 127 und Tab. 128).

Tabelle 127: Differenzen der durchschnittlichen Wachstumsraten der Indikatoren zwischen den Nationalpark- und den Vergleichsregionen in den neuen Bundesländern

National-park	Differenzen der durchschnittlichen Wachstumsraten in Prozentpunkten								Summe	
	Ankünfte		Über-nachtungen		Betten		Betriebe		National-parkregion höheres Wachstum	Vergleichs-region höheres Wachstum
	+	-	+	-	+	-	+	-		
HAI	+0,2			-1,1		-1,2		-0,6	1	3
UOT		-1,9		-1,9		-4,4		-3,1	0	4
MÜ	+4,3		+5		+1,2		+5		4	0
SS		-2,2		-5		-2,3		-1,3	0	4
HHA		-0,5	+3,3		+3,4		+4,1		3	1
Summe	2	3	2	3	2	3	2	3	8 :	12

Tabelle 128: Differenzen der Trendkoeffizienten der Indikatoren zwischen den Nationalpark- und den Vergleichsregionen in den neuen Bundesländern

National-park	Differenzen der Trendkoeffizienten								Summe	
	Ankünfte		Über-nachtungen		Betten		Betriebe		National-park-region höheres Wachstum	Vergleichs-region höheres Wachstum
	+	-	+	-	+	-	+	-		
HAI		-0,7		-0,6		-0,8	+0,1		1	3
UOT		-1,1		-1,9		-1,8		-0,9	0	4
MÜ	+3,2 (sig.)		+2,6		+1,7		+3,1 (sig.)		4	0
SS		-2,0		-3,9		-2,4		-1,0	0	4
HHA	+1,0		+3,0		+4,0 (sig.)		+4,4 (sig.)		4	0
Summe	2	3	2	3	2	3	3	2	9 :	11

Für die beiden Nationalparke Unteres Odertal und Sächsische Schweiz sind die Ergebnisse des Vergleichs mit der jeweiligen Referenzregion am konsistentesten. Diese beiden Nationalparkregionen schneiden hinsichtlich des Wachstums gemessen an allen vier Tourismusindikatoren schlechter ab als die jeweiligen Vergleichsregionen, unabhängig davon, ob man die Wachstumsraten oder die Trendkoeffizienten betrachtet. Völlig konsistente Aussagen machen die vier Indikatoren auch für die Nationalparkregion Müritz. Alle Indikatoren, ebenfalls völlig gleichsinnig Wachstumsraten und Trendkoeffizienten, deuten auf eine im Vergleich zur Referenzregion deutlich günstigere Entwicklung des Fremdenverkehrs hin. Für die Region des Nationalparks Hochharz wird man trotz des sich widersprechenden Ergebnisses für den Indikator Ankünfte zu demselben Ergebnis kommen. Die durchschnittliche Wachstumsrate der Ankünfte ist für diese Region etwas geringer als für die Referenzregion, aber die drei übrigen Wachstumsraten und alle vier Trends deuten auf eine deutlich günstigere Fremdenverkehrsentwicklung als in der Vergleichsregion hin.

Von den fünf Nationalparkregionen, für die diese Vergleiche vorgenommen werden konnten, zeigen damit zwei einen Wachstumsrückstand gegenüber der jeweiligen Referenzregion und in zwei Regionen wächst der Fremdenverkehr deutlich stärker als in den Vergleichsregionen. Für den fünften Nationalpark, den Hainich, ist das Ergebnis nicht eindeutig. Es überwiegen die auf ein im Vergleich niedrigeres Wachstum deutenden Indikatoren sowohl bei den Wachstumsraten als auch bei den Trendkoeffizienten mit jeweils 3 zu 1. Auf ein höheres Wachstum der Region Hainich deuten die Wachstumsrate der Ankünfte und der Trend der Anzahl der Betriebe. Die absoluten Differenzen sind jedoch deutlich geringer als im Durchschnitt der anderen Parke, so dass zwar deutliche Indizien für eine im Vergleich ungünstigere Entwicklung des Tourismus vorliegen, aber der Unterschied des Wachstums als nicht so deutlich wie bei den vier anderen Regionen eingeschätzt werden kann.

Insgesamt kann man mit den Wachstumsvergleichen für die fünf Nationalparkregionen nicht für die Gültigkeit der Ausgangshypothese argumentieren. Trotz des leichten Überwiegens der Hinweise auf die Gültigkeit der Gegenhypothese ist das Ergebnis aber auch nicht als Grundlage einer Argumentation für die Gültigkeit der Gegenhypothese geeignet. Insofern bleibt nur die Feststellung, dass der Fremdenverkehr in einem etwa gleichen Anteil der betrachteten Nationalparkregionen nach der Gründung des Nationalparks stärker und weniger stark gewachsen ist als in den jeweiligen Vergleichsregionen.

5.4 Fazit

Schlussfolgerungen können aus der Untersuchung im Wesentlichen hinsichtlich dreier Fragestellungen gezogen werden. An erster und zentraler Stelle steht die Frage, ob die Ergebnisse insgesamt die Ausgangshypothese stützen, Nationalparkgründungen würden zu einer Stärkung des Fremdenverkehrs in der jeweiligen Region führen. Daneben ist bei einer etwas detaillierteren Betrachtung die Frage von Interesse, ob Nationalparkgründungen auf die verschiedenen Indikatoren der Fremdenverkehrsentwicklung unterschiedlich wirken. Schließlich stellt sich drittens die Frage, ob die einzelnen Auswertungen für die untersuchten Nationalparkgründungen zu übereinstimmenden oder eher zu widersprüchlichen Ergebnissen führen.

Bei einer auf die Nationalparkregionen beschränkten Analyse sind die Wachstumsraten und Trendkoeffizienten der Fremdenverkehrsindikatoren für die Zeiträume nach den Gründungen zwar im Durchschnitt etwas höher als für die Zeiträume vorher, aber aus der Analyse der Entwicklung der Fremdenverkehrsindikatoren für die Nationalparkregionen ergeben sich keine überzeugenden Indizien für die Gültigkeit der Ausgangshypothese, die Nationalparkausweisungen besäßen eine den Tourismus fördernde Wirkung (Kap. 5.2.1).

Die Analysen der Tourismusindikatoren für die Nationalparke der alten Bundesländer, bei denen ein zweistufiger Vergleich in dem Sinne erfolgt, dass zuerst ein Vergleich der Entwicklung der Indikatoren vor und nach der Gründung und dann ein Vergleich zwischen den Nationalparkregionen und den Referenzregionen vorgenommen wird, führen gleichfalls nicht zu einem für die Gültigkeit der Ausgangshypothese sprechenden Ergebnis (Kap. 5.2.2). Die jeweils für und gegen die Ausgangshypothese sprechende Zahl von Beispielen bzw. Indikatoren weicht nur unwesentlich voneinander ab (Kap. 5.2.2.1, 5.2.2.2 und 5.2.2.3). Dasselbe gilt auch für die Versuche, die Ausgangshypothese mit Hilfe von weitgehend standardisierten multiplen Regressionsschätzungen zu testen (Kap. 5.2.2.4). Für die Nationalparke in den neuen Bundesländern konnte ohnehin nur ein Vergleich der Zeitreihen der Tourismusindikatoren für Zeiträume nach den Gründungen vorgenommen werden. Auch diese Vergleiche führten zu einem widersprüchlichen, weder eindeutig für noch gegen die Ausgangshypothese sprechenden Ergebnis (Kap. 5.3).

Deutliche Hinweise darauf, dass die Nationalparkgründungen sich positiv auf bestimmte Fremdenverkehrsindikatoren auswirken, liefert die Analyse nur bei einzelnen Nationalparken, nicht aber in der Gesamtschau. In einer zusammenfassenden Aufstellung sind alle zu den Nationalparken in den alten (Tab. 129, obere Hälfte) und den neuen Bundesländern (Tab. 129, untere Hälfte) durchgeführten Auswertungen enthalten. Zu den Parken der alten Bundesländer sind insgesamt 85 Einzelauswertungen eingeflossen, zu den Parken der neuen Bundesländer 40. Zu jedem Indikator und zu jedem Nationalpark wurden die Zahlen der für die Ausgangshypothese und der nicht für die Ausgangshypothese sprechenden Fälle aufsummiert und gegenübergestellt.

Tabelle 129: Gesamtübersicht zu allen für oder nicht für die Ausgangshypothese sprechenden Auswertungen[186]

	Nationalpark	Ankünfte			Über-nachtungen			Betten			Betriebe		Summe		
		für	nicht für		für	nicht für		für	nicht für		für	nicht für	für	nicht für	
			0	g		0	g		0	g				0	g
Alte Bundesländer	BGD	0	1	0	0	1	0	0	1	5	-	-	0	3	5
	BW-G	3	2	1	1	1	4	-	-	-	-	-	4	3	5
	BW-E	1	3	2	3	2	1	3	3	0	-	-	7	8	3
	WM-N	0	3	3	2	4	0	1	1	4	-	-	3	8	7
	WM-W	4	2	0	5	1	0	-	-	-	-	-	9	3	0
	HA	0	1	5	0	3	3	3	0	2	-	-	3	4	10
	Summe	8	12	11	11	12	8	7	5	11	-	-	26	29	30
	Gesamt	8	:	23	11	:	20	7	:	16	-	-	26	:	59
Neue Bundesländer	HAI	1	1		0	2		0	2		1	1	2	6	
	UOT	0	2		0	2		0	2		0	2	0	8	
	MÜ	2	0		2	0		2	0		2	0	8	0	
	SS	0	2		0	2		0	2		0	2	0	8	
	HHA	1	1		2	0		2	0		2	0	7	1	
	Gesamt	4	:	6	4	:	6	4	:	6	5	:	5	17	:	23

Die Zahlen zu den Parken der alten Bundesländer setzen sich zusammen aus der Interpretation der Differenzen der Wachstumsraten und Trends (vgl. Tab. 123), den Ergebnissen der Analyse der Richtungsänderungen der Wachstumsraten (vgl. Abb. 56) und Trends (vgl. Abb. 57) einschließlich der erweiterten Betrachtung der jeweiligen Konfidenzintervalle (vgl. Abb. 58) sowie schließlich den multiplen Regressionsschätzungen (vgl. Tab. 125). Bei den Parken der alten Bundesländer schien es angebracht, die nicht für die Ausgangshypothese sprechenden Fälle wiederum getrennt aufzuführen nach solchen, die lediglich die Nullhypothese nicht verwerfen lassen (Spalte 0) und solchen, die auf einen negativen Zusammenhang zwischen der Existenz eines Nationalparks und der Entwicklung der Tourismusindikatoren hinweisen (Spalte g). Von den qualitativen Auswertungen zu Wachstumsraten und Trends (Kap. 5.2.2.2) wurden jene Fälle der Spalte 0 zugeordnet, die nicht auf einen Nationalparkeffekt schließen lassen (in den graphischen Darstellungen also auf den Diagonalen eingezeichnet sind), von den Ergebnissen der multiplen Regressionen jene, bei denen die Nationalpark-Dummyvariable zwar ein positives Vorzeichen besitzt, deren Irrtumswahrscheinlichkeit aber jenseits des geforderten 10 %-Signifikanzniveaus liegt (Kap. 5.2.2.4).

Ein vollständig konsistentes Ergebnis kann für keinen der zu den Nationalparken in den alten Bundesländern untersuchten Indikatoren festgestellt werden. Am deutlichsten für die

---

[186] Die dieser Gesamtübersicht zugrunde liegende Zusammenstellung der einzelnen Auswertungen findet sich in Anhang 8.4.

Ausgangshypothese, also einen positiven Nationalparkeffekt für die Region, sprechen die Analysen zu den Nationalparken Niedersächsisches und Hamburgisches Wattenmeer (WM-W, Verhältnis 9 zu 3), als Gegenbeispiel wären die Auswertungen zum Nationalpark Berchtesgaden heranzuziehen (BGD, 0 zu 8). Zu diesem Park wurden allerdings keine Wachstumsanalysen vorgenommen. Damit ist dieser Nationalpark der einzige, bei dem die Auswertungen übereinstimmend die Ausgangshypothese verwerfen. Es kann daher zu den für die Nationalparke in den alten Bundesländern vorgenommenen Analysen nur das Fazit gezogen werden, dass die Ergebnisse der Auswertungen im Hinblick auf die Ausgangshypothese, die eine Förderung des Fremdenverkehrs durch eine Nationalparkausweisung behauptet (26 Fälle), und die Gegenhypothese, die entweder keinen Nationalparkeffekt (29 Fälle) oder einen negativen Zusammenhang zwischen der Ausweisung des Schutzgebiets und dem Tourismus behauptet (30 Fälle) in einem annähernd ausgewogenen Verhältnis zueinander stehen.

Für die Nationalparke in den neuen Bundesländern konnten lediglich für Zeiträume nach den Nationalparkgründungen Vergleiche der Wachstumsraten und Trendkoeffizienten zwischen Nationalparkregionen und Referenzregionen vorgenommen werden, was die Aussagekraft in Relation zu den Auswertungen für die Nationalparke der alten Bundesländer erheblich vermindert. Für beide Nachfrage-Indikatoren (Ankünfte und Übernachtungen) ergibt sich hier dasselbe Zahlenverhältnis (4 zu 6; vgl. Tab. 129, untere Hälfte) und für die beiden Leistungs-Indikatoren (Betten und Beherbergungsbetriebe) mit wiederum 4 zu 6 bzw. 5 zu 5 Auswertungen ein fast ausgeglichenes Verhältnis der für und gegen die Ausgangshypothese sprechenden Fälle. Bei einer summarischen Betrachtung der Auswertung der zweimal vier Tourismusindikatoren für die fünf Nationalparke sprechen 17 Indikatoren für ein stärkeres Wachstum in den Nationalparkregionen, aber 23 Fälle für ein stärkeres Wachstum in den Referenzregionen. Für die 5 Nationalparke in den neuen Bundesländern ergibt sich bezüglich der Konsistenz der Ergebnisse ebenfalls ein insgesamt widersprüchliches Bild. Bei 2 Nationalparken (Unteres Odertal und Sächsische Schweiz) sprechen die Ergebnisse aller 8 Auswertungen gegen die Ausgangshypothese. In einem Fall (Müritz) sprechen alle Auswertungen für die Ausgangshypothese, und auch im Fall des Nationalparks Hochharz ist das Ergebnis mit 7 zu 1 recht klar für die Ausgangshypothese. Da jedoch die Analyse auf Vergleiche des Wachstums nach den Gründungsjahren beschränkt bleiben musste, kann trotz der bei einzelnen Parken deutlicher für die eine oder die andere Hypothese sprechenden Auswertungen eine etwas größere Konsistenz der Ergebnisse im Vergleich mit denen für die Nationalparke der alten Bundesländer nicht behauptet werden.

6   Diskussion und Ausblick

6.1   Generalisierbarkeit der Ergebnisse

Der Beitrag der vorliegenden Arbeit zur allgemeinen Diskussion über die Zusammenhänge zwischen der Einrichtung von Großschutzgebieten – hier Nationalparken – und deren Auswirkungen auf regionalwirtschaftlicher Ebene besteht in der Beantwortung der Frage, ob von den Nationalparken in Deutschland Wachstumsimpulse für den Bereich der Nachfrage nach Tourismusdienstleistungen in den jeweils betroffenen Landkreisen ausgehen. Während sich zwar fast alle Großschutzgebietsverwaltungen in Deutschland bereits im Rahmen eines mehr oder weniger ausgereiften sozioökonomischen Monitorings mit den von ihrem Schutzgebiet ausgehenden positiven wie negativen externen Effekten auf die sie umgebende Region auseinandergesetzt haben, so bringt diese Studie Ansätze ein, die in zweierlei Hinsicht als neu zu bewerten sind: Zum einen rückt der Versuch einer Vollerhebung aller aufgrund ihres Gründungsdatums für die Untersuchung in Frage kommenden deutschen Nationalparke die Gesamtsituation für die Schutzgebiete der Kategorie ‚Nationalpark' in den Vordergrund – ohne dabei den individuellen Status quo der touristischen Entwicklung der einzelnen Nationalparkregionen als Fundament der Analyse zu vernachlässigen. Zum anderen stützt sich die Studie nicht nur auf die Feststellung der Tourismusnachfrage im Vorfeld der jeweiligen Nationalparke allein (wie z. B. bei KÜPFER, 2000; RÜTTER et al., 1995, JOB et al., 2003; oder LEIBENATH, 2001), sondern vergleicht die Entwicklung des Tourismus in den angrenzenden bewohnten Gebieten mit Regionen, die zwar naturräumlich sowie sozioökonomisch ähnlich strukturiert sind, in denen jedoch kein Nationalpark ausgewiesen wurde.

Im Hinblick auf die zentrale Fragestellung der Arbeit, die Prüfung der Hypothese, dass von Nationalparkgründungen wesentliche Wachstumsimpulse auf den Fremdenverkehr in der Region ausgehen, sind die Ergebnisse sehr widersprüchlich (vgl. Kap. 5). Diese Hypothese, die einer bisher verbreiteten Auffassung entspricht, kann daher in dieser Allgemeinheit nicht aufrechterhalten werden. Vielmehr erscheinen zur Erreichung von Wachstumsimpulsen für den regionalen Fremdenverkehr geeignete Rahmenbedingungen und weitere unterstützende Maßnahmen als notwendig.

Diese Feststellung steht nun allerdings im Widerspruch zu den Aussagen in der wissenschaftlichen Literatur zum Thema, die sich in Einzelfallanalysen (vgl. KÜPFER, 2000; JOB et al., 2003) oder auch vergleichenden Untersuchungen (vgl. GETZNER, 2003) mit den regionalökonomischen Effekten von Nationalparken beschäftigt. Besonders deutlich wird der Kontrast der hier gezogenen Bilanz selbstverständlich in der Gegenüberstellung mit Äusserungen in der interessengeleiteten Literatur (WWF, 1999; BIEDENKAPP/GARBE, 2002; IUCN, 1998) – wenn diese auch häufig auf Ex-ante-Einschätzungen basiert und im Zuge der Positionierung in der allgemeinen Schutzgebietsdiskussion argumentiert wird. International agierende Naturschutz-Organisationen oder Verbände präsentieren jedoch auch zahlreiche Ex-post-Studien zu Schutzgebieten in aller Welt, die mit konkreten Zahlen belegen, welchen z. T. beachtlichen Beitrag der Nationalparktourismus zur regionalen bis nationalen Wertschöpfung leisten kann. Laut IUCN (1998, S. IX) generieren z. B. 8 australische Nationalparke einen Umsatz von etwa 2 Mrd. A$, die zu ihrem Unterhalt festgesetzten Budgetausgaben der Regierung belaufen sich aber nur auf rund 60 Mio. A$. Ähnlich scheint die Situation in Costa Rica zu sein, wo Kosten der Nationalparke in Höhe von 12 Mio. US$ Deviseneinnahmen von ca. 500.000 ausländischen Parkbesuchern in der Größenordnung von 330 Mio. US$ gegenüberstehen. Natürlich sind nun weder diese Gegebenheiten in anderen Ländern problemlos auf europäische Verhältnisse übertragbar, noch war mit der vorliegenden

Studie die Ermittlung des volkswirtschaftlichen Nettonutzens deutscher Nationalparke beabsichtigt. Dennoch erstaunt vor diesem Hintergrund, dass die auch hierzulande 6- bzw. teilweise sogar 7-stelligen Besucherzahlen der untersuchten Nationalparke (vgl. Tab. 118) sich nicht durchweg auf Kreisebene in Form eines Nationalparkeffekts für den Bereich Tourismus bemerkbar machen. Damit ist die Frage berechtigt, ob die methodische Herangehensweise dieser Arbeit für die Bearbeitung der Forschungshypothese richtig war bzw. ob alternative Vorgehensweisen angezeigt gewesen wären, die eventuell zu einer anderen Beurteilung der regionalökonomischen Auswirkungen der Nationalparke Deutschlands geführt hätten.

6.2 Kritische Würdigung der Vorgehensweise im Kontext der Problemfelder

In Zusammenhang mit der in Kapitel 3 getroffenen Auswahl der Vergleichseinheiten und der in Kapitel 4 durchgeführten Zeitreihenvergleiche sind es im Wesentlichen vier Punkte, deren kritische Bewertung im Hinblick auf ein umfassendes Verständnis der Komplexität der Forschungsfrage gerechtfertigt und angebracht scheint. Es handelt sich erstens um die Entscheidung für Landkreise als Betrachtungsebene innerhalb des jeweiligen Bundeslandes (Kap. 6.2.1), zweitens um die methodische Vorgehensweise im Rahmen der Clusteranalyse zur Gruppenbildung im Zuge dieser Arbeit (Kap. 6.2.2), drittens die Eigenschaften der Datengrundlage für die Zeitreihenvergleiche (Kap. 6.2.3) und viertens die gewählte Vergleichsmethodik, anhand derer versucht wurde, einen eventuellen Einfluss des Nationalparks auf die touristische Nachfrage in der Nationalparkregion aufzuzeigen (Kap. 6.2.4).

6.2.1 Die Wahl des Landkreises als Betrachtungsebene

Das Vorhaben, einen Vergleich der wirtschaftlichen Entwicklung zweier Regionen durchzuführen, um die Frage zu prüfen, ob eine in einer dieser Regionen durchgeführte Maßnahme die wirtschaftliche Entwicklung wesentlich beeinflusst hat, zwingt zur Abgrenzung der Untersuchungsregion und der Referenzregion. Für die in dieser Studie verfolgte Fragestellung ist nicht die Nationalparkfläche selbst relevant, denn auf der eigentlichen Nationalparkfläche ist die wirtschaftliche Aktivität zwangsläufig sehr gering. Vielmehr geht es um die Frage, ob sich der Fremdenverkehr im Vorfeld der Nationalparke deutlich besser entwickelt hat als in einer Vergleichsregion. In erster Linie kommt es darauf an, die Untersuchungsregion geeignet abzugrenzen. Die gewählte Abgrenzung wurde einerseits aufgrund von Erwägungen bezüglich der Fragestellung getroffen, andererseits wird sie durch die Möglichkeiten der Datenerhebung und durch forschungsökonomische Gesichtspunkte geprägt. Da in der vorliegenden Studie die Landkreise, in denen die Nationalparke liegen, als Untersuchungsregionen gewählt wurden, ist die Frage zu diskutieren, ob die gewählte Abgrenzung geeignet war oder die Ergebnisse der Studie durch die Wahl einer ungeeigneten Betrachtungsebene beeinträchtigt wurden. Im Folgenden werden daher die wichtigsten Gründe dargelegt, die die Entscheidung bei der Wahl der räumlich und organisatorisch passenden Betrachtungsebene zugunsten der Landkreise ausfallen ließen.

a) Funktionale und organisatorische Eigenschaften eines Landkreises

„Nachhaltige Regionalentwicklung" ist das zentrale Stichwort wenn Großschutzgebiete u. a. eine Funktion als Wirtschaftsmotor in peripheren und strukturschwachen Regionen erfüllen sollen (vgl. hierzu auch Kap. 2.3.6 und 2.4). BROGGI et al. (1999, S. 219) betonen allerdings zu Recht, dass ein Schutzgebiet nicht zum alleinigen Zweck der regionalen Wirtschaftsförderung instrumentalisiert werden sollte, weil damit Einbußen an seiner Qualität und Glaubwürdigkeit riskiert würden. Wie einige Fallstudien bereits gezeigt haben (z. B. KÜPFER, 2000; JOB et al., 2003 u. a.) kann eine Schutzgebietsausweisung unter geeigneten Rahmenbedingungen einen Beitrag zur wirtschaftlichen Entwicklung seiner Region leisten. Einigkeit besteht in der allgemeinen Schutzgebietsdiskussion und -literatur darüber, dass jede nachhaltige Entwicklung auch eine nachhaltige Nutzung natürlicher Ressourcen voraussetzt. Betrachtet man nun ein Schutzgebiet als Produkt und seine touristische Erschließung als eine von mehreren Nutzungskomponenten (vgl. Kap. 2.3.3), so eignet sich die kurze mehrdimensionale Darstellung nachhaltiger Entwicklung von SCHMID (2002, S. 145, in Anlehnung an PETERS et al., 1996) sehr gut als Begründung für die Entscheidung, Landkreise als Untersuchungseinheiten in dieser Arbeit heranzuziehen. Dabei wird eine sogenannte Produktelinie, d. h. der Lebensweg eines Produkts von der Rohstoffgewinnung bis hin zu seiner Entsorgung/Wiederverwertung, nach den drei Gesichtspunkten Umwelt, Wirtschaft und Gesellschaft analysiert und zwar

- in ökologischer Hinsicht als Stoffstrom mit der Frage nach dem Ressourcenverbrauch auf der Inputseite und der Frage nach den Auswirkungen der Produktelinie auf die Umwelt auf der Outputseite,
- in ökonomischer Hinsicht als Wertschöpfungskette,
- in sozialer Hinsicht als Handlungskette der an der Produkterstellung Beteiligten und der von den Auswirkungen der Produkterstellung Betroffenen.

Im Zusammenhang mit nachhaltiger Regionalentwicklung gilt es nach diesem Modell

- Stoffströme kleinräumig zu führen und Kreisläufe weitgehend zu schließen,
- Wertschöpfungsketten regional zu schließen und einen Beitrag zur Deckung der Grundversorgung zu leisten und
- Handlungsketten durch Kooperationen aufzubauen.

Der Landkreis ist unter den bundeseinheitlichen Verwaltungseinheiten im Hinblick auf die organisatorische Struktur die einzige Gebietseinheit, die den drei Forderungen dieses Modells gerecht wird und für die überdies die Statistischen Landesämter z. T. über mehrere Jahrzehnte hinweg Zahlen aus den verschiedenen Bereichen von Wirtschaft und Gesellschaft erhoben haben und zur Verfügung stellen können. Je kleinräumiger ein Gebiet untergliedert wird, desto schwieriger gestaltet es sich, innerhalb seiner Grenzen Stoffströme zu führen und Kreisläufe oder Wertschöpfungsketten zu schließen. So wird eine räumliche Einheit von der Größe einer durchschnittlichen Gemeinde kaum von sich behaupten können, autark zu wirtschaften oder die für den Aufbau von effizienten Handlungsketten notwendigen Kooperationspartner auf seiner Fläche zu vereinen. Als Alternative zu Landkreisen wäre eventuell an bestimmte (Fremdenverkehrs-)Regionen zu denken gewesen. Diese Ebene kann aber wiederum so großräumig strukturiert sein, dass eigenständige Wirtschafts- und Sozialstrukturen bereits selbstverständlich sind. Im Gegensatz zur nächst höheren politischen Ebene des Regierungsbezirks, der aus oben genannten Gründen von vornherein ausgeschlossen werden konnte, sind Regionen auch nicht bundeseinheitlich organisiert, wie das bei den Landkreisen mehr oder weniger der Fall ist, so dass auch, abgesehen von Veröffentlichungen seitens der Regionalverbände, kaum für diese Studie brauchbare Statistiken zu Regionen existieren. Die Struktur eines Landkreises jedenfalls kann sowohl durch überregionale Entwicklungen als auch lokale Einflüsse gestaltet und geprägt werden. Landkreise sind einerseits großräumig genug, um Stoffkreisläufe und Wertschöpfungsketten zu umfassen, andererseits kleinräumig genug, um lokalen Akteuren als Plattform im Sinne regionaler Entwicklungsbestrebungen nach dem „Bottom-Up-Prinzip" zu dienen.

b) Die räumliche Ausdehnung der Nationalpark- und Referenzregionen

Durch einen Nationalpark hervorgerufene Effekte, direkte, indirekte und induzierte (vgl. Kap. 2.3.6), müssen in erster Linie im Nationalpark selbst und seinem unmittelbaren Vorfeld gesucht werden. Dieses räumlich einzugrenzen ist sehr schwierig, da mit zunehmender Entfernung vom Nationalpark die Wirkungsrunden der direkten, indirekten und schließlich induzierten Effekte immer schwächer werden. Nationalparktouristische Wertschöpfung kann im Park selbst entstehen, in dem die Belange des Naturschutzes im Vordergrund stehen, im unmittelbaren Vorfeld des Parks, wo wesentliche Teile der touristischen Infrastruktur angesiedelt sind, oder auch in nationalparkferneren Gemeinden innerhalb eines Landkreises, in denen der Nationalpark in seiner Bedeutung für die Regionalplanung mit zunehmender Entfernung zwar schwächer wird, aber immer noch eine Rolle spielt (vgl. hierzu auch LEIBENATH, 2002, S. 15). Wenn innerhalb eines Nationalparklandkreises überhaupt eine Gebietseinheit z. B. in Nationalparkplänen oder auf Initiative von Zweckverbänden als Nationalparkregion konkret definiert ist (z. B. Nationalparke Vorpommersche Boddenlandschaft, Bayerischer Wald, Müritz-Nationalpark u. a.), so wäre es dem Gesamtkonzept der Arbeit entsprechend und theoretisch möglich gewesen, zwei Regionen auch dann als geeignete Vergleichsgebiete zu identifizieren, wenn sie von unterschiedlicher Größenausdehnung sind. Auch darf hierbei, wie im vorstehenden Abschnitt angesprochen, nicht übersehen werden, dass es nicht primär auf die möglichst identische Größe der Referenzregionen ankommt, sondern vornehmlich die Ähnlichkeit der Strukturen zählt. Bei sehr kleinen Referenzregionen besteht die Gefahr, dass sich zufällige Ereignisse stark auswirken. Bei sehr großen Referenzregionen ist zwar die Störung durch solche Einflüsse weniger ausgeprägt, jedoch gestaltet es sich deutlich schwieriger, eine Region mit hoher struktureller Ähnlichkeit zu finden. Wenn es auch wünschenswert gewesen wäre, eine von Landkreisen (Verwaltungseinheiten) unabhängige Abgrenzung vorzunehmen, so wäre es doch unmöglich gewesen, für anders abgegrenzte Untersuchungsregionen die für die Analysen notwendigen Daten zu erhalten. Deshalb blieb als eine pragmatische Lösung nur die Wahl der Landkreise als bundeseinheitlich existente und räumlich-funktional ähnlich organisierte und damit vergleichbare Gebietseinheit.

Mit der Wahl des Landkreises als Untersuchungsobjekt mussten dennoch im Wesentlichen zwei Nachteile in Kauf genommen werden. Erstens dadurch, dass die Kreise in manchen Bundesländern sehr groß sind, der Flächenanteil mancher kleineren Nationalparke an einem Landkreis sehr gering (z. B. Nationalpark Hainich mit nur je 3 % Fläche in den betroffenen beiden Landkreisen). Ein Niederschlag des Nationalparktourismus in den auf Kreisebene erfassten Fremdenverkehrsstatistiken dürfte in diesen Fällen trotz seines eventuell sehr geringen Ausmaßes zwar grundsätzlich feststellbar sein. Fraglich ist dann jedoch wiederum, inwieweit er von anderen ähnlichen Effekten überlagert werden könnte. Zweitens sind manche Nationalparklandkreise (z. B. entlang des Nationalparks Niedersächsisches Wattenmeer oder der Insellandkreis Rügen) naturräumlich von solcher Einzigartigkeit, dass ein Vergleich mit einem selbst in der Clusteranalyse als ähnlich eingestuften Landkreis im Hinblick auf seine touristische Entwicklung kaum sinnvoll sein kann. Für die Landkreise zu den Nationalparken Vorpommersche Boddenlandschaft und Jasmund wurden daher keine Zeitreihenvergleiche angestellt, sondern die Auswertung alternativ auf lediglich von den

Parkverwaltungen selbst oder örtlichen Tourismusverbänden zusammengestellte Besuchsstatistiken beschränkt.

In diesem Zusammenhang drängt sich eine weitere Überlegung auf. Nachdem die einzelnen Nationalparke unterschiedlich groß sind, liegt die Argumentation nahe, die Größe der Untersuchungsregionen an die Größe der Parke anzupassen. Die reine Flächengröße der Schutzgebiete ist jedoch nicht proportional zum Besucheraufkommen und damit der generierten Wertschöpfung. So sind z. B. die Nationalparke Jasmund mit etwa 3.000 ha oder Sächsische Schweiz mit knapp 10.000 ha eher kleine Nationalparke, die allerdings aufgrund ihrer Attraktivität 1,5 bzw. 2,3 Mio. Besucher jährlich anziehen (vgl. Tab. 118). Die theoretische Annahme zum empirischen Teil der Studie war daher konsequenterweise, dass die von teilweise mehreren Millionen Nationalparkgästen pro Saison ausgelösten Wirkungsrunden der Wertschöpfung sich nicht nur sozusagen kleinflächig auf Gemeindeebene bemerkbar machen, sondern sich eben – wie auch allgemein von interessenorientierter Seite postuliert – auf eine gesamte Region auswirken können. Wenn also keine Nationalpark-Effekte gefunden werden konnten, liegt das nicht etwa an zu groß gewählten Referenzregionen, sondern daran, dass sich die Auswirkungen entweder scheinbar doch nur mehr oder weniger auf Einzelbeispiele der touristischen Anbieterseite beschränken und damit über die unmittelbar angrenzenden Kommunen nicht hinausreichen oder dass sie sich in ihrer Raumwirkung von anderen, dem Fremdenverkehr förderlichen Ereignissen nicht klar abheben. Abgesehen davon wäre ein anderes Vorgehen als die Betrachtung von Landkreisen als Untersuchungsebene auch aus pragmatischen und forschungsökonomischen Gründen nicht realistisch gewesen.

c) Beschränkung des Vergleichs auf das jeweilige Bundesland

Eine andere Frage, die sich der Leser in Zusammenhang mit der Identifizierung der Vergleichslandkreise in der Clusteranalyse (Kap. 3) stellen mag, bezieht sich auf die Gliederung der zu gruppierenden Objekte nach ihrem jeweiligen Bundesland. Alternativ hätte die Möglichkeit bestanden, alle 323 (Land-)Kreise der Bundesrepublik[187] in den Gruppierungsprozess mit einzubeziehen und dann die den Nationalparklandkreisen jeweils ähnlichsten als Vergleichslandkreise auszuwählen. Diese Vorgehensweise hätte jedoch in verschiedener Hinsicht Probleme verursacht, die mit der gewählten Methode, nur die innerhalb eines Bundeslandes ähnlichsten Kreise zu berücksichtigen, umgangen wurden. Die amtlichen Statistiken, aus denen für jeden Landkreis die einschlägigen Kennzahlen entnommen wurden, können inhaltlich und auch hinsichtlich des zeitlichen Bezugsrahmens der erfassten Daten in den einzelnen Bundesländern variieren, was eine weitere Einschränkung der ohnehin begrenzten Datenlage zur Folge gehabt hätte. Außerdem konnte die touristische Entwicklung von Nationalparklandkreisen in den westlichen Bundesländern, in denen bereits in den 70er und 80er Jahren Nationalparke gegründet wurden, nicht der Entwicklung von Landkreisen der neuen Bundesländer gegenübergestellt werden, für die frühestens 1992 vergleichbare statistische Kennzahlen erhoben wurden. Auch ist zu bedenken, dass für die touristische Infrastruktur in den neuen Ländern zu Beginn der 90er Jahre nach dem Zusammenbruch des staatlich organisierten Fremdenverkehrs im Prozess der Umstrukturierung eingesetzt hatte und die Entwicklung einer privatwirtschaftlich orientierten Angebotsseite in den Urlaubsgebieten Ostdeutschlands erst begann. Darüber hinaus ist der durchschnittliche Flächenumfang eines Landkreises in den nördlichen und östlichen Bundesländern, so z. B. in Mecklenburg-Vorpommern mit knapp 190.000 ha oder Brandenburg mit über 206.000 ha, z. T. mehr als doppelt so groß wie der eines bayerischen

---

[187] Die beiden Kommunalverbände besonderer Art, der Stadtverband Saarbrücken und die Region Hannover, sind in dieser Angabe mit einbezogen.

Landkreises mit im Mittel etwa 96.000 ha Fläche. Mit einer einzigen Ausnahme, den Untersuchungsregionen zu den Nationalparken Niedersächsisches und Hamburgisches Wattenmeer, für die Vergleichslandkreise in Schleswig-Holstein herangezogen wurden, konnte das Konzept, die Nationalpark- und Referenzregionen aus demselben Bundesland auszuwählen, bei allen Analysen beibehalten werden.

6.2.2 Die Clusteranalyse

Der Vergleich zwischen Nationalpark- und Nicht-Nationalparkregionen ist das zentrale Element der vorliegenden Arbeit, das diesen Untersuchungsansatz von zahlreichen Zielgebietsbefragungen und -analysen in Form von Gutachten (KLEINHENZ, 1982; JOB et al., 2003), Diplomarbeiten und Dissertationen (KÜPFER, 2000; LEIBENATH, 2001), Entwicklungskonzepten (REVERMANN/PETERMANN, 2003; POPP et al., 2002; DEUTSCHER TOURISMUSVERBAND, 2001; WWF, 1999; BIEDENKAPP/GARBE, 2002) und anderen Forschungsprojekten (z. B. RÜTTER et al., 1996) mit ähnlicher Fragestellung unterscheidet. Um eine möglichst optimale Kompatibilität der Vergleichsobjekte zu gewährleisten, ist die unterstützende Anwendung eines statistischen Verfahrens erforderlich. Die Clusteranalyse ist *das* polythetische Verfahren der multivariaten Statistik schlechthin, das in der Lage ist, ähnliche Objekte aus einer größeren Menge von Objekten   simultan anhand mehrerer Eigenschaften zu mehr oder weniger homogenen Gruppen zu ordnen.

Die in dieser Studie zu vergleichenden Gebietseinheiten sollten zum Zeitpunkt der Gründung des jeweils betrachteten Nationalparks in mehrdimensionaler Hinsicht eine möglichst hohe Ähnlichkeit aufweisen. Die für die Clusteranalyse vorgesehenen Daten mussten folgenden Anforderungen genügen. Sie sollten für eine ausgewogene und realitätsnahe Beschreibung der Gebietseinheiten deren soziodemographische, ökonomische und landschaftlich-naturräumliche Eigenschaften widerspiegeln. Angesichts der Fülle von Möglichkeiten bestand die erste Schwierigkeit darin, eine Vorauswahl zu treffen, die für eine sinnvolle Berechnung der zur Gruppeneinteilung notwendigen Distanzmaße die Zahl der Fälle (hier Schleswig-Holstein mit nur 11 Kreisen) nicht übersteigt. Die Dimensionsreduktion wurde zunächst über die Faktorenanalyse versucht, was nicht gelang, um dann schließlich anhand einer schlichten Korrelationsmatrix die möglichst voneinander unabhängigen Variablen zu identifizieren. Das zweite Problem lag in dem Bestreben, als Ergebnis der Clusteranalyse Gebietseinheiten zu erhalten, die sich zum Zeitpunkt der Gründung des jeweils betrachteten Nationalparks möglichst ähnlich waren.

Es stellt sich die Frage, ob ggf. eine Alternative zu der Clusteranalyse zu einer sinnvollen Gruppenbildung geführt haben könnte. In der Tat müssten sich Gruppen vergleichbarer Landkreise auch z. B. über Befragungen der Mitarbeiter in Nationalpark- oder Kommunalverwaltungen identifizieren lassen. Der Vorteil der Clusteranalyse ist jedoch gerade die Begrenzung der Subjektivität der Auswahl, womit die aus wissenschaftlicher Perspektive geforderte Nachvollziehbarkeit der Vorgehensweise gewährleistet wird. Vollständig vermeiden lassen sich subjektive Einflüsse allerdings nicht. So steckt bereits in der Auswahl der Indikatoren ein gewisses Maß an Subjektivität. Dennoch dürfte durch die Zahl der Indikatoren und die Verteilung über die relevanten Aspekte der Untersuchungseinheiten ein sehr hohes Maß an Begrenzung der Subjektivität erreicht sein. Die Stärke der Clusteranalyse als klassischem Verfahren zur Bildung von Gruppen ähnlicher Elemente innerhalb einer Grundgesamtheit liegt außerdem in ihrer Eigenschaft, eben nicht nur auf eine spezielle Zielfunktion abzustellen, sondern dem Bearbeiter den für Ermessensentscheidungen notwendigen Spielraum zu bieten. Aus diesem Grund stand in der vorliegenden Untersuchung nicht die Gruppenbildung als solche im Vordergrund, sondern wurden jene Vergleichsobjekte ausgewählt, denen mehr oder weniger übereinstimmend bei allen sieben möglichen Agglomerationsmethoden die größte Ähnlichkeit zugewiesen wurde. Unter dem Aspekt, dass es also innerhalb einer Clusteranalyse aufgrund der subjektiven Einflussmöglichkeiten keine optimale und einzig richtige Typisierung geben kann, mag der eventuelle Verdacht der Willkür bei der Identifizierung der ähnlichsten bzw. unähnlichsten Landkreise entkräftet sein.

Im Laufe der Studie sind überdies im Großen und Ganzen keine Anhaltspunkte aufgetreten, die für eine Auswahl ungeeigneter Vergleichsgebiete sprächen. Eine Beeinträchtigung der Vergleichbarkeit durch andere Einflüsse in der Referenzregion während des z. T. mehrere Jahrzehnte umfassenden Untersuchungszeitraums kann nicht gänzlich ausgeschlossen werden. Als solche anderen Einflüsse konnten insbesondere die Passionsspiele (vgl. Kap. 4.2.2) und die Weltausstellung (vgl. Kap. 4.4.3) identifiziert werden. Diese Einflüsse stören aber den Vergleich nicht. Vielmehr ist interessant, dass sich solche Ereignisse in den betrachteten Tourismusindikatoren deutlich niederschlagen.

Die Frage, ob die Auswahl der Vergleichsregionen nicht besser an der Parallelität der Entwicklung der Fremdenverkehrsindikatoren für einen Zeitraum vor der jeweiligen Nationalparkgründung vorgenommen worden wäre, stellte sich insbesondere bei der summarischen Auswertung der Wachstumsraten und Trends (Kap. 5.2.2.1), wo festgestellt wurde, dass die Fremdenverkehrsentwicklung in den verglichenen Regionen vor den Nationalparkgründungen recht unterschiedlich verlief. Andererseits zeigte sich in der Regressionsrechnung eine sehr hohe Korrelation der Fremdenverkehrsindikatoren in den Nationalpark- und den Referenzregionen. Der Schluss, dass es besser geeignete, eine ähnlichere Entwicklung des Fremdenverkehrs aufweisende Vergleichlandkreise geben würde, ist jedenfalls nicht zwingend, und es war vom Konzept der Studie durchaus beabsichtigt, die Ähnlichkeit der Regionen in mehreren Dimensionen zu gewährleisten.

Nach gründlicher Abwägung der Vor- und Nachteile der Clusteranalyse und der alternativ möglichen Herangehensweisen wird offensichtlich, dass kaum ein anderes Verfahren zur Auswahl der Vergleichsregionen gefunden werden kann, bei dem gleichzeitig Nachvollziehbarkeit und die Einbeziehung sozialer, wirtschaftlicher und landschaftlicher Dimensionen gewährleistet sind.

6.2.3 Die Datengrundlage der Zeitreihenvergleiche

Die Festlegung auf die geeigneten Vergleichsmerkmale erwies sich sowohl bei der Auswahl der in die Clusteranalyse eingehenden Indikatoren (Kap. 3) als auch bei der Erhebung der passenden Kennzahlen im Rahmen der eigentlichen Zeitreihenvergleiche (Kap. 4) als problembehafteter Prozess. Dadurch, dass die für die eigentlichen Zeitreihenvergleiche in Kapitel 4 herangezogenen Kennzahlen aus den einschlägigen Statistiken zum Bereich Tourismus stammen sollten, waren die Auswahlmöglichkeiten von vornherein überschaubar. Hauptproblem war in diesem Zusammenhang vielmehr die Verfügbarkeit der Fremdenverkehrsdaten zu einem Zeitpunkt, der bis vor die jeweiligen Nationalparkgründungen zurückreicht. Im Fall des ältesten deutschen Nationalparks Bayerischer Wald (Gründung 1970) war die Verwendung der in erster Linie und bundesweit auf Kreisebene existierenden Beherbergungsstatistik beispielsweise nur unter Inkaufnahme einiger Inkonsistenzen der Datenfortschreibung in den frühen Jahren der Erfassung möglich. Wenn außerdem eine statistische Reihe, wie z. B. die Handels- und Gaststättenzählung, bereits langfristig und bundesweit erstellt wird, in sie jedoch nur Erhebungen in relativ langen zeitlichen Intervallen von mehreren Jahren einfließen, so ist dieses Datenmaterial aufgrund der fehlenden Jahreswerte nur sehr eingeschränkt für eine Analyse im Zuge dieser Studie verwendbar.

Ein grundsätzliches Problem im Kontext von Nationalparktourismus und seiner statistischen Erfassung ist der Umstand, dass in der amtlichen Statistik nur Beherbergungsbetriebe ab einer Größe von 9 Betten erfasst werden. Häufig sind aber gerade im ländlichen Umfeld von Nationalparken Unterkunftsmöglichkeiten in Häusern anzutreffen, die Übernachtungen und/oder Bewirtung nur im Nebenerwerb anbieten, so dass die dort eintreffenden Gäste überhaupt nicht oder nur im Rahmen individueller Studien und Erhebungen von örtlichen Tourismusverbänden[188] registriert werden. Dieser Nachteil hätte möglicherweise ausgeglichen werden können, indem die Auswertung von Stichproben bzw. einzelnen Zielgebietsbefragungen von vornherein in der Methodik mitberücksichtigt worden wäre. Dies hätte wiederum bedeutet, dass bei hohem monetären wie auch zeitlichen Aufwand Daten zur Tourismusnachfrage in ausgesuchten Nationalparkregionen und vergleichbaren Gebieten gewonnen worden wären, deren Aussagegehalt einerseits als vage zu beurteilen sein dürfte, da sie mangels systematischer Erfassung überwiegend auf Schätzungen basieren. Darüber hinaus dürfte das Vorhaben, Daten für eine sehr lange in die Vergangenheit zurückreichende Zeitreihe über Primärerhebungen zu erhalten, kaum erfolgreich durchführbar sein.[189] Andererseits stellt gerade der Verzicht auf Zielgebietsbefragungen und die vergleichende Betrachtung zwischen den ausgewählten Untersuchungsregionen ein entscheidendes Charakteristikum der vorliegenden Arbeit dar, das sie von anderen Arbeiten mit ähnlicher Fragestellung unterscheidet. Überdies hätte der Versuch der Datengewinnung über stichprobenartige Zielgebietsbefragungen zum Zwecke der Gegenüberstellung von Zeitreihen in verschiedener Hinsicht Abgrenzungsschwierigkeiten mit sich gebracht. Abgesehen davon, kann die Abschneidegrenze der Statistik nur den Vergleich verzerren, wenn in den Referenzregionen über den Vergleichszeitraum stark unterschiedliche, möglicherweise gegenläufige Strukturänderungen auftreten. Dann könnte ein Nationalparkeffekt in der Tat verkannt werden. Da jedoch von vornherein nur strukturell ähnliche Regionen verglichen wurden, waren auch, wenn überhaupt, dann nur mehr oder weniger parallel verlaufende Strukturänderungen zu erwarten und Verzerrungen diesbezüglich sehr unwahrscheinlich. Für die mehr oder weniger konsistente Durchführung von Zeitreihenvergleichen touristischer Kennzahlen auf Landkreisebene schienen deshalb die aus den amtlichen Statistiken abrufbaren Daten trotz einiger Defizite als die wesentlichen und im Rahmen dieser Studie geeigneten, bei denen der Aufwand ihrer Erfassung und der Erkenntnisgewinn nach Auswertung in einem angemessenen und vertretbaren Verhältnis standen.

Eine besondere Herausforderung stellte die Situation in den neuen Bundesländern dar. Von den 7 Nationalparken in Thüringen, Mecklenburg-Vorpommern, Sachsen, Sachsen-Anhalt und Brandenburg wurden 5 bereits im Jahr 1990 gegründet. 1992 ist das erste Jahr, für das die neuen Bundesländer überhaupt Kreisergebnisse veröffentlicht haben. Die Vergleichbarkeit der Daten erschwerend kommen 1994 eine allgemeine und breit angelegte Kreisreform und die Einführung einer neuen Wirtschaftszweigsystematik bei der Datenerhebung hinzu.

---

[188] Dies kann z. B. anhand der Kurtaxe in bestimmten Orten oder über Umfragen, Zählungen oder Schätzungen seitens der örtlichen Tourismusverbände geschehen.

[189] Als Beispiel für eine solche Datenreihe sei hier die Erfassung der Besucherzahlen in den Infozentren des 1985 gegründeten Nationalparks Schleswig-Holsteinisches Wattenmeer angeführt. Zwar erstellt die Nationalparkverwaltung seit 1988 Statistiken zu den Besucherzahlen in den Infozentren, diese verändern sich jedoch in Anzahl und der Qualität der Ausstellungen. Die Daten sind daher, abgesehen davon, dass ihre Erhebung zeitlich einige Jahre nach Gründung des Nationalparks beginnt, als zusätzliche Variable in den multiplen Regressionsschätzungen zur Erklärung der Tourismusentwicklung nicht geeignet.

Der Mangel an Alternativen zur ohnehin begrenzten Datenlage zum Bereich Fremdenverkehr seitens der amtlichen Statistik rechtfertigt die Verwendung von geringfügig inkonsistentem Zahlenmaterial als Grundlage der Zeitreihenvergleiche im Rahmen der vorliegenden Arbeit (vgl. hierzu auch Kap. 4.1). Mit der Wahl der hier hauptsächlich analysierten Indikatoren Zahl der Gästeankünfte und -übernachtungen, der angebotenen Betten und der Beherbergungsbetriebe aus der amtlichen Beherbergungsstatistik wurde den Anforderungen an für diese Studie geeignete touristische Kennzahlen im Rahmen der von Seiten der amtlichen Statistik vorgegebenen Möglichkeiten weitestgehend Genüge getan, wenn auch die für die durchschnittlichen Wachstumsratenberechnungen herangezogenen Zeiträume in manchen Fällen sehr kurz waren. Eine weitere Einschränkung muss allerdings gemacht werden bei der Interpretation der Gästeübernachtungen. Allgemein rückläufige Übernachtungszahlen, die einen die gesamte Tourismusindustrie prägenden und über die vergangenen Jahrzehnte kontinuierlichen Rückgang der durchschnittlichen Aufenthaltsdauer an einem Urlaubsort widerspiegeln, könnten u. U. im Zusammenhang mit den in dieser Arbeit vorgestellten Kurvenverläufen ein verzerrtes Bild abgeben.

Analog zur Frage der Abgrenzung der Untersuchungsregionen stellte sich auch die Frage nach der Auswahl der zu untersuchenden Branchen. So sollten sich eigentlich nach theoretischen Vorüberlegungen neben touristischen Daten auch z. B. Gewerbean- oder -abmeldungen für den Bereich Dienstleistung allgemein oder für Beherbergungsbetriebe und Gaststätten sowie Zahlen zur Unternehmensstruktur oder zum Umsatz und den Beschäftigten im Gastgewerbe oder im Einzelhandel bzw. die Arbeitsmarktstatistik für eine Auswertung im Hinblick auf Nationalparkeffekte anbieten. Anfragen bei den statistischen Landesämtern und den Arbeitsämtern ergaben jedoch, dass diese Kenngrößen entweder grundsätzlich nicht auf Kreisebene verfügbar waren oder erst seit wenigen Jahren oder dass die statistischen Angaben nicht nach Wirtschaftszweigen gegliedert waren. Sektoren bzw. Wirtschaftsbereiche übergreifende Daten zu verwenden schien allerdings zu ungenau, um Zusammenhänge mit Nationalparktourismus festzustellen. Auf die Auswertung nicht-touristischer Kennzahlen wurde daher verzichtet.

6.2.4 Die Methodik des Vergleichs

Im Kern der vorliegenden Untersuchung wird über Zeitreihenvergleiche (in Kap. 5.2.1 zusammengestellt) und kombinierte Zeitreihen- und Quervergleiche (in Kap. 5.2.2 zusammengestellt) versucht, auf das Vorliegen einer den Fremdenverkehr fördernden Wirkung der Nationalparkgründungen zu schließen. Das Problem bei dieser Vorgehensweise liegt darin, dass auf einen solchen Einfluss nur aus der Entwicklung von Indikatoren geschlossen werden kann, die gleichzeitig auch einer ganzen Reihe weiterer Einflüsse unterliegen. Dies gilt sowohl für die Nationalpark- als auch für die Vergleichsregionen. Die Nationalparkgründungen wurden in der Studie als Ex-post-de-facto-Experimente behandelt. Die Randbedingungen bzw. die anderen Einflüsse auf die Indikatoren sind aber nur sehr unvollständig bekannt bzw. kontrolliert. Um einen unberechtigten Eindruck von der Sicherheit der Aussagen der in der Studie vorgenommenen Vergleiche zu vermeiden, muss hier auf die Schwachstellen der Vorgehensweise deutlich hingewiesen werden, die vor allem in der Unmöglichkeit der Kontrolle anderer Einflüsse, teilweise aber auch in der Methodik der Vergleiche begründet ist.

Die Vergleiche, mit denen in der Untersuchung auf das Vorliegen eines Nationalparkeffekts auf den Fremdenverkehr geschlossen wird, stützen sich erstens auf durchschnittliche Wachstumsraten der Tourismusindikatoren, zweitens auf lineare Trends der

Tourismusindikatoren und drittens auf den in Kapitel 4.1 vorgestellten Regressionsansatz, bei dem geprüft wird, ob die Erklärung eines Fremdenverkehrsindikators für die Nationalparkregion durch denselben Indikator für die Vergleichsregion dann besser ist, wenn für die Zeit nach der Gründung des Nationalparks eine Dummy-Variable berücksichtigt wird. Alle drei Vorgehensweisen können durchaus zu falschen Beurteilungen führen.

Kritik an der Verwendung durchschnittlicher Wachstumsraten kann sich insbesondere darauf stützen, dass diese Kennzahl zur Beschreibung der Entwicklung einer Kennzahl über die Zeit immer nur auf zwei Daten (Anfangs- und Endwert der Zeitreihe) basiert. Stillschweigend unterstellt wird eine der Zinseszinskurve entsprechende Funktionsform. Ein Ausgleich der Daten wie bei einer Regressionsrechnung erfolgt nicht. Die durchschnittlichen Wachstumsraten beschreiben daher nicht zwingend die Entwicklung der betrachteten Größe und sind bei relativ stark volatilen Zeitreihen nicht stabil. Die Sensitivität der Wachstumsraten konnte aber in der Studie nicht sinnvoll geprüft werden, weil sie, wegen der für Zeiträume vor den Nationalparkgründungen begrenzt verfügbaren Daten, teilweise für relativ kurze Zeiträume berechnet werden mussten. Bei einer Veränderung der jeweils in die Berechnung eingehenden Zeiträume könnten sich die Ergebnisse also ändern.

Wird die Entwicklung einer Kennzahl über die Zeit mit einem linearen Trend beschrieben, dann berücksichtigt dieser jeden Wert der Zeitreihe. Insofern enthält die parallele Vorgehensweise des Vergleichs jeweils von Wachstumsraten und Trends eine Kontrollfunktion. Bei wenig ausgeprägten Trends und relativ hoher Volatilität können aber Verkürzungen oder Verlängerungen der Zeitreihe ebenso zu Instabilität bzw. zu Trends mit unterschiedlichen Vorzeichen führen. Dies würde die Aussagekraft der Ergebnisse erheblich reduzieren. Ein gravierendes Problem für die Untersuchung waren solche Instabilitäten jedoch nicht. Inkonsistenzen zwischen den Aussagen der Auswertung von Trends und Wachstumsraten kamen nicht übermäßig häufig vor.

Ein allgemeines Problem bei der Interpretation von Trends in Zeitreihen ökonomischer Indikatoren ist, dass die Trends für einen oder auch mehrere treibende Kräfte stehen. Falls mehrere Faktoren die Entwicklung treiben, können diese gleichgerichtet sein, aber auch gegeneinander wirken; solange die in eine Richtung wirkenden Kräfte die anderen deutlich überwiegen, weist die Zeitreihe des betrachteten Indikators einen Trend auf. Versucht man, mit einem solchen Trend die Wirksamkeit oder Unwirksamkeit eines Einflussfaktors zu schließen, sind Fehlbeurteilungen nicht ausgeschlossen. So könnte eine Situation vorliegen, in der die Wirtschaft insgesamt in dem Jahr der Gründung eines Nationalparks und den darauf folgenden Jahren in Folge eines Konjunkturaufschwungs ein deutlich höheres Wachstum aufweist als in den Jahren vor der Gründung. Dies könnte das Ergebnis verfälschen, insbesondere dann, wenn man nur auf die Zeitreihen der Tourismusindikatoren für die Nationalparkregion abstellt (Kap. 5.2.1). Andererseits bietet der zweistufige Vergleich mit den Referenzregionen eine gewisse Absicherung vor diesem Effekt, denn eine solche Wirtschaftsentwicklung würde sich wahrscheinlich in der Nationalparkregion und der Vergleichsregion in etwa gleich auswirken. Bei stark unterschiedlicher Belebung des Tourismus in Folge der allgemeinen Wirtschaftsentwicklung in den beiden Regionen könnte es aber trotzdem zu einer falschen Beurteilung kommen. Dies in beide Richtungen, denn es könnte sowohl ein fremdenverkehrsfördernder Einfluss des Nationalparks verdeckt als auch vorgetäuscht werden. Beispielsweise haben die Wattenmeer-Regionen Niedersachsens und Schleswig-Holsteins nach dem Wegfall der innerdeutschen Grenze 1989 laut Auskunft der örtlichen Tourismusverbände einen enormen Besucheransturm durch ostdeutsche Urlauber erfahren. So könnte die positive Entwicklung der beiden untersuchten Nachfrageindikatoren (Gästeankünfte und -übernachtungen, vgl. Kap. 4.4.2), die für die Zeit nach der Gründung der

Nationalparke Niedersächsisches (1986) und Hamburgisches (1990) Wattenmeer festgestellt wurde, nur einen vermeintlichen Nationalparkeffekt anzeigen.

Die Länge der Zeitabschnitte, für die die Wachstumsraten und Trends verglichen wurden, ist zwar für die einzelnen Nationalparkregionen und ihre Referenzregionen sowie für die Zeit vor der Nationalparkgründung und danach gleich. Für die einzelnen Nationalparke wurden aber unterschiedlich lange Zeiträume gewählt. Das Kriterium, nach dem die Länge der Zeiträume bestimmt wurde, war ganz überwiegend die Verfügbarkeit der Daten. Insbesondere im Hinblick auf die Aussagekraft der Ergebnisse der vor relativ langer Zeit gegründeten Parke ist es nachteilig, dass wegen der Datenverfügbarkeit nur relativ kurze Vergleichszeiträume gewählt werden konnten. Sehr lange Vergleichszeiträume sind aber auch problematisch. Ein Kriterium, wie lang die Vergleichszeiträume idealerweise gewählt werden müssten, gibt es ersichtlich nicht. Auch wurde in dieser Untersuchung der Frage nicht nachgegangen, ob positive Effekte auf den Fremdenverkehr ggf. nur zeitlich begrenzt sind. Gäbe es Hinweise auf eine zeitlich begrenzte Wirkung, dann könnte man die Vergleichszeiträume geeignet wählen.

Zeitlich begrenzte Wirkungen könnten in den in standardisierter Weise durchgeführten Regressionsschätzungen leicht berücksichtigt werden. Denkbar wäre es, bei diesen Ansätzen auch verzögerte Wirkungen oder zunehmende bzw. sich zeitlich ändernde Wirkungen zu berücksichtigen. Da jedoch in der Literatur keine Hinweise auf derartige Effekte gefunden wurden, erschien es nicht sinnvoll, solche Annahmen zu treffen. Stattdessen wurden die naheliegendsten und einfachsten Annahmen unterstellt.

Die gesamte Vorgehensweise der Studie ist von dem Bemühen geleitet, alle Analysen bzw. Vergleiche möglichst standardisiert für eine möglichst große Anzahl von Nationalparken und mehrere Fremdenverkehrsindikatoren durchzuführen, um über die relativ große Zahl von Ergebnissen und deren Häufigkeitsverteilung einen Eindruck davon zu gewinnen, ob die Ausgangshypothese der Untersuchung vorläufig weiter akzeptiert werden kann oder als falsifiziert angesehen werden muss. Dieser Grundgedanke der Untersuchung führte dazu, dass in Einzelfällen Berechnungen durchgeführt und Berechnungsergebnisse berücksichtigt wurden, die wegen der verwendeten Daten, der Vergleichszeiträume oder auch der Methode, insbesondere der Nichteinhaltung aller Prämissen des Regressionsmodells, für den Einzelfall keine sichere Aussage zulassen.

Ein Kritikpunkt an dem hier gewählten Vorgehen kann sich auf die Beschränkung der Erklärung des Tourismus in der Nationalparkregion durch nur zwei Determinanten richten. Dabei ist zu bedenken, dass der Tourismus in der Nationalparkregion durch den Tourismus in der Vergleichsregion nicht im eigentlichen Sinn erklärt wird. Vielmehr besteht lediglich wegen der Strukturähnlichkeiten der beiden Regionen, gesichert über die Auswahl mittels Clusteranalysen, die Vermutung, dass sich auch der Fremdenverkehr in den beiden Regionen ähnlich entwickelt. Diese Vermutung wird durch die Ergebnisse der Regressionsschätzungen auch sehr weitgehend bestätigt. Geprüft wird demnach durch den gewählten Ansatz für die Regressionsschätzung nicht, welche Determinanten für die Entwicklung des Fremdenverkehrs verantwortlich sind. Vielmehr ist unterstellt, dass der Fremdenverkehr in der Nationalparkregion durch dieselben Determinanten bestimmt wird wie in der Vergleichsregion, so dass sich eine enge Korrelation zwischen den beiden Tourismusindikatoren für die beiden Regionen ergibt. Dadurch wird nur geprüft, ob durch die Hinzunahme der Nationalpark-Dummyvariable die Schätzung wesentlich verbessert wird und damit die Null-Hypothese, der Nationalpark habe keinen Einfluss auf den Fremdenverkehr, verworfen werden kann. Die sich bei diesem Vorgehen ergebende Gefahr, dass wegen gebietsspezifischer Einflüsse auf den Fremdenverkehr in der Vergleichsregion das Modell zu einer unbefriedigenden Erklärung des Fremdenverkehrs in der Nationalparkregion führt, lässt sich nicht ganz vermeiden. Soweit diese gebietsspezifischen Einflüsse jedoch erkennbar waren, konnten sie in der Regressionsschätzung zusätzlich berücksichtigt werden (vgl. Kap. 4.2.2.1 und 4.2.2.2).

6.3 Perspektiven für Forschung und Praxis

In der vorliegenden Untersuchung musste die Komplexität der Einflüsse stark reduziert werden bzw. blieben viele Einflüsse unbeachtet, die aber de facto von den regionalen Akteuren beeinflussbare Größen sind. Deshalb wird im Folgenden auf Zusammenhänge hingewiesen, die im Rahmen der Studie nicht direkt untersucht wurden, aber zu denen doch aufgrund der gewonnenen Eindrücke Hinweise gegeben oder Hypothesen über Zusammenhänge formuliert werden können. Dabei wird zunächst auf einige Facetten der Fragestellung hingewiesen, deren Berücksichtigung den Ansatz der vorliegenden Studie unmittelbar ergänzen bzw. erweitern würde (Kap. 6.3.1). Anschließend werden einige möglicherweise für die Praxis relevante Anregungen vorgeschlagen (Kap. 6.3.2).

6.3.1 Vorschläge für anschließende und ergänzende Untersuchungen

Das vergleichende Element der gewählten Schätzfunktion, das nur aus einem standardisierten Verfahren resultieren kann und das im Gegensatz zu alternativ möglichen Ansätzen bei der Auswertung und Interpretation der Ergebnisse zu mehr Stabilität und Objektivität des Aussagegehalts führt, darf als charakteristisch für die vorliegende Studie gelten. Die multivariate Analyse bietet jedoch den besonderen Vorteil, nicht nur objektiv messbare Zusammenhänge aufzuspüren, sondern auch auf jene Parameter zu stoßen, mit denen ggf. ein Nationalparkeffekt für unwahrscheinlich erklärt werden kann. Die Möglichkeit, über die multivariate Regression also sowohl begünstigende als auch hemmende Faktoren aufdecken zu können, bietet neben dem gewählten Verfahren (Clusteranalyse mit anschließender Regressionsschätzung) noch eine völlig andere Herangehensweise an die dieser Studie zugrunde liegende zentrale Fragestellung. Jedes Regressionsmodell basiert grundsätzlich auf der Annahme einer assymetrischen, da kausalen Beziehung von den explikativen zu der abhängigen Variablen. Man hätte die Regressionsgleichung demzufolge – anders als das im empirischen Teil der vorliegenden Arbeit geschehen ist – auch so gestalten können, dass die touristische Entwicklung eines Nationalparklandkreises durch seine dafür relevanten Eigenschaften und andere allgemeine Einflüsse erklärt wird, denen sein Fremdenverkehrsaufkommen unterliegt. Dazu würden z. B. Faktoren wie die Existenz eines Nationalparks, die Nähe zu Ballungsräumen, die naturräumliche Ausstattung, meteorologische Daten oder auch lokale Einzelereignisse etc. als unabhängige Variablen in die Schätzung des Regressanden eingehen. Jeder von einer Nationalparkausweisung in der Vergangenheit betroffene Landkreis müsste bei diesem Ansatz anhand einer Reihe verschiedener Parameter individuell auf einen Nationalparkeffekt hin untersucht werden. Ein solches Modell würde nicht die Abweichung der Wirtschaftsentwicklung in einer Nationalparkregion von der Wirtschaftsentwicklung in einer Nicht-Nationalparkregion erklären, sondern die Bedingungen beschreiben, unter denen sich ein Nationalpark auf die Regionalökonomie seines Landkreises auswirkt. Eine standardisierte Vorgehensweise, wie sie in dieser Arbeit eingebracht wurde, wäre damit ausgeschlossen. Nachdem die Approximierung von Kontrollvariablen über Parameter, die von den entsprechenden Vergleichslandkreisen gewonnen werden, überflüssig ist, besteht auch keine Notwendigkeit

231

einer Identifizierung geeigneter Vergleichsobjekte (Nationalpark- und Nicht-Nationalparklandkreise) aus homogenen Gruppen und damit einer Durchführung der Clusteranalyse. Hinsichtlich der Prüfung eines positiven Zusammenhangs zwischen dem Vorhandensein eines Nationalparks und dem Verlauf der Tourismusnachfrage, wie er in der Ausgangshypothese behauptet wird, kommt dieser zweite Modellentwurf einer echten Alternative zum gewählten Schätzansatz gleich. Die jeweiligen Rahmenbedingen, denen die Situation der regionalen Wirtschaft und insbesondere der Fremdenverkehr in den untersuchten Nationalparkregionen Deutschlands bzw. den Vergleichsregionen unterworfen sind, werden in beiden Modellen berücksichtigt.

Eine andere, sich eng an die vorliegende Studie anschließende Fragestellung könnte sich auf die im vorstehenden Abschnitt (Kap. 6.2.4) angesprochenen Fragen richten, die auf den zeitlichen Verlauf von möglichen Impulsen für den Fremdenverkehr durch Nationalparkgründungen abstellen. Es wäre von Interesse, ob sich Indizien dafür finden, dass von Nationalparkgründungen ausgehende Impulse zeitlich begrenzt sind, so dass sich die Wirkung nach einigen Jahren verliert und der Nationalpark dann keinen Konkurrenzvorteil mehr für die Nationalparkregion darstellt. Damit verbunden wäre selbstverständlich die Frage, wie sich durch Maßnahmen des Regionalmarketing die Dauerhaftigkeit eines Konkurrenzvorteils sichern ließe. In anschließenden Untersuchungen sollte aber auch geprüft werden, ob die in dieser Arbeit getroffene Annahme, der Impuls würde im Jahr der Gründung wirksam, haltbar ist. So wäre es denkbar, dass die Erwartung einer Nationalparkausweisung bereits Verhaltensänderungen auslöst und die örtlichen Fremdenverkehrsunternehmen zu Investitionen veranlasst. Genauso könnten Gäste bereits aufgrund ihrer Kenntnis der bevorstehenden Nationalparkgründung in die Region kommen. Argumentieren könnte man hinsichtlich der Zahl der Besucher aber auch für eine verzögerte Wirkung, weil die Anzahl der Besucher langsam mit dem Bekanntwerden des Nationalparks in Zusammenhang stehen könnte.

6.3.2 Anregungen für die Praxis

Im Kontext von immer zahlreicher werdenden und immer differenzierter ausgebildeten Netzwerken scheint es v. a. für die Entscheidungsträger im Naturschutz sowie in der Regionalplanung aufschlussreich, zu erfahren, was z. B. die beiden Nationalparke Bayerischer Wald und Müritz hinsichtlich ihrer Entwicklungsförderungs- und Erholungsfunktion von den anderen Parken unterscheidet und sie im Gegensatz zu den meisten übrigen Nationalparken diesbezüglich „erfolgreich" gemacht hat. Die Tatsache, dass diese beiden Parke in touristisch eher unterentwickelten Regionen gegründet worden sind, spielt sicherlich eine große Rolle. Bei andere Parken jedoch, die, zumindest was die Attraktivität ihrer Region für den Fremdenverkehr anbelangt, unter ähnlichen Bedingungen eingerichtet worden sind, erscheint es unwahrscheinlich, dass durch ihre Gründung wesentliche Impulse auf ihr sozio-ökonomisches Umfeld ausgegangen sind. Es stellt sich daher die Frage, welche Bedeutung Aktivitäten des **Regionalmarketing** für die erfolgreiche Umsetzung der sozio-ökonomischen Ziele einer Nationalparkgründung zukommt.[190]

Von großem Interesse ist in diesem Zusammenhang auch, in welchem Ausmaß andere regionsexterne als die durch Tourismus entstehenden Mittelzuweisungen in Form der

---

[190] Die Bedeutung der Einbindung lokaler Akteure, der Berücksichtigung sozialer Strukturen und der Transparenz der Entscheidungen der Nationalparkverwaltung für die Anliegergemeinden und damit letztendlich einer breiteren Akzeptanz des Schutzgebiets für seinen regionalwirtschaftlichen Erfolg hat bereits GETZNER (2003) in seiner Studie zur Situation in österreichischen Nationalparkregionen herausgearbeitet.

Regionalförderung durch die öffentliche Hand die Bilanz zu den ökonomischen Konsequenzen einer Schutzgebietsausweisung auf regionaler Ebene beeinflussen. In der modernen politischen Theorie wird im Rahmen der Diskussion um die effektivste Bereitstellung kollektiver Güter zunehmend das Potential von Netzwerken und sozialen Vertrauensbeziehungen herausgestellt (siehe BÖCHER, 2003, S. 237). Die zum Zwecke der Initialisierung entsprechender Kooperationen bereitgestellten nationalen Förderprogramme aber auch der Finanzrahmen der EU-Strukturpolitik sind in Umfang und Vielfalt eine kaum überschaubare und dadurch weitgehend unbekannte Komponente externer Effekte. Gerade der Bereich des flächengebundenen Naturschutzes lädt dazu ein, die regionalen Multiplikatorwirkungen der getätigten Ausgaben zu evaluieren. Als Orientierungshilfe hierzu könnte die Arbeit von KLETZAN/KRATENA (1999) dienen, die sich explizit mit den staatlichen Budgetausgaben in den Nationalparkregionen Österreichs auseinandersetzt.

Eine Forderung, die in den meisten wissenschaftlichen Arbeiten zum Thema Regionalökonomie in Verbindung mit Großschutzgebieten immer wieder an die Verantwortlichen im Schutzgebietsmanagement und die Tourismusorganisationen herangetragen wird, ist der **Ausbau des sozio-ökonomischen Monitorings** in den Schutzgebieten und ihrem Vorfeld. Auch in der vorliegenden Studie waren die Möglichkeiten der Bearbeitung der Fragestellung aufgrund der eingeschränkten Datenverfügbarkeit begrenzt. Verlässliche Schätzungen zu tatsächlichen Umsätzen (z. B. aus Besucherzahlen oder der Anzahl der Übernachtungen in Beherbergungsbetrieben mit weniger als 9 Betten) und den Zahlungsbereitschaften (Konsumverhalten der Touristen) sind unabdingbar sowohl für die Beantwortung von Fragen der umweltökonomischen Forschung als auch für die Praxis, die darauf aufbauend u. a. Steigerungsmöglichkeiten der ökotouristischen Wertschöpfung in der Region erarbeiten kann. In den meisten Nationalparken werden bereits dahingehend Anstrengungen unternommen und Konzepte entwickelt, deren Umsetzung allerdings teilweise durch die geringe finanzielle und personelle Ausstattung der Schutzgebietsverwaltungen erschwert wird. Besonders für eine vergleichende Betrachtung der Entwicklung des Nationalparktourismus in Deutschland wäre es wünschenswert, auf regelmäßig und v. a. einheitlich durchgeführte Erhebungen der Besucherzahlen und Gästebefragungen zurückgreifen zu können.

Nachdem hier lediglich die positiven externen Effekte einer Nationalparkgründung auf den Dienstleistungsbereich im Segment Fremdenverkehr auf regionaler Ebene im Vordergrund der Analyse standen, stellt sich schließlich die Frage nach den eventuellen **negativen externen Effekten**, die eine Schutzgebietsausweisung für die betroffene Region mit sich bringt. In erster Linie tangiert sind der primäre Sektor, v. a. die Land- und Forstwirtschaft und das Jagd- und Fischereiwesen. Ähnlich wie GETZNER (2003) das in seiner Arbeit zu den wirtschaftlichen Auswirkungen von Nationalparken in Österreich versucht hat, scheint es auch für die Verantwortlichen in Politik und Naturschutz hierzulande wissenswert, ob und in welchem Ausmaß Nationalparkregionen in Deutschland tatsächlich Nachteile in Form von z. B. Arbeitsplatzverlusten und Abwanderung nach Gründung des Parks erfahren haben. Erst wenn über Art und Umfang der negativen Externalitäten einer Schutzgebietsausweisung ausreichend Kenntnis besteht, kann durch eine Gegenüberstellung der negativen und der positiven Folgen letztlich eine Antwort auf die Frage gefunden werden, ob rein aus ökonomischer Perspektive die wirtschaftlichen Vorteile für manche Branchen die mit dem Nutzungsverzicht verbundenen Nachteile für andere Wirtschafsbereiche kompensieren. Der Versuch der Feststellung oder sogar die Quantifizierung negativer Effekte dürfte allerdings mit ähnlichen Problemen der Aufdeckung von Präferenzen für nicht auf Märkten käufliche Kollektivgüter behaftet sein wie die Erfassung der Zahlungsbereitschaft bei positiven externen Effekten. HAMPICKE (1991, S. 107) betont, dass ein entsprechender Forschungszweig zwar zumindest im deutschen Sprachraum lange Zeit vernachlässigt wurde, mittlerweile jedoch ein hohes Maß an Aufmerksamkeit gewonnen hat. Dem Autor ist in seiner Einschätzung zu dieser begrüßenswerten Entwicklung beizupflichten, denn gelingt schließlich ein wenigstens überschlägiger Kalkül der Wertschätzung für den Naturerhalt auf der Nachfrageseite, so müsste sich jede an den Grundsätzen der Wohlfahrtsoptimierung orientierte Wirtschaftspolitik in der Tat aufgefordert sehen, diese nach Maßgabe der Zahlungsbereitschaft bzw. der Kosten signalisierte, latente Nachfrage der Gesellschaft auch zu befriedigen.

Das regionalökonomische Wertschöpfungspotential einer Nationalparkregion scheint sich nicht allein in der Positionierung durch das Prädikat ‚Nationalpark' zu erschöpfen – darüber besteht bei den mit der Thematik vertrauten Autoren weitgehend Einigkeit.[191] Vielmehr beginnen die Wertschöpfungsmöglichkeiten erst jenseits der Grenzen des eigentlichen Naturerlebnisses, nämlich mit der gezielten Vermarktung eines komplementären Bündels für Nationalparktouristen in den Anrainergemeinden des Parks. Die Chancen für nachhaltige Regionalentwicklung in einer Nationalparkregion wachsen demnach mit der Entwicklung eines qualitativ hochwertigen Angebots in der Gastronomie (Vermarktung regionaler Küche) und der Beherbergung (Wellness- und Aktivurlaube) sowie in der Schaffung nationalparkkonformer Freizeitmöglichkeiten im sportlichen und kulturellen Bereich.

Auch wenn das Verhältnis zwischen Ökonomie und Naturschutz ein wechselvolles ist und Vertreter beider Fächer bisweilen entgegensetzte Positionen vertreten, so sei abschließend ein Vergleich gewagt, der auf Erkenntnissen der Marketingforschung basiert und erstaunliche Parallelen aufzeigt: Ein auf dem freien Markt produziertes abstraktes Produkt wird i. d. R. für den Kunden umso attraktiver, je mehr zusätzliche Leistungen wie z. B. Service, Reparatur, Handhabung, Training, Zusatz-Equipment, Installation, Finanzierung usw. im Preis inbegriffen sind (siehe hierzu z. B. THOMMEN, 1991, S. 197 oder NIESCHLAG et al., 1971, S. 157). Ähnliches gilt für das öffentliche Gut „Nationalpark". Erst wenn das Naturerlebnis im Park selbst für Nationalparktouristen sozusagen als Paket zusammen mit Attraktionen im unmittelbaren Umfeld des Parks erlebbar wird, dürfte mit der Ausweisung eines Nationalparks eine nachhaltige Entwicklung einsetzen und nicht zuletzt die Namensgebung und damit forcierte regionale Identität eine Reiseregion prägen. Diese Thesen sind selbstverständlich als aus dem Zusammenhang der Arbeit entstandene Anregungen zu verstehen, deren Stichhaltigkeit durch Studien im Bereich Tourismus-Marketing überprüft werden müssen. Sie dürften außerdem nur für die Nationalparke zutreffen, denen neben dem Schutzzweck eine wesentliche Funktion als Impulsgeber für die Region zugesprochen wird und deren Verwaltungen sich nicht zuletzt als touristische Leistungsträger verstehen.

---

[191] Vgl. hierzu stellvertretend für viele andere z. B. KÜPFER, 2000 oder KLETZAN/KRATENA, 1999.

234

6.4   Forschungsparallelen – Zwei Beispiele

Erfahrungsobjekt der vorliegenden Studie sind die Nationalparke in Deutschland bzw. – abstrakt formuliert – als umwelt- oder strukturpolitische Projekte realisierte Maßnahmen der öffentlichen Hand in einem hochindustrialisierten und föderalistisch organisierten Staat. Geht man davon aus, dass sich erfolgreiche Wirtschaftsförderung in Zeiten zunehmender Konkurrenz um Standortvorteile im Wettbewerb nicht etwa am Prestige eines Projekts bemisst, sondern vornehmlich an wirtschaftlichen Wachstum und der Schaffung von Arbeitsplätzen[192], dann ist zu erwarten, dass sich die Frage nach der Wirksamkeit der regionalökonomischen Impulse auch für eine ganze Reihe anderer öffentlicher Projekte stellen lässt bzw. in der wirtschaftswissenschaftlichen Literatur schon gestellt worden ist. Im Hinblick auf die bereits in Kap. 2.4.2 erwähnte Stärkung der lokalen und regionalen Ebene im Rahmen von endogener nachhaltiger Regionalpolitik sei zum Abschluss dieser Studie auf zwei Bereiche hingewiesen, zu denen sich ausgehend von den Kennzahlen zu Nationalparken erstaunlich klare Parallelen bezüglich der zentralen Forschungsfrage erkennen lassen: Zum einen das deutsche Messewesen und zum anderen die Raumwirkung von Hochschulen als Wirtschaftsfaktor.

Zwar dürfte das Argument der volks- und regionalökonomischen Bedeutung bei der Planung von Messen oder der Ausweisung eines neuen Hochschulstandorts gesellschaftlich weniger umstritten sein als im Zuge der Einrichtung von Nationalparken, die Größenordnung der gesamtwirtschaftlichen Effekte ist jedoch ähnlich ungewiss (KRESSE, 2005, S. 3; BAUER, 1997). Analog zu den Effekten von Großschutzgebieten lässt sich die Quantifizierung der ökonomischen Auswirkungen eines Messestandorts (oder einer Universität) in direkte Primäreffekte und indirekte Sekundäreffekte gliedern. Analog zu Schutzgebieten sind auch Messen (oder Hochschulen) multifunktional und neben dem Nutzen für die direkt beteiligten Aussteller und Besucher (oder Mitarbeiter und Studierenden) profitieren nicht zuletzt das Hotel- und Gastgewerbe, Wohnungsmarkt und Einzelhandel, Verkehrsunternehmen sowie Anbieter von messe- bzw. universitätsrelevanten Dienstleistungen von verstärkter Nachfrage im Einzugsbereich der Messe- bzw. Hochschulstadt (vgl. hierzu auch PENZKOFER, 2005, S. 11). Die folgenden Ausführungen sollen nun auf die Betrachtung der Parallelen zwischen dem Messewesen und Großschutzgebieten beschränkt bleiben, denn eine überschlägige Quantifizierung der Wertschöpfung durch alle an deutschen Hochschulen Immatrikulierten, Lehrenden und Angestellten scheint in diesem Kontext zwar möglich, jedoch nicht ganz sachgerecht, weil es sich nicht wie bei Nationalpark- oder Messebesuchern überwiegend um Kurzzeit-Aufenthalte in der Region handelt und darüber hinaus natürlich der von Universitäten produzierte *Output* an Humankapital und Leistungen der Drittmittelforschung eine sehr schwer zu fassende Dimension darstellt.

In Fachkreisen wird die Subventionspolitik zugunsten der sich überwiegend in öffentlichem Eigentum befindlichen Messegesellschaften zu dem Stichwort der Umwegrentabilität und im Kontext der allgemeinen Forderung nach Zurückführung des Staatsanteils gerade in der Bundesrepublik gegenwärtig kontrovers diskutiert. In diesem Zusammenhang fallen zwei Aspekte auf, die aufgrund eines naturgemäßen Rückkoppelungseffekts nicht isoliert zu betrachten sind und gleichsam Eingang in die hierzulande geführte Schutzgebietsdiskussion finden könnten bzw. bereits gefunden haben. Der politökonomische Konkurrenzprozess zwischen den Bundesländern, insbesondere der auf ein einzelnes Bundesland bezogene mögliche Imagegewinn, ist nach Meinung einiger Autoren (z. B. WEIZSÄCKER, 2005, S. 9) ein wesentlicher Grund für hohe, möglicherweise ineffizient hohe Messekapazitäten in

---

[192] Vgl. hierzu WUTZLHOFER (2005, S. 3)

Deutschland.[193] Ähnlich verlaufende Prozesse sind durchaus in der auf Bundes- und Landesebene geführten Schutzgebietspolitik denkbar, wobei die Notwendigkeit staatlicher Verantwortung für den Schutz der z. T. sehr umfangreichen Nationalparkflächen selbstverständlich außer Zweifel steht. Bestenfalls wäre hier die Frage nach dem Umfang der Mittelzuweisungen aus der öffentlichen Hand für den in Deutschland praktizierten Flächenschutz angebracht. Hinterfragt man mit WUTZLHOFER (2005, S. 4) die Form der Ausgestaltung der Wirtschaftsförderung von Messeorten und –veranstaltungen, so scheinen Vergünstigungen im Rahmen des Infrastrukturaufbaus tatsächlich gerechtfertigt, kritisch zu bewerten wäre jedoch die Subventionierung der Kosten des Messebetriebs. Ähnliches gilt u. U. für bestimmte Bereiche des steuerfinanzierten Naturschutzes, und zwar besonders dann, wenn es sich wie bei der Tourismuskomponente in und um Großschutzgebiete hauptsächlich um regionale Umverteilungseffekte handelt, seien sie nun strukturpolitisch beabsichtigt oder nicht. Zumindest scheint nach den Ergebnissen der vorliegenden Studie ein gesamtwirtschaftlicher Effekt zweifelhaft.[194] Der Ausstellungs- und Messe-Ausschuss der Deutschen Wirtschaft (AUMA) rechnet mit 16-18 Mio. Besuchern der in Deutschland stattfindenden internationalen und nationalen Leitmessen und der regionalen Fach- und Verbraucherausstellungen (KRESSE, 2005, S. 3). Die Summe der in Tab. 118 zusammengestellten von den Nationalparkverwaltungen geschätzten Besucherzahlen[195] ergibt ebenfalls rund 18 Mio. Nationalparkgäste pro Jahr. Wissenswert wäre in diesem Zusammenhang der Anteil ausländischer Nationalparkbesucher bzw. welche alternativen Urlaubsziele Nationalparktouristen angesteuert hätten, wären sie nicht durch die mit dem Begriff ‚Nationalpark' verknüpften Erlebniserwartungen motiviert gewesen, eines der Großschutzgebiete in Deutschland zu bereisen. Interessant wäre es auch, die Schutzgebietspolitik europaweit dahingehend zu beleuchten, ob die föderalen Strukturen in anderen Ländern eine ähnliche Konkurrenz um Imagegewinn und damit Nationalparke in den verschiedenen Landesteilen geführt haben.

Die Quintessenz dieser Überlegungen soll nun nicht auf die Frage hinauslaufen, ob in Deutschland ein Überangebot an Nationalparken herrscht, sondern eher darauf, ob die für ein Land wie die Bundesrepublik doch beträchtliche Zahl von bis dato 15 Nationalparken[196] – von denen 11 allein innerhalb der vergangenen 15 Jahre eingerichtet worden sind – nicht vielleicht das Prädikat ‚Nationalpark', das ja als Alleinstellungsmerkmal gerade Assoziationen zur Einzigartigkeit von Natur und Landschaft hervorbringen soll, in seiner Wirkung für das Tourismusmarketing schmälert. Jeder zusätzliche Nationalpark nimmt dem Begriff ‚Nationalpark' ein Stück Exklusivität, so dass mit jedem weiteren Schutzgebiet dieser Kategorie die Chance geringer wird, dass die neue Nationalparkregion von der Gründung

---

[193] Möglicherweise ist das Überangebot an Messen und Messekapazitäten auch auf die Eigentümerstrukturen der Messegesellschaften (zumeist im Eigentum von Städten und Ländern) zurückzuführen, die, wie KRESSE (2005, S. 5) behauptet, wegen unterschiedlich ausfallender finanzieller Unterstützung der Gesellschafter verzerrte Marktergebnisse hervorrufen können.

[194] Auf der theoretischen Annahme, dass Nationalparke eine regionale Umverteilung hervorrufen, nicht jedoch einen gesamtwirtschaftlichen Effekt, basiert auch die über die ökonomischen Auswirkungen österreichischer Nationalparke angefertigte Untersuchung von KLETZAN und KRATENA (1999).

[195] Für den Nationalpark Harz, für den keine genauere Angabe vorliegt, wurde eine Mio. Besucher geschätzt und die beiden jüngsten Nationalparke Eifel und Ederwald-Kellersee sind nicht einberechnet.

[196] Die mit der wachsenden Zahl von Großschutzgebieten einhergehende Vielfalt an Begriffen, Zuständigkeiten und rechtlichen Kompetenzen wird nicht zuletzt von Naturschutzseite mit Sorge beobachtet. So bringt SCHULTE (1999) als Beispiel für die Probleme für den Naturschutzbund Deutschland (NABU) bei dem Versuch der Vereinheitlichung im Hinblick auf die Förderung einer Corporate Identity der deutschen Nationalparke erfahren hat, die unterschiedlichen Begriffe für Außendienstmitarbeiter. Während dieser Aufgabenbereich in Schleswig-Holstein von der Nationalpark-Service GmbH übernommen wird, in Mecklenburg-Vorpommern und Brandenburg der Nationalparkdienst bzw. die Naturwacht tätig ist, sind in Nationalparken Harz und Bayerischer Wald die Ranger zuständig.

wirtschaftlich in gleicher Weise wie vorher andere Regionen profitieren kann. Gleichzeitig sinken wegen der abnehmenden Exklusivität die Möglichkeiten der Regionen, in denen bereits Nationalparke bestehen, diesen Begriff erfolgreich zur Profilierung einzusetzen.

Um noch einmal auf den Vergleich Messewesen-Nationalparkangebot zurückzukommen, die Zahl der von besagtem AUMA als international eingestuften Messen in Deutschland hat sich in den letzten 25 Jahren verdoppelt. Gleichzeitig kristallisiert sich in dieser Entwicklung heraus, dass nur die Messen sich dauerhaft im Wettbewerb behaupten, die die Wirtschaft auch braucht, also solche, die ihre Existenzberechtigung in erster Linie aus der Qualität des Konzepts ableiten bzw. dem wirtschaftlichen Erfolg für die direkt Beteiligten und nicht etwa initiiert worden sind, um – wie KRESSE (2005, S. 5) provokativ schreibt – „primär Betten, Restaurants und Taxis zu füllen". Es darf die Frage gestellt werden, ob bei den deutschen Nationalparken in ihrer Eigenschaft als Tourismusmagnet ein entsprechender Zusammenhang wirken könnte, nämlich insofern als später gegründete Parke vielleicht geringere Effekte auslösen als bereits in den 70er und 80er Jahren ausgewiesene Schutzgebiete dieser Kategorie. Zu bedenken ist allerdings, dass gerade der älteste deutsche Nationalpark im Bayerischen Wald unter dem ausdrücklichen Aspekt der regionalen Entwicklungsförderung eingerichtet worden ist (vgl. KLEINHEINZ, 1982, S. 38) und sich durchaus, wie auch die Ergebnisse dieser Studie zu den Nachfrage-Indikatoren belegen, als stabilisierendes Element in der strukturschwachen Region etabliert hat.

Dieser kurze Nachtrag zum Abschluss der in der vorliegenden Arbeit an der Schnittstelle zwischen Naturschutz und Ökonomie behandelten Forschungsfrage sollte aufzeigen, dass sich gewisse Determinanten sozusagen symptomatisch in ähnlich gelagerten komplexen Ursache-Wirkungs-Zusammenhängen gesellschaftspolitischer Relevanz wiederfinden. Der Naturschutz genießt auf der politischen Agenda hierzulande mittlerweile einen begrüßenswert hohen Stellenwert. Auch wurde allgemein erkannt, dass sich der Schutz und die Nutzung von natürlichen Ressourcen keineswegs zwangsläufig ausschließen müssen, sondern im Gegenteil eben integrierte Konzepte, die beide Elemente berücksichtigen, im Hinblick auf nachhaltige Regionalentwicklung langfristig Erfolg haben dürften. Entscheidungen, die auf ihre Konsequenzen hin durchdacht sind und auf wissenschaftlich fundierten Kenntnissen der relevanten Zusammenhänge basieren, haben zweifelsohne die besten Chancen, in der heutigen Zivilisationsgesellschaft, die sich vom verantwortungsvollen Umgang mit Natur und Landschaft scheinbar zunehmend entfremdet, dauerhaft akzeptiert und umgesetzt zu werden. Die verantwortlichen Entscheidungsträger im Naturschutz sollten sich daher nicht scheuen, ihre speziellen Fragen den klassischen Methoden der empirischen Wirtschafts- und Sozialforschung zugänglich zu machen, wenn auch ihr Erfahrungsobjekt auf den ersten Blick etwas exotisch erscheinen und ein differenziertes Forschungsdesign erfordern mag. Ob sich nun das traditionelle Forschungsgebiet aus der Sicht der Wirtschafts- und Sozialwissenschaftler um einen Anwendungsbereich erweitert, oder sich umgekehrt das Methodenspektrum der Naturwissenschaftler um eine Facette bereichert, spielt dabei eine untergeordnete Rolle. In diesem Sinne sollten auch die in der vorliegenden Studie anhand der Möglichkeiten der Ökonometrie erarbeiteten Ergebnisse als ein Beitrag zur Diskussion um die Bedeutung von Nationalparken für die touristische Entwicklung der betroffenen Regionen verstanden werden.

7 Zusammenfassung

Nach relativ weit verbreiteter Auffassung stellen Nationalparke wegen ihrer Attraktivität für Besucher ein geeignetes Instrument zur Förderung des Fremdenverkehrs in der jeweiligen Region dar. Mit der vorliegenden Arbeit wurde die Frage untersucht, ob sich ein solcher Anschub-Effekt für den Fremdenverkehr in den Regionen um die in Deutschland gegründeten Nationalparke ex-post durch Vergleich mit der Entwicklung des Tourismus in Regionen mit ähnlicher Struktur nachweisen lässt.

In einem ersten Untersuchungsschritt wurde mit Hilfe der Clusteranalyse versucht, jeder in die Untersuchung einbezogenen Nationalparkregion eine hinsichtlich Wirtschafts- und Sozialstruktur sowie Landschaft ähnliche Referenzregion im selben Bundesland zuzuordnen. Als regionale Einheiten wurden dabei die Landkreise verwendet. Soweit eine Nationalparkregion aus mehreren Landkreisen bestand, wurde die Vergleichsregion ebenfalls aus dem Aggregat mehrerer Landkreise gebildet.

Für die Regionen wurden, soweit verfügbar, die Daten der amtlichen Statistik zum Fremdenverkehr zusammengestellt, um den Analysen möglichst weit über die jeweilige Nationalparkgründung in die Vergangenheit zurückreichende Zeitreihen von Indikatoren für die Entwicklung des Fremdenverkehrs zugrunde zu legen. Als Datenreihen wurden die Zahlen der Übernachtungen und der Gästeankünfte, welche die tatsächlich erbrachten Tourismusdienstleistungen beschreiben, sowie die Anzahl der Betten und ggf. zusätzlich die Zahl der Beherbergungsbetriebe verwendet, welche als Indikatoren für das Angebot bzw. die Kapazitäten interpretiert werden können.

Die Analyse zu den Parken in den alten Bundesländern umfasste erstens einen Vergleich der Entwicklung der Zeitreihen vor und nach der Gründung des jeweiligen Nationalparks auf der Grundlage von durchschnittlichen Wachstumsraten und einfachen Trends. Weiterhin wurde ebenfalls auf der Basis von Wachstumsraten und Trends ein Vergleich mit der Entwicklung der Tourismusindikatoren in den Vergleichsregionen vor und nach der Nationalparkgründung vorgenommen. Schließlich wurde mit Hilfe einer multiplen linearen Regressionsschätzung getestet, ob neben dem entsprechenden Indikator aus der Referenzregion eine Dummy-Variable für das Bestehen des Nationalparks die Erklärung des Tourismusindikators in der Nationalparkregion signifikant verbessert.

Zu den sämtlich im Jahr 1990 und später gegründeten Nationalparken in den neuen Bundesländern konnten lediglich jeweils über einen Gesamtzeitraum Wachstumsraten- und Trendvergleiche der Entwicklung der Tourismusindikatoren der Nationalparkregionen mit den entsprechenden Datenreihen für die Referenzregionen vorgenommen werden.

Die Ergebnisse der Analysen sind keineswegs eindeutig, sondern fallen eher widersprüchlich aus. Sie sind in der Summe nicht geeignet, die Ausgangshypothese, Nationalparkgründungen würden zu einem Anstieg des Fremdenverkehrs in der Nationalparkregion führen, zu stützen. Zwar kann in wenigen Fällen durchgängig ein Wachstumseffekt festgestellt werden (z. B. die Nationalparke Niedersächsisches und Hamburgisches Wattenmeer, Müritz), doch zeigen andere (z. B. die Nationalparke Harz, Unteres Odertal) eher einen gegenteiligen Effekt. Auch finden sich keine Hinweise darauf, dass sich bei Kapazitätsindikatoren ein stärkerer Effekt zeigt als bei Indikatoren für die tatsächlich erbrachten Tourismusdienstleistungen.

Summary

According to a relatively broad view and because of their attractiveness as magnets for visitors, national parks are suitable for promoting tourism in the surrounding areas. The study presented above was designed to analyse the question, whether such impulse effects on the tourism industry can be verified ex-post for regions neighbouring national parks in Germany by comparing the development of certain tourism parameters in national parks areas and similarly structured areas without national parks.

In a first step, the national parks regions subject to the study were assigned to matching reference regions within the same federal state with regards to economic, social and landscape aspects by means of cluster analysis. Counties were chosen as regional units. If a national park region consisted of more than one county, also the corresponding reference region was aggregated out of several counties.

In order to base the analysis on time series of tourism indicators that reach back into the past well before a national park was founded, the database was compiled from official statistics available. The number of guest arrivals and overnight stays served as indicators describing the actual tourism services provided in the region and the number of beds offered and additionally hotels and other guest houses in the area informed about the general tourism capacities.

The analysis of the effects of national parks on tourism in the states of former West Germany comprised a comparison of time series based on average growth rates and simple trends before and after the establishment of each national park. Firstly, focussing on the surrounding counties, and secondly, based on growth rates and trends, the before-and-after comparison was extended on to the counties previously identified as reference regions. Finally, multiple linear regressions were carried out to test if a dummy variable would significantly improve the explanation for the observed developments of the tourism parameters in the national parks areas besides the corresponding parameter in the reference region.

Since the national parks in Eastern Germany were founded earliest in 1990, the available tourism data only allowed a comparing statistical analysis between growth rates and trends in national parks and reference areas over the entire time horizon considered.

The results of the study are rather contradictory. All in all, they do not support the principle hypothesis according to which the establishment of national parks accounts for an increase in economic activity in the tourism sector of the adjacent region. Although some national parks consistently show a growth impulse (i.e. Wadden Sea National Park of Lower Saxony and Hamburg, Müritz National Park), others seem to rather have an opposite effect (Harz and Lower Oder Valley National Park). Also, no evidence was found proving that the capacity related indicators would be affected more by tourism generated through a national park than the indicators representing the actual demand for tourism services.

8 Anhang

8.1 Die für die Clusteranalyse in Frage kommenden Struktur-Indikatoren der Landkreise

Block A: Gesamtleistung einer Region

Indikator	EW je qkm	BIP je qkm	BIP je EW	BIP je ET	BWS in der Landwirtschaft je ET	BWS im Produzierenden Gewerbe je ET	BWS in den Dienstleistungsbereichen je ET	ANE je AN	Primäreinkommen der privaten Haushalte je EW	Verfügbares Einkommen der privaten Haushalte je EW	Erwerbstätige je Einwohner
Erläuterung	Bevölkerungsdichte	Räumliche Verdichtung von Produktionsfaktoren	Wirtschaftsleistung (Wirtschaftskraft)	Arbeitsproduktivität	Arbeitsproduktivität in der Landwirtschaft	Arbeitsproduktivität im Produzierenden Gewerbe	Arbeitsproduktivität in den Dienstleistungsbereichen	Lohnkosten	Pro-Kopf-Einkommen	Pro-Kopf-Einkommen (Wohlstandsindikator)	Arbeitsplatzdichte
Quelle	AK VGR dl.	AK VGR dl.	AK VGR dl.	AK VGR dl.	AK VGR dl.	AK VGR dl.	AK VGR dl.	AK VGR dl.	AK VGR dl.	AK VGR dl.	AK VGR dl.
Konzept	.	Arbeitsort	Arbeitsort/Wohnort	Arbeitsort	Arbeitsort	Arbeitsort	Arbeitsort	Arbeitsort	Wohnort	Wohnort	Arbeitsort
Verfügbarkeit	ab 1970	ab 1980	ab 1980	ab 1980	ab 1980	ab 1980	ab 1980	ab 1991	ab 1991	ab 1991	ab 1980

Block B: Gesamtwirtschaftliche Dynamik einer Region

BIP Wirtschaftswachstum	z. B. Veränderung des BIP gegenüber 1980	AK VGR dl.
BIP je EW	z. B. Entwicklung der Abweichung der Region vom Durchschnitt (z. B. 75 % von Bayern)	AK VGR dl.
EW	z. B. Zuwanderung/Abwanderung	AK VGR dl.
ET	z. B. Beschäftigungswachstum	AK ETR dl.

Block C: Gesamtwirtschaftliche Struktur einer Region

Anteil der Landwirtschaft an BWS insgesamt	z. B. Entwicklung der Landwirtschaft seit 1980 (primärer Sektor)	AK VGR dl.
Anteil des Produzierenden Gewerbes an BWS insgesamt	z. B. Entwicklung des Produzierenden Gewerbes seit 1980 (sekundärer Sektor)	AK VGR dl.
Anteil der Dienstleistungsbereiche an BWS insgesamt	z. B. Entwicklung des Dienstleistungsbereichs seit 1980 (tertiärer Sektor)	AK VGR dl.
Erwerbstätige in der Landwirtschaft	z. B. Entwicklung der Landwirtschaft seit 1980 (primärer Sektor)	AK ETR dl.
Erwerbstätige im Produzierenden Gewerbe	z. B. Entwicklung des Produzierenden Gewerbes seit 1980 (sekundärer Sektor)	AK ETR dl.
Erwerbstätige im Dienstleistungsbereich	z. B. Entwicklung des Dienstleistungsbereichs seit 1980 (tertiärer Sektor)	AK ETR dl.
ET (Quote)	z. B. Anteil der Erwerbstätigen an der Bevölkerung	AK ETR dl.
Pendlersaldo		BfA
Arbeitslosenzahl - quote	Vorsicht: Arbeitslosenstatistik oft nach Arbeitsamtsbezirken gegliedert (nicht landkreisscharf)!	BfA

Weitere Indikatoren (amtliche Statistik)

Sozialhilfeempfänger je 1000 Einwohner	Sozialhilfestatistik
PKW-Bestand je 1000 Einwohner	Kraftfahrtbundesamt
Schulden je Einwohner (Öffentlicher Haushalt)	Finanzstatistik
Übernachtungen/Dauer/Betten je Einwohner usw.	Fremdenverkehr

Abkürzungen:
EW   Einwohner
BIP   Bruttoinlandsprodukt zu Marktpreisen (in jeweiligen Preisen)
BWS   Bruttowertschöpfung zu Herstellungspreisen (in jeweiligen Preisen)
ET   Erwerbstätige (Selbständige, Arbeiter, Angestellte, Beamte...)
ANE   Arbeitnehmerentgelte
AN   Arbeitnehmer

Abkürzungen der Quellen:
AK VGR dl.   Arbeitskreis Volkswirtschaftliche Gesamtrechnungen der Länder
AK ETR dl.   Arbeitskreis Erwerbstätigenrechnung der Länder
BfA   Bundesanstalt für Arbeit

8.2 Dendrogramme aller Clusteranalysen

8.2.1 Bayern (1980)

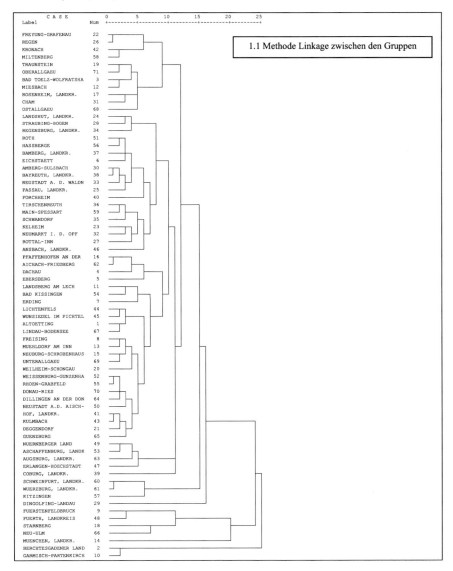

1.1 Methode Linkage zwischen den Gruppen

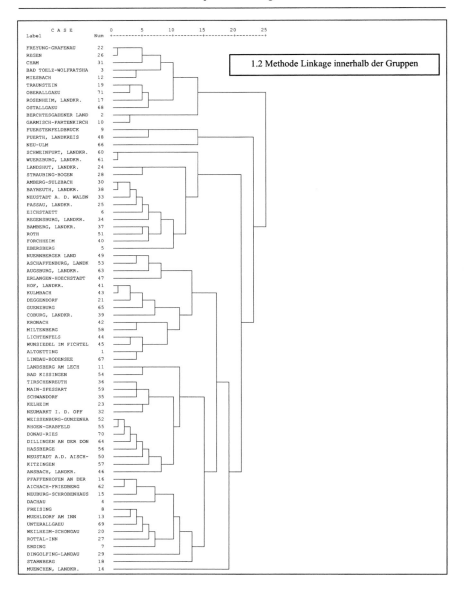

C A S E
Label   Num

FREYUNG-GRAFENAU   22
REGEN   26
CHAM   31
BAD TOELZ-WOLFRATSHA   3
MIESBACH   12
TRAUNSTEIN   19
OBERALLGAEU   71
ROSENHEIM, LANDKR.   17
OSTALLGAEU   68
BERCHTESGADENER LAND   2
GARMISCH-PARTENKIRCH   10
FUERSTENFELDBRUCK   9
FUERTH, LANDKREIS   48
NEU-ULM   66
SCHWEINFURT, LANDKR.   60
WUERZBURG, LANDKR.   61
LANDSHUT, LANDKR.   24
STRAUBING-BOGEN   28
AMBERG-SULZBACH   30
BAYREUTH, LANDKR.   38
NEUSTADT A. D. WALDN   33
PASSAU, LANDKR.   25
EICHSTAETT   6
REGENSBURG, LANDKR.   34
BAMBERG, LANDKR.   37
ROTH   51
FORCHHEIM   40
EBERSBERG   5
NUERNBERGER LAND   49
ASCHAFFENBURG, LANDK   53
AUGSBURG, LANDKR.   63
ERLANGEN-HOECHSTADT   47
HOF, LANDKR.   41
KULMBACH   43
DEGGENDORF   21
GUENZBURG   65
COBURG, LANDKR.   39
KRONACH   42
MILTENBERG   58
LICHTENFELS   44
WUNSIEDEL IM FICHTEL   45
ALTOETTING   1
LINDAU-BODENSEE   67
LANDSBERG AM LECH   11
BAD KISSINGEN   54
TIRSCHENREUTH   36
MAIN-SPESSART   59
SCHWANDORF   35
KELHEIM   23
NEUMARKT I. D. OPF   32
WEISSENBURG-GUNZENHA   52
RHOEN-GRABFELD   55
DONAU-RIES   70
DILLINGEN AN DER DON   64
HASSBERGE   56
NEUSTADT A.D. AISCH-   50
KITZINGEN   57
ANSBACH, LANDKR.   46
PFAFFENHOFEN AN DER   16
AICHACH-FRIEDBERG   62
NEUBURG-SCHROBENHAUS   15
DACHAU   4
FREISING   8
MUEHLDORF AM INN   13
UNTERALLGAEU   69
WEILHEIM-SCHONGAU   20
ROTTAL-INN   27
ERDING   7
DINGOLFING-LANDAU   29
STARNBERG   18
MUENCHEN, LANDKR.   14

1.2 Methode Linkage innerhalb der Gruppen

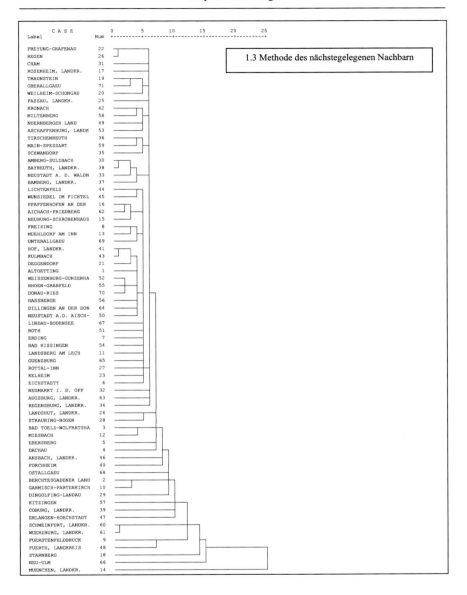

1.3 Methode des nächstgelegenen Nachbarn

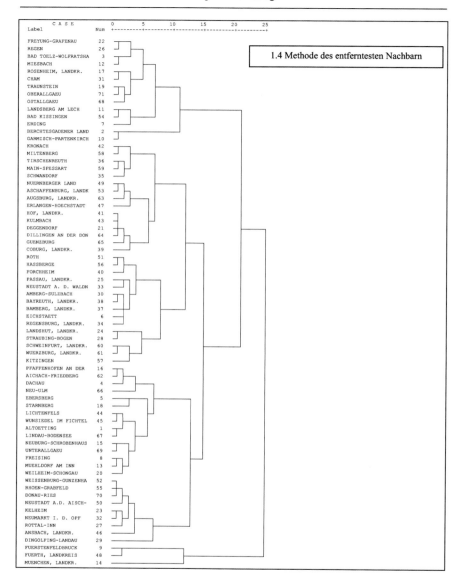

1.4 Methode des entferntesten Nachbarn

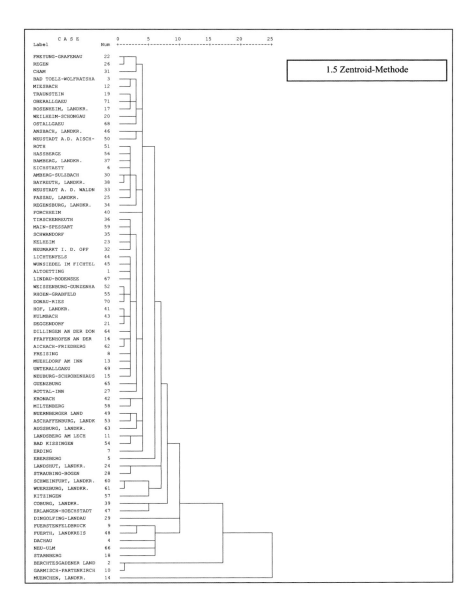

1.5 Zentroid-Methode

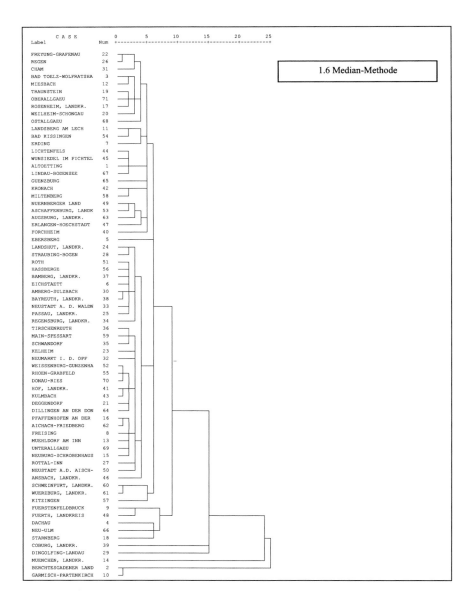

1.6 Median-Methode

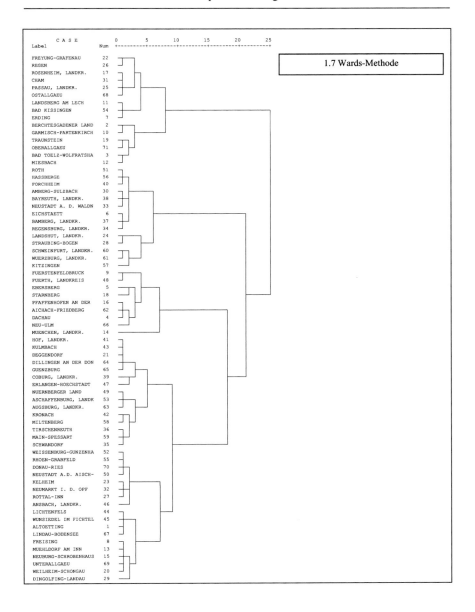

1.7 Wards-Methode

8.2.2 Schleswig-Holstein (1992)

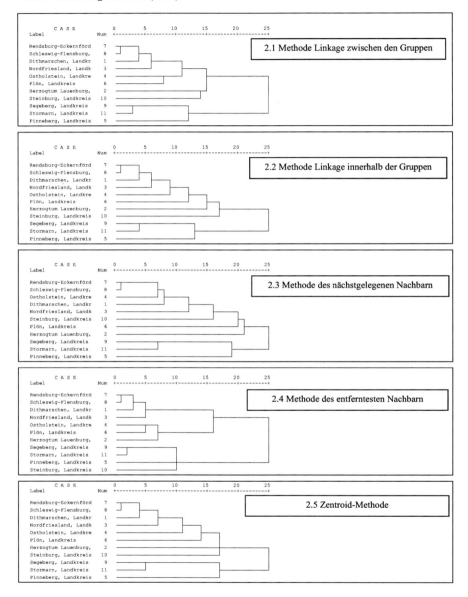

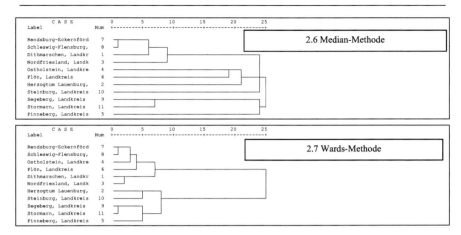

8.2.3 Niedersachsen (a, 1986)

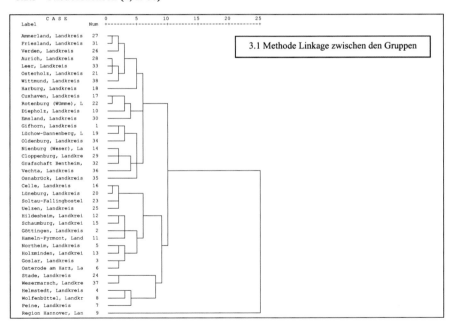

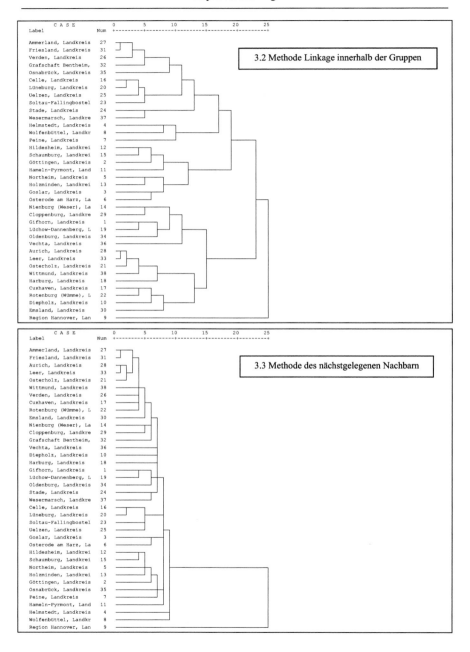

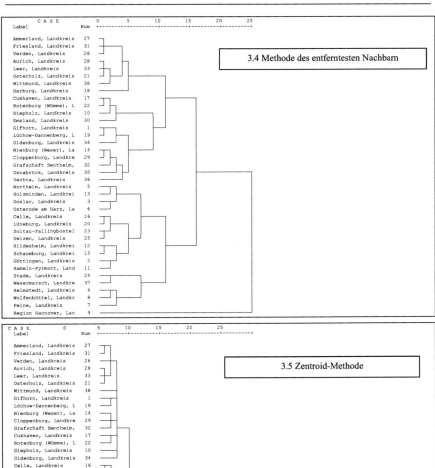

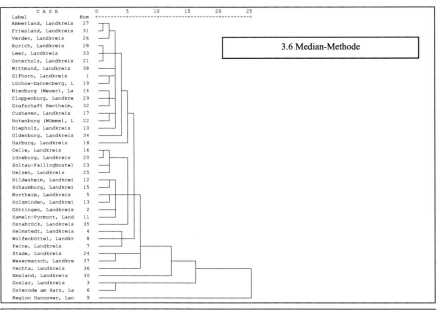

3.6 Median-Methode

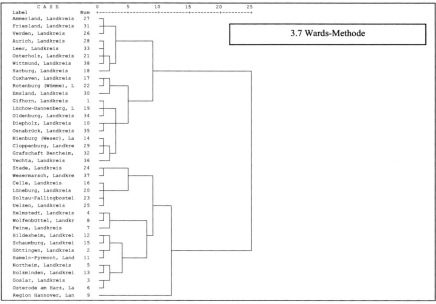

3.7 Wards-Methode

8.2.4 Niedersachsen (b, 1994)

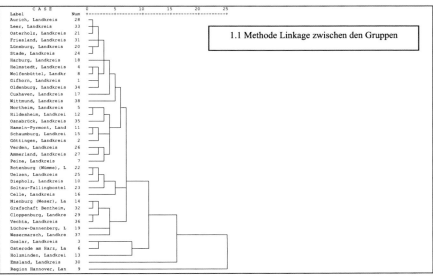

1.1 Methode Linkage zwischen den Gruppen

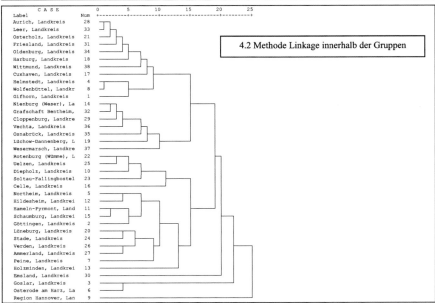

4.2 Methode Linkage innerhalb der Gruppen

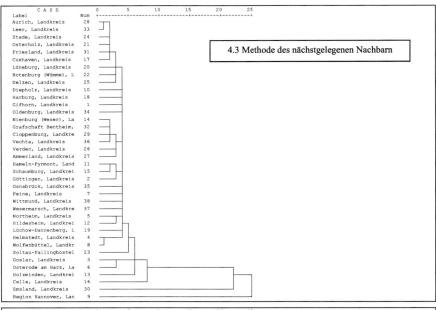

4.3 Methode des nächstgelegenen Nachbarn

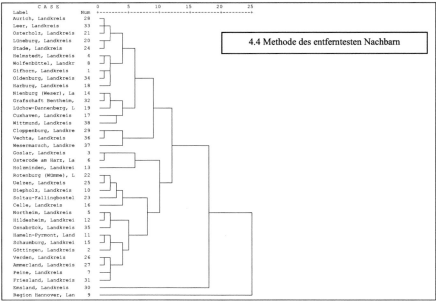

4.4 Methode des entferntesten Nachbarn

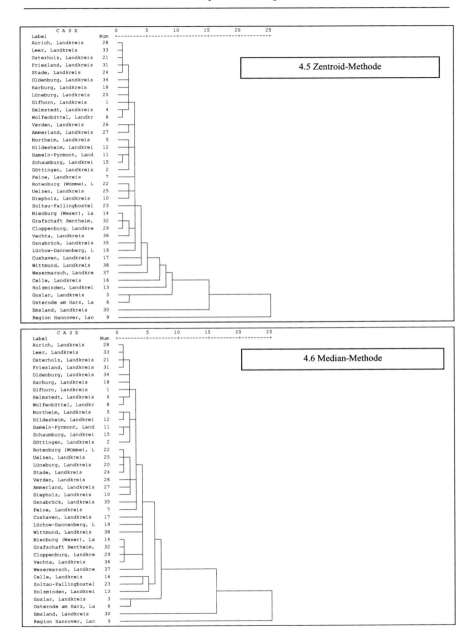

4.5 Zentroid-Methode

4.6 Median-Methode

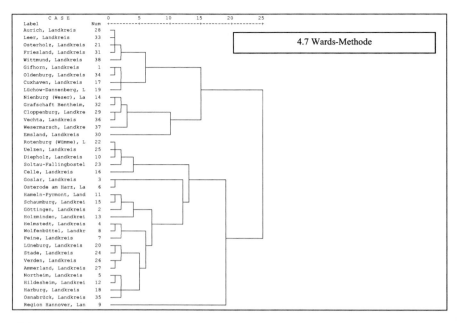

8.2.5 Thüringen (1997)

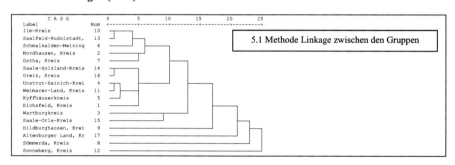

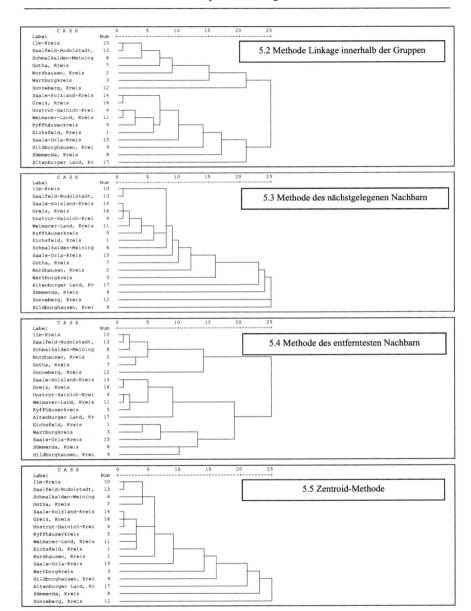

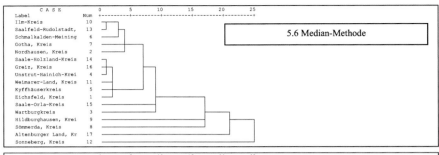

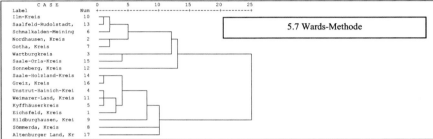

8.2.6 Brandenburg (1995)

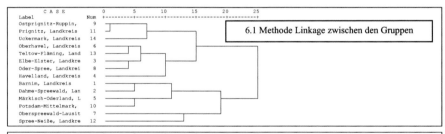

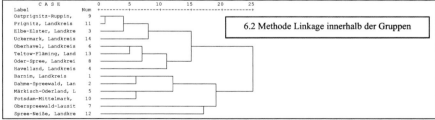

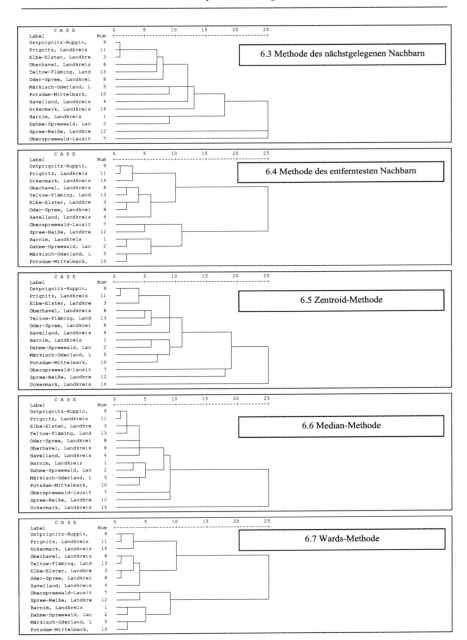

8.2.7 Mecklenburg-Vorpommern (1991)

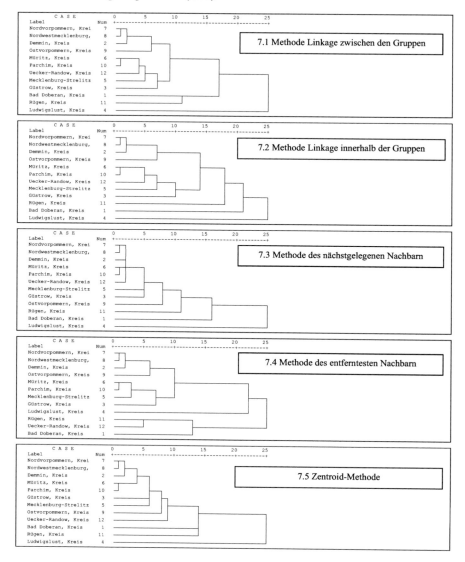

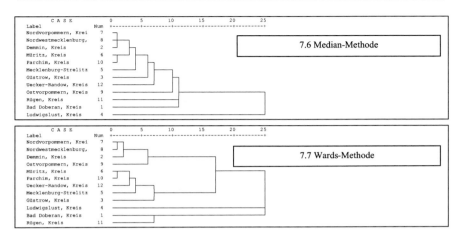

8.2.8 Sachsen (1994)

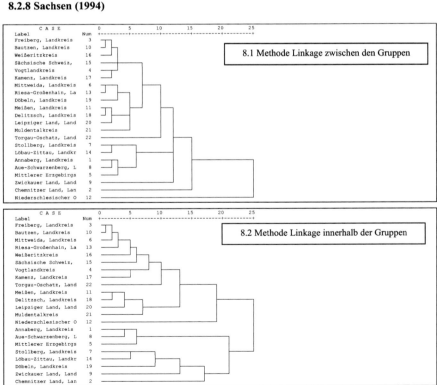

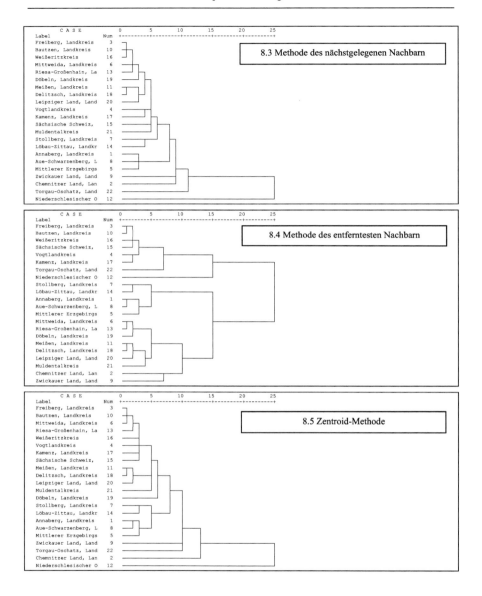

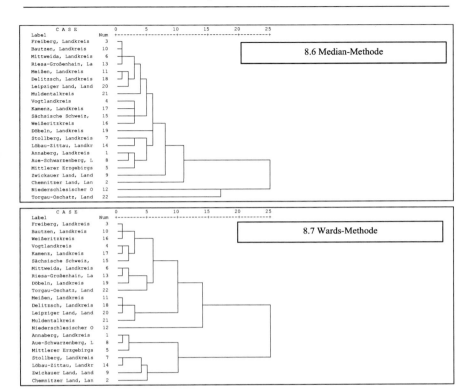

8.2.9 Sachsen-Anhalt (1991)

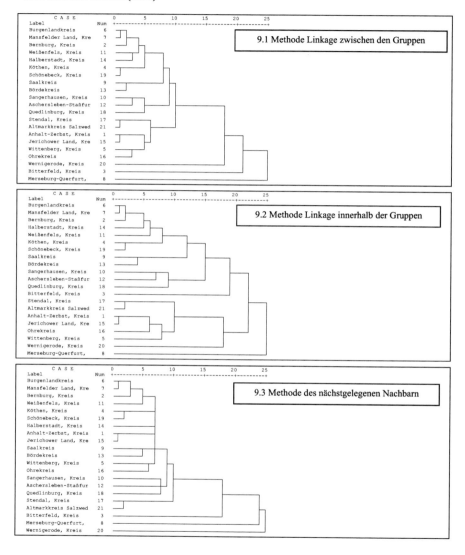

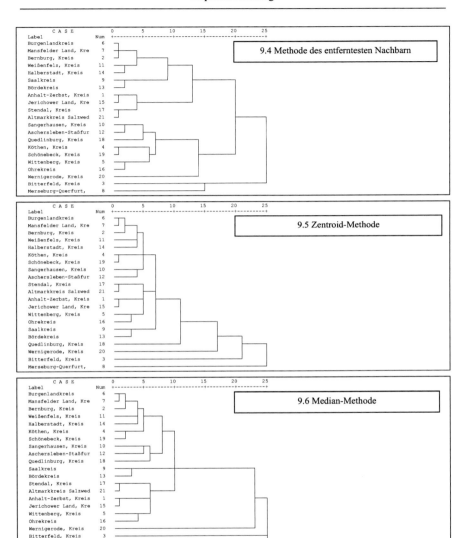

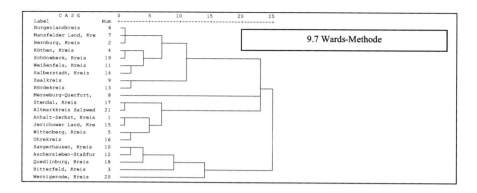

8.3 Histogramme und Streudiagramme der Residuen zu jedem der in den multiplen Regressionen geschätzten Tourismusindikatoren

8.3.1 Histogramm und Streudiagramm zur Regressionsschätzung des Tourismusindikators im Einführungsbeispiel (Tab. 21, Kap. 4.1)

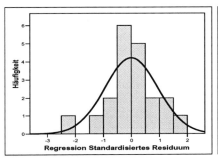
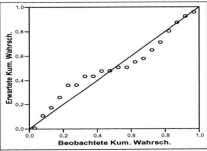

8.3.2 Histogramm und Streudiagramm zu Tabelle 24, Kap. 4.2.2.1 (Berchtesgaden Ankünfte)

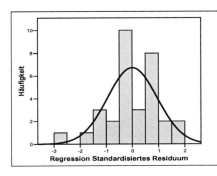
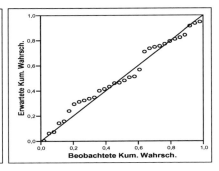

8.3.3 Histogramm und Streudiagramm zu Tab. 26, Kap. 4.2.2.2 (Berchtesgaden Übernachtungen)

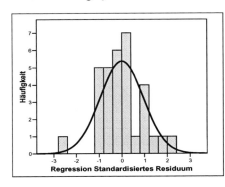
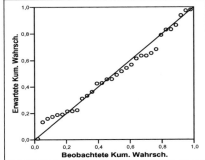

8.3.4 Histogramm und Streudiagramm zu Tab. 30, Kap. 4.2.2.3 (Berchtesgaden Betten)

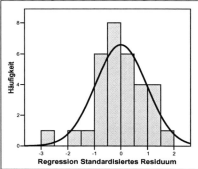 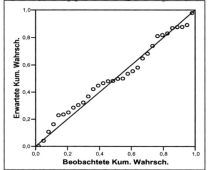

8.3.5 Histogramm und Streudiagramm zu Tab. 33, Kap. 4.2.3.1.1 (Bay. Wald-Gründung Ankünfte)

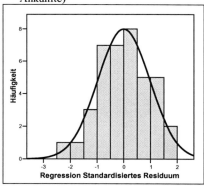 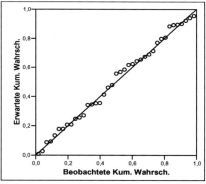

8.3.6 Histogramm und Streudiagramm zu Tab. 36, Kap. 4.2.3.1.2 (Bay. Wald-Gründung Übernachtungen)

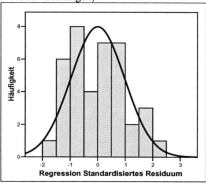 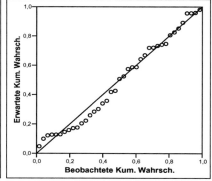

8.3.7 Histogramm und Streudiagramm zu Tab. 39, Kap. 4.2.3.2.1 (Bay. Wald-Erweiterung Ankünfte)

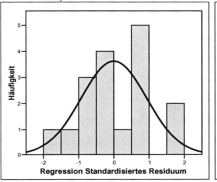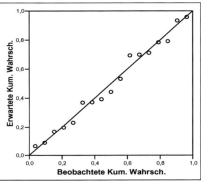

8.3.8 Histogramm und Streudiagramm zu Tab. 42, Kap. 4.2.3.2.2 (Bay. Wald-Erweiterung Übernachtungen)

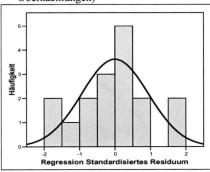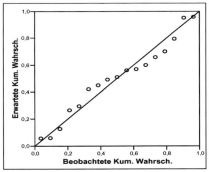

8.3.9 Histogramm und Streudiagramm zu Tab. 45, Kap. 4.2.3.2.3 (Bay. Wald-Erweiterung Betten)

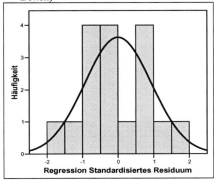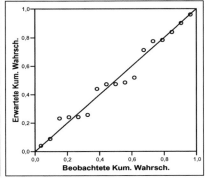

8.3.10 Histogramm und Streudiagramm zu Tab. 49, Kap. 4.3.2.1 (WM-Nord Ankünfte)

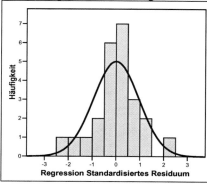 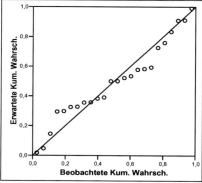

8.3.11 Histogramm und Streudiagramm zu Tab. 52, Kap. 4.3.2.2 (WM-Nord Übernachtungen)

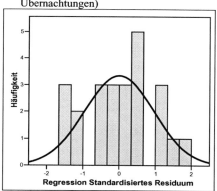 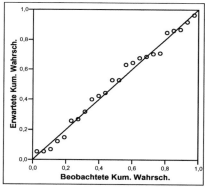

8.3.12 Histogramm und Streudiagramm zu Tab. 55, Kap. 4.3.2.3 (WM-Nord Betten)

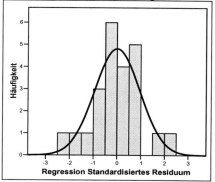 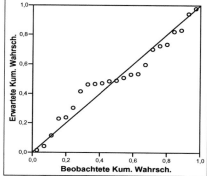

8.3.13 Histogramm und Streudiagramm zu Tab. 59, Kap. 4.4.2.1 (WM-West Ankünfte)

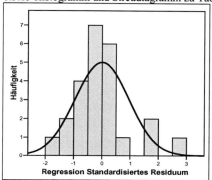
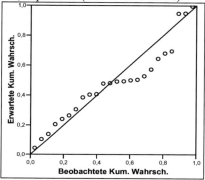

8.3.14 Histogramm und Streudiagramm zu Tab. 62, Kap. 4.4.2.2 (WM-West
Übernachtungen)

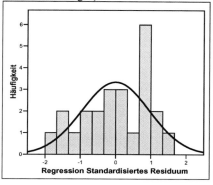
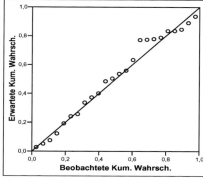

8.3.15 Histogramm und Streudiagramm zu Tab. 65, Kap. 4.4.3.1 (Harz Ankünfte)

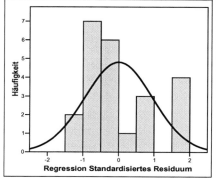
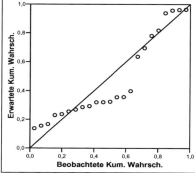

8.3.16 Histogramm und Streudiagramm zu Tab. 68, Kap. 4.4.3.2 (Harz Übernachtungen)

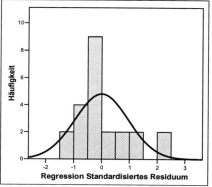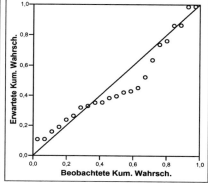

8.3.17 Histogramm und Streudiagramm zu Tab. 71, Kap. 4.4.3.3 (Harz Betten)

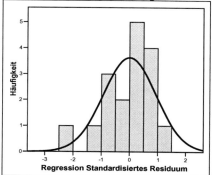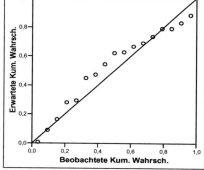

8.4 Zusammenstellung der für (F) und gegen (0 und G) die Ausgangshypothese sprechenden Fälle bei den Parken der alten Bundesländer

NP	Indikator	Richtungsänderungen									Differenzen				Regression			Summe		
		WTR			TRENDS			KONFIDENZINT.			WTR		TRENDS							
		F	0	G	F	0	G	F	0	G	F	G	F	G	F	0	G	F	0	G
WM-W	Ankünfte	×				×		×			×		×			×		4	2	0
	Übern.	×				×		×			×		×		×			5	1	0
WM-N	Ankünfte		×			×				×		×	×			×		1	3	2
	Übern.		×			×			×		×		×			×		2	4	0
	Betten			×			×		×			×		×	−	−	−	0	1	4
HA	Ankünfte		×			×				×		×		×			×	0	2	4
	Übern.		×			×			×			×		×			×	0	3	3
	Betten	×			×			×				×		×			×	3	0	3
BW-G	Ankünfte		×			×			×		×			×	×			2	3	1
	Übern.			×			×		×		×			×	×			2	1	3
BW-E	Ankünfte		×			×			×			×	×				×	1	3	2
	Übern.		×			×		×			×		×		×			4	2	0
	Betten			×			×		×			×	×		×			2	1	3
BDG	Ankünfte	−	−	−	−	−	−	−	−	−	−	−	−	−		×		0	1	0
	Übern.	−	−	−	−	−	−	−	−	−	−	−	−	−		×		0	1	0
	Betten			×			×			×		×		×		×		0	1	5
SUMME		3	7	4	1	9	4	4	7	3	6	8	7	7	5	6	4	26	29	30

9 Verzeichnisse

9.1 Ausgewählte Literatur und Internetquellen

AMMER, Ulrich (1975): Naherholung und Naturschutz: Ergänzung oder Zielkonflikt? In: Forstwissenschaftliches Centralblatt 94. S. 234-239.

APOLTE, Thomas (1995): Die Theorie der Clubgüter. In: WiSt – Wirtschaftswissenschaftliches Studium. Jg. 24. Heft 12. S. 610-616.

ARBEITSKREIS ERWERBSTÄTIGENRECHNUNG DES BUNDES UND DER LÄNDER: http://www.hsl.de/erwerbstaetigenrechnung (28.11.03)

ARBEITSKREIS VOLKSWIRTSCHAFTLICHE GESAMTRECHNUNGEN DER LÄNDER: http://www.vgrdl.de/Arbeitskreis_VGR (28.11.03)

BAASKE, Wolfgang; REITERER, Franz; SULZBACHER, Rüdiger (1998): Kosten-Nutzen-Analyse Nationalpark Oberösterreichische Kalkalpen. Endbericht. Studienzentrum für internationale Analysen. Schlierbach.

BACKHAUS, Klaus; ERICHSON, Bernd; PLINKE, Wulff; WEIBER, Rolf (2000): Multivariate Analysemethoden. Eine anwendungsorientierte Einführung. 9. Aufl. Berlin Heidelberg New York: Springer-Verlag.

BAUER, Elisabeth-Maria (1997): Die Hochschule als Wirtschaftsfaktor: Eine systemorientierte und empirische Analyse universitätsbedingter Beschäftigungs-, Einkommens- und Informationseffekte – dargestellt am Beispiel der Ludwigs-Maximilians-Universität München. Münchner Studien zur Sozial- und Wirtschaftsgeographie. Band 41. Kallmünz/Regensburg: Verlag Michael Lassleben.

BAYERISCHES LANDESAMT FÜR STATISTIK UND DATENVERARBEITUNG (1966-2004): Der Fremdenverkehr in Bayern. Monatserhebung im Tourismus. Statistische Berichte G-IV.

BAYERISCHES LANDESAMT FÜR STATISTIK UND DATENVERARBEITUNG (a): Ergebnisse der Handels- und Gaststättenzählung. Beiträge zur Statistik Bayerns. 1960 (Heft 249), 1979 (Heft 395), 1985 (Heft 426) und 1993 (Heft 497).

BERGEN, Volker; LÖWENSTEIN, Wilhelm; PFISTER, Gerhard (1995): Studien zur monetären Bewertung von externen Effekten der Forst- und Holzwirtschaft. 2. Aufl. Schriften zur Forstökonomie Bd. 2. Frankfurt am Main: J.D. Sauerländer's Verlag.

BERGER, Michael (1997): Controlling mit Kennzahlen im Forstbetrieb. Entwicklung eines forstspezifischen Kennzahlensystems zur operativen Betriebssteuerung. Berichte aus der Betriebswirtschaft. Aachen: Shaker Verlag. (Diss.)

BERTELSMANN LEXIKON (1992): Wirtschaft. Gütersloh: Bertelsmann Lexikon Verlag.

BEZIRKSREGIERUNG WESER-EMS: http://www.bezirksregierung-weser-ems.de (22.06.05)

BIEDENKAPP, Anke; GARBE, Christine (2002): Nachhaltige Tourismusentwicklung in Großschutzgebieten. Bundesamt für Naturschutz (Hrsg.). BfN-Skript 74. Bonn.

BLAB, Josef (2002): Nationale sowie internationale Schutzgebietskategorien und –prädikate in Deutschland. In: Gebietsschutz in Deutschland: Erreichtes – Effektivität – Fortentwicklung. Schriftenreihe des Deutschen Rates für Landespflege. Bonn: Heft 73. S. 24-33.

BLANKART, Charles Beat (1994): Öffentliche Finanzen in der Demokratie. 2. Aufl. München: Verlag Franz Vahlen.

BÖCHER, Michael (2002): Kriterien für eine erfolgreiche, nachhaltige Regionalentwicklung. Dokumentation zum Kongress „Nachhaltige Regionalentwicklung im ländlichen Raum durch ehrenamtliches Engagement" in Hinterzarten von 28.-29. Januar 2002. Landesnaturschutzverband Baden-Württemberg und Deutscher Naturschutzring (Hrsg.).

BÖCHER, Michael (2003): Die politische Steuerung nachhaltiger Regionalentwicklung – Das Beispiel der EU-Gemeinschaftsinitiative LEADER+. In: GRANDE, Edgar; PRÄTORIUS, Rainer (Hrsg.): Politische Steuerung und neue Staatlichkeit. Bd. 8. Baden-Baden: Nomos Verlagsgesellschaft. S. 235-259.

BROGGI, Mario; STAUB, Rudolf; RUFFINI, Flavio (1999): Großflächige Schutzgebiete im Alpenraum: Daten, Fakten, Hintergründe. Europäische Akademie Bozen, Fachbereich Alpine Umwelt. Berlin, Wien: Blackwell Wissenschafts-Verlag.

BROSIUS, Gerhard; BROSIUS, Felix (1995): SPSS. Base System und Professional Statistics. 1. Aufl. Bonn. Albany (u. a.): International Thomson Publishing.

BRÜMMERHOFF, Dieter (1992): Finanzwissenschaft. 6. Aufl. München, Wien: Oldenbourg Verlag.

BUCHWALD, Konrad und ENGELHARD, Wolfgang (1998; Hrsg.): Freizeit, Tourismus und Umwelt. Umweltschutz – Grundlagen und Praxis. Bd. 11. Bonn: Economica Verlag.

BÜHL, Achim; ZÖFEL, Peter (2002): SPSS 11. Einführung in die moderne Datenanalyse unter Windows. 8. Aufl. Pearson Education Deutschland GmbH. München: Addison-Wesley Verlag.

BUNDESAMT FÜR NATURSCHUTZ: http://www.bfn.de (18.06.04)

BUNDESREGIERUNG (2002): Konzeption der Bundesregierung für den Bereich „Umweltschutz und Tourismus". Arbeitspapier. Berlin.
http://www.bmu.de/files/pdfs/allgemein/application/pdf/tourismusbericht.pdf (06.06.04)

BUTLER, Richard W.; BOYD, Stephen W. (2000; Hrsg.): Tourism and National Parks – Issues and Implications. Chichester, New York: John Wiley & Sons Ltd.

DEUTSCHER RAT FÜR LANDESPFLEGE (2002; Hrsg.): Gebietsschutz in Deutschland: Erreichtes – Effektivität – Fortentwicklung. Schriftenreihe des Deutschen Rates für Landespflege. Bonn. Heft 73.

DEUTSCHER TOURISMUSVERBAND (2001): Entwicklung einer touristischen Angebotsgruppe „Deutsche Nationalparke". Endbericht. Bonn.
http://www.deutschertourismusverband.de/content/files/endberichtnationalparke.pdf (10.12.03)

DICKERTMANN, Dietrich; DILLER, Klaus Dieter (1990): Subventionswirkungen. Einzel- und gesamtwirtschaftliche Effekte der Subventionspolitik. In: WiSt – Wirtschaftswissenschaftliches Studium. Jg. 19. Heft 10. S. 478-484.

DIEPOLDER, Ursula (1997): Zustand der deutschen Nationalparke im Hinblick auf die Anforderungen der IUCN. TU München. (Diss.)

DIXON, John A.; SHERMAN, Paul B. (1991): Economics of Protected Areas – A New Look at Benefits and Costs. London: East-West-Center. Earthscan Publications.

EAGLES, Paul F. J.; MCCOOL, Stephen F. (2002): Tourism in National Parks and Protected Areas – Planning and Management. Wallingford, New York: CABI Publishing.

ELSASSER, Peter (1996): Der Erholungswert des Waldes: Monetäre Bewertung der Erholungsleistung ausgewählter Wälder in Deutschland. Schriften zur Forstökonomie Bd. 11. Frankfurt am Main: J.D. Sauerländer's Verlag.

ENDRES, Alfred; STAIGER, Brigitte (1994): Umweltökonomie. In: Wissenschaftliche Beiträge. WiSt Heft 5. S. 218-223.

EUROPARC-Deutschland: Föderation der Natur- und Nationalparke Europas. http://www.europarc-deutschland.de (28.05.04)

EXPOSEUM e. V.: Pressebericht zur Expo 2000. http://www.expo2000.de/expo2000/presseberichte/german/PM_Bilanz_Gesamt.pdf (22.06.05)

FAHSE, Lorenz; HEURICH, Marco (2003): Borkenkäfer, Fichten und Computer. In: Forschen für die Umwelt. 4. Ausg. UFZ-Umweltforschungszentrum Leipzig-Halle in der Helmholtz-Gemeinschaft (Hrsg.). Leipzig. S. 12-19.

FEESS, Eberhard (1998): Umweltökonomie und Umweltpolitik. 2. Aufl. München: Verlag Franz Vahlen.

FISCHER, Marc (1994a): Der Property Rights-Ansatz. In: WiSt – Wirtschaftswissenschaftliches Studium. 23. Jg. Heft 6. S. 316-318.

FISCHER, Marc (1994b): Die Theorie der Transaktionskosten. In: WiSt – Wirtschaftswissenschaftliches Studium. 23. Jg. Heft 11. S. 582-584.

FREEMUTH, John C. (1991): Islands under Siege – National Parks and the Politics of External Threats. University Press of Kansas.

GEMEINDE OBERAMMERGAU: http://www.passionsspiele2000.de (04.09.04)

GETZNER, Michael (2003): The Economic Impact of National Parks: The Perception of Key Actors in Austrian National Parks. In: International Journal for Sustainable Development. Vol. 6. No. 2. S. 183-202.

GETZNER, Michael; JOST, Sascha; JUNGMEIER, Michael (2002a): Naturschutz und Regionalwirtschaft: Regionalwirtschaftliche Auswirkungen von Natura 2000-Schutzgebieten in Österreich. Frankfurt am Main, New York: Peter Lang -Verlag.

GETZNER, Michael; JUNGMEIER, Michael (2002b): Conservation Policy and the Regional Economy: The Regional Economic Impact of Natura 2000 Conservation Sites in Austria. In: Journal for Nature Conservation. Vol. 10. Issue 1. S. 25-34.

GHIMIRE, Krishna; PIMBERT, Michel (1997): Social Change and Conservation: An overview of Issues and Concepts. In: GHIMIRE, Krishna; PIMBERT, Michel (Hrsg.): Social Change and Conservation - Environmental Politics and Impacts of National Parks and Protected Areas, Earthscan Publications, London. S. 1-45.

GIEL, Wilhelm (1966): Regionale Wirtschaftspolitik in der Bundesrepublik Deutschland. In: Handwörterbuch der Raumforschung und Raumordnung. Akademie für Raumforschung und Landesplanung. Hannover: Gebrüder Jänecke Verlag. S. 1671-1683.

GOODWIN, Harold (2000): Tourism, National Parks and Partnerships. In: BUTLER, Richard W.; BOYD, Stephen W. (Hrsg.): Tourism and National Parks – Issues and Implications. Chichester, New York: John Wiley & Sons Ltd. S. 245-262.

GOTTFRIED, Peter; WIEGARD, Wolfgang (1995): Wunderwaffe Ökosteuern? Eine finanzwissenschaftliche Betrachtung. In: WiSt – Wirtschaftswissenschaftliches Studium. Jg. 24. Heft 10. S. 500-508.

GUNDERMANN, Egon; SUDA, Michael (1996): Auswirkungen von Großschutzgebieten auf Wald und Forstwirtschaft. In: Großschutzgebiete – ökonomische und politische Aspekte. Schriftenreihe der Forstwissenschaftlichen Fakultät der Universität München und der Bayerischen Landesanstalt für Wald und Forstwirtschaft (Hrsg.) Forstliche Forschungsberichte München Nr. 156. S. 1-18.

HAAK, Silke (1999): Hintergrundinfo zu Naturschutz heute – Ausgabe 2/99 vom 07.05.99: 30 Jahre Nationalparke in Deutschland - eine Bilanz. http://www.nabu.de/nh/299/bilanz299.htm (04.11.04)

HABER, Wolfgang (2002): Gebietsschutz in Deutschland: Erreichtes – Effektivität – Fortentwicklung. In: Gebietsschutz in Deutschland: Erreichtes – Effektivität – Fortentwicklung (Einleitung). Schriftenreihe des Deutschen Rates für Landespflege. Heft 73. S. 5-23.

HALLMAYER, Regine: Conjoint Analyse. Internetseite der ILTIS GmbH. http://www.4managers.de (12.07.05)

HAMMER, Thomas (2003): Großschutzgebiete neu interpretiert als Instrumente nachhaltiger Regionalentwicklung. In: HAMMER, Thomas (Hrsg.): Großschutzgebiete – Instrumente nachhaltiger Entwicklung. München: Ökom Verlag. S. 9-34.

HAMPICKE, Ulrich (1991): Naturschutz-Ökonomie. 1. Aufl. Stuttgart: Ulmer Verlag.

HAMPICKE, Ulrich (1996): Volkswirtschaftliche Beurteilung und Bewertung von Großschutzgebieten. In: Großschutzgebiete – ökonomische und politische Aspekte. Schriftenreihe der Forstwissenschaftlichen Fakultät der Universität München und der Bayerischen Landesanstalt für Wald und Forstwirtschaft (Hrsg.). Forstliche Forschungsberichte München Nr. 156. S. 19-43.

HANLEY, Nick; SHOGREN, Jason F.; WHITE, Ben (2002): Environmental Economics in Theory and Practice. Basingstoke, UK. New York: Palgrave Macmillan.

HARRER, Bernhard; BENGSCH, Lars (2003): Wintertourismus in Bayern und die Wertschöpfung durch Bergbahnen am Beispiel von vier Orten. Gutachten des Deutschen Wirtschaftswissenschaftlichen Instituts für Fremdenverkehr (DWIF). München. 14 S.

HARZER VERKEHRSVERBAND: http://www.harzinfo.de (22.06.05)

HENKE, Hanno (1976): Untersuchung der vorhandenen und potentiellen Nationalparke in der Bundesrepublik Deutschland im Hinblick auf das internationale Nationalparkkonzept. In: Schriftenreihe für Landschaftspflege und Naturschutz. Bundesforschungsanstalt für Naturschutz und Landschaftsökologie (Hrsg.). Bonn. Heft 13. S. 5-154

HERRMANN, Hayo; NIESE, Michael; PESCHEL, Karin (1998): Ökonomische Effekte des Schleswig-Holstein Musik Festivals. Kurzfassung des Beitrags Nr. 25 mit gleichem Titel. Institut für Regionalforschung der Universität Kiel (Gutachten). http://www.3.bwl.uni-kiel.de/ifr/Includes/forschung/beit25kf.pdf (24.08.04)

HRADETZKY, Joachim (1978): Das Bestimmtheitsmaß – Kritische Bemerkungen zu seiner Anwendung im forstlichen Versuchswesen. In: Forstwissenschaftliches Centralblatt 97. S. 168-181.

ITR (1993): Expertise zur Machbarkeitsstudie Nationalpark Thayatal – Beurteilung der tourismusrelevanten Aussagen. Institut für Touristische Raumplanung. Tulln. Wien.

IUCN (1998): Economic Values of Protected Areas – Guidelines for Protected Area Managers. Task Force on Economic Benefits of Protected Areas in collaboration with the Economics Service Unit. Best Practice Protected Area Guidelines Series No. 2. Gland, Switzerland and Cambridge, UK.

IUCN (2000): Richtlinien für Managementkategorien von Schutzgebieten – Interpretation und Anwendung der Managementkategorien in Europa. EUROPARC und WCPA, Grafenau, Deutschland. 48 S.

JOB, Hubert; METZLER, Daniel; VOGT, Luisa (2003): Inwertsetzung alpiner Nationalparks – Eine regionalwirtschaftliche Analyse des Tourismus im Alpenpark Berchtesgaden. Münchner

Studien zur Sozial- und Wirtschaftsgeographie. Band 43. Kallmünz/Regensburg: Verlag Michael Lassleben.

JOB, Hubert; HARRER, Bernhard; METZLER, Daniel; HAJIZADEH-ALAMDARY, David (2005): Ökonomische Effekte von Großschutzgebieten. Untersuchung der Bedeutung von Großschutzgebieten für den Tourismus und die wirtschaftliche Entwicklung der Region. Bundesamt für Naturschutz (Hrsg.). BfN-Skript 135. Bonn.

JOHNSON, Richard A.; WICHERN, Dean W. (1992): Applied Multivariate Statistical Analysis. Third Edition. Prentice-Hall International Editions.

JUNGMEIER, Michael et al. (1999): Machbarkeitsstudie Nationalpark Gesäuse. Endbericht. http://www.nationalpark.co.at/nationalpark/de/downloads/xeis/¬ Machbarkeitsstudie.pdf (31.03.05)

KAETHER, Johann (1994): Großschutzgebiete als Instrumente der Regionalentwicklung. Akademie für Raumforschung und Landesplanung ARL (Hrsg.). Arbeitsmaterial/Akademie für Raumforschung und Landesplanung Nr. 210. Hannover.

KAHLERT, B. (2001): Die monetäre Bewertung von Umweltbelastungen am Beispiel von Lärmschäden. Fernuniversität – Gesamthochschule Hagen. Frankfurt. Forum-Verlag. (Dipl.-Arbeit)

KAECHELE, Harald (1999): Auswirkungen großflächiger Naturschutzprojekte auf die Landwirtschaft – Ökonomische Bewertung der einzelbetrieblichen Konsequenzen am Beispiel des Nationalparks „Unteres Odertal". Buchedition Agrimedia imVerlag Alfred Strohte. Frankfurt. (Diss.)

KAPP, K. William (1971): Umweltgefährdung, Nationalökonomie und Forstwissenschaft. Rede anläßlich der 100-Jahres-Feier der Forstlichen Versuchs- und Forschungsanstalt an der Universität Freiburg. In: Forstarchiv. Jg. 42. Heft 8/9. S. 153-159.

KLEINHENZ, Gerhard (1982): Die fremdenverkehrswirtschaftliche Bedeutung des Nationalparks Bayerischer Wald. Fachgutachten. Grafenau. Verlag Verein der Freunde der 1. Dt. Nationalparks Bayerischer Wald e.V.

KLETZAN, Daniela; KRATENA, Kurt (1999): Evaluierung der ökonomischen Effekte von Nationalparks. Schriftenreihe des Bundesministeriums für Umwelt, Jugend und Familie, Abt. II/5. Bd. 26. Wien.

KLINGELHÖFER, Eckart (2002): Subventionen in der Abfallpolitik. In: WiSt – Wirtschaftswissenschaftliches Studium. Jg. 31. Heft 5. S. 251-257.

KOHLHUBER, Franz (2002): Wirtschaftskraft. In: Lexikon der volkswirtschaftlichen Gesamtrechnung. BRÜMMERHOFF, Dieter; LÜTZEL, Heinrich (Hg.). München, Wien: Oldenbourg Verlag. S. 475.

KOLODZIEJCOK, Karl-Günther; RECKEN, Josef; APFELBACHER, Dieter; IVEN, Klaus; unter Mitarbeit von BENDOMIR-KAHLO, Gabriele (2005): Naturschutz, Landschaftspflege und einschlägige Regelungen des Jagd- und Forstrechts, Kommentar, 1. Band, § 28 BNatSchG Rn. 8.

KOSCHNIK, Wolfgang J.: Clusteranalyse. Focus-Lexikon. http://medialine.focus.de/PM1D/PM1DB/PM1DBF/¬ pm1dbf.htm?stichwort=Clusteranalyse (20.06.05)

KOSZ, Michael (1993): Ein Nationalpark im Vergleich zu anderen Nutzungen: Ökonomische Bewertungsansätze in einer Kosten-Nutzen-Analyse. In: Nationalpark – Ein wirtschaftlicher Impuls für die Region. Fachtagung vom 5. Mai 1993. Tagungsband zu zwei Veranstaltungen der Österreichischen Gesellschaft für Ökologie unter der Leitung von CHRISTIAN, Reinhold (Hrsg.). Wien.

KRAFT, Jürgen; OSSORIO-CAPELLA, Charles (1966): Regionale Input-Output-Analyse. In: Handwörterbuch der Raumforschung und Raumordnung. Akademie für Raumforschung und Landesplanung. Hannover: Gebrüder Jänecke Verlag. S. 1630-1654.

KRESSE, Hermann (2005): Die Bedeutung des Messeplatzes Deutschland – Fakten und Perspektiven. In: ifo-Schnelldienst. Institut für Wirtschaftsforschung. München. Jg. 58. Heft 3. S. 3-6.

KRONSCHNABL, Emil (2000): Rechnet sich das? Eine tourismus-ökonomische Betrachtung. In: Wälder, Weite, Wildnis. Nationalpark Bayerischer Wald, Národní Park Sumava. S. 79-82. Buch & Kunstverlag Oberpfalz.

KÜPFER, Irene (2000): Die regionalwirtschaftliche Bedeutung des Nationalparktourismus untersucht am Beispiel des Schweizerischen Nationalparks. Geographisches Institut Universität Zürich. (Diss.)

KÜPFER, Irene; ELSASSER, Hans (2000): Regionale touristische Wertschöpfungsstudien: Fallbeispiel Nationalpark Tourismus in der Schweiz. Tourismus-Journal Stuttgart. Heft 4, S. 433-448.

LANDESAMT FÜR FORSTEN UND GROSSCHUTZGEBIETE MECKLENBURG-VORPOMMERN (2002a): Nationalpark Vorpommersche Boddenlandschaft. Nationalparkplan – Leitbild und Ziele. Schwerin.

LANDESAMT FÜR FORSTEN UND GROSSCHUTZGEBIETE MECKLENBURG-VORPOMMERN (2002b): Nationalpark Vorpommersche Boddenlandschaft. Nationalparkplan – Bestandsanalyse. Schwerin.

LANDESAMT FÜR FORSTEN UND GROSSCHUTZGEBIETE MECKLENBURG-VORPOMMERN (2003a): Müritz-Nationalpark. Nationalparkplan – Leitbild und Ziele. Schwerin.

LANDESAMT FÜR FORSTEN UND GROSSCHUTZGEBIETE MECKLENBURG-VORPOMMERN (2003b): Müritz-Nationalpark. Nationalparkplan – Bestandsanalyse. Schwerin.

LANDESBETRIEB FÜR DATENVERARBEITUNG UND STATISTIK LAND BRANDENBURG (1993-2004): Gäste und Übernachtungen im Fremdenverkehr. Monatserhebung im Tourismus. Statistische Berichte G-IV.

LANDRATSAMT AURICH: http://www.landkreis-aurich.de (22.06.05)

LANDRATSAMT BAD TÖLZ-WOLFRATSHAUSEN: http://www.lra-toelz.de (22.06.05)

LANDRATSAMT BERCHTESGADEN: http://www.lra-bgl.de (22.06.05)

LANDRATSAMT CELLE: http://www.landkreis-celle.de (22.06.05)

LANDRATSAMT CHAM: http://www.landkreis-cham.de (22.06.05)

LANDRATSAMT DITHMARSCHEN: http://www.dithmarschen.de (22.06.05)

LANDRATSAMT FREYUNG-GRAFENAU: http://www.freyung-grafenau.de (22.06.05)

LANDRATSAMT FRIESLAND: http://www.friesland.de (22.06.05)

LANDRATSAMT GARMISCH-PARTENKIRCHEN: http://www.lra-gap.de (22.06.05)

LANDRATSAMT GOSLAR: http://www.landkreis-goslar.de (22.06.05)

LANDRATSAMT HOLZMINDEN: http://www.landkreis-holzminden.de (22.06.05)

LANDRATSAMT LEER: http://www.landkreis-leer.de (22.06.05)

LANDRATSAMT MECKLENBURG-STRELITZ: http://www.mecklenburg-strelitz.de (22.06.05)

LANDRATSAMT MÜRITZ: http://www.landkreis-mueritz.de (22.06.05)

LANDRATSAMT OHREKREIS: http://www.ohrekreis.de (22.06.05)

LANDRATSAMT OSTERODE: http://www.landkreis-osterode.de (22.06.05)

LANDRATSAMT PRIGNITZ: http://www.landkreis-prignitz.de (22.06.05)

LANDRATSAMT REGEN: http://www.landkreis-regen.de (22.06.05)

LANDRATSAMT RENDSBURG-ECKERNFÖRDE: http://www.kreis-rendsburg-eckernfoerde.de (22.06.05)

LANDRATSAMT RÜGEN: http://www.kreis-rueg.de (22.06.05)

LANDRATSAMT SAALE-ORLA-KREIS: http://www.saale-orla-kreis.de (22.06.05)

LANDRATSAMT SÄCHSISCHE SCHWEIZ: http://www.lra-saechsische-schweiz.de (22.06.05)

LANDRATSAMT SCHLESWIG-FLENSBURG: http://www.schleswig-flensburg.de (22.06.05)

LANDRATSAMT UCKERMARK: http://www.uckermark.de (22.06.05)

LANDRATSAMT UNSTRUT-HAINICH-KREIS: http://www.landkreis-unstrut-hainich.de (22.06.05)

LANDRATSAMT WARTBURGKREIS: http://www.wartburgkreis.de (22.06.05)

LANDRATSAMT WEIMARER LAND: http://www.weimarer.land.de (22.06.05)

LANDRATSAMT WERNIGERODE: http://www.wernigerode.de (22.06.05)

LANDRATSAMT WITTMUND: http://www.landkreis.wittmund.de (22.06.05)

LANDRATSAMT WESERMARSCH: http://www.landkreis-wesermarsch.de (22.06.05)

LEIBENATH, Markus (2001): Entwicklung von Nationalparkregionen durch Regionalmarketing – untersucht am Beispiel der Müritzregion. Europäische Hochschulschriften. Reihe 5. Volks- und Betriebswirtschaft. Bd. 2732. Frankfurt am Main: Europäischer Verlag der Wissenschaften Peter Lang. (Diss.)

LEIBENATH, Markus (2002): Entwicklung von Großschutzgebietsregionen durch Regionalmarketing? Ergebnisse einer Untersuchung in der Müritz-Nationalparkregion. In: MOSE, Ingo und WEIXLBAUMER, Norbert (Hrsg.): Naturschutz: Großschutzgebiete und Regionalentwicklung. Naturschutz und Freizeitgesellschaft. Bd. 5. Sankt Augustin. Academia-Verlag. S. 4-18.

LERCH, Achim (2004): Eine ökonomische Begründung der Nachhaltigkeit. Volkswirtschaftliche Diskussionsbeiträge Nr. 63. Universität Kassel, Fachbereich Wirtschaftswissenschaften. http://www.wirtschaft.uni-kassel.de/VWL/workingpaper/Papier6304.pdf (14.09.05)

LILIEHOLM, Robert J.; ROMNEY, Lisa R. (2000): Tourism, National Parks and Wildlife. In: BUTLER, Richard W.; BOYD, Stephen W. (Hrsg.): Tourism and National Parks – Issues and Implications. Chichester, New York: John Wiley & Sons Ltd. S. 137-151.

LOCKE, Harvey (1997): The Role of Banff National Park as a Protected Area in the Yellowstone to Yukon Mountain Corridor of Western North America. In: NELSON, James Gorden; SERAFIN, Rafal (Hrsg.): National Parks and Protected Areas: Keystones to Conservation and Sustainable Development. NATO ASI Series. Vol. G 40. Berlin, Heidelberg: Springer-Verlag. S. 117-124.

LÖWENSTEIN, Wilhelm (1994): Die Reisekostenmethode und die Bedingte Bewertungsmethode als Instrumente zur monetären Bewertung der Erholungsfunktion des Waldes: Ein ökonomischer und ökonometrischer Vergleich. Schriften zur Forstökonomie Bd. 6. Frankfurt am Main: J.D. Sauerländer's Verlag. (Diss.)

LOWRY, William R. (1994): The Capacity for Wonder: Preserving National Parks. Brookings Institution Press. Washington.

LOZÁN, José L. (1992) : Angewandte Statistik für Naturwissenschaftler. Pareys Studientexte Nr. 74. Berlin, Hamburg: Parey Verlag.

LUDWIG-MAYERHOFER, Wolfgang (1999): Hypothese. ILMES - Internet-Lexikon der Methoden der empirischen Sozialforschung.
http://www.lrz-muenchen.de/~wlm/ilm_h1.htm (08.08.05)

MANGHABATI, Ahmad (1986): Einfluß des Tourismus auf die Hochgebirgslandschaft am Beispiel Nationalpark Berchtesgaden. Forstwissenschaftliche Fakultät der Ludwigs-Maximilians-Universität München. (Diss.)

MANTAU, Udo (1996): Öffentliche Güter und staatliches Handeln. In: Forst und Holz. Jg. 51. Heft 4. S. 102-107.

MARSH, John (2000): Tourism and National Parks in Polar Regions. In: BUTLER, Richard W.; BOYD, Stephen W. (Hrsg.): Tourism and National Parks – Issues and Implications. Chichester, New York: John Wiley & Sons Ltd. S. 125-136.

MESSERLI, Paul (2001): Natur- und Landschaftsschutz in der Regionalentwicklung. In: Natur und Mensch. Schweizerische Blätter für Natur- und Heimatschutz. Jg. 43. Nr. 6. S. 17-23.

MOISEY, R. Neil (2002): The Economics of Tourism in National Parks and Protected Areas. In: EAGLES, Paul F. J., McCOOL, Stephen F. (Hrsg.): Tourism in National Parks and Protected Areas – Planning and Management. Wallingford, New York: CABI Publishing. S. 235-253.

MUNGATANA, Eric Dada (1999): The Welfare Economics of Protected Areas: The Case of Kakamega Forest National Reserve, Kenya. Forstwissenschaftliche Beiträge Tharandt. Heft 8. (Diss.)

MÜLLER, Hansruedi (2003): Tourismus und Ökologie. Wechselwirkungen und Handlungsfelder. 2. Aufl. München, Wien: Oldenbourg Verlag.

MÜLLER-JUNG, Joachim (1997): Wütende Waldler kämpfen gegen die Wildnis vorm Haus – Streit im Bayerischen Wald. FAZ, 5. Juli 1997. S. 3.

NATIONAL PARK SERVICE: http://www.nps.gov (23.05.04)

NATIONALPARK BAYERISCHER WALD: http://www.nationalpark-bayerischer-wald.de (22.06.05)

NATIONALPARK BERCHTESGADEN: http://www.nationalpark-berchtesgaden.de (22.06.05)

NATIONALPARK HAINICH: http://www.nationalpark-hainich.de (22.06.05)

NATIONALPARK HAMBURGISCHES WATTENMEER:
http://www.nationalpark-hamburgisches-wattenmeer.de (22.06.05)

NATIONALPARK HARZ: http://www.nationalpark-harz.de (22.06.05)

NATIONALPARK HOCHHARZ: http://www.nationalpark-hochharz.de (22.06.05)

NATIONALPARK JASMUND: http://www.nationalpark-jasmund.de (07.01.05)

NATIONALPARK MÜRITZ: http://www.nationalpark-mueritz.de (22.06.05)

NATIONALPARK NIEDERSÄCHSISCHES WATTENMEER:
http://www.nationalpark-wattenmeer.niedersachsen.de (22.06.05)

NATIONALPARK SÄCHSISCHE SCHWEIZ: http://www.nationalpark-saechsische-schweiz.de (22.06.05)

NATIONALPARK SCHLESWIG-HOLSTEINISCHES WATTENMEER: http://www.wattenmeer-nationalpark.de (22.06.05)

NATIONALPARK UNTERES ODERTAL: http://www.unteres-odertal.de/nationalpark (22.06.05)

NATIONALPARK VORPOMMERSCHE BODDENLANDSCHAFT: http://www.nationalpark-vorpommersche-boddenlandschaft.de (22.06.05)

NEPAL, Sanjay K. (2000): Tourism, National Parks and Local Communities. In: BUTLER, Richard W.; BOYD, Stephen W. (Hrsg.): Tourism and National Parks – Issues and Implications. Chichester, New York: John Wiley & Sons Ltd. S. 72-94.

NIEDERSÄCHSISCHES LANDESAMT FÜR STATISTIK (1981-2004): Gäste und Übernachtungen im Reiseverkehr. Monatserhebung im Tourismus. Statistische Berichte G-IV.

NIESCHLAG, Robert; DICHTL, Erwin; HÖRSCHGEN, Hans (1971): Marketing – Ein entscheidungstheoretischer Ansatz. 4. Aufl. Berlin: Verlag Duncker & Humblot.

ÖKÖ (1997): Nationalparks – was sie uns wert sind. Fachtagung vom 23. September 1996. Tagungsband zum interdisziplinären Symposium der Österreichischen Gesellschaft für Ökologie unter der Leitung von CHRISTIAN, Reinhold (Hrsg.). Wien.

PAESLER, Reinhard (1996): Regionalwirtschaftliche Auswirkungen der Ausweisung von Großschutzgebieten aus der Sicht des Tourismus. In: Großschutzgebiete – ökonomische und politische Aspekte. Schriftenreihe der Forstwissenschaftlichen Fakultät der Universität München und der Bayerischen Landesanstalt für Wald und Forstwirtschaft (Hrsg.). Forstliche Forschungsberichte München Nr. 156. S. 57-71.

PENZKOFER, Horst (2005): Wirtschaftliche Bedeutung des Messestandorts Deutschland. In: ifo-Schnelldienst. Institut für Wirtschaftsforschung. München. Jg. 58. Heft 3. S. 11-14.

PETERS, Ulla; SAUERBORN, Klaus; SPEHL, Harald; TISCHER, Martin; WITZEL, Anke (1996): Nachhaltige Regionalentwicklung – ein neues Leitbild für eine veränderte Struktur- und Regionalpolitik. Eine exemplarische Untersuchung an zwei Handlungsfeldern der Region Trier. Forschungsbericht des Projekts „Nachhaltige Regionalentwicklung Trier" (NARET). Universität Trier.

PFISTER, Gerhard (1991): Ein methodisches Konzept zur monetären Bewertung der Sozialfunktionen des Waldes. Schriften aus der Forstlichen Fakultät der Universität Göttingen und der Niedersächsischen Forstlichen Versuchsanstalt. Band 101. J.D. Sauerländer's Verlag Frankfurt am Main.

POPP, Dieter; GLATZEL, Heike; HENKE, Petra (2002): Regionales Entwicklungskonzept Rügen. Abschlussbericht. Erstellt im Auftrag des Landkreises Rügen von der Fa. FUTOUR Umwelt-, Tourismus- und Regionalberatung. Dresden.

PUWEIN, Wilfried (1996): Ökonomische Auswirkungen der Ausweisung von Großschutzgebieten auf die Holzwirtschaft. In: Großschutzgebiete – ökonomische und politische Aspekte. Schriftenreihe der Forstwissenschaftlichen Fakultät der Universität München und der Bayerischen Landesanstalt für Wald und Forstwirtschaft (Hrsg.). Forstliche Forschungsberichte München Nr. 156. S. 72-84.

REVERMANN, Christoph; PETERMANN, Thomas (2003): Tourismus in Großschutzgebieten – Impulse für eine nachhaltige Entwicklung. Studien des Büros für Technikfolgen-Abschätzung beim Deutschen Bundestag. Bd. 13. Edition Sigma. Berlin.

RIDEOUT, Douglas; HESSELN, Hayley (2001): Principles of Forest and Environmental Economics. Second Edition. Resource & Environmental Management, LLC. Fort Collins, Colorado.

RÜTTER, Heinz; GUHL, Doris; MÜLLER, Hansruedi (1996): Wertschöpfer Tourismus – Ein Leitfaden zur Berechnung der touristischen Gesamtnachfrage, Wertschöpfung und Beschäftigung in 13 pragmatischen Schritten. Forschungsinstitut für Freizeit und Tourismus der Universität Bern.

RÜTTER, Heinz; MÜLLER, Hansruedi; GUHL, Doris; STETTLER, Jürg (1995): Tourismus im Kanton Bern. Wertschöpfungsstudie. Forschungsinstitut für Freizeit und Tourismus der Universität Bern. Berner Studien zu Freizeit und Tourismus Nr. 34.

SCHARPF, Helmut (1998): Tourismus in Großschutzgebieten. In: BUCHWALD, Konrad und ENGELHARD, Wolfgang (Hrsg.): Freizeit, Tourismus und Umwelt. Umweltschutz – Grundlagen und Praxis. Bd. 11. Bonn: Economica Verlag. S. 43-86.

SCHLOEMER, Achim (1999): Nachhaltiger Tourismus? Ein Beitrag zur Evaluation aktueller Konzeptionen für ländliche Regionen Mitteleuropas. Naturschutz und Freizeitgesellschaft. Bd. 3. Sankt Augustin: Academia-Verlag.

SCHLOTT, Walter (2004): Schutzgebiete, Waldwirkungen & Forstwirtschaft vor dem Hintergrund veränderter klimatischer Bedingungen. Studienfakultät für Forstwissenschaft und Ressourcenmanagement am Wissenschaftszentrum Weihenstephan, Technische Universität München. (Diss.)

SCHMID, Annette (2002): Partizipativer Aufbau der Erfolgskontrolle im Biosphärenreservat Entlebuch. Vorgehen und erste Zwischenresultate am Beispiel des Tourismus. In: MOSE, Ingo und WEIXLBAUMER, Norbert (Hrsg.): Naturschutz: Großschutzgebiete und Regionalentwicklung. Naturschutz und Freizeitgesellschaft. Bd. 5. Sankt Augustin: Academia-Verlag. S. 136-154.

SCHMID, Klaus-Peter (2004): Die Zeit – Die kleine Ölkrise. http://www.zeit.de/2004/43/Konjunktur (10.07.04)

SCHÖNBÄCK, Wilfried; KOSZ, Michael; MADREITER, Thomas (1997): Nationalpark Donauauen: Kosten-Nutzen-Analyse. Wien, New York: Springer-Verlag.

SCHÖNSTEIN, Richard; SCHÖRNER, Georg (1990): Nationalpark – Bestandsaufnahme eines Begriffes. Forschungsinstitut für Energie- und Umweltplanung, Wirtschaft und Marktanalysen (Hrsg.). Schriftenreihe der Forschungsinitiative des Verbundkonzerns Österreichische Elektrizitätswirtschafts-AG. Bd. 4. Wien.

SCHOLLES, Frank (1998): Gesellschaftswissenschaftliche Grundlagen – Planungsmethoden. Institut für Landesplanung und Raumforschung. Universität Hannover. Skript. http://www.laum.uni-hannover.de/ilr/lehre/Ptm/Ptm_BewNwa.htm (11.04.05)

SCHULTE, Ralf (1998): Warum brauchen wir Nationalparke? Ergebnisse eines Seminars vom 12.12. bis 13.12.1998. NABU-Akademie Gut Sunder. http://www.nabu-akademie.de/berichte/98NATPARK.htm (12.11.04)

SCHULTE, Ralf (1999): Öffentlichkeitsarbeit in Großschutzgebieten – Informationszentren als Botschaften der Biodiversität. Ergebnisse eines Seminars vom 09.10. bis 10.10.1999. NABU-Akademie Gut Sunder. http://www.nabu-akademie.de/berichte/99oeka.htm (23.05.05)

STATISTISCHES AMT FÜR HAMBURG UND SCHLESWIG-HOLSTEIN (1981-2004): Gäste und Übernachtungen im Fremdenverkehr. Monatserhebung im Tourismus. Statistische Berichte G-IV.

STATISTISCHES AMT FÜR HAMBURG UND SCHLESWIG-HOLSTEIN (a): Ergebnisse der Handels- und Gaststättenzählung. Statistische Berichte G/Handelszensus 1968-2, 1979-6, 1985-3 und 1993-7.

STATISTISCHES LANDESAMT DES FREISTAATES SACHSEN (1992-2004): Das Beherbergungsgewerbe im Freistaat Sachsen. Monatserhebung im Tourismus. Statistische Berichte G-IV.

STATISTISCHES LANDESAMT DES FREISTAATES SACHSEN (2004b): Tourismus in Sachsen. Faltblatt Ausgabe 2004.

STATISTISCHES LANDESAMT MECKLENBURG-VORPOMMERN (1994-2004): Tourismus in Mecklenburg-Vorpommern. Monatserhebung im Tourismus. Statistische Berichte G-IV.

STATISTISCHES LANDESAMT MECKLENBURG-VORPOMMERN: http://www.statistik-mv.de (22.06.05)

STATISTISCHES LANDESAMT SACHSEN-ANHALT (1994-2004): Die Beherbergung im Reiseverkehr. Monatserhebung im Tourismus. Statistische Berichte G-IV.

STEINGRUBE, Wilhelm (1998): Quantitative Erfassung, Analyse und Darstellung des Ist-Zustands. In: Akademie für Raumforschung und Landesplanung (1998; Hrsg.): Methoden und Instrumente räumlicher Planung. Handwörterbuch der Raumordnung. Hannover. S. 67-94.

STULZ, Franz-Sepp (2003): Großschutzgebiete in der Schweizerischen Bundespolitik. In: HAMMER, Thomas (Hrsg.): Großschutzgebiete – Instrumente nachhaltiger Entwicklung. München: Ökom Verlag. S. 179-184

SUDA, Michael; PAULI, Bernhard (1998): Wir kommen wieder – Tote Bäume schrecken Gäste im Nationalpark nicht ab. In: Nationalpark Nr. 99. 2/98. S. 40-43.

SUDA, Michael; FEICHT, Elfriede (2001): Wahrnehmung, Beurteilung und Konsequenzen großflächig abgestorbener Bäume im Bereich des Nationalparks Bayerischer Wald aus der Sicht von Touristen. Projektbericht ST 109. Lehrstuhl für Forstpolitik und Forstgeschichte, TU München. (unveröffentlicht)

THOMMEN, Jean-Paul (1991): Allgemeine Betriebswirtschaftslehre – Umfassende Einführung aus managementorientierter Sicht. Wiesbaden: Gabler Verlag.

THÜRINGER LANDESAMT FÜR STATISTIK (1994-2004): Gäste und Übernachtungen in Thüringen. Statistische Berichte G-IV.

TOURISMUSBAROMETER OSTBAYERN (2002): Gästebefragung Sommer 2002. Berichtsband für den Messpunkt Bayerischer Wald. Centrum für marktorientierte Tourismusforschung (CenTouris). Universität Passau.

VARIAN, Hal R. (1999): Grundzüge der Mikroökonomik. 4. Aufl. München, Wien: Oldenbourg Verlag.

VAHLENS GROSSES WIRTSCHAFTSLEXIKON (1987a). Bd. 1. Hrsg. von DICHTL, Erwin und ISSING, Ottmar. München: Verlage C.H. Beck und Vahlen.

VAHLENS GROSSES WIRTSCHAFTSLEXIKON (1987b). Bd. 2. Hrsg. von DICHTL, Erwin und ISSING, Ottmar. München: Verlage C.H. Beck und Vahlen.

WEIZSÄCKER, Robert K. von (2005): Die deutsche Messeindustrie: Eine Subventionsfalle. In: ifo-Schnelldienst. Institut für Wirtschaftsforschung. München. Jg. 58. Heft 3. S. 7-10.

WEISE, Peter; BRANDES, Wolfgang; EGER, Thomas; KRAFT, Manfred (1991): Neue Mikroökonomie. 2. Aufl. Heidelberg: Physica-Verlag.

WESTERMANN, Frank (2004): Wie groß ist der Keynesianische Mulitplikator in Deutschland? In: ifo-Schnelldienst. Institut für Wirtschaftsforschung. München. Jg. 57. Heft 11. S. 54.

WICKE, Lutz (1993): Umweltökonomie – eine praxisorientierte Einführung. 4. Aufl. München: Verlag Franz Vahlen.

WIKIPEDIA: Die freie Enzyklopädie. http://de.wikipedia.org (20.06.05)

WRIGHT, R. Gerald (1996; Hrsg.): National Parks and Protected Areas: Their Role in Environmental Protection. Cambridge, Massachusetts: Blackwell Science.

WUNDER, Sven (2000): Ecotourism and economic incentives – an empirical approach. Ecological Economics 32, S. 465-479. Elsevier Science B.V.

WUTZLHOFER, Manfred (2005): Nachtrag: Messestandort Deutschland. In: ifo-Schnelldienst. Institut für Wirtschaftsforschung. München. Jg. 58. Heft 5. S. 3-6.

WWF (1999): Die Bedeutung von Nationalparken für den Tourismus. Reihe Nationalparke. Bd. 7. WWF-Umweltstiftung Deutschland. Frankfurt am Main.

ZLÁBEK, Ivan (2000): Hoffnung und Chance – Verständnisbrücken über Grenzen hinweg. In: Wälder, Weite, Wildnis. Nationalpark Bayerischer Wald, Národní Park Sumava. S. 13-18. Buch & Kunstverlag Oberpfalz.

ZORMAIER, Florian; SUDA, Michael (2000): Lokale Agenda 21 – Wald, Forstwirtschaft und Holz. Ein Leitfaden. Ministerium für Umwelt und Naturschutz, Landwirtschaft und Verbraucherschutz des Landes Nordrhein-Westfalen (Hrsg.). http://www.forst.nrw.de/down/a21_nrw.pdf (16.09.05)

9.2 Abbildungsverzeichnis

9.3   Tabellenverzeichnis

9.4 Kartenverzeichnis

Aus unserem Verlagsprogramm:

Sabine Bottin
Die Einrichtung von Biotopverbundsystemen
nach den Vorgaben des internationalen, europäischen
und bundesdeutschen Naturschutzrechts
Hamburg 2005 / 440 Seiten / ISBN 3-8300-1929-7

Duc Tuan Tran
Voraussetzungen für die nachhaltige Entwicklung
des Tourismus in Vietnam
Am Beispiel der Region der Halong-Bucht
Hamburg 2003 / 96 Seiten / ISBN 3-8300-0764-7

Sabine Meyer
Die Vorbildfunktion des Staates im Umweltrecht
Dargestellt am Beispiel des § 3 a, Abs. 2 LNatSchG Schl.-H.
Hamburg 2001 / 405 Seiten / ISBN 3-8300-0437-0

Monika Stumpf
Die Fremdenverkehrsorganisationen in Südtirol
Ausgangssituationen und zukünftige Gestaltung
Hamburg 1993 / 506 Seiten / ISBN 3-86064-131-X

Beatrix Wallberg-Jacobs
Integration von Naturschutz in die landwirtschaftliche Praxis
Vorgestellt anhand der Verträglichkeitsanalyse
Hamburg 1992 / 200 Seiten / ISBN 3-925630-97-X

Gabriele Lüft
Verfahren zur Entwicklung von Naturschutz-Vorrangflächen
für landwirtschaftliche Standorte
Hamburg 1991 / 150 Seiten / ISBN 3-925630-74-0

VERLAG DR. KOVAČ

FACHVERLAG FÜR WISSENSCHAFTLICHE LITERATUR

Postfach 57 01 42 · 22770 Hamburg · www.verlagdrkovac.de · info@verlagdrkovac.de

Einfach
Wohlfahrtsmarken
helfen!